微纳电子学建模案例研究

李文石 著

赵鹤鸣 审

苏州大学出版社

图书在版编目(CIP)数据

微纳电子学建模案例研究/李文石著.—苏州：苏州大学出版社,2016.7(2022.3重印)
ISBN 978-7-5672-1759-1

Ⅰ.①微… Ⅱ.①李… Ⅲ.①微电子技术－数学模型－建立模型－案例 Ⅳ.①TN4

中国版本图书馆CIP数据核字(2016)第148746号

内容简介

《微纳电子学建模案例研究》共十章，分为导论、教育、探索、定律、表达、院士、实验与健康，新增两章为模式(复杂性自动度量代码集)和发明(发明技巧和芯片工程演进). 基于数学建模研究方法学，全景贯穿微纳电子学的交叉学科内涵与产业分工链条，举要136个建模案例，关照材料参数优化，触摸信号计算特征，浓缩MOS管物理解析，聚焦ASIC设计技巧，摘要IC工艺化学，量化IC封装难点，提炼IC测试范式.

特别凝眸成像技术挤进微观世界，重视集合量子实验触摸原理机制，重点图解微纳电子学建模入门诀窍，鼎新深耕脑健康微电子学世界前沿，最新突破MOS管混沌电路超低电压拓扑，趣味建模与对话院士兼及思维训练、科技写作与竞赛准备.

本书是著者研究微纳电子学的教学笔记摘要与技术总结要点，既浓缩分享了世界级的优秀研究实例，也坦诚融合了作者和研究生的倾心合作成果，是为写作初心.

本书既可视为集成电路邻近专业本科生开启微电子学与固体电子学的入门指导，也可作为集成电路相关专业研究生挺进半导体与集成电路研发领域的案头之作.

微纳电子学建模案例研究

李文石 著

责任编辑 征 慧

苏州大学出版社出版发行
(地址：苏州市十梓街1号 邮编：215006)
镇江文苑制版印刷有限责任公司印装
(地址：镇江市黄山南路18号润州花园6-1号 邮编：212000)

开本 787 mm×1 092 mm 1/16 印张 25.5 字数 605千(插页2)
2016年7月第1版 2022年3月第3次修订印刷
ISBN 978-7-5672-1759-1 定价：75.00元

图书若有印装错误，本社负责调换
苏州大学出版社营销部 电话：0512-67481020
苏州大学出版社网址 http://www.sudapress.com
苏州大学出版社邮箱 sdcbs@suda.edu.cn

前言

古希腊哲学家、美学家和数学家毕达哥拉斯认为:数(Number)是万物之本源.
著者别解半导体器件物理的内核——PN结:PN=Picture+Number(图+数).

"哈佛神童"、1970年诺贝尔经济学奖得主保罗·萨谬尔森认为:"永远需要回头看,你可能从过去的经验中学到东西."此被称为"萨谬尔森法则".

集成电路发明人、2000年诺贝尔物理学奖得主J.基尔比认为:"发明是循环过程,要在需求、技术和设计之间反复辗转.有时候,发明念头就像灯泡亮起,只是一瞬;当你寻找例证和确立原理时,模糊如摸象,然而它们关联渗透在你脑海中,也许数天累月经年,之后形成概念,得到启发,开始创造;但真正问题不是'可制造吗?',而是新产品价格是否为人们所乐意支付,因此,工程学中包含着经济学."(J. Yama,1979年)

以小胜大是微纳电子学专业的突出特点.通过设计、制造、封装和测试新型芯片,承载必须缩微增效降耗的盈利的电子系统的部分,如传感器,或者全部,就是所谓系统芯片SOC,它所跨越的建模层次,从微米深入纳米,又从量子挺进混沌,它所呈现的产业经济学规律,以摩尔定律(Moore's Law,1965年提出)最为见微知著.微芯片(Microchip)或集成电路(Integrated Circuit)依赖于应用驱动,植根于多学科交叉融合,推动升格为中国交叉学科门类的一级学科(集成电路科学与工程,2020年12月30日由国务院学位委员会、教育部正式发布).

作为星至奖联合发起人,李氏系列电路发明人,新概念"脑健康微电子学"(Brain Health Microelectronics)、"相似器"(Similaritor)和"血糖无创检测混沌型传感器"(Chotic Sensor for Noninvasive Detection of Blood Glucose)的独立提出者,信号复杂性自动度量系列新算法的设计者,著者主要研究领域是模式识别与芯片工程.

著者主讲过20多门本科生电子学基础课与硕士研究生微电子学专业课,梳理旧知,创造新知,基于总共10章(导论+教育+探索+定律+表达+院士+实验+健康+模式+发明)书稿,把握Know What(事实),提炼Know Why(规律),打造Know How(技巧),认知Know Who(专家).行走在微纳电子学的博弈合作的棋盘中,著者将教研心得摘要与实战案例解说融入该书,写作初心是向专家致敬,同时方便本科生与研究生新人的入门自学.

人生就是一场测试能走多远的趣味建模实验——问题表征＋解码评估＋产品优化!"第一流的教育家,敢探未发明的真理,敢入未开化的边疆."(陶行知,1919年)"千淘万漉虽辛苦,吹尽狂沙始到金."(刘禹锡,唐)精力所限,笔难从心,不当之处,还请匠心独妙的大家学者指正.

近悦远来,常与三位同事:苏州大学资深教授黄贤武博导、东京大学客座教授俞一彪博士、苏州大学东吴学者毛凌锋博士,促膝谈心.

鸣谢苏州大学资深教授赵鹤鸣博导审阅全部书稿;谢谢编辑苏秦、征慧老师的悉心帮助.

感谢Stanford University 施敏院士于2009年4月14日再次欣然为本书题字!

资助:(1)苏州大学专业学位硕士案例教材建设子项目(编号58320901)(2016年,结题评为优秀);(2)江苏省重点学科建设经费立项课题;(3)2017年教育部产学研合作协同育人项目(RIGOL,编号201702125008);(4)2019年国家级一流专业(省品牌专业二期)经费资助(编号5031501120).

心声:每天的阳光都是新的,尽力而为,聚焦芯片,度量复杂,拓荒脑网(Brainet),止于至善!

李文石博士,硕导,教授
1990年6月一稿写于南京大学
2002年6月二稿写于复旦大学
2007年6月三稿写于东北大学(日本)
2008年6月四稿写于东南大学
2016年6月定稿写于苏州大学
2019年6月修订稿写于南京大学
2022年1月修订稿写于苏州大学

目 录 MULU

第 0 章 微纳电子学导论 ... 1

- 0.1 数学 / 1
- 0.2 物理学 / 2
- 0.3 化学 / 3
- 0.4 生物学 / 4
- 0.5 电子学 / 5
- 0.6 微电子学 / 6
- 0.7 纳电子学 / 7
- 0.8 成像学 / 8
- 0.9 脑神经科学 / 13
- 0.10 模型构造学 / 14
- 0.11 产品开发方法学 / 16
- 0.12 本章小结 / 20
- 0.13 思考题 / 24
- 0.14 参考文献 / 24

第 1 章 微纳电子学教育 ... 26

- 1.1 蚂蚁找路 / 26
- 1.2 沥青滴漏 / 28
- 1.3 希尔密码 / 29
- 1.4 基于阴极射线管发现电子 / 30
- 1.5 三维扩散电阻 / 31
- 1.6 共振栅晶体管 / 34
- 1.7 量子隧穿器件 / 36
- 1.8 阻变存储器 / 40
- 1.9 自旋电子学器件 / 42

- 1.10 基于近场显微镜同时成像波粒二象性 / 44
- 1.11 双缝干涉实验 / 46
- 1.12 NMOS 管沟道注入 B 离子调节 V_{th} 实验 / 50
- 1.13 本章小结 / 56
- 1.14 思考题 / 57
- 1.15 参考文献 / 57

第 2 章　微纳电子学探索　　59

- 2.1 设计方法学概论 / 59
- 2.2 折中设计概论 / 64
- 2.3 蒙特卡罗方法学概论 / 69
- 2.4 量子修正的 MOSFET 表面电势解析模型研究 / 76
- 2.5 电子存储器中的软故障特征导论 / 83
- 2.6 微电子系统中的 FoM 概论 / 86
- 2.7 高精度-低功耗 SAR ADC 的 FoM 函数研究 / 89
- 2.8 微码技术概论 / 97
- 2.9 第一键合点铜线焊接的三步键合研究 / 100
- 2.10 串扰概论 / 104
- 2.11 RF 手机测试案例 / 108
- 2.12 ATE 技术演进规律 / 110
- 2.13 MOS 管混沌产生电路设计方法研究 / 113
- 2.14 生物医学环境信号模式识别实验 / 118
- 2.15 本章小结 / 123
- 2.16 思考题 / 124
- 2.17 参考文献 / 124

第 3 章　微纳电子学定律　　131

- 3.1 欧姆定律(1827 年) / 131
- 3.2 兰特法则(1960 年) / 135
- 3.3 良率幂律模型(1963 年) / 142
- 3.4 摩尔定律(1965 年) / 148
- 3.5 阿姆达尔定律(1967 年) / 154
- 3.6 丹纳定律(1974 年) / 160
- 3.7 硅周期(20 世纪 80 年代) / 167
- 3.8 MOS 管的 α 幂律模型(1990 年) / 171
- 3.9 金帆定律(1994 年) / 177
- 3.10 海兹定律(2003 年) / 179

3.11　想法定律(2014 年) / 186
3.12　本章小结 / 187
3.13　思考题 / 189
3.14　参考文献 / 189

第4章　微纳电子学表达　194

4.1　科学研究 ABC / 194
4.2　科技写作精要 / 195
4.3　本科论文举例 / 198
4.4　硕士论文举例 / 199
4.5　博士论文举例 / 201
4.6　中文综述论文举例 / 204
4.7　英文学术论文举例 / 210
4.8　省自然科学基金申请书举例 / 218
4.9　国家自然科学基金申请书举例 / 223
4.10　发明专利申请书举例 / 229
4.11　调研报告举例 / 235
4.12　本章小结 / 240
4.13　思考题 / 241
4.14　参考文献 / 241

第5章　微纳电子学院士　242

5.1　巴德年院士论未来医学 / 242
5.2　张淑仪院士论科学研究 / 243
5.3　核物理之父卢瑟福论教育 / 244
5.4　王守觉院士论科技创新 / 246
5.5　许居衍院士论集成电路 / 247
5.6　施敏院士论微纳电子学 / 248
5.7　吉德斯院士论生物医学工程 / 249
5.8　刘永坦院士论信号处理 / 250
5.9　邓中翰院士论微电子系统集成 / 251
5.10　程京院士论生物芯片与健康产业 / 251
5.11　郝跃院士论宽禁带半导体与可靠性 / 252
5.12　本章小结 / 253
5.13　思考题 / 253
5.14　参考文献 / 254

第 6 章　微纳电子学实验　　255

6.1　锲而不舍 / 255
6.2　实验概论 / 256
6.3　印象几何 / 258
6.4　视觉大范围优先特性的反应时表达 / 258
6.5　基于 PCA 和 SVM 的人脸识别实验 / 259
6.6　基于 Silvaco TCAD 的浮栅存储效应演示实验 / 261
6.7　基于 Silvaco TCAD 的异质叠层太阳能电池建模 / 270
6.8　电热驱动薄膜的制备优化与性能测试 / 275
6.9　集成电路的 EMC 和 EMI 概论 / 276
6.10　薄型变压器抑制小功率高压电源 EMI / 279
6.11　啁啾脉冲放大简论 / 280
6.12　本章小结 / 282
6.13　思考题 / 282
6.14　参考文献 / 283

第 7 章　微纳电子学健康　　285

7.1　数字 3 的意蕴 / 286
7.2　信号复杂性度量 / 287
7.3　复杂信号的弹簧模式测试 / 290
7.4　Jerk 系统方程的运放电路验证 / 292
7.5　单运放单乘法器混沌电路建模 / 294
7.6　9T-MOS 混沌电路设计 / 296
7.7　混沌测量方法学概论 / 297
7.8　模拟 IC 故障诊断概论 / 299
7.9　语音激励检测电路故障 / 301
7.10　树电的非线性特征 / 302
7.11　认知增强概论 / 303
7.12　本章小结 / 304
7.13　思考题 / 305
7.14　参考文献 / 305

第 8 章　微纳电子学模式　　308

8.1　复杂性度量图解 / 309
8.2　复杂性自动度量 / 314

- 8.3 统计量特征代码 / 318
- 8.4 能谱复杂度代码 / 319
- 8.5 混沌分叉图代码 / 321
- 8.6 谱熵复杂度代码 / 324
- 8.7 自动 LZ 复杂度代码 / 327
- 8.8 自动 pq 图代码 / 329
- 8.9 自动 Pi 测试代码 / 331
- 8.10 自动庞截面代码 / 332
- 8.11 自动弹簧测试代码 / 336
- 8.12 自动时间幂率延拓代码 / 343
- 8.13 自动递归分析代码 / 346
- 8.14 本章小结 / 351
- 8.15 思考题 / 357
- 8.16 参考文献 / 357

第 9 章 微纳电子学发明　　360

- 9.1 耳朵生长 / 362
- 9.2 SI 量子化 / 363
- 9.3 载流子分辨光霍尔测量 / 365
- 9.4 液浸曝光 / 367
- 9.5 叠层成像 / 369
- 9.6 单纳米线光谱仪 / 372
- 9.7 阻抗传感的芯片实验室 / 374
- 9.8 最简 555 时基混沌电路 / 377
- 9.9 吸收大 CET 失配的柱栅演进 / 378
- 9.10 柔性 TFT 弯曲应力 ANSYS 计算 / 381
- 9.11 Wafer 运输寻心精度提高 / 383
- 9.12 ISSCC 综述演进 / 385
- 9.13 本章小结 / 387
- 9.14 思考题 / 391
- 9.15 参考文献 / 392

附录 1　蔡氏方程和高斯随机数的相图、pq 图、能谱图、3S 图　　397

附录 2　李雷博士提供：TiO_2 表面上金原子的扩散势垒值对比图解　　399

第 0 章
微纳电子学导论

科学(Science)涵盖任何知识系统,涉及物理世界及其现象,对于科学的研究需要无偏见的观察和系统化的试验.简言之,科学浓缩一般真知或基础定律.技术(Technology)是科学知识的应用,其面向人生的实际目的,简言之,其旨在改变和操纵人类的环境.

尽管科学与技术的学科都在不断分叉与融合,对于热爱微纳电子学的青年学子而言,建议重视如下 4 门基本功课:数学、物理学、化学以及生物学[施敏(S. M. Sze)院士讲座,于苏州大学,2009 年 4 月 14 日].

璨若群星的新兴学科,都是大自然之子,是思维孩子(Brainchildren).

本章主要根据《大英百科全书》2009 年网络版(Encyclopedia Britannica Online 2009)的信息,分别引入 4 门基础学科,桥接电子学,突出微电子学和纳电子学,亮出成像学,挤进脑神经科学,聚焦模型构造学,收获在产品研发方法学.

文末根据维基百科凝练给出本章小结,推出关键思考题,择要开列参考文献[1-30].

0.1 数学

数学(Mathematics)是关于结构、队列和联系的科学,它演变自原始的计算实践、量度以及针对各种物体形状的描述.它能够处理逻辑推理和定量计算,其发展包括针对客观物质对象的逐渐提高级别的理想化和抽象化方法.

自 17 世纪以来,数学已经是自然科学研究和技术探索的不可或缺的辅助手段,在近期,数学的类似应用已经指向生命科学的量化方面.

发明关联创业的最高境界是从 0 到 1,而非从 1 到 N.

图 0.1 是漂亮的阿拉伯数字 1 与秋千(Trapeze).古印度人发明了"阿拉伯数字"的符号 0~9 和十进制计数法.

图 0.2 来自"数学王子"C. F. 高斯的故乡——一幅德国漫画(格罗·冯·兰多,德国《时代周报》,2004 年 12 月 2 日),主题为:数学自由且根本.它提示我们:数学有一种不同于其他科学的自由,数学家的唯美理想蕴涵着一种就连十

$3\times37=111$
$6\times37=222$
$9\times37=333$
$12\times37=444$
$15\times37=555$
$18\times37=666$
$21\times37=777$
$24\times37=888$
$27\times37=999$
$111,111,1111\times111,111,111=12,345,678,987,654,321$
$1\times9+2=11$
$12\times9+3=111$
$123\times9+4=1111$
$1234\times9+5=11111$
$12345\times9+6=111111$
$123456\times9+7=1111111$
$1234567\times9+8=11111111$
$12345678\times9+9=111111111$

图 0.1 漂亮的阿拉伯数字 1 与秋千

二音音乐亦不能与之媲美的特殊严谨性.

"宇宙之大、粒子之微、火箭之速、化工之巧、地球之变、生物之谜、日用之繁等各个方面,无处不有数学的贡献."(华罗庚,《大哉数学之为用》,1959 年发表于《人民日报》).

工程问题的数学化——数学建模,在向我们招手. 至于结合数学的形象思维的训练,可以求助于物理学.

图 0.2　数学是自由的艺术

0.2　物理学

物理学(Physics)是一门基础科学,研究物质的结构,探知可见的宇宙基本成分之间的相互作用,涉及自然界从宏观到微观的各个层面. 它的最终目标是将众多的原理加以公式化,并借此解释所有不同的自然现象.

脱胎于自然哲学的物理学可被基本定义为关于物质、运动和能量的科学. 因为应用了数学语言,其众多定律的解释既经济又精确. 物理学的进步,一直伴随着尽可能精确的可控条件下的现象观察与实验. 对于检验物理学定律,理论预言与实际测量结果一致与否,是判断真理性规律的唯一标准.

图 0.3 是欧姆定律(基本型和微分型)的趣味图解,启发来自《图解杂学:电子回路》(福田务,ナツメ社,2006 年). 欧姆定律(Ohm's Law,G. 欧姆,1827 年)是电学中的最基本模型 $I=V/R$,或 $J=\sigma E$(此为微分形式的欧姆定律). 其中 I 是电流(单位:安),V 是电压(单位:伏),R 是电阻(物质的基本性质,单位:欧);J 是电流密度(单位:安每平方米),σ 是电导率(单位:西每米),E 是电场强度(单位:伏每米).

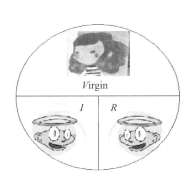
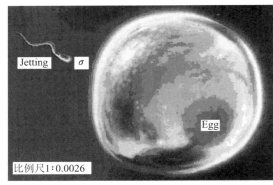

图 0.3　欧姆定律(基本型和微分型)的趣味图解

图 0.4 的三棱镜与七种色光出自文献 Encyclopedia Britannica Online 2009.

1666 年,牛顿在家休假躲避黑死病,应用三棱镜,他发现一束白光可分成不同颜色的光束,形成红、橙、黄、绿、蓝、靛和紫七种色光,即发生了色散(Dispersion)现象. 而不同的单色光又可借助三棱镜,合成还原为白光. 现代光谱学研究

图 0.4　三棱镜与七色光

的先河由此开启.

科学巨人爱因斯坦建立的成功学模型是:成功 $A=X+Y+Z$,其中 X 代表艰苦的劳动,Y 代表正确的方法,而 Z 代表少说空话.

做物理工作的成功要素是什么?! 杨振宁院士归纳为如下三个字母 P:

眼光(Perception)、坚持(Persistence)和力量(Power).

专家有言:格物致知! 每天格一物,研究物之道理. 当然,探求新功能材料,搞清其机制,主要是指物理或化学的道理.

0.3 化学

化学(Chemistry)是一门科学,研究物质(元素和化合物)的性质、组成和结构,探究物质的转化过程以及其间所释放或吸收的能量. 任何天然或人造物质都是由一种或多种原子(元素,总数有 100 余种)组成的.

化学不仅涉及亚原子领域,而且研究原子的性质,包括支配原子间组合的定律,以及如何应用原子的已知性质,以便实现特定的目的. 化学研究也关注可能造成瞬间爆燃的物质之间的反应变化.

截至 1965 年,被掌握特性及已生产的不同化学物质(自然的和人造的)尚不超过 50 万种;而当时光之箭射入聚合物时代(Polymer Age),该数字翻新为前者的 16 倍. 在化学技术的诸多成果中,有各种元素或多元半导体(Semiconductors)材料.

图 0.5 是俄国人门捷列夫制作的化学元素周期表(D. I. Mendeleyev,1869 年). 其中已存在为硅器时代奠基的化学元素 Si,其重要的左邻右舍还包括硼(B)、磷(P)、铝(Al)和氧(O),碳(C)是如今的新贵邻居. 元素硅(Si)发现于 1823 年,其以氧化物(例如石英砂)或硅酸盐的形式存在,占地壳含量的 25%. 现在大于 95% 的集成电路应用硅材料.

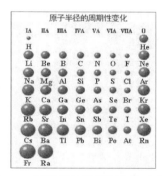

图 0.5 门捷列夫化学元素周期表(局部)   图 0.6 原子半径的周期变化示意图

图 0.6 是原子半径的周期变化图解. 其中,氢原子的半径是 0.05nm;注意,硅原子的"体态"与近邻硼(B)和磷(P)是近似相等的,此奠定了 Si 杂质工程的基本几何机制——在晶格中可以替位或占位容身. 原子接触的秘密,遵循 1921 年提出的 Vegard 定律(恒温下合金晶格常数与组分近似呈现线性关系).

图 0.7 是玻尔原子模型(1913 年由 N. Bohr 提出,1922 年获得诺贝尔物理学奖)以及第一级巴尔末跃迁. 爱因斯坦有言:玻尔的电子壳层模型是思想领域中最高的音乐神韵.

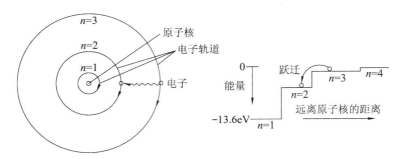

图0.7 玻尔原子模型与第一级巴尔末跃迁图解

N. 玻尔的导师是近代原子核物理学之父 E. 卢瑟福(读研究生师从电子的发现者 J. J. 汤姆孙教授),他是1908年诺贝尔化学奖获得者.

在现实领域里,机遇偏爱那种有准备的头脑(Chance Favors the Prepared Mind),法国微生物学家、化学家和近代生物学的奠基人 L. 巴斯德如是说.

0.4 生物学

生物学(Biology)旨在研究生命体及其关键过程,同时探究生命的物理和化学特性.

在分子生物学的层面上考察,生命可被视为化学和能量转化的一种表现,发生在组成有机体的许多化学成分之中.

更精确的实验仪器和测量技术的发展,导致了如是结果:现在已能更加准确地理解和定义的,不仅包括原先不可见的最终的理化超结构(关于生命物质的分子),而且还包括生命物质究竟如何在分子层面上再生.

图0.8是恐龙胚胎化石(大椎龙,年龄1.9亿年),1978年发现于南非,刊于2005年7月29日出版的《Science》杂志.

图0.8 没有牙齿的恐龙胚胎化石

图0.9 DNA 双螺旋结构

似乎即将破壳而出的骨架(长约12cm)都没有出现牙齿,说明小恐龙孵出之后,也需要"双亲"的抚育.

地球诞生已有46亿年,若把地球46亿年的历史浓缩为一天,则:

零点零分到3点39分,地球诞生,最初的海洋开始形成,海洋中简单的有机物生成.

5点43分到16点09分,火山活动强烈,太阳辐射强,原核生物出现,地球上出现了原始生命.

22点05分到22点28分,是两栖类动物的全盛期,巨型有翅昆虫开始出现.

22点51分到23点12分,气候温和潮湿,这21分钟是恐龙的全盛期,始祖鸟开始出现.

23点37分,恐龙时代终结,为哺乳动物和人类的登场提供了契机.

23点57分,这是个重要的时刻,因为人类登上了历史舞台.

在24小时的地球历史中,人类在最后3分钟才登场,最后的1分10秒,现代人类出现.

从模型建立的角度考察人体,其就是一个能够产生和传导微弱电能的"水袋".

生物学进步的已知代表成果:写就人类基因组〔脱氧核糖核酸DNA(Deoxyribonucleic Acid)序列〕的基本指令,即DNA所包括的四种核苷酸:腺嘌呤(A)和胸腺嘧啶(T),鸟嘌呤(G)和胞嘧啶(C).

图0.9是DNA的分子模型,由J. 沃森和F. 克里克于1953年建立,同年《Nature》发表其1篇千字文且仅含1张X射线晶体衍射照片,9年后,他们借此获得了诺贝尔生理学或医学奖.

DNA的有机化学分子呈现双螺旋结构(而非原来构想的三螺旋),这提示了DNA的复制机制.遗传信息经过DNA编码,以传递遗传性状.已经发现DNA存在于一切原核与真核细胞中,也存在于许多病毒中.

量子波动力学创始人E. 薛定谔(1933年诺贝尔物理学奖得主)以著作《生命是什么?——细胞的物理面貌》(1944年),和J. 沃森博士一起开启了分子生物学之门.

薛定谔是在世界著名的卡文迪许实验室工作的,而同属该实验室的J. J. 汤姆孙教授(1906年诺贝尔物理学奖得主),早在1897年就因发现电子而敲响了电子学的大门[1].

0.5 电子学

电子学(Electronics)是物理学和电气(电机)工程的分支学科,研究电子的发射、行为和效应,发明和应用电子器件.电子学涵盖了极其广阔的技术领域,因为信息的获取、放大、存储、处理、传输、转换和显示,哪一样都离不开电子学.

最初,电子学特别针对第一只电子管(Electron Tube)中的电子行为展开研究.电子技术应用基于理解电子基本特性的进展,以及合理运用这些粒子的行为方式.

电子学研究进展的里程碑是发明了很多关键器件,例如晶体管(Transistor)、集成电路(Integrated Circuit)、激光器和光纤等.新器件的出现又催化了电子制造业,使其中涌现出面广量大的电子消费品、工业品和军用品.

可以断言,电子革命与19世纪的工业革命同等重要.

图0.10是电子(真空)二极管的发明原理.1879年爱迪生发明白炽灯泡后,第一个把爱迪生效应(热电子发射现象)付诸实用的,是英国人J. A. 弗莱明(麦克斯韦的学生),他于1904年发明了电子二极管.

基于此,1906年美国人D. 福雷斯特专门加入了控制级,位于收集罩极和阴极之间,这就是著名的电子三极管.自此,人类正式迈进了电子时代.

在前面走过的40年中,电子三极管唱绝对主角,因为其是唯一可选的放大器(虽然在能耗和便携性等方面,尚不令人十分满意).

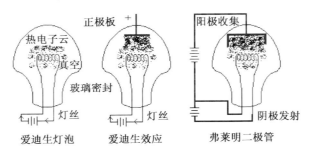

图 0.10　爱迪生效应与弗莱明真空二极管

图 0.11 是 1947 年圣诞节前诞生在美国贝尔实验室的首只晶体三极管(电压增益为 15).9 年后因之获得诺贝尔物理学奖的项目组长 W. B. 肖克利认为:在我看来,晶体管将是电脑理想的神经细胞[2].1948 年诞生了香农公式:信道容量正比于带宽、信噪比对数.

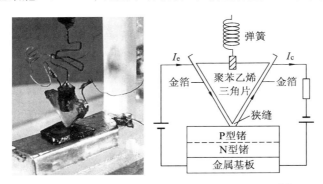

图 0.11　点接触晶体管的发明与实验原理示意[2]

0.6　微电子学

微电子学(Microelectronics)是电子学的一个重要分支,研究半导体器件(Semiconductor Device)、电子学电路(Electronics Circuit)和系统(System)的微小型化,特征尺寸(Feature Size)是微米量级(Micrometer-Scale)或者更小[3].对比数据:人类头发直径处在 $50\mu m$(微米)数量级.

微电子学先声是固态电子器件——晶体管(先基于锗,后主要基于硅),核心硕果是集成电路(IC,Integrated Circuit)的定义与发明(Invention)."电子设备可在一块固体上实现,无须连线;在固体块各层切出一块块直接互联"(G. W. A. Dummer,1952 年).

随着微加工技术的进步,微电子学的固态器件(Solid-State Devices)正在被持续缩微,呈现出恰如摩尔定律所概括的技术经济学统计特征——单片 IC 所能集成的晶体管数量每 18 个月翻一番.

若在更小的缩微尺度考察,集成电路内部性质的相互影响将更为严重,如互连线延迟已经超过了门延迟($0.25\mu m$ 工艺节点以下),这是寄生效应(Parasitic Effects)使然.微电子学设计工程师们的研究目标,就是设法补偿这些寄生效应,也或使其最小化,以便提供更小、更快、更冷和更廉(价)的器件与芯片(Chips,如中央处理器 CPU).

图 0.12 是 TI 公司的 J. 基尔比于 1959 年 2 月 6 日提交申请的美国专利附图(U.S. Patent 3138743)."本发明首要的目的,就是利用一块包含扩散 PN 结的半导体材料,制备一种新颖的小型化电子学电路,在其中,所有电路元件全部集成在这块半导体材料之中".

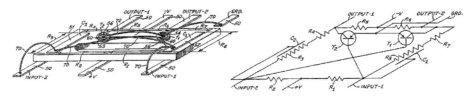

图 0.12　单片集成电路(振荡器和锁存器)的结构布置和电路原理[4]

凭借 1958 年制作出第一块锗基单片 IC(长度为 1.1cm,手工绑定金线),"为现代信息技术奠定了基础",为人低调勤勉的伟大工程师 J. 基尔比赢得了 2000 年诺贝尔物理学奖.

图 0.13 是微纳电子学的"圣杯"总览图解.中心是特征尺寸,左为集成度,右为诺贝尔奖,上有硅极限,从 5nm 变为 3nm,趋向亚纳米工艺.

1986 年美国加州大学 R. G. Paul 教授提出集成电路分类的鸡蛋模型:模拟电路(Analog Circuits)是蛋壳,数字电路(Digital Circuits)是蛋黄,而 ADC 与 DAC(A 模拟,D 数字,C 转换器)是蛋清. ADC 和 DAC 是联结模拟电子世界和数字电子系统之间的纽带与桥梁;其二者的串联就是化学突触的等效电路.对于未来 SOC 的架构,看好众核 MCU＋Interfaces＋Sensors.

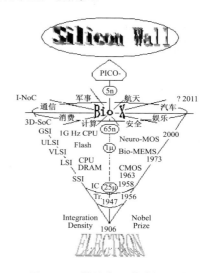

图 0.13　微纳电子学的"圣杯"图解(李文石,2005 年)

0.7　纳电子学

纳电子学(Nanoelectronics)也称为量子功能电子学,它主要在 100nm 以下的尺度,研究晶体管器件内部的原子间的相互作用,探究量子效应,构造全新的量子结构体系.

区别于现在主流的电子器件——MOS 管,纳电子学发展了许多变革性的新器件候选者,包括单电子晶体管、单电子存储器和单原子开关等,以及可能用于量子系统的零维的量子点(Quantum Dot)、一维的量子线(Quantum Wire)和二维量子阱(Quantum Well)等.

1V 电压及以下供电的纳电子学是十分重要的研发(Research & Development)领域.

通过阶段性地考察,基于纳电子学的实用化进程尚有待突破.

图 0.14 是扫描隧道显微镜的结构原理示意,纳米级的测量表征基于扫描隧道显微镜[STM(Scanning Tunneling Microscope),1982 年发明,1986 年获诺贝尔奖].

STM 的基本工作原理:探针与样品在近距离(小于 0.1nm)时,因二者存在电位差而产生隧道电流,其对距离非常敏感;当控制压电陶瓷使得探针在样品表面扫描时,由于样品表面的高低不平而使针尖与样品之间的距离发生变化,该距离变化将引起隧道电流变化;控制和记录隧道电流的变化,并把电流信号送入计算机进行处理,即可得到样品表面的高分辨率的形貌图像.

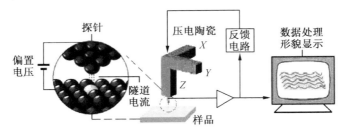

图 0.14　STM 结构原理示意图

图 0.15 是由硅原子组成的硅元素符号(尺度为 4nm×4nm,由 12 个半径为 0.117nm 的硅原子组成),2009 年,由日本大阪大学的杉本宜昭等基于 AFM (Atom Force Microscope)操纵,逐一置换锡原子而成.

图 0.16 显示了硅墙(Silicon Wall)的出现和纳电子学的机会(纵坐标为对数坐标).半导体技术国际路线图 ITRS 2007 提供的仿真数据表明:在低静态功耗电路中,MOSFET 的栅极(SiON 介质)漏电流密度于 2008 年已超过了极限值.因此,尽快发展 Si 微电子学持续缩微的改良或替代技术已是大势所趋.

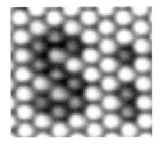

图 0.15　由硅原子组成的硅元素符号(尺度为 4nm×4nm,来源于杉本宜昭)

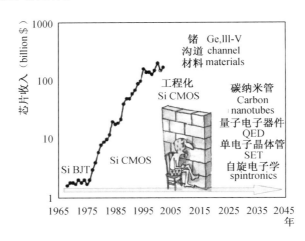

图 0.16　硅基微电子学的收入、硅墙的出现与纳电子学的机会[5]

在纳米尺度下,器件与电路的量子混沌效应备受关注,能否顺利地控制与利用此机制的"敌""友"身份,即将成为延续摩尔定律节拍的工业量产的瓶颈[6].

0.8　成像学

激发灵长动物好奇心的无疑是其色觉与立体视觉.成像技术(Imaging Technology)

就是模式识别(Pattern Recognition)的计算机图形学之可视化[7].

基于成像系统(Imaging System)可能获得例如人体微结构图像,以便进行模式识别与诊断治疗.

结构与流程＝研究对象＋传感换能＋预处理＋特征提取与编码＋解码与显示＋可视化理解.其中,微弱信号的传感换能最为关键,而建像算法更为重要.

所涉及的多核 CPU 或 DSP 系统控制,已呈阶段成熟态势(一直呼唤新器件与新架构).

光学成像的发展可分为三个阶段:直接光学成像(即古典光学成像)、间接光学成像(即衍射光学成像)和扫描光学成像(如近场光学成像)[8−9].

例证 1:墨经与小孔成像

《墨经》有云:景到,在午有端,与景长,说在端.今译:(结果)像是倒立的,(装置特点:两束直线传播光线的)交叉所在(焦点)(开)有小孔,至于成像的长短,言说关键就在小孔(的位置).图解参见图 0.17.

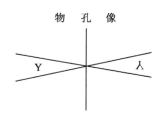

图 0.17 墨子的小孔成像实验示意图

启发一:作为眼睛的延伸工具,小孔成像装置的发明是墨子的重要成果.

启发二:将人本位变换成因变量,旨在提示,为寻找人和宇宙的本质,始于逻辑起点,基于工具理性进行解构或者重构.

例证 2:《窗外》与雪花

图 0.18 是世界上第一幅永久性照片,《窗外》的左边是鸽子笼,中间是仓库屋顶,右边是另物一角.

图 0.18 窗外(摄影:尼埃普斯)

图 0.19 世界首张雪花照片

1827 年的一天,法国人约瑟夫·尼埃普斯在顶楼工作室,拍摄了窗外的景色,方法步骤是:① 将一层薄沥青敷在铅锡合金板上;② 将前述感光版放入照相暗盒;③ 利用阳光和原始镜头进行曝光;④ 曝光时间长达 8 小时;⑤ 再用熏衣草油进行冲洗.

参见图 0.19,世界首张雪花照片定格于 1885 年(增加了透镜片组数).2015 年初晶体学研究揭示雪花只有 35 个形状,其形状根据温度和湿度改变.

例证 3:X 射线衍射成像

受到劳厄像(图 0.20)的启发,布拉格父子实验建立了布拉格定律——相邻晶面反射光、入射光的光程差与入射光波长呈整数关系,成立条件是波长小于等于 $2d$,定律本质是晶格周期性使然,参见图 0.21.应用这一公式,已知入射 X 射线波长 λ 与入射角度(与晶面夹角)θ,可以根据衍射图样判断出 n 的值,进而计算得到晶格常数(原子格点的间距)d.

布拉格父子继劳厄之后同获1915年诺贝尔物理学奖.

 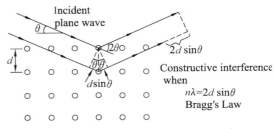

图0.20　晶体原子格点的劳厄像(1912年)　　　图0.21　布拉格晶体衍射定律(1913年)

远场光学中光场分布在原理上存在着衍射极限. 瑞利(Rayleigh)根据1873年Abbe首次推导的衍射光分辨两点最近邻距离结果,研究认为$\delta \geqslant \frac{0.61\lambda}{n\sin\theta}$,其中,分母项叫作数值孔径(Numerical Aperture),只是在固体或液体浸没物镜时,才有数值孔径NA大于1.要提高传统光学分辨率(上限$\lambda/2$),例如提高曝光机的最小分辨率,可以基于纯水等做浸润曝光,最先攻克整机分辨率提高难题的是林本坚院士,他强调:"就在水将死未死的边缘,是它最好的菁华."

1928年,英国科学家提出近场光学显微镜设计理念;自1984年以来,科学家们提出通过金属化的AFM探针,利用散射方式得到分辨率在10nm左右或更好的近场光学图像,从而推动近场光学领域的进一步研发.

例证4：神经信号的首次CRT成像

图0.22是美国生理学家厄兰格和加塞师徒利用自制电子管示波器得到的世界最早的神经动作脉冲信号图像.

1920年,因得到约翰孙展示的高灵敏度阴极射线示波器的启发,又借不到RCA公司刚刚研制出的第一台电子管示波器,厄兰格和加塞自制成功了良率刚刚好保证获取神经动作峰电位的高灵敏度的增幅仪.应用这种方法测出了不同神经纤维以不同速度来传导神经冲动,规律是传导速度与纤维粗细成正比.由此,厄兰格和加塞师徒同获1944年诺贝尔生理学或医学奖.

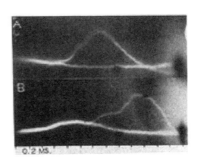

图0.22　轴突动作电位在极化前后延迟了0.6ms

例证5：近红外成像技术

从1800年英国科学家赫歇耳(W. Herschel)发现近红外光,到1881年英国天文学家阿布尼(W. Abney)和E. R. Festing用Hilger光谱仪拍摄下48种有机液体的近红外吸收光谱(700～1100nm),发现近红外光谱区(NIR)的吸收谱带均与含氢基团有关,到1968年美国农业部的工程师K. Norris博士将近红外光谱用于农产品的快速分析,再到1974年瑞典化学家S. Wold和美国华盛顿大学的B. R. Kowalski教授创建化学计量学(Chemometris),硬是从光谱"垃圾箱"(宽谱且重叠严重)里,唤醒了现代近红外光谱技术这个沉睡的分析"巨人".

1977年,NIR首次被用于测试研究幼猫的脑血氧问题. 20世纪70年代,红外显微镜已应用在寻找芯片硅层深处的缺陷.

图 0.23 是近红外光谱及其"邻居".

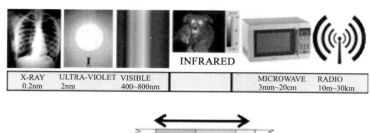

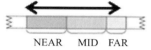

图 0.23　近红外光谱及其"邻居"

例证 6：应用光声效应的光声显微镜

应用光声效应（Bell，1880 年）的光声显微镜（A. Rosencwaig，1973 年）原理参见图 0.24. 图中利用聚焦的激光束扫描固体样品表面，测量不同位置产生的超声信号的振幅和相位，从而确定样品的光学性质、热学性质、弹性情况或几何结构，即发展成为光声显微镜.

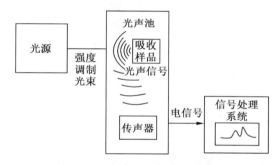

图 0.24　光声显微镜原理示意图

其应用可声成像各种金属、陶瓷、塑料或生物样品等的表面或亚表面的微细结构，特别可对集成电路等固体器件的亚表面结构进行成像研究（张淑仪，高敦堂，1980 年）.

例证 7：碳纳米管发射电子

在 SPMage07 国际竞赛中，图 0.25 中的明亮光晕，是由"问号"形状的碳纳米管帽发射出的负电荷所产生的，成像工具是静电力显微镜，其中，碳纳米管直径为 18nm，放电时纳米管变暗. 长径比大的碳纳米管尖端处所集聚电荷的绝对值大，另外碳纳米管尖端电场值还远大于宏观外电场值.

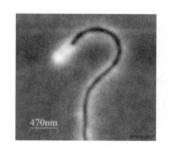

图 0.25　碳纳米管帽发射的负电荷光晕

1991 年 Iijima 首次发现碳异构体家族新成员——碳纳米管（Iijima S，1991 年）.

1995 年 Chemozatonskii 发现碳纳米管（Carbon Nanotube，CNT）具有发射电子的特性，得出低场发射阈值电场强度（$1\sim 3\mathrm{V}/\mu\mathrm{m}$）和高场发射电流密度（约 $1\mathrm{A/cm}^2$），碳纳米管被认为是未来平板显示器最有前途的阴极材料之一.

静电力显微镜（Electrostatic Force Microscopy，EFM）是利用测量探针与样品的库仑相互作用,来表征样品表面静电势能、电荷分布以及电荷输运的扫描探针显微镜,1990 年已经得到应用.

静电力显微镜工作原理为:探针与样品之间加工作电压,悬臂梁探针受静电力的作用,在样品表面振荡,但不接触样品表面,库仑力随 $1/r^2$ 衰减,通常探针与样品表面的工作距离为 100nm;范德华力呈 $1/r^6$(r 为原子间距离)衰减,故 EFM 的原型——原子力显微镜必须保证探针与样品表面几乎接触.

例证 8:氢键首秀

"氢键"的概念是由诺贝尔化学奖得主鲍林于 1936 年提出的;首次直接观察到"氢键",已是 2013 年.

在超高真空和低温条件下,中国科学院的裘晓辉团队通过原子力显微镜(AFM)观测吸附在铜单晶表面的 8-羟基喹啉分子,获得了其化学骨架、分子间氢键的高分辨图像,参见图 0.26.其中,图 A 是 8-羟基喹啉的化学结构;图 B 是 8-羟基喹啉分子在原子力显微镜下的显微图片;图 C 为聚集的 8-羟基喹啉图像;图 D 为与图 C 相对应的分子结构模型.

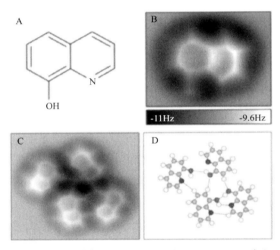

图 0.26　氢键初现(Zhang et al,Science,2013 年)

成像技巧:

(1) 降低 AFM 的机械噪音,进一步降低电子学噪声.

(2) 自制核心部件"高性能 qPlus 型原子力传感器",其稳定振幅达到 1Å,小于一个普通化学键的键长.

小结:AFM 成像技术中分辨率的革命性提升,才使得氢键"现形".

展望:进一步理解氢键的本质,必将有助于设计开发特殊的分子氢键聚合体,例如人造冰晶等.

例证 9:医学成像技术比较图解

参见图 0.27,横轴是时间(秒的对数),代表不同技术的时间分辨率;纵轴是空间维度,代表不同技术的空间分辨率.其中,MEG 为脑磁图,ERP 为事件诱发电位,PET 为正电子发射断层,optical dyes 为光学染色,fMRI 为功能磁共振,Lesion 为脑损伤学研究,2-deoxyglucose 为 2 脱氧普通糖核显像,single unit 为单电极技术,patch clamp 为膜片钳技术,light microscope 为光学显微镜.

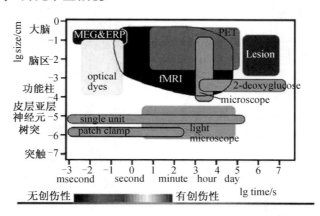

图 0.27　尺度与时间双对数坐标下的电生理成像技术比较(M. E. Raichle,1998 年)

这些方法成像原理不同,观察范围和适用特点各有优劣.建议各种方法联合互补,因为人脑神经成像的内在特征具有多模态(multi-modality)性.而意识示波器始终是多模态成像的.

20 世纪 90 年代美国俄亥俄州大学物理学教授 E. L. Jossem 曾在论文中写道:"I hear and I forget, I see and I remember, I do and I understand."

0.9　脑神经科学

脑科学(Brain Neuroscience)研究脑的活动,其终极目标是破解智力起源与意识本质.

大脑基于神经系统,整合所感知的信息,指挥运动响应.脑也是高级脊椎动物的学习中心.

组成神经系统(Neural System)的是由神经元构成的网络,还有其他辅助细胞(例如神经胶质).

脑神经科学的研究可在不同的级别(Level)展开,如分子、细胞、系统或者认知(Cognition).

图 0.28 是电子显微镜下的脑内环境,图中显示了神经元和神经突触.

1906 年 Sherrington 提出突触的概念,定义了神经元之间的接点,于 1932 年获得诺贝尔生理学或医学奖.神经元之间的电学与化学信号传递正是通过化学突触完成的[10-11].

图 0.29 是李文石博士的脑 fMRI 影像.磁共振成像 MRI(Magnetic Resonance Imaging)及其衍生技术,五次获得诺贝尔奖(首次于 1952 年,获物理学奖;较近的于 2003 年,获生理学或医学奖).

21 世纪进入了脑科学的世纪.这个前瞻性论断是由国际脑研究组织于 1995 年夏天在日本东京举办的第 4 届世界神经科学大会上提出的.

各国开展脑研究旨在"认识脑"(揭示人脑机

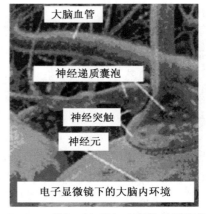

图 0.28　神经元与神经突触的显微结构

能)、"保护脑"(治疗人脑疾病)、"开发脑"(研究脑记忆与创新)和"创造脑"(开发人工智能).

中国脑健康委员会于 2000 年 9 月 16 日将每年 9 月定为"脑健康月".

脑研究总的技术趋势是：还原分析与综合研究呈现波浪式前进. 深度分析重在揭示"头脑风暴"的神经化学机制；高度综合基于整合脑的微分析化学、物理与功能成像信息，试图联合揭秘脑的高级工作原理.

"聪明的人总是用别人的智慧填补自己的大脑，愚蠢的人总是用别人的智慧干扰自己的情绪"，美国心理学家 W. 詹姆斯如是说.

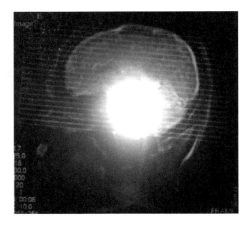

图 0.29　作者大脑的 fMRI 影像

电磁学的集大成者 J. C. 麦克斯韦教授认为：因为人的心灵各有不同的类型，科学的真理也就应该利用种种不同的形式表现，不管它是以具有生动的物理学色彩的定性形式出现，还是以朴素无华的符号表示出现，它都应该被当作是同样科学的. 理论专家麦克斯韦的话，褒奖了实验专家法拉第的科学研究积累. 而著名物理学家和化学家法拉第的名言是：科学研究有三个阶段，首先是开拓，其次是完成，第三是发表.

如今，学者与专家都知道，科学研究有三根支柱，即实践、理论和仿真. 凡此，都是在大脑的指挥下完成的. 2012 年韦钰院士在 BLOG 中如此阐释神经教育学——教育，(就是)医脑袋.

作者提出的脑健康微电子学的最为瞩目的健康特征就是微笑，而 18 种微笑，需要建模比较.

0.10　模型构造学

科学是实验的科学(马克思语)；没有测量，就没有科学(门捷列夫语).

科学研究的对象——原型；原型的相似替代物——模型.

数学模型(Mathematical Models)是现实世界的数学表现，也可以是数学概念的物理表现.

数学模型是最重要的思想模型，它是对原型的数量关系、逻辑关系以及空间形式的模拟.

无论是自然地还是涉及技术和人力干预地，本质地研究物理的和生物的世界，必将基于数学模型的分析，应尽量给出数学表达式(Mathematical Expressions)的具体描述，例如动态系统(Dynamical System)、统计模型(Statistical Models)和差分方程(Differential Equations).

结合数学模型，针对科学和工程领域感兴趣的问题，可进一步进行理论探索，包括优化、控制理论分析、信息理论分析、量纲分析和计算机仿真.

数学建模方法总论：知识的本质是概括(德国哲学家 H. 赖欣巴赫语)；都有一定成分的幻想(列宁语). 建模依赖于相似性原理(如几何相似、组分相似、机理相似等).

数学建模(Mathematical Modeling)隶属于系统方法,可视为标准的科学方法学(Standard Scientific Methodology)的简单扩展.

数学建模的通用流程:

(1) 将复杂问题化作一连串简单的子问题(始于笛卡儿"怀疑一切"的还原论).

(2) 列表指出影响因变量的所有自变量因素.

(3) 在表中找出最关键的自变量因素.

(4) 始终贯穿着暗示、模仿、改造和创造的专家心理学(李文石博士语).

数学建模的基本方法(姜启源教授)[12]:

(1) 机理分析——根据对客观事物特性的认识,找出反映其内部机理的数量规律.

(2) 测试分析——视研究对象为"黑箱",统计分析已测外特性数据,找出与数据拟合最接近的模型(若在控制领域,就称为系统辨识).

(3) 二者结合——基于机理分析建立模型结构,基于测试分析确定模型参数.

清华大学的姜启源教授用成语"如虎添翼"概括基于计算机技术的数学建模之于知识经济的重要作用,可以说是恰如其分的.因为数学建模是系统工程中最基本的工具,可为任何科学分支服务.

北京航空航天大学李尚志教授认为:数学建模本身,就是学习如何去应用理论来解决实际问题,其指导思想是从实际中来,通过数学,再去指导实际应用;解决问题的完整过程包括:调研—分析—建模—计算—验证,无论是平时的练习,还是竞赛,都不能缺少任何一步[13].

李尚志教授认为:何谓"数学实验"? 通俗的表达就是对数学进行折腾、连蒙带猜找规律、从问题出发、自己动手动眼动脑并借助于计算机,几个方面一起下手,达到"尝试数学的探索、发现和应用"的目的.

其中的"连蒙带猜",可以理解为一种经验试探法(Heuristics)(也即大拇指规则,Rule of Thumb).

结合图 0.30 和图 0.31 的内容要点,概括建模与仿真的艺术[14—16]:

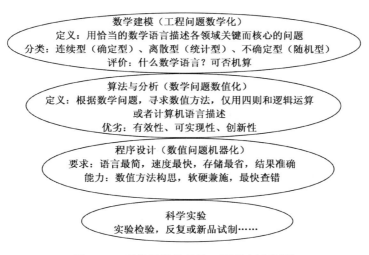

图 0.30　现代科学技术的一般研究过程[15]

(1) 建模的艺术在于建立特性模型(例如,在特定条件下,刻画系统的输入和输出特性).

(2) 仿真艺术的一部分就是"折中"(Trade-Off)或奉行折中主义(Eclecticism). 正如 R. W. 汉明所言:仿真(Simulation)的主要作用,不在于获得数值,而在于获得深入的理解.

(3) 有效算法的特点:适用广,计算少,存储少,逻辑简,编程易,结果准.

数学家谷超豪教授借用孔子的名言"工欲善其事,必先利其器"(《论语·魏灵公》),说明数学模型和数学技术就是现代科技探索的工具——"器"(图0.32).

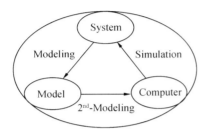

图 0.31　计算机仿真三框图　　图 0.32　谷超豪教授题写数学建模之"器"

2009 ITRS 描述的微纳电子学建模和仿真的范围与级别参见图 0.33,其对国际半导体 Road Map 的概括使人洞若观火,一目了然.

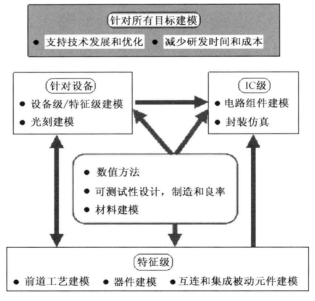

图 0.33　2009 ITRS 描述的建模和仿真的范围与级别

0.11　产品开发方法学

需求是发明之母. 微观经济学定义需求为买得起单的渴望,因此"人们必将面临权衡取舍(People Face Trade-Offs)",该原理位列经济学十大原理之首(N. Gregory Mankiw, 《经济学原理》).

企业家精神是(冒险地)发现机会、捕捉机会并创造利润;科学家素养是追求真理性新知识,他们只解决为什么而不考虑成本.

技术相对于知识,具有三个特征:① 可应用性;② 可编码性;③ 产出性.

关于产品研发全程,工业发达国家投入资金和人力比例:基础研究1,应用研究5,产品开发研究20,生产技术研究300(唐苏亚,1989年).

聚焦产学研,其九大步骤是:基础研究、核心技术研究、产品设计研究、样品、中试、试销、大规模制造、大规模销售以及服务.高校与科研院所往往涉及前4步,而企业则主打后3步.(《中国青年报》,2012年2月1日3版)

典型的产品设计过程包含4个阶段(R. B. Chase,1999年):

(1) 概念开发和产品规划阶段:信息综合,预测性价比,进行微实验,验证新概念,征求潜在顾客意见,形成最终方案.

(2) 详细设计阶段:设计与构造产品原型,开发生产工具与设备,核心是"设计—建立—测试"循环,直至实现期望的性能特征.

(3) 小规模生产阶段:组合整个系统(设计、详细设计、工具与设备、零部件、装配顺序、生产监理、操作工、技术员),进行良率工程.

(4) 增量生产阶段:当对自己(和供应商)连续生产能力及市场销售产品能力的信心增强时,产量开始增加.

那么究竟有多少比例的研究项目能够进入到开发阶段呢?

文献[17]给出的模型,能够确认研发就是"You have to kiss a lot of frogs to find a prince!"

昂贵的研究费用只占开发项目费用的十分之一;研究项目中大约60%是有显著开发成功可能性(中间变量Γ)的.

图0.34中,该模型的曲线族提示我们,只有三分之一的研究概念,因为低的成本约束而可能被选中,成功进入到开发阶段.

图0.35是倪光南院士(曾是南京工学院的5学年全5分毕业生)给出的IT产品的典型开发流程图解.其中指出,整机思考(趋向SOC),提倡软硬兼施,主流是以软托硬,重视专家,重视技术细节与管理技巧[18].

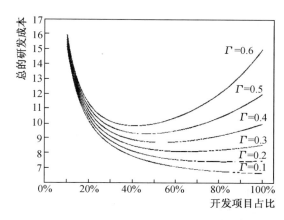

图0.34　总研发成本是所开发项目占比的函数[17]

解释1:必须前瞻性地研究开发计划,发挥整机厂商的凤尾加龙头主体作用,借助高校与研究所的源思想创新,经由IC设计代工公司的加速,响应政府资金启动与引导,吸引风险基金,及早上市,力争实现"海量""中国芯"和"苏州芯",而能在制造厂拿到合理的加工单价[19-20].

机会无疑将惠顾有准备的整机IC研发团队.

IC研发竞争四要素参见图0.36.其中:

上三角形中,左一半为系统,右一半是测试;

左三角形中,左一半为专利,右一半是获利;

右三角形中,左一半是问题,右一半是数学.

解释2:典型产品从白色家电(减轻体力劳动强度)、黑色家电(娱乐电子)、米色家电(计算机类)和小家电(包括电子锁),走向绿色家电(环保高效能)(李文石,《靖江科技镇长团调研报告之九——三江电器集团发展现状剖析与新技术革命》,2012年).

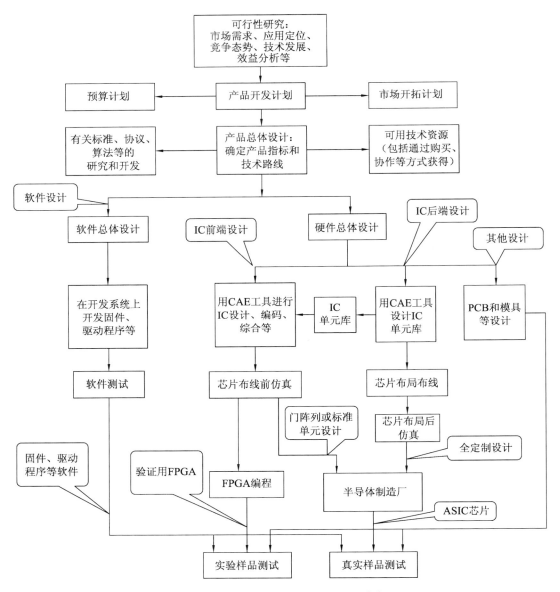

图0.35 IT产品的典型开发流程图[18]

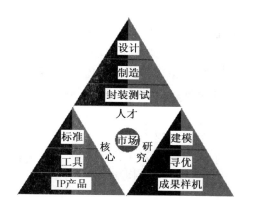

图 0.36 IC 研发竞争力四要素[19-20]

特点概括：白色(微特电机为主)；黑色(集成电路为主)；米色(CPU 为主,包含微特电机)；小家电(包括电子锁,包含微特电机)；绿色(变频微控制器,微特电机,超低功耗).

解释 3：新潮产品,如智能硬件.入门例证参见著者指导的硕士论文《可穿戴体征监控设备工业实现研究》(马凯,2014 年).

(1) 定义与市场：(现代)可穿戴技术是 20 世纪 60 年代美国麻省理工学院媒体实验室提出的创新技术,现已进化为探索和创造能直接嵌入人脑或者戴在手腕、耳朵、面部、足部以及整合进衣服或配饰的设备.当把可穿戴技术应用于健康领域,如检测身心健康状况、统计运动数据、改善身心状态,其产品即称为可穿戴健康设备.

(2) 最核心理念：让期盼健康的人们,能够更便捷地使用智能化的设备,而感觉不到其特殊存在.

(3) 可穿戴健康设备三大标准：

① 佩戴舒适,甚至无感.

② 使用过程不应干扰正常生活.

③ 外观应适合使用场合和环境.

(4) 演进规律：

① 趋势上,信息收集⇒直接干预.

② 功能上,测特征⇒测意识流＝神经解码,例如,让失语者"说话"、失聪者"复听"、失明者"复明",梦境解析,灵感记录,创意搜索.

③ SENSORS,众传感⇒少传感＝传感融合,例如,单键、双键、三键、单导触摸等.

④ 接地气,大数据⇒大理解＝锤炼数据,例如,IN-压缩感知、OUT-FOM、CON-TROL-INTERNET.

⑤ 低功耗,多数字⇒多模拟＝特征识别,例如,特征域、超低耗、NEW-FOM.

⑥ 人文心,小玩具⇒救命草＝天天备战,例如,随时监测血糖、心绞痛、心缺血；癫痫 Holter,中风预测等.

解释 4：达维多定律(Davidow Effect)是由曾任职于英特尔公司的高级行销主管和副总裁威廉·H·达维多(William H Davidow)提出并以其名字命名的.他于 1992 年认为,任何企业在本产业中必须第一个淘汰自己的产品；一家企业如果要在市场上占据主导地位,就必须第一个开发出新一代产品.

解释 5：创新一定要延伸至新产品的成功.创新思想来自何处？生理学家邹承鲁院士以"旺火炉原理"作答：天才出于勤奋,创新出于积累[21].

杨卫院士认为：如果拿人体做比喻,创新驱动可分为三个层次.第一层是原始创新,这相当于大脑;第二层是技术创新,相当于神经循环系统;第三层是技术产业化,相当于躯干和四肢.其中,第一层次的原始创新应是统领整个创新"躯体"的大脑(《人民日报》,2015年4月15日).

创新是有序(合情、合理、合法)的破坏,组合学术要素、商业要素和政府要素,需"调动起每一个细胞",而每个细胞都要耗能[22].

信息本身不会改变未来,塑造工业未来的唯一是青年工程师(John Cohn, 2009 ISSCC)[23-25].

0.12 本章小结

根据维基百科(Wikipedia, the Free Encyclopedia)的提示,摘要、消化与总结如下[26-30].

科学追求真知,蜿蜒行进在最逼近真理的路上.

技术创新应用,跃动在异化人类和环境的途中.

数学乃是一切科学的基础、工具和精髓.数学主要关注"数"与"形",其"皇冠"在于寻找(Seek Out)到抽象的模式(Pattern).因为,"数学主要是关于理想化的量化模式的研究"(英国数学家兼哲学家怀海特,1940年).

所谓"模式",从几何角度看,是多维空间一个点;从矩阵论角度看,是一个向量;从统计意义上讲,是一组样本;从客观世界角度讲,就是具体的事物.

提到模式的特征复杂度,典型数据例如：人脸识别问题其特征维数一般小于 100 维;而指纹识别的特征维数只有 10 维左右.较近的数据例如：状态空间复杂度(用于搜索),围棋是 10 的 172 次方,而中国象棋和国际象棋分别是 10 的 48 次方和 10 的 46 次方;博弈树复杂度(用于决策),围棋是 10 的 300 次方,而中国象棋和国际象棋分别是 10 的 150 次方和 10 的 123 次方(北京邮电大学刘知青教授,《科技日报》,2015 年 11 月 16 日).

数学家忙着为新猜想建立公式,通过近似地选择公理和定义,进行严格地化简,达到取得真知(Truth)的目的.一般遵循剃刀规则(Occam's Razor)：与已知事实符合程度最好且最简单的理论就是最好的理论(Occam 是 14 世纪法国修道士).

物理学基于电荷(Charge)、质量和物质等基本概念,针对自然界做一般量化分析,以便理解世界和宇宙的行为究竟如何.其所不断建立的众多定律,将持续接受着新实践的检验和修正.也如曾坐在苹果树下的牛顿所言：真理总被发现,形式呈现简洁,而非多义和混淆.

物理学之所以既重要又有影响力,部分是因为对物理学理解的进展经常被转化为新技术,也因为物理学的新理念经常与其他分支学科、数学和哲学产生共鸣.

化学的肇始可以溯源至古代炼金术(Alchemy)的某些实践.

化学是一门自然科学,研究不同种类的原子、分子、晶体以及其他物质,不论其是元素或是化合物,运用能量和熵的概念,将化学过程的自发性联系起来.原子组合生成分子或晶体.

化学之所以被称为"中心科学",是因为其与相邻学科联系紧密,交叉融合.例如,其新的分支已经包括神经化学(Neurochemistry)——研究神经系统中的化学问题.

生物学于19世纪才从自然科学的一般研究中走出来.术语 Biology(生物学)这个词的最初杜撰者是法国博物学家 J. B. 拉马尔克.

费曼院士认为,生物学为世界最早贡献了能量守恒定律的最初模型——柠檬酸循环,发现者 Hans Adolf Krebs 获得了1953年诺贝尔生理学或医学奖.

生物学检查所有生命体的结构、功能、生长、起源、进化、分布以及分类.现代生物学的基础统一在5个原理之下:细胞理论、进化、基因理论、能量以及稳态.

生物学的重要分支之一是生理学——检查生物体的组织和器官系统的物理和化学功能.

脱胎于电磁学的电子学旨在研究与应用电子的行为和效用,恰似"万金油"(Master of None),广泛渗透进入科学与技术的世界,其发展主线是新器件的不断发明.

告别了电子管唱电子学主角的时代,以晶体管发明为拐点,固态器件的微小型化构成了微电子学的主要研究任务,其中被奉为圭臬的是:发明新器件和新型微电子系统,同时融合其性能.

纳米电子学是一项在现有微电子产业完整架构下的全新技术领域,在科技不断追求器件体积缩小且运算加快之际,纳米电子学被许多专家视为突破下一代信息科技的主要关键技术.

扫描隧道显微镜 STM 被发明5年后即获诺贝尔奖,这说明在科学研究高速发展的今天,超微研究、系统集成及测试将走在前端,显微镜技术必然会成为发展的先锋.

成像学首先聚焦微弱信息的换能技术,此后,组合运用模式识别与计算机图形学的可视化,尝试通过成像波长的大气窗口透视宇宙.看远有遥感成像仪,观近有近场显微镜.实际上,最诱人的成像仪芯片,将能感知人脑电学化学信息,它可集成扫描建像算法,灵巧识别人脑的意识波.

人脑既是电学的海洋,也是化学的海洋.脑电的测量为人熟知,脑化学的测量有待突破.脑科学被称为科学的黑色堡垒,关于脑的结构和功能及其机制的研究受到极大关注.美国国会通过法案,将20世纪90年代定为"脑科学10年",足见其被重视度.发达国家已集中数学、物理、化学、生理、生物、通信与计算机、心理、语言、信息和医学等多学科的专家,从分子、细胞、突触、回路、系统、行为及认知各个层次上探索人脑的奥秘.

聚焦建模方法论,现代数学实验的目的是发现数学规律、检验数学猜想、测试数学应用.

以思维抽象和符号操作为主要手段的古典数学实验方法包括观察、测试、度量、计算、归纳、类比、猜想、判断和推广等.

数学实验的理论基础为数学具有经验与理性(或者说是归纳与演绎)二重性.可以说数学处在现实世界与逻辑世界之间.

例如,欧拉指出:"数学这门科学,需要观察,还需要实验."欧拉的关于多面体的面、顶、棱公式为 $F+V-E=2$.

又如,D. 希尔伯特揭示:"数学的源泉就在于思维与经验的反复出现的相互作用."

也如,冯·诺伊曼重视数学本质,认为其具有奇妙的二重性:经验和逻辑.经验的方法包括观察、实验与比较分类等.因此,在适应演绎"证明"的习惯性定势之外,特别提醒数学实验的实践者,注意"观察"和"猜测"的重要性.

计算机的本质是数学机器,其是数学的物化.2009年6月15日下午,在苏州工业园区纳米研究所,陈国良院士展望21世纪的计算机科学时,特别引用了化学家哈姆佛雷·戴维爵士(Sir Humphrey Davy)的名言:没有什么比新工具应用更有助于知识的发展.在不同的时期,人们的业绩不同,与其说是天赋智能所致,倒不如说是他们所拥有的工具特性和软资源(非自然资源)不同所致.

应用为"王":在系统工程设计中制定目标,通常都要考虑"技术—期限—经费"三方面,概括为"三坐标"(程不时,2009年).

知识海洋:中国的学科分类包括了13大类和78个一级学科;世界上有500多门心理学.

2001年12月3日至4日,美国科学与技术管理界召开圆桌会议,联合商讨会聚四大技术,提升人类能力.首次提出综合纳米技术、生物技术、信息技术和认知科学的会聚技术(NBIC=Nano+Bio+Info+Cogno).

美国科学学家 D. 普赖斯给出了科学的指数增长律(经验公式 $W = \alpha \cdot e^{\beta T}$,例如,藏书量 W 每 $T=16$ 年翻一番).在知识爆炸时代中,基于脑科学研究的学习策略如何呢?

美国图论学者 F. 哈拉里的一句名言是:千言万语不及一张图.因为,根据日本创造工学研究所所长中山正和的推算:在一般人的记忆中,语言信息量和形象信息量的比率为 1:1000.

那么,我们的学习研究型问题来自哪里呢?

图 0.37 给出基于计算机(C)寻找函数 $Y=f(X)$ 映射的图解,权作引领微纳电子学建模入门的预热.

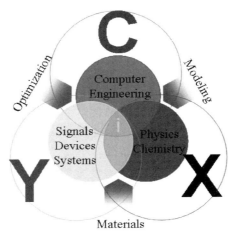

图 0.37 学科交叉中的微纳电子学"我"(I)的理念(Ideas)

关键术语:

① 变量(可测特征);② 假设(多变量之间的关系);③ 因变量(反应变量,是主要研究对象);④ 自变量(原因);⑤ 参变量(可减弱自变量对于因变量的影响);⑥ 因果关系(内涵于假设之中的关系);⑦ 相关分析(变量之间关系的强弱程度);⑧ 回归分析(基于数据建立相关的变量之间的关系,分析数据内在规律,应用于预报与控制);⑨ 理论(新概念、假设、回归模型);⑩ 评价(效度、信度、普适).

注释：
（1）达尔文的表兄弟高尔登爵士是第一个使用相关和回归这两个重要概念的人.
（2）1951年麻省理工学院的两位专家开发了自相关技术，用于检测地基雷达—月球远距离通信的下行信号串.
（3）交叉设计、析因设计、正交设计和重复测量设计等是常用的试验设计方法.

模型构型参见表 0.1（给出 11 类），其中指数规律在脑健康微电子学的实战中最吸引眼球.

表 0.1 数学建模的基本构型

不同模型的表达式		
模型名称	回归方程	相应的线性回归方程
Linear(线性)	$Y=b_0+b_1 t$	
Quadratic(二次)	$Y=b_0+b_1 t+b_2 t^2$	
Compound(复合)	$Y=b_0 b_1^t$	$\ln(Y)=\ln(b_0)+\ln(b_1)t$
Growth(生长)	$Y=e^{b_0+b_1 t}$	$\ln(Y)=b_0+b_1 t$
Logarithmic(对数)	$Y=b_0+b_1 \ln(t)$	
Cubic(三次)	$Y=b_0+b_1 t+b_2 t^2+b_3 t^3$	
S(S 函数)	$Y=e^{b_0+b_1/t}$	$\ln(Y)=b_0+b_1/t$
Exponential(指数)	$Y=b_0 e^{b_1 t}$	$\ln(Y)=\ln(b_0)+b_1 t$
Inverse(逆)	$Y=b_0+b_1/t$	
Power(幂)	$Y=b_0 t^{b_1}$	$\ln(Y)=\ln(b_0)+b_1 \ln(t)$
Logistic(逻辑)	$Y=1/(1/u+b_0 b_1^t)$	$\ln(1/Y-1/u)=\ln(b_0+\ln(b_1)t)$

图 0.38 给出了著者提炼的微纳电子学的基础与内涵的箱图. IC 是整机中的核心，伴随着硅含量的加速提升，产品的发明创新既疯狂追逐盈利，也向开源软件与硬件"低头"，而机会就在新传感器.

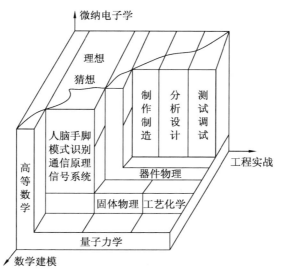

图 0.38 微纳电子学的基础与内涵的箱图

应持续推动微纳电子学这一交叉学科,因为"向前进,你就会产生信心!"(法国数学家 J. L. R. D'Alembert).

记住:微笑,是保持与自检人脑健康的最好的金钥匙.

0.13 思考题

1. 施敏教授曾为著者题字:"重要的发明,主要靠努力及运气,但如果没有努力(dedication),有运气也没用."这句箴言对您自学与研究有何启发?
2. 张忠谋博士言"常想一二",您作为半导体从业人士有何共鸣?
3. 著者在图 0.38 中给出了微纳电子学箱图,依照您的想法,还可以怎样优化之?
4. 数字 3 是有着哲学意味的数字.请您借鉴与改良孙正义的"风马牛"三单词互连方法,尝试发明 F-M-N Circuit.
5. 为什么说芯片是装置的心脏,是防御竞争对手的护城河?为什么产品的加速迭代最重要?

0.14 参考文献

[1] 阎康年.卡文迪什实验室:现代科学革命的圣地[M].保定:河北大学出版社,1999:1-170.
[2] (美)迈克尔·赖尔登,(美)莉莲·霍德森.晶体之火——晶体管的发明及信息时代的来临[M].浦根祥,译.上海:上海科学技术出版社,2002:1-180.
[3] Noyce R N. Large-scale integration: what is yet to come?[J]. Science,1977,195(4283):1102-1106.
[4] Warner R M. Microelectronics: its unusual origin and personality[J]. IEEE Transaction on Electron Devices,2001,48(11):2457-2467.
[5] Thompson S E,Parthasarathy S. Moore's law: the future of Si microelectronics[J]. Materials Today,2006,9(6):20-25.
[6] Greengard P. The neurobiology of slow synaptic transmission[J]. Science,2001,294(5544):1024-1030.
[7] 王之江,伍树东.成像光学[M].北京:科学出版社,1991:1-10.
[8] 廖延彪.成像光学导论[M].北京:清华大学出版社,2008:1-10.
[9] Erlanger J. The initiation of impulses in axons[J]. Journal of Neurophysiology,1939,2(5):370-379.
[10] Hahnloser R H R,Sarpeshkar R,Mahowald M A,et al. Digital selection and analogue amplification coexist in a cortex-inspired silicon circuit[J]. Nature,2000,405:947-951.
[11] A. 郎斯塔夫.神经科学[M].韩济生,译.北京:科学出版社,2006:1-10.
[12] 姜启源.数学模型[M].北京:高等教育出版社,1987:1-10.
[13] 李尚志.数学建模竞赛教程[M].南京:江苏教育出版社,1996:1-10.
[14] 朱道元.数学建模精品案例[M].南京:东南大学出版社,1999:1-10.
[15] 李乃成,邓建中.数值计算方法[M].西安:西安交通大学出版社,2002:1-10.
[16] Mathews J H,Fink K D. Numerical Methods Using MATLAB (Third Edition)[M].北京:电子工业出版社,2002:1-10.

[17] Lieb E B. How many R&D projects to develop? [J]. IEEE Transactions on Engineering Management,1998,45(1):73—77.
[18] 倪光南.IT产业发展对大学教学工作的挑战[J].电气电子教学学报,2000,22(2):1—3.
[19] 李文石.集成电路核心技术自主创新进程预测(上)[J].中国集成电路,2007,16(12):11—18.
[20] 李文石.集成电路核心技术自主创新进程预测(下)[J].中国集成电路,2008,17(1):27—37.
[21] 邹承鲁.科学研究五十年的点滴体会[J].生理科学进展,2001,32(3):269—284.
[22] 李文石.固态电路设计的未来:融合与健康——2004年～2008年ISSCC论文统计预见[J].中国集成电路,2007(9):8—18,35.
[23] 李文石.健康医学微电子学的研究进展——基于ISSCC 2011的综论[J].中国集成电路,2011(10):17—24.
[24] 李文石.生物医学SoC的技术演进——基于ITRS 2010和ISSCC 2008～2011的综述[J].测控技术,2012,31(4):4—8.
[25] 小泉英明.脑科学与教育——尖端研究与未来展望[J].教育研究,2006,313(6):22—27.
[26] 巴德年.医学科技的发展趋势和我们的发展战略[J].中国医学科学院学报,1996,18(5):321—332.
[27] 吕乃基.会聚技术——高技术发展的最高阶段[J].科学技术与辩证法,2008,25(5):62—65.
[28] 教育部社会科学研究与思想政治工作司.自然辩证法概论[M].北京:高等教育出版社,2004:2—6.
[29] 李文石,钱敏,黄秋萍.施敏院士论微电子学教育[J].教育家,2003(3):11—16.
[30] 王阳元,王永文.绿色微纳电子:21世纪中国集成电路产业和科学技术发展趋势[J].科技导报,2011,29(16):62—74.

第 1 章

微纳电子学教育

微电子学的出发点、原始特性和人格特点各是什么（R. M. Warner，2001 年）？

出发点：只为提高可靠性. 原始特性：技术精华之一，寓科学于艺术和工程，贡献来自名家，例如量子力学的创始人和晶体管与 IC 的发明人. 人格特点：由著名研发机构或公司的领导者及团队成员（例如贝尔实验室聘请的 Science-Educated Engineers）之间的平衡的文化所左右.

微纳电子学教育之旅，加速于测算，左手是测，右手是算.

测量始于定义被测对象的数量，总是包括与已知同类的比较（直接或间接）环节. 当测试者、被测者和仪器之间的能量传递不能被忽略时，测量精度（Accuracy）必然受到限制.

测试（Test）是一个评价（Assessment）过程，通过测量（Measure）受试者（物）的知识（功能）或能力（性能），比较已知的评价标准，旨在达到甄别优劣的目的.

在科学研究中，应当以"顶天立地"为原则."顶天"就是注重原创性、突破性，"立地"就是注重实用性、实效性，防止上不着天、下不着地（任彦申，《从清华园到未名湖》）.

本章建模案例要点包括：蚂蚁回家的机制、沥青滴落的速度、希尔密码的"态度"、发现电子的技巧、器件物理的最简实例、MEMS 的最简实例、量子隧穿器件原理、阻变存储入门、自旋电子学入门、基于 MATLAB 的波粒二象性的成像与干涉实验、基于 TSU-PEREM-IV 的 NMOS 沟道注入 B 离子调节 V_{th} 实验. 最后小结本章，提供思考题.

本章关键词：测试原理、器件机制、阈值调整、量子实验.

1.1 蚂蚁找路

蚂蚁精神（等级社会、利他主义）的缔造者，最小的体如沙砾，最大的粗若拇指. 蚂蚁找路机制的建模是有趣的计算实例.

哈佛大学的研究生 Corrie Moreau 在 2006 年 4 月 7 日出版的《Science》上报告了蚂蚁分类学的研究结论："现代蚂蚁的起源时间在距今 1.68 亿年至 1.4 亿年前."

评语：那时，恐龙们仍在踱步！

在恐龙或者人的身旁，每个工蚁都必须是曲线巡食、捷径回家的高手.

解释曲线巡食：1962 年，E. O. Wilson（哈佛大学博士）用坚实的实验证据证明巴西红蚁利用气味来找路，化学信息产生自蚂蚁尾部的胡杜佛氏腺体.

阐释捷径回家：中科院生物物理所的沈钧贤老师设计了正反对照实验，于 1998 年发表重要论文，推翻了偏振光机制的假说. 参见图 1.1，小圆圈标注代表历时 10s，找食路径(实线)曲折缓慢,而回窝路径(虚线)直且快.

那蚂蚁到底靠什么来找路呢?

来自哈佛大学的贡献,蚂蚁找路的建模——神经"计步器"假设的验证实验概要如下[1].

摘要:沙漠蚂蚁(Cataglyphis)巡游在巨大的沙漠之家,依靠的是路径集成. 它们永不停歇地整合(基于天文罗盘)锁定的方向与(基于未知神经机制)确认的旅行距离. 本工作测试我们的假设:蚂蚁测量行走距离,应用某种计步器机制. 方法是依次操控蚂蚁腿的长度和行走距离,同时保持其自由行走状态."踩高跷"与"迈残腿"的蚂蚁,因腿增长或减短导致步长被相应改变,伴随着判断旅行距离发生错误. 结果是"踩高跷"的多走路了,"迈残腿"的少走路了.

建模评价(结合图 1.2～图 1.4 说明):

图 1.1　蚂蚁找食与回窝路径

(Shen et al., 1998, Anim. Behav. 55:1443)

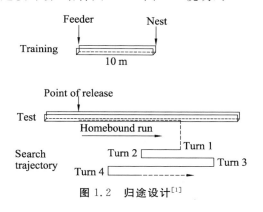

图 1.2　归途设计[1]

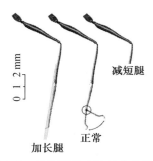

图 1.3　蚂蚁腿的三种长度构造[1]

(1) 德国和瑞士的神经学家共同提出了一个神经"计步器"理论. 检验该假说的一个方法是验证其推论:如果蚂蚁依靠计算步数来判断距离,一旦改变蚂蚁腿的长短,那么长腿蚂蚁将要走得远些,而短腿蚂蚁则将走得近些.

(2) 改变单变量 X＝腿长(加长、不变与减短),若步数 N 恒定(计步器机制),则距离 $Y \equiv N(X\cos\alpha)$ 将相应改变.

(3) 蚂蚁行走的建模问题,已经转变为研究函数 $Y \equiv f(X\cos\alpha)$,训练单变量 X,控制蚂蚁腿与地面的夹角 α 这个参变量(或约定其基本不变),观察 Y 的表现(统计涉及蚂蚁数量 $n=25$).

图 1.2 说明:训练使用的直道沟槽长 10m,起点为 Feeder,终点为 Nest;测试采用在回行折返沟槽内的搜索策略,设计为从释放点开始的蚂蚁回家(归巢)旅程.

图 1.3 说明:蚂蚁腿长的三种操控形式为加长 1mm(粘贴猪鬃毛)、正常(不处理)、减短 4mm.

图 1.4 为测试结果的箱图.

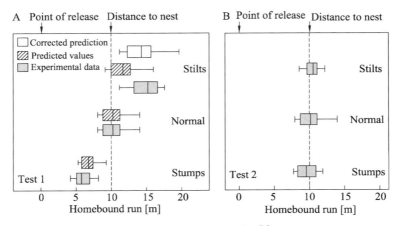

图 1.4　测试结果的箱图[1]

子图 A：首先保持蚂蚁腿长不变,从巢穴走到释放点；立即改变腿长(原长、加长和减短三种情形之一)后,再从释放点返回巢穴.记录数据并作图.

子图 B：前提是保持改变过的腿长不变.首先从巢穴走到释放点；然后再折返回家.记录数据并作图.

数据研究结果提示：

(1) 若在返程改变了蚂蚁的腿长,则会出现约 5m 的路程误差.

(2) 若在返程不改变蚂蚁的腿长,则仅会出现约 0.5m 的路程误差.

因此,测试说明计算结果支持蚂蚁行走的神经"计步器"假说.

潜在应用：模仿蚂蚁计步方法容易做到毫米级的空间定位精度,对家庭机器人的软硬件协同设计将有启发.

科学进展：2014 年美国科学家约翰·奥基弗(John O'Keefe)、挪威科学家梅-布里特·莫泽(May-Britt Moser)和挪威科学家爱德华·莫泽(Edvard I. Moser),获诺贝尔生理学或医学奖,获奖理由是"发现构成大脑定位系统的细胞".

1.2　沥青滴漏

沥青滴漏旨在测量一滴沥青的流动速度(参见图 1.5).

最著名的沥青滴漏实验是由澳大利亚昆士兰大学托马斯·帕内尔(Thomas Parnell)教授于 1927 年设计的.三年后的 1930 年,他切开漏斗封口,让沥青开始缓慢向下流动,接下来沥青滴入漏斗下方的烧杯,现在实验仍在进行中,估计可能持续数百年.

理论机制：液体具有黏滞性.例如沥青,貌似固体,实则是一种黏性极高的液体.

图 1.5　沥青滴漏截图

数据记录参见图 1.6.

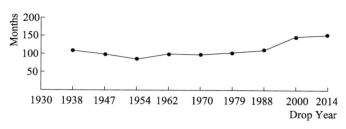

图1.6 沥青滴落次数记录

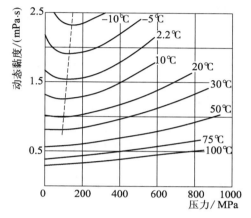

图1.7 水的动态黏度与压强和温度的关系

（1）通过该实验估计，沥青的黏性大约是水的1000亿倍（水的动态黏度的数据参见图1.7，虚线示出优值区）.

（2）研究提倡长程思考，该实验不能速成，要等约十年，才可见新的沥青液滴.

凭借这个实验，2005年10月，帕纳尔教授与继任的实验负责人约翰·梅恩斯顿教授获得"搞笑诺贝尔"物理学奖.

1.3 希尔密码

借鉴了1929年由Lester S. Hill发明的希尔密码，将每个英文字母当作二十六进制数字，得出英文单词的字母分解（等权重）之和.

于是，便有了关于"态度决定一切"的MATLAB趣味算例一则.

程序如下：

disp('假如令A—Z依次等于1%—26%')
A=1/100;B=2/100;C=3/100;D=4/100;E=5/100;F=6/100;G=7/100;H=8/100;I=9/100;J=10/100;K=11/100;L=12/100;M=13/100;N=14/100;O=15/100;P=16/100;Q=17/100;R=18/100;S=19/100;T=20/100;U=21/100;V=22/100;W=23/100;X=24/100;Y=25/100;Z=26/100;
disp('什么能使生活变成100%的圆满呢?')   %显示
HARDWORK=H+A+R+D+W+O+R+K   %努力工作=?
KNOWLEDGE=K+N+O+W+L+E+D+G+E   %知识=?
LOVE=L+O+V+E   %爱情=?
LUCK=L+U+C+K   %运气=?
MONEY=M+O+N+E+Y   %金钱=?
LEADERSHIP=L+E+A+D+E+R+S+H+I+P   %领导能力=?
ATTITUDE=A+T+T+I+T+U+D+E   %态度=?
disp('从上面结果可以看到态度使生活圆满!')
LIWENSHI=L+I+W+E+N+S+H+I
disp('我有差距啊！那您呢?')

运行后显示:
假如令 A-Z 分别依次等于 1%-26%
那么什么能使生活变成 100% 的圆满呢?
HARDWORK　=　　　0.9800
KNOWLEDGE　=　　　0.9600
LOVE　=　　　0.5400
LUCK　=　　　0.4700
MONEY　=　　　0.7200
LEADERSHIP　=　　　0.9700
ATTITUDE　=　　　1
从上面结果可以看到态度使生活圆满!
LIWENSHI　=　　　0.9900
我有差距啊! 那您呢?

启发:这是等权重的求和形式的评价函数的入门算例.

练习:作者距离健康 1 还有差距,请计算您的"评价函数"得分.

1.4　基于阴极射线管发现电子

引子:"妈妈,什么东西使氧和氢这样紧密地相互结合成水呢?"——年少的艾伦·图灵.

1951 年春,图灵当选为英国皇家学会会员,他妈妈(Ethel S. Stoney,1881—1976 年)很高兴,因为家族中诞生了第四位会员. 此前的会员,爱尔兰物理学家乔治·斯托尼(George J. Stoney,1826—1911 年)曾经推测电子的存在,并为电子和紫外线命名[2].

电子的发现:在寻找阴极射线的本质的过程中,英国剑桥大学卡文迪许实验室的 J. J. 汤姆孙率先发现了电子,也测量了电子的核质比,由此获得 1906 年的诺贝尔物理学奖[3].

1897 年,汤姆孙发表论文《阴极射线》,认为[4]:

(1) 阴极射线是负的荷电粒子,称作"细胞"(Corpuscles).
(2) 这些细胞的质量,约为氢原子的千分之一.
(3) 那些原子是由称作细胞的微粒所组成的.

说明:发现"电子"叫"细胞". 1891 年,斯托尼首先提出把电解时所假想的电单元叫作"电子". 随后,汤姆孙就将他发现并且称作"细胞"的微粒,叫作后辈熟悉的电子(首个被发现的亚原子粒子).

比荷的测量:参见图 1.8[5],即比荷测试实验装置的示意图,在抽真空的克鲁克斯管中,阴极 C 产生的电子射线,经过阳极线圈 A 的选择与 A' 的加速,进入磁场 B 和电场 E 的垂直作用叠加区域.

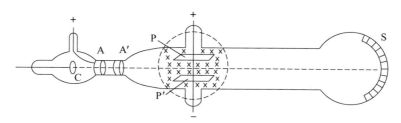

图 1.8 阴极射线管与比荷测量[4]

（1）若使电子流直射（不偏转），则需要电场力与磁场力的平衡，就是 $Ee=Bev$，由此可得电子的速度是 $v=E/B$.

（2）撤去电场作用，则因为磁偏转的作用，此时有电子运动圆轨道半径为 $R=mv/BE$.

（3）联立方程，可得电子的电荷与质量比为 $e/m=E/(RB^2)$，因 R 可由像斑在屏 S 上的偏转角度求取，E 与 B 已知，故其可测.

（4）实测中，汤姆孙还利用温差电堆，经过 26 次实验（对比了充空气和氮气等），得到 e/m 的平均值为 $2.3×10^7$（单位略）.

（5）现代电子的荷质比为 $e/m_e=1.76×10^{11}$ C/kg.

说明：1897—1914 年，美国物理学家密立根等多次精确测量电子的质量和电荷，1899 年又测定了电子的荷质比. 因对电子电荷的测定和光电效应的研究，密立根获得 1923 年诺贝尔物理学奖. 现在，密立根的油滴实验，是被物理学界称道的最美的十个物理实验之一.

发明发现的启示：

（1）成功应用了电子成像真空管（阴极射线管）这一技术储备（从 1854 年的盖斯勒管到 1885 年的克鲁克斯管）.

（2）将储备 10 年的射流磁场偏转，组合了电场偏转.

（3）利用受力平衡，率先测量了阴极射线（电子）的速度.

（4）通过荷质比的测量，发现阴极射线不是原子流，而是（成功地解释为）负电"细胞"流—亚原子—电子.

1.5 三维扩散电阻

关于器件与电路建模的教学训练，如下的入门例证来自 Shreepad Karmalkar 教授的贡献[6].

建模概念：是对物理现象的符号表达，一般使用数学方程.

理想模型性质＝CAPS. 就是：Continuity of derivatives（导数连续），Accuracy（准确），Physical basis（物理基础），Simplicity（简洁）.

三种模型分类＝CAN. 就是：Compact——简单模型（用于电路的计算机仿真，该电路包含数以百计的器件），Analytical——分析模型（旨在物理理解器件性能及对其进行初步设计），Numerical——数值模型（准确计算器件特性，便于优化结构，且作为测试基准）.

分析模型的构建包含 7 个步骤，记忆口诀是：IQM≈SVM.

Step1＝I：被构建模型的特性的识别（Identification）.

Step2＝Q：特性相因的物理学的定性理解（Qualitative Understanding）.

Step3＝M：识别利用物理变量，应用方程，针对定性理解进行数学表达（Mathematical Representation）.

Step4＝≈：进行变量定义近似（Approximation），以便简化数学方程的解答.

Step5＝S：近似方程的求解（Solution），推导出模型.

Step6＝V：模型验证（Verification）有两种方式，一是对比检查模型结果与假设的一致性，二是对比检查模型结果与数值仿真或测试数据的一致性.

Step7＝M：模型方程的修改（Modification），重视对比数值计算或测量结果，确保（精简）模型的连续性质.

按照前述方法，如何建立三维扩散电阻的模型呢？

Step1＝I：特性识别.

为导出 I-V 关系，需要了解图 1.9 中与扩散电阻相关的物理参数：贡献电子的掺杂原子浓度 N、介电常数 ε、电子迁移率 μ、电极面积 G 和 G+Δ、电阻厚度 T.

Step2＝Q：定性的物理学.

解释相关的概念与原理.

流率产生：

（1）因电场或电势梯度驱动而漂移的电荷流率的产生.

（2）因电势梯度而产生的电场.

流率守恒：

（3）电子流中的电荷守恒.

（4）电场守恒.

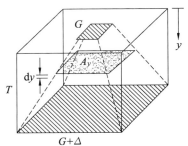

图 1.9 均匀扩散 Si 电阻体的区域图解[6]

Step3＝M：数学方程.

对应于前述概念和原理，列写方程组，即公式（1.1）～（1.4）：

传输方程为 $J = qn\mu E$ (1.1)

电场方程为 $E = -\nabla \Psi$ (1.2)

连续方程为 I_y 独立于 y (1.3)

高斯定律为 $\nabla E = \rho/\varepsilon = q(N-n)/\varepsilon$ (1.4)

所涉及的物理参数包括：电子浓度 n、电流密度 J、电场强度 E、电势 Ψ、空间电荷 ρ.

方程（1.1）描述电场产生电流，方程（1.2）说明电场产生源于电势梯度，方程（1.3）描述电流来自载流子的贡献，方程（1.4）描述电场变化源于空间电荷的跨距贡献.

Step4＝≈：近似.

为了简化求解，说明如下三个变量：

（1）因没有空间电荷，故有 $\rho=0$，导致 $n=N$，这样可以删除公式（1.4）.

（2）电流被限制在面积 A_y 中，A_y 以恒定角度变化，范围从 G 到 $G+\Delta$.

（3）J 和 E 在 A_y 中是等值的，随垂直（纵向）的 y 而变化，忽略横向流密和电场.

Step5＝S：求解.

由简化说明(1)和公式(1.1),有 $J=qN\mu E$；

由简化说明(2)和(3)有 $I_y=J_yA_y=(qN\mu E_y)A_y$；

由公式(1.3)有 $I=I_y$，故有 $E_y=I/(qN\mu A_y)$；

由公式(1.2)有 $V=\left|-\int E_y \mathrm{d}y\right|=[I/(qN\mu)]\int(1/A_y)\mathrm{d}y$；

结合几何约束 $A_y=[G+(\Delta/T)y]^2$；

最后将 $\mathrm{d}y$ 从 0 到 T 积分，得 I-V 关系为

$$I=[qN\mu G(G+\Delta)/T]V \tag{1.5}$$

Step6＝V：验证.

（1）关于实际电力线与模型表达准确性，参见图 1.10，其中(a)给出实际的电力线，而(b)给出 AA' 线上的 E_y 成分. 显见，E_y 在垂直于 y 的同一平面内并非是均匀的，注意：这与前述假设相违.

（2）因有 $E_y=I/(qN\mu A_y)$，有 $\mathrm{d}E_y/\mathrm{d}y\neq 0$，这破坏了空间电荷的电中性假设.

（3）因 $R=V/I$，从模型式(1.5)抽出一个与面积 A 关联的共同因子，$R_0=(T/G^2)/(qN\mu A)$，然后构建压缩参数的二维坐标 Δ/G 和 R/R_0，参变量定义为 T/G，以便对比考察解析模型式(1.5)、数值结果、改良模型式(1.6)与精简模型式(1.7). 参见图 1.11，其中，模型式(1.5)结果为(a)中实线，改良模型式(1.6)为虚线，精简模型式(1.7)为(b)中实线，仿真结果为点线.

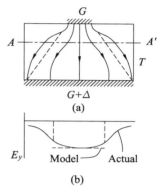

图 1.10　电力线的对比（实际 VS 模型）[6]

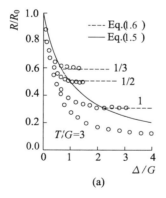 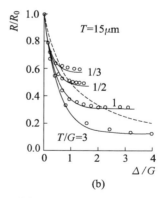

图 1.11　模型比较[6]

Step7＝M：修改.

仔细考察图 1.11(a)，虚实线交叉点的数量关系规律是：$(\Delta/G)/(T/G)\approx 2.2$，由此修改公式(1.5)为式(1.6a)，而饱和态的电阻公式为式(1.6b).

$$I=\left[\frac{qN\mu G(G+\Delta)}{T}\right]V \text{ for } \Delta<2.2T \tag{1.6a}$$

$$I = \left[\frac{qN\mu G(G+2.2T)}{T}\right]V \quad \text{for } \Delta \geqslant 2.2T \tag{1.6b}$$

考虑到 $\Delta=2.2T$ 处前式[式(1.6a)、式(1.6b)]不连续,将使用内插法进行连接(分别考虑 Δ 趋于 0 或 ∞),所得到的精简模型[式(1.7a)、式(1.7b)、式(1.7c)]的效果参见图 1.11(b).

$$\frac{R}{R_0} = \left(1 - \frac{R_{\text{sat}}}{R_0}\right)e^{-\gamma(\Delta/G)} + \frac{R_{\text{sat}}}{R_0} \tag{1.7a}$$

$$\frac{R_{\text{sat}}}{R_0} = \frac{1}{1+(2.2T/G)} \tag{1.7b}$$

$$\gamma = \frac{1.7}{1-(R_{\text{sat}}/R_0)} \tag{1.7c}$$

小结:

(1) 构建分析模型 7 个步骤的记忆口诀是:IQM≈SVM.

(2) 扩散电阻建模是规模最小的器件建模实例,可以帮助学生以工程眼光,进行组合、应用与理解器件或电路的建模过程中物理方程组的联立.将其入门难度与通常教材中的 PN 结建模比较,可形成比较强烈的反差.

(3) 说明:在验证与修改公式过程中,出现了常数 2.2 和 1.7,(暂时)并不知道其物理意义.

1.6 共振栅晶体管

共振栅晶体管(Resonant Gate Transistor)的发明理念:(静电激活的)音叉作为(放大读出)MOSFET 的栅极[7].

对应问题:高 Q 值的调谐元件和电路的缺乏.

音叉(Tuning Fork)由约翰·朔尔发明于 1711 年,这位宫廷小号手,用它给鲁特琴调音. MOSFET 发明于 1960 年(Kahng 及 Atalla 的贡献).

参见图 1.12,其中,子图(a)是共振栅晶体管的共振臂几何结构与 MOS 管连接图,结构特点可由三个本质元件:输入换能器(电信号到机械力信号,静电吸引)、机械共振器(孤立得到共振频率)、输出换能器(共振力到电信号输出,阻尼栅压控制漏电流)概括.

子图(b)是共振栅晶体管的简单模型,该模型有两个优点,一是能避免使用悬臂长度这个变量;二是利用集总参数的弹簧及其质量等效值使模型简化,进而归一化输出电信号结果表达了的共振的几何效应.

子图(c)为其等效电路.增益变化类似传统的单调谐 LC 电路,共振输出最大信号的条件为 $R_L = r_D$.

公式解释 1:实际共振频率与机械共振频率之比 ω_r/ω_0 约等于 $1-(4/27)(V_P/V_{PI})^2$,说明 ω_r 相较于 ω_0 可有低 15% 的调谐范围.

公式解释 2:输出增益 $v_{\text{out}}/v_{\text{in}}$ 约等于 $-j(V_P/V_{PI})Q\mu$,说明输出有 90°相移,输出与极化电压、品质因数还有阻尼栅 MOS 管的放大因子都成正比(V_{PI} 是 V_P 的最大值,决定于 K_0、A 和 δ_0).

该共振栅晶体管的共振频率范围为 1~100 kHz,品质因数 $Q=500$,输出电压增益达到+10dB;器件尺度为0.1mm @5kHz.

讨论1:该组合发明提供了MEMS中悬臂梁的"衬底上的版本"样貌,其思想的后续延伸还有例如共振栅体晶体管(A. M. Ionescu,2007年).将20世纪90年代初的MEMS体中的悬浮振子嵌入一只FINFET(in DRC 2010),做成具有内增益机制的有源振子,成为新式样的RF MEMS (micro-electro-mechanical systems),其关键指标的研发已经可与晶振媲美(Q达10^5量级,$f_0>10\text{GHz}$).

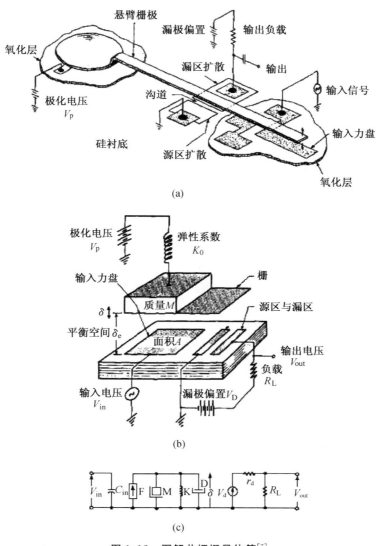

图1.12 图解共振栅晶体管[7]

讨论2:MEMS思想溯源[8].1959年,美国著名物理学家、诺贝尔奖获得者Richard Feynman对三维集成技术发展的期待是"There's Plenty of Room at the Bottom".

讨论3:三维集成实现.真正在硅中"盖高楼",通过工艺垂直过孔,直接叠加"Dies",1978年小柳光正教授的三维集成创意实现[9-11].

1.7 量子隧穿器件

1922年,康普顿证明了光波具有粒子性质.

1923年,法国的德布罗意提出"物质波"概念,认为既然光具有波粒二象性,那么实物粒子也应具有波粒二象性,"物质波具有反比例于速度的波长"[12].

推得物质波的描述为:$E=mc^2=h\nu$;$p=m\nu=h/\lambda$.

其中,E为实物粒子的能量,p为动量;ν为波频率,λ为波长;h是普朗克常量,c代表光速.

1926年,德国的玻恩提出:德布罗意的电子波是电子出现的概率波(因之荣获1954年诺贝尔物理学奖).

1927年,戴维孙和革末基于加速电子投射晶体完成电子衍射实验,证实了电子的波动性.

是年,汤姆孙所做的电子衍射实验,让电子束穿过金属片,在感光片上产生了圆环衍射图,对比X光通过多晶膜产生的衍射图样,结果极其相似,这也证实了电子的波动性.

1929年,德布罗意获诺贝尔物理学奖.

量子隧穿效应:物质波的穿透、粒子穿越势垒、微粒的"穿墙"效应.这个"绝缘墙"(厚度为德布罗意波长,纳米量级)可以是极薄层的SiO_2,微粒可以是"旅行"的电子风,当然,"穿墙"之后,能量就减弱了.隧穿会发生在所有量子系统中[12].

第一个使用"量子力学势垒"概念的人是Friedrich Hund(1896—1997年),其于1927年的系列论文中,讨论分子谱理论.

经典力学解释:粒子被牢牢地束缚在原子核内;若要逃出原子核的非常强的势垒(一般高达20MeV以上),粒子需要超大的能量.

光学定性解释:在折射率公式$n=[(E-V)/E]^{0.5}$中,当粒子能量小于势垒时,出现了虚折射率,这尚需要进一步的解释.

1928年,乔治·伽莫夫正确地使用量子隧穿效应解释了原子核的阿尔法衰变.

缘起:α衰变是原子核自发放射α粒子的核衰变过程.

1896年A.H.贝可勒尔发现放射性;E.卢瑟福和他的学生经过整整10年的努力,终于在1908年直接证明α粒子是电荷数为2、质量数为4的氦核.

量子隧穿机制:在量子力学里,粒子不需要拥有比势垒还强的能量,就能逃出原子核;粒子可以概率性地穿透过势垒,逃出原子核位势的束缚.

图1.13是伽莫夫使用过的一维势垒图解.

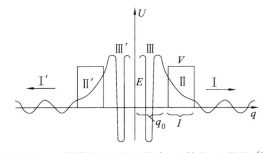

图1.13 一维势垒(Ⅲ原子核内,Ⅱ势垒,Ⅰ核外)[12]

描述势垒穿透概率p的伽莫夫公式是[13] $p \propto \exp\left\{-2h^{-1}\int_{R}^{Rc}[2\mu(V(r)-E)]^{-0.5}dr\right\}$.

式中$V(r)$是α粒子和原子核的相互作用势，E是相对运动动能，μ是α粒子和原子核的约化质量，R是α粒子与原子核的半径之和，R_c是$V(r)=E$时的r值.

由于能量因子出现在指数幂上，结果有α粒子的能量E越大，穿透势垒的概率就越大.

量子隧穿理论的典型应用包括：电子的冷发射、电子隧穿器件、快闪存储器和 VLSI 电流泄漏；另外一个重要应用领域是扫描隧道显微镜.

隧道二极管：1958 年江崎观察到重掺杂(Heavily Doped)锗 PN 结具有负电阻的特性，此发现促成了隧道二极管(Tunnel Diode)的问世. 因揭示了固体中电子隧道效应的物理原理，江崎获得诺贝尔物理学奖. 隧道二极管通常的掺杂浓度，必须使 PN 结能带图中的费米能级进入 N 型区的导带和 P 型区的价带；PN 结厚度须足够薄(150Å左右)，使电子能够直接从 N 型层穿透 PN 结势垒，进入 P 型层.

隧道二极管开关速度达皮秒量级，具有小功耗和低噪声等特点，用于微波混频、检波、低噪声放大和振荡等.

共振式隧道二极管(Resonant Tunneling Diode, RTD)：1974 年由张立纲等发明，是大部分量子效应器件的基础，能使电路具有超高密集度、超高速等功能.

MIM 隧道结发光(Lambe 和 McCarthy, 1976 年)：MIM 隧道结(Metal-Insulator-Metal Tunneling Junction, MIM TJ)的研究是光电子学的前沿课题之一，核心思想是电子隧穿两层金属膜间的绝缘层时，激发起表面等离极化激元(Surface Plasmon Polaritons, SPP)，该激元与结表面粗糙度耦合发出可见光[14]. 其中，金属膜及绝缘层中的电子、离子、原子等因获得非弹性电子损失的部分能量，形成 SPP.

隧道结模型为 $h\nu=|eV_0|$，它描述了光子能量与加在隧道结两端偏压的关系，式中普朗克常数用 h 表示，光子频率用 ν 表示，激发隧道结发光的电压 V_0 较低，通过调节 V_0 可使隧道结的发光颜色在红光至紫光之间变化.

制备 Al-Al$_2$O$_3$-Ag 隧道结：参考南京邮电大学硕士论文《MIM 隧道结发光性能及电流-电压特性的研究》(王凯，2013 年).

加直流偏压(~6V)，其中，Ag 接正极，Al 接负极，测试 I-V 特性，由于中间层 Al$_2$O$_3$ 厚度仅为 3~5nm，所以电流基本为电子隧穿中间栅形成的隧穿电流，而欧姆电流不占主导地位.

实测数据参见图 1.14. 其中，曲线 a、b 和 c 分别为第 5 次、第 30 次、第 60 次测量时的 I-V 特性曲线.

负阻机制解释：

(1) 1965 年，Hickmott 在 MIM 隧道结中发现了负阻现象.

(2) 在一定阈值电压下，当电子能量达到

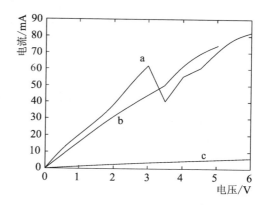

图 1.14　MIM 隧道结 I-V 特性曲线实测数据(王凯，2013 年)

某一值时，隧穿电子使得绝缘层发生极化振荡，这种极化电荷将隧穿电子束缚于绝缘层中，对后继的隧穿电子产生阻挡作用，阻碍电路中的电流继续增加，从而产生负阻；当偏压继续升高时，部分电子又从束缚态中释放出来，强电场对隧穿电子的作用掩盖了这种阻挡作

用,重新形成电流(参见图 1.15).

SPP 波在隧道结表面粗糙度的作用下可耦合成自由光子,随着电压的进一步上升,SPP 波与表面粗糙度耦合的波矢范围渐增,到达一定程度,SPP 波与粗糙度耦合辐射的光子将处于可见光区域,从而发出可见光.

小结:发光过程及负阻产生均与"中介"的 SPP 波相关联.负阻现象明显,则 SPP 波激发较强,发光特性较好.

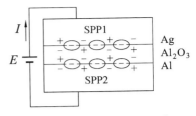

图 1.15　MIM 隧道结隧穿电子束缚模型图

关于粗糙度的 2 个图解见图 1.16 和图 1.17.由于金属镀膜较薄,隧道结表面分布着较为均匀的突起,而且较好地复制了底部 MgF_2 和 SiO_2 小球的粗糙度.前者发光颜色呈橙红色;后者发光呈赤红色.

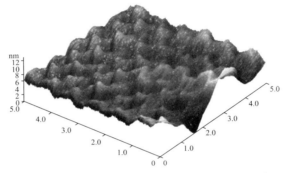

图 1.16　随机粗糙的 MIM 隧道结表面 AFM 特征图(王凯,2013 年)

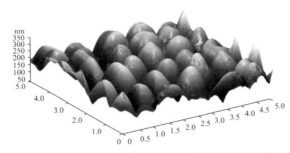

图 1.17　确定粗糙的 MIM 隧道结表面 AFM 特征图(王凯,2013 年)

进展:为提高隧道结的发光效率,设计并制备双绝缘层(MIIM)隧道发光结,实验表明其起始发光电压、击穿电压均高于 MIM 隧道结,且稳定性好于 MIM 隧道结,采用微光功率计测量隧道结发光功率,发现其发光效率比 MIM 隧道结提高了两倍左右,采用电子共振隧穿理论分析,结果具有合理性.

区别于隧道结的发光机制,结型电致发光器件例如半导体发光二极管的发光机理是:PN 结施加正向偏压,通过载流子的电注入形成非平衡载流子而实现复合发光,将电能直接转换为光能.

隧穿场效应管:本征区栅控 p-i-n 结构的 TFET(隧穿场效应管)由 J. J. Quinn 于 1978 年提出[14].

亚阈值斜率 SS 量化了管子的栅压调制关断的陡峭程度[15-16]:从 MOS 管的热力学

极限的室温下的 60mV/decade,发展到 21mV/decade(硅基垂直Ⅲ-Ⅴ族纳米线沟道,V_{DS} 为 0.1~1V);基于Ⅲ-Ⅴ族材料的 TFET,其导通电流大于 $100\mu A/\mu m$ @电源电压 $V_{DD} <$ 0.5V。

参见图 1.18:子图(a)描述了 MOS 管的 I-V 特性,说明通过改变 $V_{DD} - V_T$ 增大 I_{ON} 的效果十分有限,因为 SS 过大;子图(b)中,量化了体硅、多栅和高迁移率 MOSFET 等的博弈结果是,TFET 具有最陡峭的开关特性和最低的 I_{OFF};子图(c)说明了 TFET 相比于 MOSFET 的开关能耗与供电源的最小化优势;子图(d)进一步说明 TFET 的能效优势。

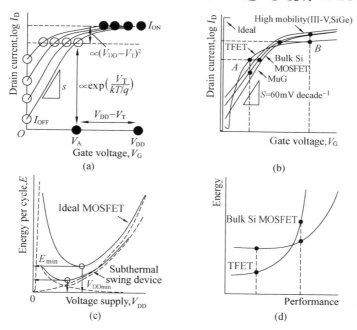

图 1.18 TFET 的低亚阈值斜率与高能效比较[14]

图 1.19 为非对称掺杂源漏,由图可见反偏栅控 p-i-n 结[子图(a),双栅 TFET];透射电子显微镜下的实作 TFET;导带的小尾巴成了隧穿窗口[子图(c),异质结替代同质结,降低了有效隧穿势垒,提高了导通电流]。

IC 技术进入了功耗限制时代,技术主要驱动力已由传统的 Scaling,转变为包括结构、工艺、材料、机理在内的新器件技术探索:针对逻辑电路和存储电路需求,兼顾两者未来的集成融合性,需要寻找具有优良工艺兼容性和集成潜

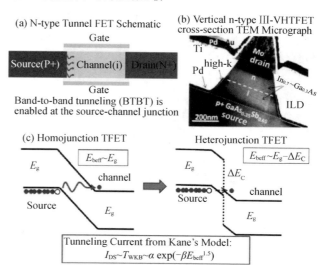

图 1.19 TFET 的结构、能带分析与透射电镜图解[15]

力的超低功耗新结构、新机理逻辑和存储器件;密切关注器件可靠性问题.

面向"绿色微纳"集成电路及系统集成的核心新器件基础探索,请见专题报告《适于超低功耗纳米尺度硅基集成电路的新器件技术研究》(黄如院士,2012年).

补充:1907年首个发光二极管问世;2014年,蓝光二极管问世.

1874年,Braun发明了金半接触结,成为最早的检波二端器件;20世纪初,出现了许多有趣的矿石[黄铁矿(FeS_2)、方铅矿(PbS)]二极管,竟然也有在生锈的刀刃上放一根铅笔芯的"非主流"检波二极管.

1907年,美国工程师Henry Round在尝试将碳化硅矿石用作检波二极管时发现,加15V电压,电流达到0.1A,负电极所接触到的矿石表面发出光亮;根据接触点位置的不同,发光颜色有红、黄、绿和蓝等,这就是电致发光现象.

图1.20中央黑色部分为碳化硅矿石.铜导线连接直流电源的负极,铝箔纸接直流电源的正极.

1989年,日本的赤崎勇教授与他的学生天野浩意外发现:用电子束扫描不导电的P型GaN,结果"激活"了其导电性;只进行加热也可以制成P型GaN膜.

中村修二在1991年3月试制出了PN结型GaN发光二极管,自此,高效蓝光开始照进21世纪.

图1.20 碳化硅矿石的电致发光现象[17]

赤崎勇、天野浩、中村修二获2014年的诺贝尔物理学奖.

1.8 阻变存储器

阻变存储器定义[18]:一类非易失性存储器,通过改变加在上下两层电极间的介质材料的电压或电流,实现器件高低阻态的转换,而且此电阻可在电场失去后保持一定时间(参见图1.21).其中,LRS是低阻稳态,HRS是高阻稳态,驱动电压为单极性[图1.21(a)]或双极性[图1.21(b)].

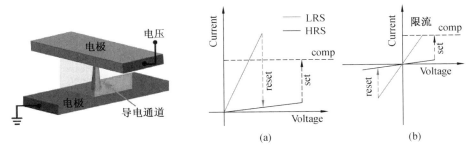

图1.21 阻变存储器及其 I-V 特性

阻变现象的发现与预测:

(1) 1962年,T. Hickmott在铝/绝缘体/铝结构中,成功观察到电致负电阻效应:电压引起高阻态与低阻态之间的转变[19].

(2) 1967年,Simmons和Verderber发现Au/SiO$_2$/AKO结构的电阻转变行为[20].

(3) 1971年,蔡少棠根据电路理论的逻辑完整性提出忆阻器概念;2008年,HP实验室首次报道忆阻原型器件的实现[21].

阻变机制:根据主导电阻转变行为的物化机制,分为纳米机械机制(Nanomechanical Mechanism)、分子开关机制(Molecular Switching Mechanism)、静电/电子机制(Electrostatic/Electronic Mechanism)、电化学金属化机制(Electrochemical Metallization Mechanism)、化学价变化机制(Valency Change Mechanism)、热化学机制(Thermochemical Mechanism)、相变存储机制(Phase Change Memory Mechanism)、磁阻机制(Magnetoresistive Mechanism)

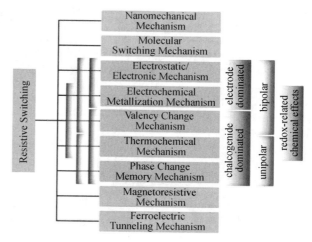

图1.22 电阻转变机制的分类

和铁电隧穿机制(Ferroelectric Tunneling Mechanism)等,如图1.22所示,其中电化学金属化机制和化学价变化机制是目前阻变存储器的主导机制.

研发思想:通过优化电极材料、介质材料、器件结构以及器件操作方法等方式来实现阻变存储器性能的改善.

中国科学院微电子所刘明院士团队的阻变机理研究系列进展:

(1) 在国际上首次开展了热电效应在阻变器件中的研究,揭示了载流子在导电通道中的输运机制,如图1.23所示.

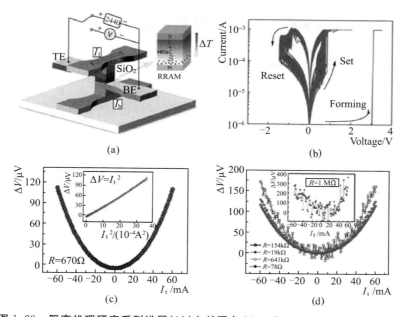

图1.23 阻变机理研究系列进展(1)(文献源自Nat. Commun., 2014, 5:4598)

(2) 提出了通过增强功能层薄膜中的局域电场控制导电通道的生长位置和方向的方法,从而减小 ReRAM 器件转变参数离散性,如图 1.24 所示.

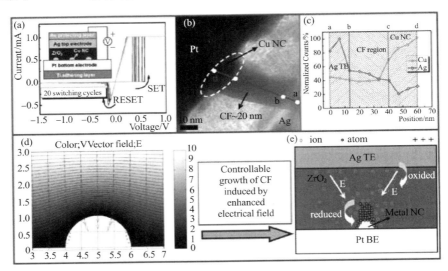

图 1.24　阻变机理研究系列进展(2)(文献源自 ACS Nano, 2010, 4 (10): 6162—6168)

(3) 用实验方法直接观测阻变器件中导电通路的动态生长过程,如图 1.25 所示.

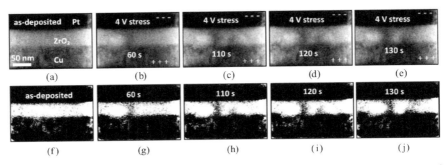

图 1.25　阻变机理研究系列进展(3)(文献源自 Adv. Mater, 2012, 24: 1844—1849)

讨论:

(1) 将理论计算方法与实验手段结合,进一步阐明阻变器件中导电通道生长和断裂的现象.

(2) 多种阻变机制相互转变共同作用于阻变器件的发明.

(3) 通过有效方法精确控制导电通道,改善阻变器件的可靠性.

如需进一步学习,请参阅李雷博士论文《缺陷二氧化钛阻变及催化机制的第一性原理研究》(苏州大学,2015 年).

1.9　自旋电子学器件

磁致电阻现象于 1851 年首先由英国科学家 Williams Thomson 发现.

1988 年,法国的 A. Fert 教授与德国的 P. Grünberg 教授各自独立发现:非常弱小的磁性变化,就能导致磁性材料发生非常显著的电阻变化.

巨磁阻(Giant Magneto-Resistive,GMR)效应是一种量子力学和凝聚态物理学现象,可在磁性和非磁性材料相间的纳米厚度薄膜层结构中观察得到.

Grünberg 最初的工作只是研究了铁、铬、铁三层材料样品,实验结果显示电阻下降了1.5%;Fert 及其同事则研究了铁铬多层材料样品,使得电阻下降了 50%.

巨磁电阻效应的发现者费尔和格林贝格荣获了 2007 年诺贝尔物理学奖,因为"巨磁电阻效应的发现,打开了一扇通向新技术世界的大门:电子的电荷与自旋这两个特性将同时被利用".

GMR 应用的里程碑是:IBM 公司于 1997 年第一个商业化生产了基于 GMR 的数据读取探头.

GMR 所打开的技术新门是利用电子电荷和自旋共同作为信息的载体,从而发展出新一代的器件.器件的优点是通常具有抗辐射能力强、噪声低、运算速度快以及数据非易失性强等特点.自由电子自旋间的相互作用是电子电荷间作用的千分之一,这确定了自旋电子学器件的能耗必将低于传统微电子学器件.

自旋电子学器件的基本研究范式是:首先,将自旋极化的电子注入半导体中;然后,控制极化自旋的传输,通过自旋进行信息的处理和存储(都有为院士,2010 年).

第一个三端有源自旋电子学器件是普渡大学的 S. Datta 和 B. Das 于 1990 年提出的.该器件基于铁磁金属与半导体混合结构,实质是以源、漏为铁磁金属电极的自旋场效应晶体管.工作原理是改变栅压来控制二维电子气沟道中的自旋极化电子的 Rashba 进动,从而控制沟道电导[22-23].

图 1.26 显示了自旋转换扭矩(Spin-Transfer Torque,STT)效应:流过纳米级磁体的电流本质上是自旋极化的,因为上旋和下旋的态密度并不相等.

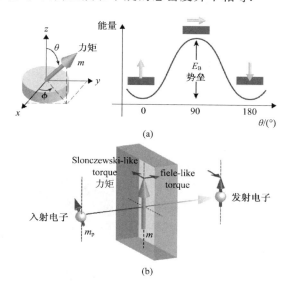

图 1.26 各向异性势垒与自旋转移力矩

在所有的 STT 效应器件中,纳米级磁体的磁场位形用于为各种逻辑操作的新"载流子"编码.

设 m 是磁化行为特征，H_{eff} 为纳米级磁体中的有效磁场，I_s 为自旋电流，则 Landau-Lifshitz-Gilbert（LLG）方程[24]为

$$\frac{\partial m}{\partial t} = -|\gamma|(m \times H_{\text{eff}}) + \alpha\left(m \times \frac{\partial m}{\partial t}\right) + \frac{1}{qN_s}(m \times I_s \times m) + \frac{1}{qN_s}\beta(m \times I_s) \quad (1.8)$$

其中，$N_s = \dfrac{M_s V}{\mu B}$. N_s 为纳米级磁体的自旋数；M_s 为饱和磁化强度；V 为纳米级磁体的体积；μB 为玻尔磁子. 前两项代表了旋进和阻尼力矩，分别代表由有效磁场诱导的磁化进程；后两项分别代表了电流诱导力矩，一是 Slonczewski 类的自旋电流的纳米级磁体横向吸收成分，二是场类的旋进成分（相对前者的强度为 β）.

磁性材料中的各向异性的势垒将会稳定磁矩的指向，借此可以工程化地构造纳米级磁体作为存储器，因为该势垒是内源性的，所以能作为非挥发性存储单元.

2007 年，磁记录产业巨头 IBM 公司和 TDK 公司合作开发了新一代磁阻随机内存 MRAM，使用 STT 技术，利用放大了的隧道效应，使得磁致电阻变化达到了 1 倍左右.

基于自旋转换扭矩器件，构造逻辑或存储器电路的最近综述参见文献[24].

1.10　基于近场显微镜同时成像波粒二象性

波粒二象性是量子力学理论系统的基础，诺贝尔奖获得者理查德·费曼将其称为"量子力学中一个真正的奥秘".

艾萨克·牛顿提出了光的粒子理论.

詹姆斯·克拉克·麦克斯韦认为光是一种波.

1905 年，爱因斯坦提出光是由"光子"微粒组成的，借此解释了光电效应（紫外光照在金属表面造成发射电子的现象），并因此获得了 1921 年诺贝尔物理学奖.

光子从粒子到波的连续变化图解参照图 1.27.

成像启发：理论物理学家约翰·惠勒于 20 世纪 80 年代通过实验提出，观察光子时应用的方法，将最终决定光子的行为是像粒子还是像波.

图 1.27　光子从粒子到波的连续变化示意图解

机制：金属纳米结构中的表面等离激元具有许多奇特的光学性质，例如光场局域效应、透射增强、共振频率对周围环境敏感等，因而被广泛应用于纳米集成光学器件、癌症热疗、光学传感、增强光催化、太阳能电池及表面增强拉曼光谱等. 其中，在一维金属纳米结构中，表面等离激元可将光场限制在远小于光波长的横截面内，这一特性为近场光学成像奠定了理论基础.

应用高速能量过滤成像电子显微镜，EPFL（洛桑联邦理工学院）的由 Fabrizio Carbone 带领的研究组设计了这样一个巧妙的（光电效应的反向作用）实验：利用电子对光进行成像. 通过快照技术捕捉现象：光在图 1.28 这张相片中

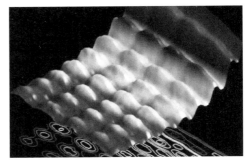

图 1.28　第一张光同时表现波粒二象性的照片

同时表现出了波动和粒子(束)性[25].

应用飞秒分辨光子诱导近场电子显微镜(Femtosecond-resolved Photon-Induced Near-field Electron Microscopy,PINEM),深入考察SPPs在空域、能域和时域的基础性质表现.

成像仪结构概要:两束飞秒脉冲,诱导激光束(800nm,5mJ·cm^{-2})和探测电子束,以不同的皮秒级时延,共同作用于Ag纳米线,前者旨在诱导其共振产生表面等离激元(SPPs),后者作为SPPs拍照探头;Ag纳米线悬在TEM的样品网格内,由几层石墨烯来支撑与散热;被CCD接收的探测电子,接着通过电子成像滤波器;两束脉冲之间的能谱损失与时间延迟,将共同表达单根由光子激活的纳米线(长度5.7μm,半径约67nm)的SPPs(峰值共振能量密度10GW·cm^{-2}).如此实验条件的布置,可将电子探头对于SPPs造成的干扰最小化到可以忽略不计.在纳米共振器表面的SPPs,其检测器轴切面的相互垂直方向的能量-空间谱能够揭示SPPs的波粒二象性.

在PINEM实验中,UTEM(超快传输电子显微镜)工作在200keV光电子模式,GIF电子能量损失谱仪每通道色散0.05eV,2048×2048像素CCD成像曝光60s,谱图处理10s.

在图1.29中,子图(a)是能量-空间分辨的PINEM方法学的概念表达,其重视展示三个维度:纳米线y、能量ΔE、空间x.

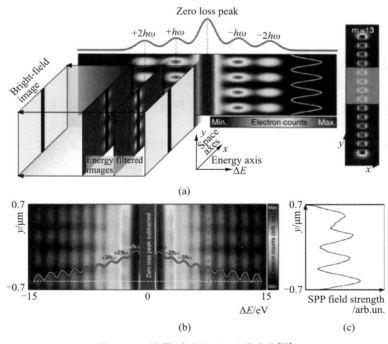

图1.29 能量-空间(ΔE-x)谱成像[25]

重点观察子图(b):

(1) 纵虚线提示共振属性.当电子和驻波在纳米线上相互作用时,电子速度会加快或减慢.使用高速显微镜拍摄电子速度变化,表征捕获到驻波,这显示了光的波动性(指纹).

(2) 横虚线提示散射属性.当电子接近光驻波时,它们会"撞击"光粒子,影响电子的速度,让其更快或更慢.这种速度的变化显示了电子和光子之间的能量"包"(量子)的交换,这些能量包的出现,显示了纳米线上的光的粒子性.

小结:

(1) 观察光子时应用的方法,将最终决定光子的行为是像粒子还是像波.

(2) 基于表面等离子激元的光场局域效应,利用近场显微镜技术进行组合成像,同时接收显示光子的波动性和粒子性.

补充:近场产生和探测原理(参见图1.30).

1928年,英国科学家Edward Hutchinson Synge为提高传统光学显微镜的分辨率,提出近场光学显微镜设计理念.

自1984年,科学家们提出了通过金属化的AFM探针,利用散射的方式得到了分辨率在10nm左右或更好的近场光学图像,从而推动近场光学领域的研究.

(1) 入射光照射到待成像的物体表面上,产生反射波.

(2) 反射波包含倏逝波(限制于物体表面)和传播波(传向远处).

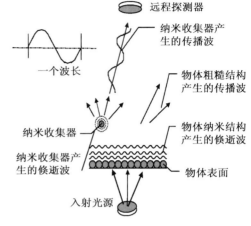

图1.30 近场成像原理

(3) 倏逝波来自物体中的小于波长的细微结构,而传播波则来自物体中大于波长的粗糙结构.

(4) 如果将一个非常小的散射中心作为纳米探测器(例如探针),放在离物体表面足够近的地方,可将倏逝波激发,使它再次发光.

(5) 这种被激发而产生的光同样包含不可探测的倏逝波和能传播到远处探测的传播波,这个过程便完成了近场的探测.

(6) 倏逝场与传播场之间的转换是线性的,传播场准确地反映出倏逝场的变化.

(7) 如果用一个散射中心在物体表面进行扫描,就可以得到一幅二维图像.

(8) 根据互逆原理,若将照射光源和纳米探测器的作用相互调换一下,采用纳米光源(倏逝场)照射样品,因物体细微结构对照射场的散射作用,倏逝波被转换为可在远处探测的传播波,其结果完全相同.

1.11 双缝干涉实验

双缝干涉实验代数叠加了两个任意光波;惠更斯定理决定空间任意一点(非光源)的光波.实际操作需要很多器件,包括光源、滤光片、单缝、双缝、遮光桶、光屏和光具座等.如何能减轻实验器材约束和灵活性束缚,而又能见到双缝干涉现象呢?可以借助MATLAB 2014a模拟该实验,GUI界面友好.

光波的干涉、衍射可用惠更斯-菲涅耳原理说明:行进中的波阵面上任一点都可看作是新的次波源,而从波阵面上各点发出的许多次波所形成的包络面,就是原波面在一定时间内所传播到的新波面,如图1.31所示.

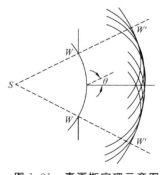

图1.31 惠更斯定理示意图

惠更斯定理可以解释干涉现象,但如果直接采用该定理,无法简化我们对实验的理解.为保证不陷入纯理论怪圈,在能解释干涉现象的前提下,引入简化的原理示意图,参见图1.32.

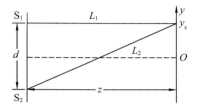

图1.32 光的双缝干涉示意图

单色光通过两个窄缝 S_1、S_2,形成两同频同相但位置不同的光源,然后射向屏幕,在传播空间中形成光的叠加.由于两光源到达屏幕各点的距离不同,可能导致两光源在此点处的光照幅值不同:当两幅值代数叠加后,可能幅值加强(亮),可能幅值削弱(暗).屏幕上的点都会遇到上述情况,最终屏幕上会显示亮、暗条纹,此为干涉现象的形成.

由两相干光源到屏幕上任意点的距离差所引起的相位差为

$$L_1 = \sqrt{\left(y_S - \frac{d}{2}\right)^2 + z^2}\ ;\ L_2 = \sqrt{\left(y_S + \frac{d}{2}\right)^2 + z^2} \tag{1.9}$$

光程差为

$$\Delta L = L_1 - L_2 \tag{1.10}$$

相位差为

$$\Delta \varphi = \frac{2\pi\lambda}{\Delta L} \tag{1.11}$$

两个振幅 A_0 合成后的振幅和光强分别为

$$A = 2A_0 \cos\left(\frac{\Delta\varphi}{2}\right),\ B = 4B_0 \cos^2\left(\frac{\Delta\varphi}{2}\right) \tag{1.12}$$

关于单色光程序用户界面,首先设计草图并构造整体框架.需要什么控件、如何设置控件、如何对应回调函数、如何摆放控件位置,这些问题都需考虑.

先从控件引用和设置开始:

(1) 引用2个坐标轴,用于显示双缝干涉条纹和光强分布.

(2) 引用2个按钮,用于呈现双缝干涉图案和结束程序.

(3) 引用3个可编辑文本框,用于输入波长 lambda、光缝距离 d 和光栅到屏幕的距离 z.

(4) 引用3个静态文本标签,用于标注相应控件的提示.

界面设计如图1.33所示,保存为gui_light文件.

添加菜单,用来绘制双缝干涉条纹和光强分布以及关闭程序,如图1.34所示.

单色光GUI程序编写:建立一级菜

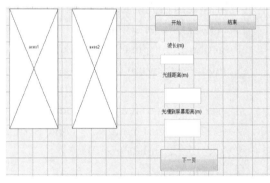

图1.33 界面设计

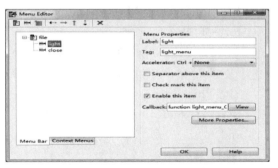

图1.34 建立菜单

单 file,安排 2 个子菜单项 light 和 close.菜单项 light 的 Tag 配置为 light_menu,它用于绘制双缝干涉图案;菜单项 close 的 Tag 配置为 close_menu,它用于执行关闭图形功能.

程序初始化时,设置波长 lambda、光缝距离 d、光栅到屏幕距离 z 的默认值,代码如下:

```
functiongui_lightOpeningFcn(hObject,eventdata,handles,varargin)
set(handles.lambda_edit,'String',0.0000006);    %设置波长 lambda 值
set(handles.d_edit,'String',0.0015);            %设置光缝距离 d 默认值
set(handles.z_edit,'String',2);                 %设置光栅到屏幕距离 z 值
handles.output=hObject;
guidata(hObject,handles);                       %更新句柄结构
```

运行程序后,采用默认值波长 lambda=(6e−7)m,光缝距离 $d=1.5$mm,光栅到屏幕距离 $z=2$m,单击"开始"按钮或菜单项"开始"后,运行结果如图 1.35 所示.

单色光实验结果分析:从图 1.35 可知,双缝干涉条纹以 $y=0$ 的位置为明纹,上下两侧对称明暗纹等间距间隔排列.

与单色光相比,白光 GUI 用户界面中白光干涉的计算机仿真是个难点.依据

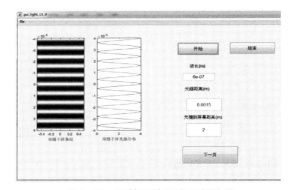

图 1.35 双缝干涉程序运行结果

七色光可合成为白光的原理,采用 MATLAB 仿真白光干涉.

关键的程序举例如下:

```
Function light_pushbutton_Callback(hObject, eventdata, handles)
Lambda=str2num(get(handles.lambda_edit,'String'));
                                                %获得波长 lambda
d=str2num(get(handles.d_edit,'String'));        %获得光缝距离 d
z=str2num(get(handles.z_edit,'String'));        %获得光栅到屏幕距离 z
yMax=5*Lambda*z/d;
xs=yMax;
Ny=101;
ys=linspace(−yMax,yMax,Ny);
fori=1:Ny
    L1=sqrt((ys(i)−d/2).^2+z.^2);
    L2=sqrt((ys(i)+d/2).^2+z.^2);
    Phi=2*pi*(L2−L1)/Lambda;
    B(i,:)=sum(4*cos(Phi/2).^2);                %计算光强
end
NCL=255;                                        %确定所用灰度等级为 255 级
Br=(B/4.0)*NCL;                                 %将最大光强(4.0)定为最大灰度级(白色)
axes(handles.axes1)
```

```
image(xs,ys,Br);                    %干涉图案
colormap(gray(NCL));
xlabel('双缝干涉条纹')
axes(handles.axes2)
plot(B(:,),ys);                     %光强变化曲线
xlabel('双缝干涉光强分布')
```

仿照之前的单色光的 GUI 界面的设置,本例的白色光主界面如图 1.36 所示.

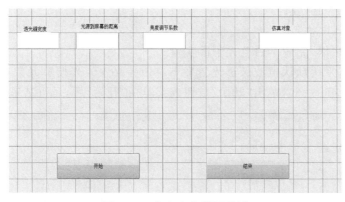

图 1.36 白色光主界面设计

白光 GUI 程序编写中程序初始化时,设置波长透光缝宽为 b_edit,光栅到屏幕距离为 N_edit,亮度调节系数为 Bright_edit. 调用相关函数,绘制 baiseguang 双缝干涉条纹,代码如下:

```
functionkaishi_Callback(hObject,eventdata,handles)
b=str2num(get(handles.b_edit,'string'));        %更新参数,取用户输入的数值
Bright=str2num(get(handles.Bright_edit,'string'));
set(handles.title_text,'string','白光双光束干涉仿真结果')
lamda=[600 610 570 550 460 440 410]*1e-9;
RGB=[1,0,0;1,0.5,0;1,1,0;0,1,0;0,1,1;0,0,1;0.67,0,1];
d=4e-5;
Irgb=zeros(150,1048,3);
Iw=zeros(150,1048,3);
for k=1:7
theta=(-0.015*pi+.03*pi/1048:.03*pi/1048:0.015*pi);
phi=2*pi*d*sin(theta)/lamda(k);
alpha=pi*b*sin(theta)/lamda(k);
Idf=(sinc(alpha)).^2;
Idgs=(sin(N*phi/2)./sin(phi/2)).^2;
I=Idf.*Idgs;
fori=1:150
Iw(i,:,1)=I*RGB(k,1);
```

```
Iw(i,:,2)=I*RGB(k,2);
Iw(i,:,3)=I*RGB(k,3);
end
Irgb=Irgb+Iw;
Iw=[];
end
Br=1/max(max(max(Irgb)));
II=Irgb*Br*Bright;
imshow(II)
```

点击"结束"按钮,完成本白色光干涉实验.

运行程序后,采用默认值波长透光缝宽 b_edit=8e-6,光栅单元数 N_edit=2,亮度调节系数 Bright_edit=80,单击"开始"按钮或菜单项"开始"后,运行结果如图1.37所示.

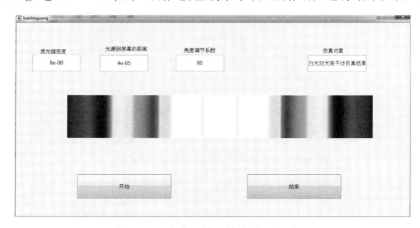

图 1.37 白光双缝干涉实验运行结果

白光实验结果分析:从图1.37可知,白光双缝干涉图像是明暗相间的条纹,中间为白色光,红色光在最外面,紫色光在里面.

结论:通过单色光和白光的双缝干涉仿真实验发现,仿真与真实实验相比,结果相同,容易改变实验参数,方便用户感性认识,更重要的是其结果逼真地趋于理想.

思维锤炼:基于简单方式理解干涉原理本质(本例由肖鹏硕士提供)[26].

1.12 NMOS 管沟道注入 B 离子调节 V_{th} 实验

背景:集成电路工艺模拟系统根据给定工艺条件,利用数值技术,求解由工艺模型所描述的微分方程或代数方程,从而实现对集成电路制造工艺过程的计算机仿真[27].

SUPREM 软件:斯坦福大学 1977 年试用,由 1.4 万条高级语言编写,全工艺模拟.由三大模块组成,即输入信息处理模块、输出信息产生模块、工序模拟模块.

SUPREM-IV 是高级版本,特点是计算集成电路平面工艺由一维纵向模拟,扩展到二维平面模拟.

可模拟的主要集成电路平面工艺工序为：扩散、氧化、硅化物生成、离子注入、外延生长、氧化介质膜淀积、多形态窗口刻蚀和多晶硅淀积等．

文件格式为：网格＋初始化—工艺语句—存盘＋出图＋检查．

沟道注入 Boron 离子调节 V_{th} 实验（与周洁硕士合作）具体内容如下．

NMOS 结构尺寸剖面图参见图 1.38．

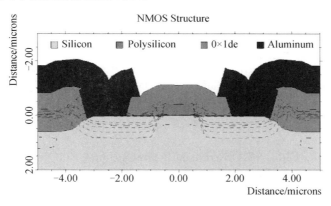

图 1.38　NMOS 结构尺寸剖面图

验证理想的阈值电压公式[16]（主要自变量包括功函数差、表面势、硼受主浓度、衬偏压和栅氧电容）为

$$V_T \approx V_{FB} + 2\psi_B + \frac{\sqrt{2\varepsilon_s q N_A (2\psi_B + V_{BS})}}{C_O} \tag{1.13}$$

NMOS 管沟道注入硼调节 V_{th} 的 I-V 特性对比参见图 1.39，注入硼离子浓度：左子图为 $1 \times 10^{12}\,\mathrm{cm}^{-2}$，右子图为 $2 \times 10^{13}\,\mathrm{cm}^{-2}$．

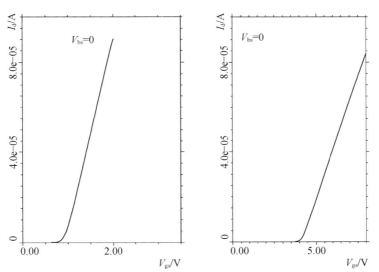

图 1.39　注入不同浓度硼离子条件下的 I-V 特性

结果：通过注硼实验，成功向右移动了阈值电压（结果参见图 1.40）．

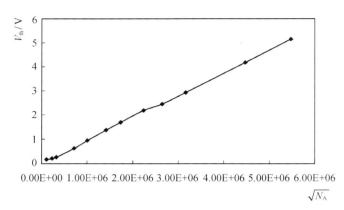

图 1.40　沟道注入硼离子浓度与阈值电压调整结果的关系

程序代码：

$ TMA TSUPREM4 NMOS transistor simulation
$　Part a： Through field oxidation
$ Define the grid
MESH　　　　GRID.FAC=1.5
METHOD　　　ERR.FAC=2.0
$ Read the mask definition file
MASK　　　　IN.FILE=s4ex4m.tl1　　PRINT　GRID="Field,Poly"
$ Initialize the structure
INITIALIZE ＜100＞　BORON=5E15
$ Initial oxidation
DIFFUSION　TIME=30　TEMP=1000　DRY　HCL=5
$ Nitride deposition and field region mask
DEPOSIT　　NITRIDE　　　THICKNESS=0.07　SPACES=4
DEPOSIT　　PHOTORESIST　POSITIVE　THICKNESS=1
EXPOSE　　　MASK=Field
DEVELOP
ETCH　　　NITRIDE　　TRAP
ETCH　　　OXIDE　　　TRAP　UNDERCUT=0.1
ETCH　　　SILICON　　TRAP　THICKNES=0.25　UNDERCUT=0.1
$ Boron field implant
IMPLANT　　BORON　DOSE=5E12 ENERGY=50　TILT=7　ROTATION=30
ETCH　　　PHOTORESIST　ALL
$ Field oxidation
METHOD　　PD.TRANS　COMPRESS
DIFFUSION　TIME=20　　TEMP=800　　T.FINAL=1000
DIFFUSION　TIME=180　TEMP=1000　WETO2
DIFFUSION　TIME=20　　TEMP=1000　T.FINAL=800

ETCH   NITRIDE   ALL
$ Unmasked enhancement implant(注硼调节阈值电压)
IMPLANT   BORON   DOSE=1E12 ENERGY=40   TILT=7   ROTATION=30
$ Save structure
SAVEFILE   OUT.FILE=S4EX4AS
$ Plot the initial NMOS structure
SELECT   Z=LOG10(BORON) TITLE="LDD Process-NMOS Isolation Region"
PLOT.2D   SCALE GRID C.GRID=2 Y.MAX=2.0
PLOT.2D   SCALE Y.MAX=2.0
$ Color fill the regions
COLOR   SILICON   COLOR=7
COLOR   OXIDE   COLOR=5
$ Plot contours of boron
FOREACH   X (15 TO 20 STEP 0.5)
   CONTOUR   VALUE=X LINE=5   COLOR=2
END
$ Replot boundaries
PLOT.2D   ^AX ^CL
$ Print doping information under field oxide
SELECT   Z=DOPING
PRINT.1D   X.VALUE=4.5   X.MAX=3
$ Define polysilicon gate
MATERIAL   MAT=POLY^POLYCRYS
DEPOSIT   POLYSILICON   THICK=0.4   SPACES=2
DEPOSIT   PHOTORESIST   THICK=1.0
EXPOSE   MASK=Poly
DEVELOP
ETCH   POLYSILICON   TRAP   THICK=0.7   ANGLE=79
ETCH   PHOTORESIST   ALL
$ Oxidize the polysilicon gate
DIFFUSION TIME=30   TEMP=1000   DRYO2
$ LDD implant at a 7-degree tilt
IMPLANT   ARSENIC DOSE=5E13 ENERGY=50   TILT=7.0 ROTATION=
   30   IMPL.TAB=ARSENIC
$ Plot structure
SELECT   Z=LOG10(BORON)   TITLE="LDD Process-After LDD Implant"
PLOT.2D   SCALE Y.MAX=2.0
$ Add color fill
COLOR   SILICON   COLOR=7

```
COLOR      OXIDE      COLOR=5
COLOR      POLY       COLOR=3
$ Plot contours
FOREACH    X   (15 TO 18 STEP 0.5)
  CONTOUR    VALUE=X   LINE=5    COLOR=2
END
SELECT     Z=LOG10(ARSENIC)
FOREACH    X   (16 TO 20)
  CONTOUR    VALUE=X   LINE=2    COLOR=4
END
$ Replot boundaries
PLOT.2D    ^AX   ^CL
$ Define the oxide sidewall spacer
DEPOSIT    OXIDE    THICK=0.4
ETCH       OXIDE    THICK=0.45    TRAP
$ Heavy S/D implant at a 7-degree tilt
IMPLANT  DOSE=1E15  ENERGY=200  ARSENIC  TILT=7.0  ROTATION=30
$ Anneal to activate the arsenic
DIFFUSION TIME=15   TEMP=950
$ Deposit BPSG and cut source/drain contact holes
DEPOSIT    OXIDE    THICKNES=0.7
DEPOSIT    PHOTORESIST   POSITIVE   THICKNESS=1.0
EXPOSE     MASK=Contact
DEVELOP
ETCH       OXIDE    THICKNESS=1.0   TRAP   ANGLE=75
ETCH       PHOTORESIST   ALL
$ Define the metallization
DEPOSIT    ALUMINUM   THICKNESS=1.0
DEPOSIT    PHOTORESIST   POSITIVE   THICKNESS=1.0
EXPOSE     MASK=Metal
DEVELOP
ETCH       ALUMINUM   TRAP   THICKNESS=1.5 ANGLE=75
ETCH       PHOTORESIST   ALL
$ Save the final structure
SAVEFILE   OUT.FILE=S4EX4BS
$ Plot the half NMOS structure
SELECT     Z=LOG10(BORON)    TITLE="LDD Process-Half of NMOS Structure"
PLOT.2D    SCALE   Y.MAX=2.0    GRID C.GRID=2
PLOT.2D    SCALE   Y.MAX=2.0
```

$ Color fill
COLOR   SILICON   COLOR=7
COLOR   OXIDE   COLOR=5
COLOR   POLY   COLOR=3
COLOR   ALUM   COLOR=2
$ Plot contours
FOREACH   X   (15 TO 18 STEP 0.5)
   CONTOUR   VALUE=X   LINE=5   COLOR=2
END
SELECT   Z=LOG10(ARSENIC)
FOREACH   X   (15 TO 20)
   CONTOUR   VALUE=X   LINE=2   COLOR=4
END
$ Replot boundaries
PLOT.2D   ^AX   ^CL
$ Print doping through drain
SELECT   Z=DOPING
PRINT.1D   LAYERS   X.VALUE=2
$ Reflect about the left edge to form the complete structure
STRUCTURE REFLECT   LEFT
$ Plot the complete NMOS structure
SELECT   Z=LOG10(BORON)   TITLE="Example 4-Complete NMOS Structure"
PLOT.2D   SCALE   Y.MAX=2.0   Y.MIN=-3.0
$ Color fill
COLOR   SILICON   COLOR=7
LABEL   X=-4.1 Y=-2.5 LABEL="Silicon"   SIZE=.3 C.RECT=7 W.RECT
   =.4 H.R=.4
COLOR   POLYSILI   COLOR=3
LABEL   X=-1.8 Y=-2.5 LABEL="Polysilicon" SIZE=.3 C.RECT=3 W.RECT
   =.4 H.R=.4
COLOR   OXIDE   COLOR=5
LABEL   X=1.2 Y=-2.5 LABEL="Oxide"   SIZE=.3 C.RECT=5 W.RECT
   =.4 H.R=.4
COLOR   ALUMINUM   COLOR=2
LABEL   X=3.2 Y=-2.5 LABEL="Aluminum"   SIZE=.3 C.RECT=2 W.RECT
   =.4 H.R=.4
$ Plot contours
FOREACH   X   (15 16 17 18)
   CONTOUR   VAL=X   LINE=5   COLOR=2

```
END
SELECT      Z=LOG10(ARSENIC)
FOREACH    X    (15 16 17 18 19 20)
    CONTOUR    VAL=X   LINE=3    COLOR=4
END
$ Replot boundaries
PLOT.2D    ^AX   ^CL
SAVEFILE   OUT.FILE=S4EX4CS
$ Part A：Threshold voltage
$ Extract the gate bias vs. the sheet conductance in channel region
$ —— VBS=0V 阈值电压提取
ELECTRIC   X=0.0    THRESHOLD   NMOS   V="0 4 0.1"    OUT.FILE
    =S4EX4DS1
$ Plot the Vgs vs Ids
$ —— Define the scale to convert the sheet conductance to the current
ASSIGN       NAME=Lch    N.VAL=1.2
ASSIGN       NAME=Wch    N.VAL=25.0
ASSIGN       NAME=Vds    N.VAL=0.1
ASSIGN       NAME=Scale  N.VAL=(@Vds*@Wch/@Lch)
$ —— Plot
SELECT       TITLE="Vgs vs. Ids"
VIEWPORT     X.MAX=0.5
PLOT.1D    IN.FILE=S4EX4DS1    Y.SCALE=@Scale +
       Y.LABEL="I(Drain)(Amps)"   X.LABEL="V(Gate)(Volts)" +
       TOP=1E-4    BOT=0    RIGHT=3.5    COLOR=2
       LABEL        LABEL="Vbs=0"   X=1.9  Y=9E-5    RIGHT
```

1.13 本章小结

蚂蚁找路机制的形成是由于神经定位细胞的存在.蚂蚁的个体猛力与团队作战精神,对乐于推开微纳电子学之门的青年学子,无疑起到镜鉴作用.

沥青滴漏这个著名的"搞笑"实验其实并不好笑,因为研究沥青的黏滞系数,需要学者具有长寿的潜质,而这又是脑健康微电子学的最大挑战.

希尔密码为老牌的通信密码原型,在本书中仅展现了其最初步的科技表现——评价函数;在众多的编码中,霍夫曼码因为变码长的特点,更受IC设计师的关注和青睐.

基于阴极射线管发现电子,凸显了组合发明的伟大作用;电子最初的名字就叫"细胞",它确实起到主要载流子的作用,其未来的发展更要借力隧穿效应和自旋特性.

同时成像波粒二象性的巧妙之处在于:需要按照被解码信息的编码特征(正变换),来进行解码(反变换);关于近场成像研究,著者的硕士导师高敦堂教授在国内率先垂范.

双缝干涉实验不但受热爱讲物理的费曼院士重视,而且基于 MATLAB 工具,学子们易于上手触摸最基础的量子现象.

通过工艺指令流,包括初始化(Initialize)、扩散(Diffusion)、淀积(Deposition)、刻蚀(Etch)、离子注入(Implant)、打印(Print)与出图(Plot)等,基于 TSUPEREM-IV 仿真工艺软件,验证为 NMOS 管的沟道注硼离子调整其阈值电压的生动的实验效果.

工艺需要匹配于器件结构,最好的例证之一(图 1.41)就是华人半导体巨擘施敏院士与韩国半导体先驱姜大元博士的合作硕果——非挥发性存储器的第一座里程碑(Kahng D,Sze S. M. A floating gate and its application to memory devices,Bell System Technical Journal,1967,46(6):1288—1295),其所引领的新发明浪潮,极可能对日本东北大学小柳光正教授 1978 年发明 3D 器件与集成技术起到了重要的逻辑启发作用;其扩充的 IDEAs 能做数字或模拟模块,也能做神经形态电路的"细胞",还能做半浮栅器件与电路(可关注《Science》报道的复旦大学的成功工艺试验).

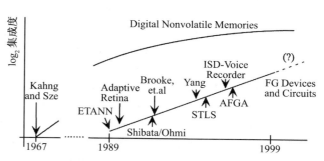

图 1.41　基于浮栅器件的电路演进
(P. Hasler,1999)

1.14　思考题

1. 您如何理解"自学是最好的大学",以及"教育就是'医脑袋'"?
2. 何谓蚂蚁精神、工匠精神、科学家精神、企业家精神?您怎样看四者的区别与联系?
3. 测试的本质是比较,同时应讲究性价比(能效),您有什么实验体会?
4. 发现与发明的区别与联系是什么?何谓组合发明?何谓数学发明?
5. 微弱信号 C 如何控制弱信号 A-B 特性?针对 I-V 关系,请以新器件举例说明.
6. 量子现象可以触摸吗?请您分析基布尔秤的工作原理.

1.15　参考文献

[1] Wittlinger M,Wehner R,Wolf H. The ant odometer: stepping on stilts and stumps[J]. Science,2006,312(5782):1965—1967.

[2] 刘瑞挺.创新思维卓越贡献、特立独行传奇人生——纪念艾伦·图灵百年诞辰[J].计算机教育,2012(11):13—29.

[3] Isobel Falconer. Corpuscles,electrons and cathode rays:J. J. Thomson and the "discovery of the electron"[J]. The British Journal for the History of Science,1987,20(3):241—276.

[4] Thomson J J. Cathode rays[J]. Philosophical Magazine,1897,44:293.

[5] Griffiths I W. J. J. Thomson—the centenary of his discovery of the electron and of his invention

of mass spectrometry[J]. Rapid Communications in Mass Spectrometry,1997,11:2—16.
[6] Karmalkar S. Introducing the device modeling procedure to electrical engineering students[J]. IEEE Transactions on Education,2007,50(2):137—142.
[7] Nathanson H C,Newell W E,Wickstrom R A,et al. The resonant gate transistor[J]. IEEE Transactions on Electron Devices,1967,ED—14(3):117—133.
[8] 马强,李文石,朱臻. MEMS 的研究现状及其进展[J]. 中国集成电路,2004,13(10):57—61,21.
[9] 李文石,钱敏,黄秋萍. 三维微电子学综述[J]. 微电子学,2004,34(4):227—230.
[10] 宋佳佳,李文石. 三维集成电路测试进展[J]. 中国集成电路,2013(10):63—69,86.
[11] 王喆垚. 三维集成技术[M]. 北京:清华大学出版社,2014:1—100.
[12] Merzbacher E. The early history of quantum tunneling[J]. Physics Today,2002(8):44—49.
[13] 杨庆余. 乔治·伽莫夫——成就卓越、勇于创新的科学大师[J]. 物理,2002,31(5):327—332.
[14] Ionescu A M,Riel H. Tunnel field-effect transistors as energy-efficient electronic switches[J]. Nature,2011,479:329—337.
[15] Datta S,Huichu Liu,Narayanan V. Tunnel FET technology: a reliability perspective[J]. Microelectronics Reliability,2014,54:861—874.
[16] (美)施敏,李明逵. 半导体器件物理与工艺[M]. 3 版. 王明湘,赵鹤鸣,译. 苏州:苏州大学出版社,2014:1—100.
[17] 薛加民. 为什么是蓝光 LED——2014 年诺贝尔物理学奖原理简析[J]. 无线电,2014(12):70—72.
[18] 刘明. 新型阻变存储技术[M]. 北京:科学出版社,2014:1—100.
[19] Hickmott T W. Low-frequency negative resistance in thin anodic oxide films[J]. Journal of Applied Physics,1962,33(9):2669—2682.
[20] Simmons J G,Verderber R R. New conduction and reversible memory phenomena in thin insulating films[J]. The Royal Society,1967,301(1464):77—102.
[21] Chua L O. Memristor—the missing circuit element[J]. IEEE Transactions on Circuit Theory,1971,18(5):507—519.
[22] Datta S,Das B. Electronic analog of the electro-optic modulator[J]. Appl. Phys. Lett.,1990,56(7):665—667.
[23] 陈培毅,邓宁. 自旋电子学和自旋电子器件[J]. 微纳电子技术,2004(3):1—5.
[24] Fong X,Kim Y,Yogendra K,et al. Spin-transfer torque devices for logic and memory: prospects and perspectives[J]. IEEE Transactions on Computer-Aided Design of Integrated Circuits and Systems,2016,35(1):1—22.
[25] Piazza L,Lummen T T A,Quiñonez E,et al. Simultaneous observation of the quantization and the interference pattern of a plasmonic near-field[J]. Nature Communication,2015,10:1038,7407.
[26] 陈垚光,毛涛涛,王正林,等. 精通 MATLAB GUI 设计[M]. 北京:电子工业出版社,2013:1—100.
[27] 李耀兰,李伟华. 微电子器件[M]. 南京:东南大学出版社,1995:1—100.

第 2 章 微纳电子学探索

对微纳电子学领域的学生来说,教育之后的提高,自学成长路径的关键,就在案例的探索.

纳米概念的提出者、诺贝尔奖获得者、锁具收藏者费曼院士说:一个问题,如果没法"把它简化到大学一年级的水平,那就意味着我们并不理解它".简易才是事物发展的最高原则(任彦申,2010 年).

一个电子系统的设计师,应为产品寻求最优的可靠性(Reliability)、经济性(Economy)、性能(Performance)和功能密度(Functional Density).寻求的方式是做到 4 个最小化〔基尔比原理(Kilby Principle)〕:

(1) 将构造该系统的部件数量最小化.
(2) 将构造该系统的材料数量最小化.
(3) 将制造该系统的工艺步骤最小化.
(4) 将制造该系统的工艺差别最小化(即选择工艺兼容,考虑相似的压力、温度和装置等).

因为工程的本质(Essence of Engineering)是工程师寻求什么变量值得忽略.遵循基尔比原理,我们将启动(Reset)超越摩尔定律时钟,进入单一器件或装置的全自动工艺.

本章建模案例要点包括:概论设计方法学、折中设计和蒙特卡罗算法,详解量子修正的 MOSFET 表面电势解析模型,导论电子存储器中的软故障特征,概论微电子系统中的优值 FoM,研究高精度-低功耗 SAR ADC 的 FoM 函数,概论微码技术,聚焦第一键合点铜线焊接的三步键合优化,概论串扰,给出典型的 RF 手机测试实例,分析 ATE 的技术演进规律,研究混沌电路设计方法学,贡献新的超低电压 MOS 管混沌电路,举例解析 3 个生物医学环境信号的模式识别实验,最后小结本章,提供思考题.

本章关键词:折中优化、量子特征、评价函数、混沌电路、信号特征.

2.1 设计方法学概论

设计的本质是将技术原理转变为现实性的事物.设计方法学强调整体寻优的规律总结与运用.现代电子信息系统的设计过程与实验研究方法总结异曲同工.这里阐述了 EDA 工具与 Y 图的有机联系,概述了 IC 设计专家心理学,提到了几个设计热点.

设计概念与设计方法学

设计(Design)是为构建有意义的秩序而付出的有意识的直觉上的努力〔美国设计理论家

维克多·巴巴纳克(Victor Papanek,1927—1999年),《Design for the Real World》,1971年].

设计的哲学定义:主体意识外化为真实技术事物的媒介替代物的过程.

方法的哲学本质:从题源映射至目标的可行性的轨迹.

设计方法学(Design Methodology)的关键,是针对设计条件的集合,寻找最佳的解决方案(the Best Solution).它强调应用头脑风暴(Brainstorming),鼓励创新意念和协同思维,以便处理想法,达成最佳方案.其中,迎合用户的需求和设想是最关键的考量.当然,设计方法学也运用基本的研究方法,例如分析和测试.

传统的设计方法经历了直觉设计、经验设计、半理论半经验设计这三个阶段;发展至20世纪60年代初期,逐渐形成了设计方法学.

西德人倡导的设计方法学,侧重于提炼规律与程式;美国人提倡的创新设计,则重视人本位,侧重于头脑风暴[1].

设计方法学的发展脉络:可行设计(可行解)→最优设计(部分最优)→系统设计(整体最优).

设计方法学类似于战略,而相关的战术就是:最优化、CAD、可靠性分析、有限元方法、价值工程与绿色设计等.

设计方法学的特点:程式性、创造性、系统性、优化性、综合性以及能与CAD结合等.

系统集成设计方法学的研究思想与流程

现代电子系统的特点是[2]:

(1) 系统通过互联网络组成大系统.

(2) 单元通过总线互联组成系统.

(3) 计算机和数据库作为大系统的组成部分,要求系统支持多种平台和操作系统.

(4) 系统内嵌入单个或多个多种类型的处理器.

(5) 要求系统支持速度不同的多种传输媒体信道.

(6) 要求系统支持多种协议.

(7) 要求系统支持多媒体运行.

(8) 已经融合安全与防护措施到系统中.

系统设计方法学的基本思想是逐层分解系统,直到可以应用各种EDA工具为止,接着的工作借助各种工具及其级连来完成,重视设计各个阶段的FoM(Figure of Merits)构建与运用.

为使系统集成在一块芯片上成为可能,现代电子信息系统的设计过程共分为五步[2]:

(1) 系统描述——建模(Modeling).

描述建模是系统设计的关键操作,是高级系统设计师创造性的劳动,各种设计工具只能起到辅助性的作用.

(2) 探索(Explore).

探索是在设计问题的"解"空间中寻求一个解.此间,寻找类似的设计结构,通过合法的利用、修改、增补或创新,构造所需的系统.

解空间的多维分量基于技术与经验,例如关注速度、功耗和成本等,根据系统要求确定一个折中的解.

(3) 划分(Partition).

为便于探索才进行划分,本质是数学复杂性的降维,难点是划分原则所依赖的子模块性能在不断改变.划分出的子模块包括硬件和软件.

(4) 比较(Comparison).

根据所制定的满足系统设计要求的准则(如 FoMs 最小),选取一个合适的解.探索的过程就是不断地对系统进行分解和比较的过程.

(5) 验证(Verification).

系统的验证主要通过软件和硬件协同仿真,强调所设计系统芯片与工作环境的适配.

前述五步的级连,实际存在着循环迭代的特点,同时强烈受制于由工艺主导的 EDA 的阶段先进性.

系统集成设计方法学重视 EDA 工具"列车"如何穿越 IC 层级 Y 图的"隧道"瓶颈.

热点研究的瓶颈可命名为:折中设计、低功耗设计和优化设计等.

Y 图是抓住了设计划分的层次化(Hierarchy)思考的一个模型(Smith88,Walker85,Gajski83).分层设计采用分而治之的策略(Divide-to-Conquer Strategy),不但为设计数字 IC 的流程所青睐,更是正向综合程度不高的模拟 IC 设计所必需的(Neves G,2005 年).

参见图 2.1,Y 图(Y-Chart)给出了三个设计域:行为→结构→物理.

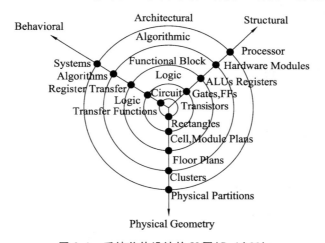

图 2.1　系统芯片设计的 Y 图(Smith88)

Y 图中的箭头方向代表设计复杂度增加的方向;同心圆分别代表相似的抽象级别(例如针对数字 IC 有架构、逻辑和电路等).区别于数字 IC,模拟或 RF 电路应用模块图级别代替逻辑级.

设计是保持等价性的域间映射,从 Y 图的外圈逐渐进入内圈,从较高的抽象层次跨入较低的抽象层次.

讨论 1~4 与话题 1~4

讨论 1:设计理念之验证意义.

"First Rule of Projects: no matter how long you think your project will take, it will take longer."[3-4]

验证所需要的向量数目每 6 年增长 100 倍(R Camposano,1997 年).

讨论 2：SoC 设计师的演进：IC→ASIC→SoC.

Carver Mead proposed the "tall thin" model of a VLSI designer; that model is still appropriate today. Effective system designers need to understand fabrication, circuits, logic design, architecture, and tools[4].

(1) tall-thin designer (Carver Mead，1979 年)：高瘦型知识结构的 IC 设计师.

(2) little-fatter(Wayne Wolf，1990 年)：小胖(可能影响研究视野).

(3) tall moderately-chubby IC designer：高大略显丰满的 IC 设计师.

(4) top-notch designer：顶尖的设计师.

讨论 3：穿层研究与思考.

How you can think like a CAD algorithm？"Doing a truly good job of each step of design requires a solid understanding of the big picture."(3D 电影，对设计流程的立体理解)[4].

讨论 4：专长心理学.

(1) 专长心理学研究认为：专家相对于新手具备许多优势，例如有意义知觉模式、速度快、非凡的记忆能力、问题表征深入而系统、较强的自我监控技能等[5].

(2) "专家成长十年法则"(四阶段[6])八表达：天赋异禀—专业训练—谋生求索—超越师傅—服务社会—贡献人类—引领未来—回归童真).

(3) 诺贝尔奖获得者的硕士阶段，经过"根号 3"＝1.73 个学校的培养.

(4) 诺贝尔奖获得者的师徒接力比例，在美国高达 60％.

(5) 象棋冠军的心理学特点：专心致志，锲而不舍，刚柔并济，超强的长时工作记忆能力(相当于熟练掌握 4 门外语)[7].

话题 1：综合技术[8].

ASIC(Application Specific Integrated Circuit)的名字于 20 世纪 80 年代初期来自美国 Dataquest 公司，特点是品种多、批量小和 NRE(Non Recurring Engineering Cost)比较昂贵等.

综合技术：由功能描述到结构实现是逻辑综合(Logic Synthesis)；由结构设计到完成版图设计是物理综合(Physical Synthesis).

无论是逻辑综合还是物理综合都有多值问题，所以优化将是综合技术的中心命题. 例如，20 世纪 80 年代末 Synopsys 公司推出的逻辑综合系统，迭代优化的目标函数通常有两个，一是逻辑延迟长度，二是逻辑元件数目. 后来又加上了第三个目标函数——可测试性.

关于模拟电路的综合主要指向电路划分与优化.

深亚微米阶段的优化设计，一定需要计算微纳电子学所提供的深层次物理依据，例如有源区电流密度、衬底区电位分布以及芯片的温度分布等.

话题 2：关于互连.

深亚微米集成电路设计，首先是面向逻辑的设计，更是面向联结的设计，因为互连的时间延迟效应突显出来.

例如，高层次综合的中心工作就是寻找一种电路架构，使得系统对连线长度的变化不敏感或者敏感性尽可能小. 原因如下[9]：

高层次综合的理论认为：电路结构可分为控制单元和数据通道两部分.

控制单元的结构是一个有限状态机器，多采用存储器来实现，其时间特性完全依赖于存储器的时序.

数据通道包含存储单元、操作单元和连线网络三部分.其中,存储单元和连线网络一般由随机逻辑组成,在深亚微米条件下将引入延迟的不确定性.

话题3:低功耗设计.

低功耗设计是系统集成设计方法学的一个重要研究方向.

评估芯片的整体性能,原来权衡的主要参数是面积和速度,后来变成了面积、时序、可测性和功耗的综合考虑,并且功耗所占的权重趋大.

研究证明在不同设计层次上的优化,其改善功耗的程度(概率)也不同,参见表2.1[10].

表2.1 设计层次与功耗改善

设计层次	功耗改善程度	设计层次	功耗改善程度
系统级	50%~90%	门级	20%~30%
架构级	40%~70%	版图级	10%~20%
寄存器级	30%~50%	晶体管级	5%~10%

结构级的低功耗设计,主要从电路的体系结构和编码等方面入手研究.具体方法例如:并行结构、流水结构、优化编码风格、异步系统和动态电压缩小等.

结构并行的本质是在保持电路吞吐量的基础上,增加电路面积来达到降低功耗的目的.

电路流水是采用插入寄存器的办法,降低组合路径的长度以达到提高电路速度的目的.

因为数字IC的总线具有大电容负载的特点,故而降低总线上的翻转频率是节省总线功耗的唯一办法,这就要改变总线上传输数据的编码(例如选择格雷码).

考虑到最理想的电路应是具有延迟不敏感、双数据线和翻转编码特点的电路,因此应重视异步系统,这是一个自定时系统(基于握手信号与外界通信),其省去了同步电路的时钟树.

配合可以缩小延迟的设计技术,动态电压缩小(Dynamic Voltage Scaling)技术应能快速(向低方向)切换电路的工作电压,切换时间小于$10\mu s$.

话题4:EDA工具存在"固有噪声"——混沌(Jeong K,2010年).

1997年,Sun Microsystems的Ward Vercruysse曾将IC的后道实现流程比喻为混沌机(Chaos Machine).

EDA工具的"固有噪声"——混沌,即输入非常小的改变,将导致输出非常大的改变.

应用EDA工具将产生混沌的本质原因是:在EDA工具的底层,优化对象都是NP难问题,往往借助启发式(Heuristics)算法,只能得到次优解(Suboptimality);在纳米缩微挑战中,所选模型本身尚不精确.

实验研究表明:仅以65nm模块为例,皮秒级别的输入扰动,将导致最坏的时间松弛WNS超过几百皮秒,面积改变超过16.4%,主要设计级之间的相关性很小.

建议的设计方法学基于多次运行(Multi-run)与/或多次启动(Multi-start),前提是人为提供微小的输入参数扰动.

最佳的运行次数的比较实验例证参见图 2.2. 为了寻找最佳运行次数 k,基于工具 ASTRO 实现 JPEG 模块. 最坏、最好与平均 WNS 值的获得方法:时钟周期扰动 1ps,运行 50 次建立解空间;在解空间中第 1 次 ($k=1$) 随机选择 100 次. 结果是:建议 $k \geqslant 3$.

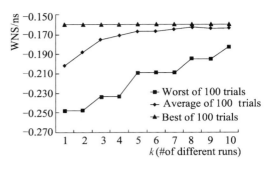

图 2.2 最佳的运行次数的比较实验
(Jeong K,2010 年)

小结:电路设计的模块(积木)化方法惯例提示我们,构成系统的 M 个模块,或许分别对应 N 个原理,这样就将产生 $M \times N$ 种设计方案,这些方案有待选择与优化(评价需要 FoMs).

经由工艺主导的 EDA 工具也穿着逻辑单元模型(>1300 种)"内衣",IC-ASIC-SoC 设计强烈依赖于 EDA-Tools. EDA 工具"列车"穿越了层次化设计的 Y 图.

沙漏模型提醒我们:大道理(微纳电子学定律)之下的小道理(各类设计方法学)针对着设计热点.

2.2 折中设计概论

集成电路设计的理想约束是:面积更小、性能更高、功耗更低. 然而,同时优化三因素(例如面积 Area、时延 Delay 和功耗 Power or Energy Consumption)进行设计,只是一个"神话". 因为三因素呈现着相互制约的数量关系.

所谓折中设计,就是根据应用驱动,仅仅选择性地优化三因素中的一个或两个因素,同时相对地牺牲其他因素[11].

三因素的关系

(1) 面积估算:考虑逻辑门和互连所占据的版图面积.

实际面积 ≈ (逻辑门面积) + (互连面积) × 先验收缩因子.

A 逻辑门面积估算方法

① 基于晶体管数量:应用该数量乘以单个晶体管的面积,可得到面积估算的下限值,原因是忽略了晶体管的间隙以及互连线的面积.

② 基于复杂性:基本思想是假设布尔逻辑功能依靠面积的复杂性,又假设面积复杂性正比于晶体管数量;具体借助于函数的熵概念和输出/入向量的概率概念[12].

③ 兰特法则:一般把兰特法则写成公式 $T_{IO} = k \cdot N_{gate}^p$,以便表征输入/输出管脚(互连数目)与内部复杂性(等效门数量)的关系. 其中,k 是平均的每门管脚数,而 $p(0 \leqslant p \leqslant 1)$ 是已知逻辑结构的兰特指数[13]. 本方法应用的变形公式为 $N_{gate} = (T_{IO}/k)^{1/p}$.

B 互连面积估算方法

互连线直接影响着三个设计约束:面积(例如总线比较占面积)、时延(传播延迟正比于互连线的长度)和功耗(互连长度决定着寄生电容和互连电阻;互连越长,传输有效信号越耗能).

根据 Donath Model[14],假设线宽和线间距容易获得,则借助兰特法则先验估计互连面积,即是确定平均互连长度的上界:

$$L\text{-mean} = \left[\sum_{k=0\sim(K-1)} n_{k\text{-mean}} \cdot l_{k\text{-mean}}\right] / \left[\sum_{k=0\sim(K-1)} n_{k\text{-mean}}\right]$$

$$n_{k\text{-mean}} = \alpha N_{\text{gate}} 4^{K+k(p-1)}(1-4^{p-1})$$

$$l_{k\text{-mean}} = (2/9)(7\lambda - \lambda^{-1})$$

其中,K 是分层数的上界;划块数 $\lambda = 2^k$.

(2)时延估计:针对同步电路,评价优值 = (Cycle time)·(Latency). 其中,Cycle time 是最快时钟的周期;Latency(操作延迟)是工作时钟的周期.

A 独立模块级的时延估计

基本原理有三个:测量(Measurement,特点:小电路实现,实测依赖成本)、计算(Calculus,特点:分析或数值解算所有节点的波形,然后综合得到电路的定时特性)、仿真(Simulation,特点:涉及精确的晶体管级模型和次精确的行为级门级模型).

一般分类有两种:门延迟(Gate Delay,开关延迟);传播延迟(Propagation Delay,互连延迟).

① 门延迟.

电路:CMOS 非门挂接 1 个电容负载 C_L.

充电:电源 V_{dd} 通过 PMOS FET(导通)为 C_L 充满电荷 $Q = C_L \cdot V_{dd}$.

放电:Q 通过饱和导通的 NMOS FET 放电,近似有 $Q = I_{Dsat} \cdot \tau$,其中,τ 是延迟下限.

求 I_{Dsat}:由 α 幂率模型[15]知 $I_{Dsat} = \beta(V_G - V_T)^\alpha \approx \beta(\gamma V_{dd})^\alpha$.

延迟:化简为 $\tau = C_L/(\beta \gamma^\alpha V_{dd}^{\alpha-1})$.

② 传播延迟.

Elmore model[16]:将长度达到毫米级的互连线视为 RC-chain(R_i, C_j, N 级),则对于阶跃刺激的半峰延迟(一阶时间常数)有:$\tau_N = \sum_{i=1\sim N} R_i \cdot \sum_{j=1\sim N} C_j$.

根据 Elmore model 化简知:无分支的 RC-chain($R_i = rL$, $C_j = cL$, N 级, L 长)的时间常数为 $0.5rcL^2$,因此,延迟上界正比于互连长度的平方.

Elmore model 的缺点是由于存在电阻掩蔽效应,使得所求近端的延迟误差远大于远端[17].

D2M metric[17]:$\tau_N = (m_1^2/m_2^{0.5})\ln 2$.

表述节点 $i(0\sim N)$ 的第 $j(j\geqslant 1)$ 时刻的脉冲响应的回归式为 $m_j^i = -\sum_{k=1\sim N} R_{ki} C_k m_{j-1}^k$,其中,当 $j=0$ 时有 $m_0^i = 1$;R_{ki} 定义为节点 $0\sim i$ 之间的总电阻与 $0\sim k$ 间电阻的重叠部分.

区别于 Elmore 模型对应于脉冲响应的第一时刻,D2M 表征思想利用了高阶响应,只利用到第 2 阶,就可将误差控制在 2% 以内.

B 系统级的时延估计

各个模块的延迟一经确定,再经过"调度(Schedule)",则可估计系统级的时延.

调度定义:根据资源和任务要求,具体安排各模块的工作次序.

调度涉及:数据存储、互连线、数据控制逻辑和控制单元.

调度类型:

① 约束[寻求最小操作时间,基于 ASAP(as Soon as Possible)算法].

② 时间约束(基于 ASAP 解决操作延迟约束,基于 Bellman-Ford 算法处理绝对定时约束).

③ 资源约束(用于操作延迟与面积的折中设计,基于整数线性规划等算法).

(3) 功耗.

功耗评价的标准为:效率(Efficiency)、准确性(Accuracy)和不确定性(Uncertainty).

功耗估计的五种方法及其特点为:实测(构造电路,直接测,只方便小电路)、计算(前向直接计算,仅方便小电路)、概率法(以概率表述各节点信号的活动水平,再结合充电电容模型)、统计法(基于随机输入,统计达到各节点的活动率,再结合开关电容模型)、仿真法(主流方法,可在各种级别进行,基于不同精度下的功耗模型).

各种功耗模型的基本考虑都涉及静态和动态功耗;一般而言,功耗快速建模乐见内部信号的活动率.

A 静态功耗

产生原因是 CMOS FET 存在漏电流和衬底注入电流,解决办法主要是基于工艺的.

B 动态功耗

产生原因主要包括短路电流(CMOS 非门中的 N 管和 P 管存在同时开启的瞬间)和电容充电(开关状态下为寄生电容充电).

C 基于活动率的功耗估计

基本假设是动态功耗占据总功耗的主流,建模思想为汇集网络开关中各节点电容的被充电能量.

① 电容充电:CMOS 非门挂接 1 个电容负载 C_L,P 管导通与电容充电的总体耗能可被推导得 $E \approx C_L \cdot V_{dd}^2$.

② 充电电容:建模为三部分之和,包括门输出电容、互连线分布电容和被驱动门的输入电容.

③ 电路级能耗估计:针对大电路(N 节点,总电容 C),总动态能耗可写作
$$E = \sum_{i=1 \sim N}(a_i C_{Li} V_{ddi}^2) \approx \alpha C V_{dd}^2$$

其中,α 是平均开关活动率,而 a_i 是节点 i 的被充电次数.

D 系统级的功耗估计

高层次(位于调度和综合步骤之前)功耗估计的难点是尚缺乏电路结构的细节信息[18].

若是基于已知 IP 硬核,进行高层次估计基本可行;若是基于代码层,典型的方法是基于电路的平均活动率(Average Activity)和负载电容 C_L 的.

折中设计图解

显然,集成电路的面积、时延和功耗具有很强的内在关联性.结果是,想当然的设计约束经常自相矛盾,因此,折中设计势在必行.

诚然,折中设计也只能在设计约束丛中"舞蹈",一般的"舞姿"(折中组合)包括:面积-延迟、延迟-功耗、面积-延迟-功耗.

(1) 面积-延迟.

A 两种技术

重定时技术:在同步电路中通过移动、添加或者删除寄存器,可达到不影响逻辑功能

却能使周期时间最小化(旨在缩短最长的延迟路径)或者面积最小化.

流水线技术:通过添加控制逻辑和同步控制寄存器,可提高电路的吞吐率(每时钟周期内的被处理数据数量),变相降低了周期时间.

B 面积时间界限

算法的不同实现都将占用面积导致延迟.问题是面积和延迟的关系如何?

文献[19]通过考察电路(面积 A、操作延迟 T)的信息处理能力,总结论述了三种下限关系法则.

① 有限的存储器:$A=$常数.

该式表达的思想:电路中有限的时间步长内,只能记忆有限数量的数据(正比于面积);或者解释为,电路的数据路径中的寄存器面积,不依赖于电路延迟.

② 有限的输入输出:$AT=$常数.

该式表达的思想:电路只能处理和产生有限数量的输入和输出(正比于面积延迟积).

③ 有限的信息交换:$AT^2=$常数.

该式表达的思想:电路的点到点信息量速率受限于面积的平方根;或者说互连长度受限于面积的平方根.

实验(考虑电路中存在多种操作且以不同方法实现)验证了前述三个法则,结果是前两个符合较好,第三个关系需要修正为 $AT^r=$常数.其中,r 的取值范围是 1.2~1.5(Potkonjak M,1994 年).

(2) 延迟-功耗.

电路的平均功耗 P、能量消耗 E 和工作周期 T(频率 $f=1/T$)的关系写作:
$$P=E/T=(\alpha CV_{dd}^2)/T=\alpha f CV_{dd}^2$$

如此就有低功耗设计的不同策略:频率比例缩小(线性关系)与电(源)压比例缩小[平方关系或立方关系(门延迟做主要贡献)].

如此也有功耗延迟积 $PT=E=\alpha CV_{dd}^2$,提示当电源电压、等效总开关电容和平均活动率一定时,功耗延迟积为常数,即功耗 P 和延迟 T 不能同时变小.

(3) 面积-延迟-功耗.

应用三个关系:

① AT 下界:$AT^r=$常数 ν.

② 功耗-延迟:$P=E/T=(\alpha CV_{dd}^2)/T$.

③ 电容-面积:假设电路的平均电容 $C=Ha$.

结果 1 是可得 $PA^{1/r}$ 关系正比例于功耗延迟积.

结果 2 是三边形寻优图解,参见图 2.3[11].一般熟悉的功耗延迟为"香蕉"曲线,此时由三只"香蕉"合成了一张"阿拉伯飞毯",提示我们寻优不能跌出"飞毯"的限制.

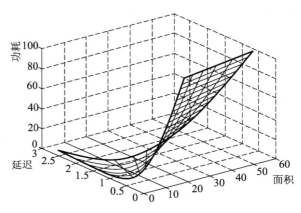

图 2.3 三边形寻优(面积、延迟、功耗)

小结：

（1）三因素折中设计方便于快速分析设计成本．

（2）相对于面积和时延估计，功耗估计比较困难，因为其强烈依赖于被处理数据的特性．

（3）IC设计师提高手算能力，做到"心里有数"，才不至于使用EDA工具时，"机器很忙却无功而返"（吉利久教授，2004年）．

折中设计例证

例1：为了实证芯片面积和功耗的关系，举一款报道于2007-ISSCC的由欧洲设计的基于非同步NoC设计的通信SoC芯片的例子（Didier L，2007年）．

参见图2.4，该SoC内含7个Module/IP，包括专用控制器RAC、高级系统总线AHB和可重构数据通道DART等．

关键的灵活结构设计，来自片上网络NoC的贡献，其所占面积适中，功耗控制到较低；所有IP的Power-Area关系符合前述的"飞毯"走势．

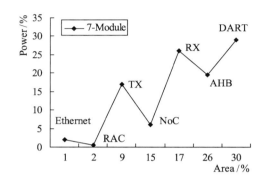

图2.4 SoC设计实例中IP的Power-Area关系（Didier L，2007年）

注：Process：130nm CMOS 6ML（STMicroelectronics）；Die Size：79.50 mm^2；Power：638 mW @ TX or 758 mW @ RX．

例2：鉴于存在"香蕉"曲线规律，基于门尺度变换（Gate Sizing）方法，具体改变负载的驱动能力，就是调节电路延迟，能够趋向能耗最小化．对于小于1万门的组合逻辑，该技术适用．参见表2.2，测试111门标准电路，考察延时模型应用，实测结果（单位略）说明，只要级数大于1，就很快收敛（M. Berkelaar，《Area-power-delay trade-off in logic synthesis》，1992年）．

表2.2 时延模型的R_0C_0级数与时延、功耗估计以及CPU消耗的数量关系

近似级数	延迟估计	功耗估计	CPU耗能	近似级数	延迟估计	功耗估计	CPU耗能
1	21.9	151	1.1	6	22.7	140	4.1
2	22.6	142	1.7	7	22.7	139	4.7
3	22.6	141	2.5	8	22.7	139	5.5
4	22.7	141	2.7	9	22.7	140	5.8
5	22.7	140	3.5	10	22.7	140	6.5

例3：信号处理方案——模拟VS数字．

（1）参见图2.5(a)和(b)，模拟方法受限于物理制约，其节省能量和面积的前提是获得相对低的信噪比；数字方法受限于逻辑制约，其节省能量和面积的区域对应相对高的信噪比（参考了Carver Mead指导的R. Sarpeshkar的博士论文，1997年）．

（2）相比于数字信号处理，模拟处理可以提高Efficiency（带宽增益积）达10^4．

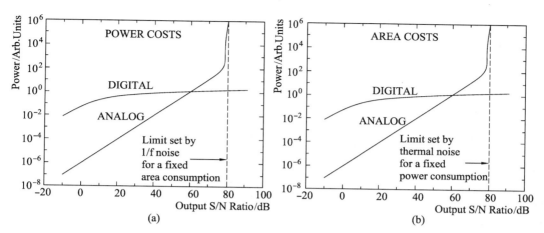

图 2.5 基于亚阈值技术实现信号处理的模拟或数字方法对比(Sarpeshkar,1997 年)

（3）如果金帆定律持续有效,那么,数字脚步追赶模拟处理需要 20 年(P. Hasler, D. V. Anderson,2002 年).

例 4：基于 Elmore 模型,优化分析传输门链延时优值的入门计算参见文献[20].

2.3　蒙特卡罗方法学概论

蒙特卡罗方法是研究多体复杂系统以及不确定性过程的强有力的工具,被誉为 20 世纪十大算法之首(以时间排序)[21].

原始蒙特卡罗估计[Crude Monte Carlo (MC) Estimator]是基于对积分的概率解释."蒙特卡罗"是在 1947 年由 N. Metropolis 命名的.

蒙特卡罗方法作为一种概率模拟方法,能够从整体和宏观上评价集成电路的性能.工作中的集成电路本质上是一个随机系统,因此通过概率模拟方法对电子器件进行概率建模及统计评价,优点是能反映电子器件使用过程中的随机特性,使用该方法几乎不受系统复杂性的限制.

以下概论蒙特卡罗方法的概念、原理(优缺点)和模拟步骤,结合 MATLAB 程序重温了求 π 趣例——蒲丰实验(1777 年),在应用重点上,举例说明了 IC 低功耗的 MC 计算,简要介绍了我们基于 MC 计算 BER 的工作.

概念：蒙特卡罗方法(Monte Carlo Method)是一种统计方法,可得到复杂的物理或数学系统的近似解.应用和改良该方法的专家是 John von Neumann 和 Stanislaw Ulam,在二战时期执行 Manhattan 项目时仿真研究原子弹的中子输运问题,因为该方法的原理是基于问题的,具有概率特征,因此被以"赌博胜地"命名.

原理[22-23]：蒙特卡罗方法的通俗本质,是应用随机试验的方法,计算积分以便求取数学期望.

简单举例：就是由随机变量 X 的简单子样 $X_1, X_2, \cdots, X_N$ 来求解 X 的算术平均值.

随机试验原理,是应用(构造)事件的"频率"代替"概率".

蒙特卡罗方法可作为仿真研究的金标准.从原理上讲,该法可被视为求解复杂问题的非常通用的数学建模工具.

(1) 优点.

① 能够比较逼真地描述具有随机性质的事物的特点及物理实验过程.

② 受几何条件限制小.

③ 收敛速度与问题的维数无关.

④ 具有同时计算多个方案与多个未知量的能力.

⑤ 误差容易计算确定,不存在有效位数问题.

⑥ 程序结构简单,分块性强,易于实现.

(2) 缺点.

① 收敛速度慢 $[O(N^{-0.5})]$.

② 误差具有概率性.

③ 系统的尺度易大,维数易高.

蒙特卡罗方法的误差定义为

$$\varepsilon = \lambda_a \sigma / (N)^{-0.5}$$

上式分子因子 λ_a 与置信度 α 的对应关系是:$\{0.6745, 0.5\}\{1.96, 0.05\}\{3, 0.003\}$. 方差的估值为

$$\sigma = \sqrt{\frac{1}{N}\sum_{i=1}^{N}X_i^2 - \left(\frac{1}{N}\sum_{i=1}^{N}X_i\right)^2}$$

蒙特卡罗模拟步骤[24]

要点:基础是构造概率模型;核心是抽样;近似解做无偏估计.

求解概要:首先构成一个概率空间;然后在该概率空间中确定一个依赖随机变量 A(可以为任意维)的统计量 $g(x)$,其数学期望作为 G 的近似估计.

求解过程:

(1) 首先根据欲研究的系统的性质,建立能够描述该系统特性的理论模型,导出该模型的某些特征量的概率密度函数.

(2) 然后从概率密度函数出发,进行随机抽样、求和与比率运算,得到特征量的一些模拟结果.

(3) 最后对模拟结果进行分析总结,预言物理系统的某些统计特征.

MC 统计模拟方法可以采用一些基本技巧,包括直接模拟方法、简单加权方法、统计估计方法和指数变换方法等,通过程序设计者对模拟程序的优化,可极大地提高 MCNP 的能力.

求 π 趣例[24]

专家:法国科学院院士蒲丰(Georgelouis Leclerc de Buffon,1707—1788 年)于 1777 年提出了随机投针法.

算法:投针与平行线相交的概率的计算公式为 $P = 2L/(\pi d)$(其中 L 是针的长度,d 是平行线间的距离,$L < d$,π 是圆周率).

构造:概率 P 的近似值是比率 n/N(实验中 n 是相交次数,N 是投针次数).因此近似计算为 $\pi \approx 2LN/(dn)$.

结果:到了 1901 年,意大利人拉泽里尼(Lazzarini)实验投针 3408 次,投中 1808 次,得到 π 值为 3.1415929.

比较：祖冲之(429—500年)利用圆内接正多边形的面积逼近圆的面积,得到的π值是 3.1415926＜π＜3.1415927.

程序举例：

```
clear
a=1;                        %两平行线间距离
b=0.6;                      %投针长度
counter=0;                  %针与平行线相交次数
n=10000000;                 %投掷次数
x=unifrnd(0,a/2,1,n);       %产生n个(0,a/2)之间的随机数,a/2是投针中点到
                             最近平行线的距离
phi=unifrnd(0,pi,1,n);      %产生n个(0,pi)之间的随机数,pi是投针到最近的平
                             行线的角度
for i=1:n
if x(i)<b*sin(phi(i))/2     %只要x小于b*sin(phi(i))/2,则相交
counter=counter+1;
end
end
frequency=counter/n;        %计算相交的频率,即相交次数除以总次数
PI=2*b/(a*frequency)        %从相交的频率中求PI
```

运行程序 11 次,得 PI＝3.1411,3.1404,3.1409,3.1384,3.1442,3.1433,3.1413,3.1420,3.1434,3.1397,3.1392.

评价：π值收敛于 3.14.

练习：求π值.

原理：应用一个具有单位面积的正方形包围一个馅饼状(Pie-Shaped)的区域,即单位圆的第一象限,则用投点法比率关系得π估值＝$4N_{pie\text{-}slice}/N_{box}$.

程序举例：

```
%
m=input('Enter M, the number of experiments > ');
n=input('Enter N, the number of trials per experiment > ');
z=zeros(1,m);
data=zeros(n,m);
for j=1:m
    x=rand(1,n);
    y=rand(1,n);
    k=0;
    for i=1:n
        if x(i)^2+y(i)^2<=1     %Fall inside pie slice?
            k=k+1;
        end
```

```
            data(i,j)=4*(k/i);
        end
        z(j)=data(n,j);
    end
    plot(data,'k')
    xlabel('Number of Trials')
    ylabel('Estimate of pi')
    % End of script file.
```

结果：图解参见图 2.6．运行 MC 达 5 次，$\pi \approx 3.1312$．

应用

例 1：数字电路容差分析．

1961 年，文献[25]报道了贝尔实验室的工作：在阐明数字系统构成的模块化原理之后，重视应用蒙特卡罗方法做数字电路（主要针对晶体管电阻逻辑电路）的容差分析．

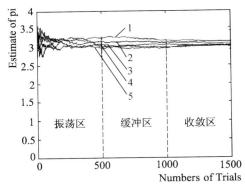

图 2.6　π 值的收敛情况

技术关键包括：

(1) 设若自变量参数做微小改变，将因变量函数做泰勒级数展开，于是，急需众多的自变量的方差，才能做因变量的容差分析．

(2) 针对这个统计问题，MC 方法应用随机数产生器，仿真每个自变量参数的方差分布．每运行一次电路行为，就利用一套包含随机数的自变量，得到所关心的因变量参数的一个数值表现．最后，统计因变量的数值落在容差界限之内的概率．

例 2：器件仿真．

1974 年，MC 已被用于半导体器件的建模仿真[23]．

MC 尤其擅长处理存在非平稳效应(Nonstationary Effects)的亚微米器件．

MC 的未来寄希望于在被仿真器件的精致模型与简化模型之间的折中．

半导体器件模拟最经常处理的问题是多粒子并行，应用 EMC(Ensemble Monte Carlo)方法，结合解算 Poisson 方程，方便得到与直接来自 MC 的电荷分布结果相自恰的电势分布．

一旦知晓器件内部粒子传输的基本物理学，利用 EMC 仿真既能确定器件的微观限制与特性，也能给出宏观描述，例如局部电场、电荷密度和速度分布等．

一般的 EMC 自恰器件仿真流程图参见图 2.7．其包括的基本步骤如下：

(1) 确定几何区域并离散化．其中，两个关键参数（粒子频率与德拜长度）决定了时间步长与网格大小的选择．

(2) 电荷分配(Charge Assignment)．将被仿真粒子（代表一片电子云）的电荷分配给特别的网格点．掺杂电荷也根据其分布被加入格点．虽然 EMC 具有三维性，实际处理的格点考虑一维和二维（假设各维度同质）．

(3) 求解电势(Potential Solution)．解算 Poisson 方程确定格点的静电势．结合 EMC 仿真一般应用有限差分方法．基于计算机的向量处理，最有效的解算途径是傅立叶分析循环缩减(Fourier Analysis Cyclic Reduction)与直接矩阵求逆. 根据新电势, 应用有限差分算法得到静电势.

（4）"飞翔"(Flights). 视每个粒子为独立的电子, 其经历着标准 MC 序列的仿真散射与自由飞行, 同时, 承受局部电势(事先求泊松方程得到)的作用. MC 序列将在固定的时刻停止, 届时前述实验步骤中的电场已被调整至自恰. 在仿真开始阶段, 应用单粒子 MC 技术已计算过电势和电场的分布.

相比于初始条件, 至关重要的是边界条件的选择, 例如, 亚微米器件中的接触性质将极大地影响着整个器件的行为.

例 3：功耗仿真[25].

功耗将引起芯片的过热, 导致软故障或永久损伤.

1987 年, 基于概率估计功耗的方法已经使用; 1990 年开始研究基于 MC 方法估算功耗.

MC 方法估算功耗具有统计学的本质, 重在为被测电路产生随机的输入向量, 监测功耗变化, 直至得到收敛的功耗数值(满足估计精度, 误差小于 5%).

技术要点阐释如下：
（1）仿真流程.
① 开始.
② 电路描述与信息仿真.
③ 电路初始化, 仿真通过启动区域.
④ 仿真通过采样区域, 估计功耗.
⑤ 组合新的与精确的估计, 确定最大误差.
⑥ 误差可以接受吗？否, 则返回到③；是, 则进入下一步.
⑦ 报告结果.
⑧ 结束.

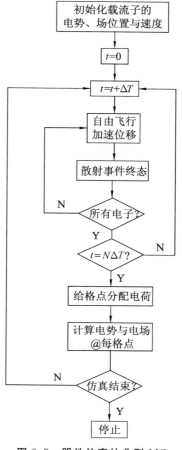

图 2.7 器件仿真的典型 MC 程序流程(Nussbaum E, 1961 年)

（2）均值估计.

在时间片 T 内的电路功耗建模为

$$P_T = \frac{V_{dd}^2}{2} \sum_{i=1}^{m} C_i \frac{n_{xi}(T)}{T}$$

其中, 节点 i 的电容为 C_i, 信号是 $xi(t)$, 信号翻转率是 $n_{xi}(T)/T$.

当 $T \to \infty$ 时, 平均功耗估值为 $P = E[P_T]$.

（3）停止准则.

假设 P_T 对任何 T 是正态分布的, 根据 P 相对误差 ε 的公式表述推知最小 N^* 为

$$N^* \approx \left(\frac{t_{\alpha/2} S_T}{\varepsilon \eta_T}\right)^2$$

其中, 仿真 N 次(每次都在时间片 T 内), $t_{\alpha/2}$ (量级 2.0～5.0)来自 t 分布(置信度 α), 采样标

准偏差为 s_T，采样均值功耗为 η_T.

（4）启动与采样（参见图 2.8）.

启动时间 T_{max} 取 $T_{max} = \max(T_{max,i})$，确保 xi 开始稳定；T 内利用两个独立的随机数产生器（一个产生稳定的 xi，另一产生其保持时间）生成 $xi(t)$；T 的确定

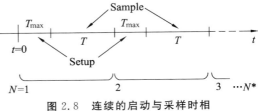

图 2.8 连续的启动与采样时相

可采用启发式，本例中分别使用 625ns、$1.25\mu\text{s}$ 与 $2.5\mu\text{s}$，功耗（中心值 $1\sim 37\text{mW}$）估计误差出现在 $1‰ \text{mW}$ 位.

（5）结果举例（参见图 2.9）.

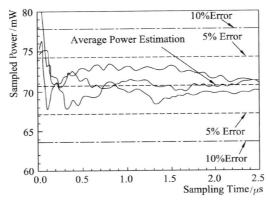

图 2.9 测试基准电路 c6288 电路的 MC 估计功耗

以 ISCAS-85 测试基准电路 c6288 为复杂例（输入端子 32，输出 32，总门数 2406），总功耗收敛在 70mW 左右；与基于概率估计功耗方法相比，时间大约多用 3 倍，误差出现在个位上.

例 4：BER 计算简例.

图 2.10 是简单通信系统的仿真模型[26].

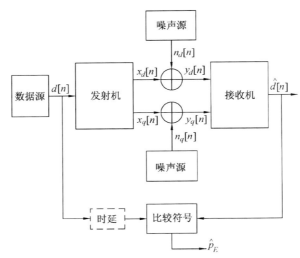

图 2.10 简单通信系统的仿真模型[26]

主要假设包括：加性高斯白噪声信道；信源输出端的数据符号是相互独立和等概率

的;不存在滤波处理(不存在码间干扰);唯一的差错源是信道噪声.

问题:比较发送符号 $d[n]$ 和接收符号 $\hat{d}[n]$,用蒙特卡罗仿真计算二进制相移键控(BPSK)的误码率 BER.

原理:

① 简化同相和正交信号为一维问题.从 $d[n]$ 出发有
$$x_d[n]=\cos(\pi d[n])=1 \text{ while } d[n]=0$$
$$x_d[n]=\cos(\pi d[n])=-1 \text{ while } d[n]=1$$

② 假设接收机的阈值总为零,则判决规则为
$$\hat{d}[n]=0 \text{ while } y_d[n]>0$$
$$\hat{d}[n]=1 \text{ while } y_d[n]<0$$

③ 为 $x_d[n]$ 和噪声源分别"注入"随机性,对应每一个 SNR 值,发送 Nsymbols 个 $d[n]$,计算 BER=errors/Nsymbols. 其中,比较发送符号 $d[n]$ 和接收符号 $\hat{d}[n]$,不相等则为 errors 累加 1.

程序举例:对应的 MATLAB 代码如下[26].

```
%
snrdB_min=-3; snrdB_max=8;              % SNR (in dB) limits
snrdB=snrdB_min:1:snrdB_max;
Nsymbols=input('Enter number of symbols > ');
snr=10.^(snrdB/10);                     % convert from dB
h=waitbar(0,'SNR Iteration');
len_snr=length(snrdB);
for j=1:len_snr                         % increment SNR
    waitbar(j/len_snr)
    sigma=sqrt(1/(2*snr(j)));           % noise standard deviation
    error_count=0;
    for k=1:Nsymbols                    % simulation loop begins
        d=round(rand(1));               % random data
        x_d=2*d-1;                      % transmitter output equals to 1 or -1
        n_d=sigma*randn(1);             % random noise
        y_d=x_d+n_d;                    % receiver input
        if y_d>0                        % test condition
            d_est=1;                    % conditional data estimate
        else
            d_est=0;                    % conditional data estimate
        end
        if (d_est ~= d)
            error_count=error_count+1;  % error counter
        end
    end                                 % simulation loop ends
```

```
            errors(j)=error_count;          % store error count for plot
        end
        close(h)
        ber_sim=errors/Nsymbols;          % BER estimate
        ber_theor=q(sqrt(2*snr));         % theoretical BER
        semilogy(snrdB,ber_theor,snrdB,ber_sim,'o')
        axis([snrdB_min snrdB_max 0.0001 1])
        xlabel('SNR in dB')
        ylabel('BER')
        legend('Theoretical','Simulation')
        % End of script file.
        % q:

        function y=q(x)
        y=0.5*erfc(x/sqrt(2));
        % End function file.
```

对于每一个 SNR 值,发送 Nsymbols=30000 个符号,运行结果如图 2.11 所示.
注意:由于差错发生次数减少,当 SNR 增加时,BER 估计器的可靠度会变差.

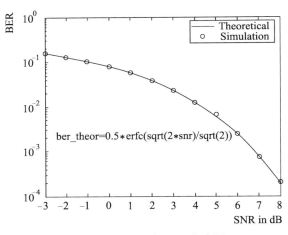

图 2.11　BPSK 的 BER 仿真图

小结:基于计算机模拟"蒙特卡罗法",使用"伪随机数"影响自变量,杂乱无章地去"试凑"因变量,往往不失为工程设计的最有效方法之一(程不时,2009 年).

说明:区别于前述非逻辑的方法,(故障诊断的)传统优化方法重视逻辑分析,包括排除法、求证法和多轮逼近法等.

2.4　量子修正的 MOSFET 表面电势解析模型研究

本节将量子修正加入表面电势模型中,建立一个新的纳米级 MOSFET 模型.应用牛顿迭代算法,计算经典和量子化的表面势,采用解析的波函数,表征量子效应在垂直沟道方向的电子浓度分布,利用三点有限差分法,自洽求解泊松方程,最终得到沟道表面势分布.本节还研究了源漏偏压对表面势分布的影响,计算结果表明:源漏偏压会造成线性区的沟道表面势减小,进而导致阈值电压下跌;而在饱和区,源漏偏压影响更大,造成表面势明显下降,进而阈值严重下跌.

引言

MOSFET 器件模型是联系 IC 设计与制造的桥梁.

MOSFET 器件的集约模型(Compact Models)分类为解析模型、经验模型和查表模型[27].

解析模型直接从器件物理方程出发而得到;经验模型由曲线拟合得到;查表模型则将测量得到的电流等数据存为列表形式,通过查表插值得到器件特性.

后两种器件模型的缺点是不能提供针对器件工作本质的理解,而解析模型因为利用了 MOS 器件重要的物理参数,在不同的器件尺寸和温度下仍能很好地反映器件工作特性,方便用于统计建模.所以,绝大多数电路模拟器所应用的 MOS 器件集约模型,都是解析模型,例如 BSIM3/4 即属于此类模型.

从最早的分段模型至今,建模途径在速度和精度之间折中,MOSFET 器件模型的自变量演进规律分别是:基于阈值电压(V_{th}),基于反型层电荷(Q_{inv}),以及基于表面势(Φ_s)[28].

基于阈值电压模型的优点是分别讨论亚阈值区(或弱反型区)和强反型区,因而可分别在两个区域内调节模型的精度,灵活性强.但其是一种半经验(Semi-Classical)的解析模型,必须借助于数学上的光滑函数(缺乏物理意义),将不同区域的公式平滑地连接起来;模型复杂度的提高和参数的增多,也使其难以反映器件内在的物理本质.

基于反型层电荷模型简化了 Pao-Sah 方程(1966 年).其基本思想是从求解沟道两端的反型层电荷面密度 Q_{inv} 入手,以反型层电荷为自变量,在计算器件的 I-V 特性与 C-V 特性时均不需要知道表面势.该模型的优点是可得到完全解析的模型公式,具有一定的物理基础,同时提高了计算效率及电路仿真的准确度和速度;其主要缺点是需利用一些附加的假设,例如,体电荷和反型层电荷在固定栅电压下与表面势呈线性关系.另外,该模型不适用于积累区以及源漏与栅的重叠区,这限制了其灵活性.

最初的 Pao-Sah 方程就是基于表面势的.基于表面势模型的基本思想是:首先求解沟道源与漏两端的表面势,然后以表面势为自变量,推导出电荷、沟道电流及其导数的表达式.其最大优点是可用一组统一的公式来描述器件的 I-V 特性和 C-V 特性,从亚阈值区到强反型区都是连续的,不再依赖于区域化的方法;限制该模型应用的主要原因是,需要求解一个表面势和外加偏置电压的隐式方程,包含超越函数,需要利用数值迭代法,求解速度比较慢.随着各种高效数值算法的开发,使其求解速度甚至比基于阈值电压的模型更快.基于表面势模型以其连续性好、更接近器件物理本质以及更加灵活的优点,成为下一代集约模型的最佳选择.

本例中的器件是(1,0,0)晶向的 NMOS,参考能级为价带顶.

NMOS 在反型时的能带图如图 2.12 所示.

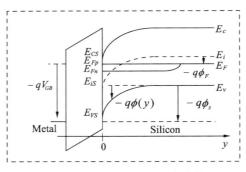

图 2.12　NMOS 在反型时的能带图

反型层电子被束缚在表面势阱 $\Phi(x,y)$ 中。由于电子在平行于表面的方向是自由运动的，但在垂直于表面的 x 方向的动量（与之相联系的是能量）是量子化的，所以叫"二维电子气"。

反型层内的量子力学效应：量子效应是如今器件建模必须考虑的影响因素之一。由于栅氧厚度越来越薄，衬底掺杂浓度越来越高，导致 Si-SiO$_2$ 界面电场强度不断变大。这使得由于量子效应导致的能级分裂变得更加严重，"二维电子气"的分布峰值不再位于 Si-SiO$_2$ 界面，而是向硅里推进了 1～2nm[29]。

牛顿迭代算法是将非线性方程 $f(x)=0$ 进行线性化。其中，牛顿迭代格式是利用切线式的零点代替曲线式的零点。而迭代法的基本思想是逐次逼近，首先选择一个粗糙的近似值，然后应用同一个递推公式，反复追赶校正该初值，直至满足预先设定的精度要求[30]。

有限差分法的步骤是：

（1）网格分割，离散场域。

（2）差分离散。应用离散的、只含有限个未知数的差分方程组，近似代替场域内具有连续变量的偏微分方程以及边界上的边界条件（也包括场域内不同媒质分界面上的衔接条件）。

（3）结合选定的代数方程组的解法，编制计算机程序求解[30]。

如下论述包括：再现经典的表面势方程（基于牛顿迭代算法求解）、量子修正的表面势方程（基于牛顿迭代算法求解）、自洽求解泊松方程（基于三点差分方法），讨论源漏偏压对于表面势分布的影响。

经典表面势方程

约定 NMOS 管的所有电压都以衬底为参考点，例如 $V_\text{g}=V_\text{gb}$，衬底和源级相连并接地。

坐标轴规定如下：x 坐标垂直于 Si-SiO$_2$ 表面，y 坐标沿沟道从源极指向漏极。

首先写出泊松方程

$$\frac{\mathrm{d}^2\phi(x)}{\mathrm{d}x^2}=-\frac{\mathrm{d}F(x)}{\mathrm{d}x}=-\frac{q}{\varepsilon_\text{Si}}(N_\text{d}^+-N_\text{a}^-+p(x)-n(x)) \tag{2.1}$$

边界条件为

$$\text{当 } x=0 \text{ 时}, \phi=\phi_\text{s}, \frac{\mathrm{d}\phi}{\mathrm{d}x}=-F_\text{s}$$

当 $x \to \infty$ 时,$\phi = \dfrac{d\phi}{dx} = 0$

其中,N_d^+ 是电离施主杂质浓度,N_a^- 是电离受主杂质浓度,ε_{Si} 是硅的绝对介电常数.

对于掺杂浓度为 N_A 的 P 型衬底,有

$$n_0 = \dfrac{n_i^2}{N_A}, p_0 = N_A$$

在经典理论下,载流子浓度 p 和 n 由玻尔兹曼分布决定[31]:

$$p = p_0 e^{-\phi/\phi_t} \tag{2.2}$$

$$n = n_0 e^{(\phi - V_{cb})/\phi_t} \tag{2.3}$$

其中,热电势 $\phi_t = \kappa_B T/q$;V_{cb} 是沟道电势,也叫准费米势.

把式(2.2)、式(2.3)和电中性条件代入式(2.1)泊松方程,两边同时对 ϕ 积分两次,考虑到电场强度 $|F| = -d\phi/dx$,可得

$$F^2(\phi) = \dfrac{2\kappa_B T N_A}{\varepsilon_{Si}} \left[\left(e^{-\phi/\phi_t} + \dfrac{\phi}{\phi_t} - 1 \right) + \dfrac{n_i^2}{N_A^2} \left(e^{-V_{cb}/\phi_t} (e^{\phi/\phi_t} - 1) - \dfrac{\phi}{\phi_t} \right) \right] \tag{2.4}$$

在 Si-SiO$_2$ 界面即 $x = 0$ 处,运用高斯定律,可以得到外加栅压与和表面势的关系

$$V_{gb} = V_{fb} + \phi_s - \dfrac{Q_s}{C_{ox}} \tag{2.5}$$

其中,V_{fb} 是平带电压(取 $V_{fb} = -0.93V$),表面电荷面密度 $Q_s = -\varepsilon_{Si} F(x)|_{x=0} = -\varepsilon_{Si} F_s$,$C_{ox}$ 为氧化层电容,$C_{ox} = \varepsilon_{ox}/t_{ox}$,$\varepsilon_{ox}$ 为二氧化硅的介电常数,t_{ox} 为栅氧化层厚度.

联立式(2.4)和式(2.5)即可得到经典的表面势方程(CSPE):

$$[C_{ox}(V_{gb} - V_{fb} - \phi_s(y))]^2 = 2\kappa T \varepsilon_{Si} N_A \left[\left(e^{-\phi_s(y)/\phi_t} + \dfrac{\phi_s(y)}{\phi_t} - 1 \right) \right.$$
$$\left. + \dfrac{n_i^2}{N_A^2} \left(e^{-V_{cb}(y)/\phi_t} (e^{\phi_s(y)/\phi_t} - 1) - \dfrac{\phi_s(y)}{\phi_t} \right) \right] \tag{2.6}$$

公式变形:令体效应系数 $\gamma = \sqrt{2q\varepsilon_{Si} N_A}/C_{ox}$,利用符号函数 $\text{sign}(x)$,有

$$V_{gb} = V_{fb} + \phi_s(y) + \text{sign}(V_{gb} - V_{fb})\gamma \left[(\phi_t e^{-\phi_s(y)/\phi_t} + \phi_s(y) - \phi_t) \right.$$
$$\left. + \dfrac{n_i^2}{N_A^2} (\phi_t e^{-V_{cb}(y)/\phi_t} (e^{\phi_s(y)/\phi_t} - 1) - \phi_s(y)) \right]^{1/2} \tag{2.6'}$$

公式修正:当 $V_{gb} - V_{fb} \to 0$,同时 $V_{cb} \neq 0$ 时,式(2.6')右边可能为负值开根号,得到的表面势为虚数,这在物理上是不成立的[32]. Sah 教授在 2005 年 Workshop on Compact Modeling 会议上指出,这是由于在求解泊松方程时使用了不恰当的空间电荷电中性边界条件,忽略了少数载流子所致[33],只需要将施主杂质浓度由 $N_d^+ = n_0 = n_i^2/p_0$ 修正为 $N_d^+ = n_i^2/p_0 e^{-V_{cb}/\phi_t}$ 即可(乘在最后一项上). 这表示空穴和电子的准费米能级之差始终保持为 qV_{cb},即使在体内无穷远处(C-T Sah,2005 年). 因此,经典的表面势方程需调整为

$$V_{gb} = V_{fb} + \phi_s(y) + \text{sign}(V_{gb} - V_{fb})\gamma \left[\phi_t e^{-\phi_s(y)/\phi_t} + \phi_s(y) - \phi_t \right.$$
$$\left. + \dfrac{n_i^2}{N_A^2} e^{-V_{cb}(y)/\phi_t} (\phi_t (e^{\phi_s(y)/\phi_t} - 1) - \phi_s(y)) \right]^{1/2} \tag{2.6''}$$

该 Pao-Sah 电压方程,其准确值只能通过数值求解方法得到. 数值求解可以采用牛顿迭代法,具有平方收敛特性;若采用超松弛(SOR)迭代法,加速迭代有利于收敛.

回顾解算 $f(x)=0$ 的牛顿迭代式为
$$x(n+1)=x(n)-f(x(n))/f'(x(n))$$
首先令 ϕ_s 的初猜值作为 ϕ_0,代入下式[默认原 $\phi_s(y)$ 与 y 无关]：

$$f(\phi_0)=V_{\text{gf}}-\phi_s-\text{sign}(V_{\text{gf}})\gamma\sqrt{g(\phi_0)} \tag{2.7}$$

$$g(\phi_0)=\phi_t e^{-\phi_s/\phi_t}+\phi_s-\phi_t+\frac{n_i^2}{N_A^2}e^{-V_{\text{cb}}/\phi_t}(\phi_t e^{\phi_s/\phi_t}-\phi_t-\phi_s) \tag{2.8}$$

然后求 $f(\phi)$ 的一阶导数：

$$f'(\phi_0)=-1-0.5\text{sign}(V_{\text{gf}})\gamma\frac{1}{\sqrt{g(\phi)}}\left(-e^{-\phi_s/\phi_t}+1+\frac{n_i^2}{N_A^2}e^{-V_{\text{cb}}/\phi_t}(e^{\phi_s/\phi_t}-1)\right) \tag{2.9}$$

令新的表面势 $\phi_1=\phi_0-\dfrac{f(\phi_0)}{f'(\phi_0)}$ 作为 ϕ_0,重复式(2.7)~式(2.9)的计算,直至满足精度要求为止. 初猜值对迭代的结果影响很大,如果不合适,可能导致迭代死循环或者结果超出范围,所以选择一个合适的初猜值很重要.

根据文献[32]中的 ϕ_s 初猜值计算法,可以快速求得式(2.6″)的结果,画出图2.13.

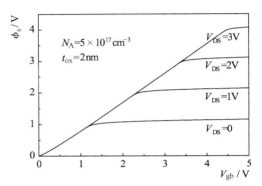

图 2.13　经典表面势 ϕ_s 和栅电压 V_{gb} 在不同源漏偏压下的关系

由经典理论的结果可见,进入强反型区后,表面势被固定在约 $2\phi_f+V_{\text{cb}}$ 处,基本不随栅压的增大而变化. 但是根据量子力学理论的结果,这是不正确的,即使在强反型区,表面势也会随栅压的增大而显著增加.

量子修正的表面势方程

结合 Pregladiny 等提出的解析表面势模型[33],计算量子修正的表面势初始值.

文献[29]和[34]给出了一个解析的波函数表达式：

$$\xi_b(x)=\frac{b^{3/2}}{\sqrt{2}}\cdot x\cdot\exp\left(-\frac{b\cdot x}{2}\right) \tag{2.10}$$

参数 b 在量子条件下的修正表达式为

$$b(V_g,V_{\text{ch}})=\left(\frac{12m^*q^2}{\varepsilon_{\text{Si}}\hbar^2}\cdot\frac{n_{\text{all}}(V_g',V_{\text{ch}})}{3}\right)^{1/3} \tag{2.11}$$

其中 $m^*=0.98m_0$,m_0 是电子静止质量. 上式中

$$n_{\text{all}}(V_g',V_{\text{ch}})=\frac{2C_{\text{ox}}}{q}(V_g'-V_{\text{T0}}-V_{\text{ch}}) \tag{2.12}$$

$$V_g'=\frac{1}{2}\left(V_g+\sqrt{(V_g-V_{\text{T0}}-V_{\text{ch}})^2+4\varepsilon^2}+\sqrt{(V_{\text{T0}}+V_{\text{ch}})^2+4\varepsilon^2}\right) \tag{2.13}$$

其中,V_{T0} 是经典理论下的长沟器件阈值电压,V_{ch} 是沟道电势,常数 $\varepsilon=0.15$.

由于量子效应造成的等效禁带变宽可以表示为[35]

$$E_w(V_g,V_{\text{ch}})=\frac{3\hbar^2}{8m^*}\cdot b(V_g,V_{\text{ch}})^2 \tag{2.14}$$

故量子效应的影响用表面势相关函数表示为

$$\delta\phi_s(V_g, V_{ch}) = E_w(V_g, V_{ch})/q \qquad (2.15)$$

在弱反型时,表面势可表示为

$$\phi_{swi}(V_g) = (\sqrt{V_g - V_{fb} + \gamma^2/4} - \gamma/2)^2 \qquad (2.16)$$

在此使用 van Langevelde R 等提出的表面势表达式[35]:

$$\phi_s = f + \phi_t \cdot \ln\left\{\left[\left(V_g - V_{fb} - f - \frac{\phi_{swi} - f}{\sqrt{1 + \left(\frac{\phi_{swi} - f}{4\phi_t}\right)^2}}\right)\bigg/(\gamma \cdot \sqrt{\phi_i})\right]^2 - \frac{f}{\phi_i} + 1\right\} \qquad (2.17)$$

$$f(V_g, V_{ch}) = \frac{\phi_B + V_{ch} + \phi_{swi}(V_g)}{2} - \frac{1}{2}\sqrt{(\phi_{swi}(V_g) - \phi_B - V_{ch})^2 + 4 \cdot \delta^2} \qquad (2.18)$$

由于量子造成的表面势偏移 $\delta\phi_s$,上式中的 f 需要修正为 f_{qm},其表达式为

$$f_{qm}(V_g, V_{ch}) = \frac{\phi_B + V_{ch} + \delta\phi_s(V_g, V_{ch}) + \phi_{swi}(V_g)}{2}$$
$$- \frac{1}{2}\sqrt{(\phi_{swi}(V_g) - \delta\phi_s(V_g, V_{ch}) - \phi_B - V_{ch})^2 + 4\delta^2} \qquad (2.19)$$

综合式(2.10)~式(2.19),可得量子情况下的表面势,结果如图 2.14 所示.

在量子情况下,即使进入强反型区,表面势仍随着栅压的改变而发生明显变化;而经典的表面势被固定在约 $2\phi_f + V_{cb}$ 处,且基本不随栅压的增大而变化.

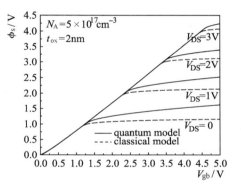

图 2.14 经典表面势对比量子表面势的结果

三点差分法自洽求解泊松方程

为了得到沿沟道的表面势分布,必须求出 y 方向上每一点的表面势.

总思路:为此将沟道分成很多段,利用初值 $V_{ch} = (y/L)V_{ds}$ 代入式(2.11)~式(2.18)计算,求得沿沟道的表面势 $\phi(y)$ 分布初始值,然后再求出对应点的电子浓度(取电子浓度衰减到 $1/e$ 时的距离作为耗尽宽度,取 $n(x) = \sum_{i,j} N_{ij} |\xi_b^2(x)|$ 积分中值作为 y 处的平均电子浓度,$i=1$ 或 2,分别代表低或高能谷,j 是量子数),代入泊松方程,求解各段新的表面势值.如此反复迭代,直至整个沟道的表面势的值都符合精度要求(0.000001)为止.

三点差分:利用三点有限差分法将式(2.1)泊松方程左边离散化,使用网格数为 N 的均匀网格,间距为 h_z,由二阶中心差分公式有

$$\frac{d^2\phi(y)}{dy^2}\bigg|_{y=y_i} = \frac{\frac{\phi(y_{i+1}) - \phi(y_i)}{y_{i+1} - y_i} - \frac{\phi(y_i) - \phi(y_{i-1})}{y_i - y_{i-1}}}{\frac{y_{i+1} - y_{i-1}}{2}} = \frac{1}{h_y^2}\big(\phi(y_{i+1}) - 2\phi(y_i) + \phi(y_{i-1})\big)$$

$$(2.20)$$

中心电场为

$$E(y_i) = \frac{\mathrm{d}\phi}{\mathrm{d}y}\bigg|_{y=y_i} = -\frac{\phi(y_{i+1}) - \phi(y_{i-1})}{y_{i+1} - y_{i-1}} = -\frac{1}{2h_y}\big(\phi(y_{i+1}) - \phi(y_{i-1})\big) \tag{2.21}$$

$$\phi(y_{i+1}) - 2\phi(y_i) + \phi(y_{i-1}) = -\frac{qh_y^2}{\varepsilon_{\mathrm{Si}}}\big(N_d^+ - N_a^- + p(y) - n(y)\big)$$

$$= -\frac{qh_y^2}{\varepsilon_{\mathrm{Si}}}\left(\frac{n_i^2}{N_A^2} - N_A + N_A \mathrm{e}^{-\phi/\phi_t} - n(y)\right) \tag{2.22}$$

$i = 1 \sim N$，采用的新的边界条件：当 $y=0$ 时，$\phi_s = \phi_s(y)|_{y=0}$；当 $y=L$ 时，$\phi_s = V_D + \phi_s(y)|_{y=0}$. 这里的 $\phi_s(y)|_{y=0}$ 由 $\phi^0(y_1), \phi^0(y_{-1})$ 运用前向差分公式得到. 即

$$\phi(y_0) = \frac{1}{2}\big(\phi(y_{-1}) + \phi(y_1) - 2(\phi(y_1) - \phi(y_0) + \Delta x \cdot F_s)\big) \tag{2.23}$$

使用牛顿迭代法计算式(2.20)～式(2.22)，最后得到表面电势 $\phi_s(y)$ 的分布如下：

(1) 先给出沿 y 的一组表面势初值

$$\phi^0 = \phi^0(y_1), \phi^0(y_2), \cdots, \phi^0(y_{N-1}), \phi^0(y_N)$$

并由边界条件定义头与尾为

$$\phi^0(y_0) = \phi_s(y)|_{y=0}, \phi^0(y_N) = V_D + \phi_s(y)|_{y=0}$$

(2) 由旧值 $\phi^0(y_0), \phi^0(y_2)$ 在式(2.23)中追赶求出新值 $\phi^1(y_1)$，并在后面的迭代中用 $\phi^1(y_1)$ 取代 $\phi^0(y_1)$. 由于更趋近目标，故能大幅降低计算量.

(3) 重复以上步骤，从而得到一组新的

$$\phi^1 = \phi^1(y_1), \phi^1(y_2), \cdots, \phi^1(y_{N-1}), \phi^1(y_N)$$

(4) 计算 $\phi^N(y_1)$ 与 $\phi^{N-1}(y_1)$ 的偏差，$\varepsilon = \max|\phi^N - \phi^{N-1}|$，如果偏差大于精度则继续计算，满足精度后迭代停止.

沿沟道的量子修正的表面势分布计算结果示于图 2.15，对比 TSMC 90nm 工艺制造的 45nm 沟长的 MOSFET 器件，采用等效厚度为 1.3nm 的多晶硅栅，氧化层介质为氮氧化硅.

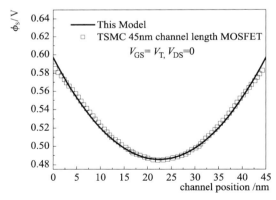

图 2.15　沿沟道的量子修正的表面势分布和二维量子力学数值计算结果比较[36]

图 2.16 显示了 V_{ds} 对沟道电势分布的影响. 参数设置为：V_{ds} 取值从 $0.25 \sim 2\mathrm{V}$，步长为 $0.25\mathrm{V}$，沟长 $L = 50\mathrm{nm}$，栅氧化层厚度为 2nm，衬底掺杂浓度 $N_A = 5 \times 10^{17}\mathrm{cm}^{-3}$，栅压为 3V.

图中显示：假想图 2.14 中的 4 个边界点所构成的平面[不考虑 V_{ds} 对 $\phi_s(y)$ 的影响]作为对比，源漏偏压会造成线性区(V_{ds} 较大)的沟道表面势减小，进而使阈值电压下跌；而

在饱和区(V_{ds}较小),源漏偏压的影响更大,会造成表面势明显下降,阈值下跌将更加严重.此结论和短沟道效应的线性区阈值下跌(roll-off)及饱和区的漏场感应势垒下降(DIBL 效应)所造成结果是一致的.

结论:提出了一种沟道表面电势分布的模型,在此基础上分析了源漏偏压对表面势分布的影响,并结合数值模拟技术对其进行了求解与验证.

首先推导再现了经典的 Pao-Sah 表面势模型,用牛顿迭代法进行数值计算;然后又同样对量子修正的表面势方程进行了计算,比较并分析了两者的差别.接着在量子修正表面势模型的基础

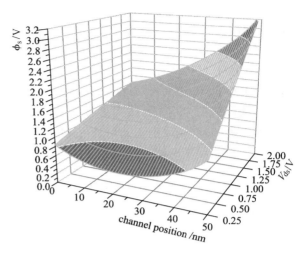

图 2.16 V_{ds} 对沿沟道的表面势分布的影响

上,通过三点有限差分法自洽求解了泊松方程,最终得到了沿沟道的量子表面势分布,并且分析了源漏偏压对表面势分布的影响,得到的结论和短沟道效应的结论一致.

本模型的优点是由于采用了解析的波函数表达式,避免了烦琐地求解耦合的薛定谔-泊松方程,而在计算载流子浓度时采用了取积分中值的近似手段,大幅提高了运算速度,而且在精度上只做了很小的牺牲.

由结果可见在大部分区域该模型很好地吻合了文献中的二维量子力学数值计算结果,只有在沟道两端处略有偏差.这可能是由于边界条件的选取引起的,因为源端边缘处实际有个 PN 结压降,而模型里采用的前向差分法得到的 $y=0$ 处的表面势和实际值略有差别.

感谢合作者李亦清硕士主要完成了本例研究,指导者为毛凌锋教授等[37].

2.5 电子存储器中的软故障特征导论

系统中的物理缺陷(Physical Defect)最可能引起硬故障(Hard Error),例如 MOS 管的栅氧层断裂、逻辑节点粘连(s-a-1;s-a-0);区别于此,软故障(Soft Error)(May and Woods,1978 年)只是一种瞬态的错误或位反转(Bit-Flip),例如表现为存储单元内的电子数量的改变,而在原子尺度考察,并非因为电路存在任何一种物理缺陷(短路、断路)[38].

描述软故障的参数是关键电荷,记作 Q_{crit},定义为改变节点逻辑值所需要的最少的电子电荷扰动数量.一阶近似下有 $Q_{crit}=V_{DD} \times C_{node}$(Karnik T,2001 年);临界电荷随工艺的特征尺寸约成平方关系减小($Q_{crit} \approx 0.023L^2$,单位:pC/$\mu$m),例如 90nm 工艺下,临界电荷已经小于 2fC,大量低能量粒子都可直接引起电路翻转,这将导致 SE 错误率大为增加(刘必慰,2009 年).

描述软故障率 SERs(Soft Error Rates)的单位是 FIT(Failures In Time,Errors per billion hours per Mbit),现代存储器的 SERs 的数量约在 1000~5000 FIT/Mbit(0.2~1 error per day per Gbyte)(Tezzaron Semiconductor, Soft Errors in Electronic Memory-A White Paper, Version 1.1, 2004, www.tezzaron.com).

最早呈现的软故障实证研究,可追溯到来源于封装材料中的 α 粒子(携带着双质子和双中子)发射(1962 年预测,1975 年发现)[39]. α 粒子沿着射程路径释放能量,将在半导体材料中产生电子-空穴对/3.6eV;这对反偏态 PN 结的影响可能是最大的.

软故障率的大小与海拔高度有关. 以被测 SRAM 为例,对比测试条件中的 10000 英尺和海平面高度,结果前者是后者的 14(www.tezzaron.com)倍.

宇宙射线粒子有能力扰动存储单元的状态,或者在组合逻辑中,产生料想不到的瞬态毛刺,而又被存储器锁存[39].

因为存在宇宙辐射,设计师和制造专家的应对策略是:基于电路的检测和纠错;基于工艺(例如,SOI 晶圆、抗辐射材料包封)的阻挡.

20 世纪 90 年代末,软故障问题得到空前重视. 经过测试得知如下阶段性规律(www.tezzaron.com):

(1) 导致软故障率升高的关键设计因素包括:复杂性的增长、高密度(大电容)、供电压降低、高速(低延迟)以及低单元电容(较少的电荷).

(2) 降低软故障率的因素包括:位线缩短、晶圆减薄以及辐射阻扼. 虽然对于 SRAMs,辐射阻扼的软故障表现几乎百分百是单一位的;而对于 DRAMs,单一位软故障的出现概率则为 94%. 其中,总的软故障的 2% 将铸成硬故障,这是高能辐射粒子的强作用使然.

存储器的 ECC(Error Correction Code)技术一般将增加 10%~25% 的成本,这是为同时寻求功能、功耗和面积的不得已的折中考虑.

面向未来,即使嵌入了纠错电路,在遭遇多位故障、硬故障和逻辑故障时,逻辑系统仍然是脆弱的. 尝试解决这些危险的技术对策(Counter Measures)包括:存储器刷新、冗余、自愈机制、掩蔽毛刺(逻辑封锁、设置时序窗口、非门链传输),以及新的硬件纠错方法[39].

单事件软故障在电路级别的仿真方法展示在图 2.17 中[40],图中以 SRAM cell 为例,具体包括:

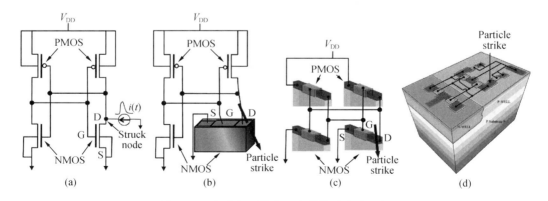

图 2.17 电路级别仿真研究软故障方法图解

(1) SPICE 仿真,特点是基于 Kirchoff 定律,粒子辐射在 NMOS 管的漏级接入电流源,软故障仿真精度依赖于所模拟的瞬态电流源.

(2) 混合模型仿真,特点是粒子辐射事件及其轰击的器件使用器件物理模型,其他的电路仍保持应用 SPICE 的精简模型,计算中需保证物理域和 SPICE 域的边界连续性,该法可以突出(新)器件内的软故障机制细节,仿真具准确性的原因是器件之间未考虑耦合现象,但计算耗时.

(3) 数值仿真,特点是结果相对最准确,因为简单电路的每个管子都应用物理模型,不连续域基于混合模式解决,更因为仿真器基于快速算法和多核并行.

(4) 全 3D 数值仿真,特点是在连续域计算,可以基于工艺级别仿真(Rathod S S,2009 年).

SRAM 软故障率的一个一阶经验解析模型是[41]

$$SER = K \cdot A \cdot F \cdot \exp(-Q_{crit}/Q_s)$$

其中,K 是工艺比例因子,F 是中子或 α 粒子通量(单位:$cm^{-2} \cdot s^{-1}$),A 是电路中敏感于粒子轰击的面积(单位:cm^2),Q_{crit} 是关键电荷(单位:fC),而 Q_s 是器件的电荷收集效率(单位:fC).

评价两个关键自变量 Q_{crit} 和 Q_s:它们的比值将对 SER 呈指数影响;它们同受工艺制约,而且 Q_{crit} 也受供电压和管子漏极电容的影响.

至于电路中敏感于粒子轰击的面积 A(单位:cm^2),其是粒子的单位路径能耗 LET (Linear Energy Transfer)的函数. LET 定义为:通过单位长度路径所耗损的能量($1pC/\mu m \approx 100MeV/cm^2/mg$ in Silicon)[39].

基于并行计算机运行 3D 器件仿真器(第一性原理计算),得到的 SRAM 在遭遇高能粒子轰击时 LET 与敏感面积 A 的关系图解参见图 2.18[39].

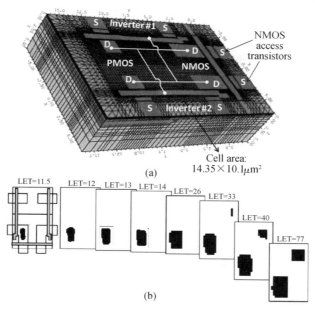

图 2.18 3D 器件域内 SRAM 的 LET 与 A 关系的计算结果

研究条件与结果表明[42]:

(1) 图(a)应用了 10 万个格点,最大格点的边长是 $0.2\mu m$;在 SRAM 的版图上,每隔

$0.5\mu m$ 仿真打进一个单粒子.

(2) 多次仿真结果的演进规律展示在图(b)中. 当 LET 大于 $11.5 MeV/cm^2/mg$ 时,最敏感区域落在 NMOS 管的漏极中心;LET 增大,A 增大;而当 LET 大于等于 $33MeV/cm^2/mg$ 时,最敏感区域落在 NMOS 管和 PMOS 管的漏极.

研究数据表明:在(卫星)轨道的 FPGA 的最坏的软故障率变化范围为 0.13 个/小时(太阳平静期)~4.2 个/小时(峰值数据)(Wirthlin W,2003 年).

那么,仅仅依赖硬件冗余技术,就能完美抗辐射了吗?

基于蒙特卡罗分析 SRAM-Based FPGA 的软故障积累关键研究结果参见图 2.19[43].

该图显示出来的规律是:

(1) 以 SRAM 中累积的软故障数量作为自变量,伴随它的线性增长,FPGA 芯片的被测核——三模冗余 CORDIC(三个 16b 输入)的故障率提升过快.

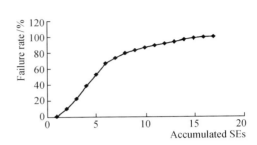

图 2.19 FPGA 芯片故障率的累积函数[43]

(2) 当出现 15 个随机的软故障时,芯片内的被测核的故障率达到了饱和(100%). 这说明,冗余技术并不总是奏效,还得依赖刷新技术.

(3) 该非线性的因果关系结果,为调整(tune)SRAM 的刷新率提供了具体指导.

(4) 总结 MC 算法的优点,是所使用的自变量(累积的软故障数量)与测试任务(输入向量集合)独立;区别于此,由故障注入法得到的自变量却随测试任务的增加而减少.

扩展阅读、理解参阅文献[44]及其硕士论文. 解析冗余技术的亮点是,根据异或逻辑的可交换性,重排子运算项,建立 XOR-Tree 可合并项的特征图.

2.6 微电子系统中的 FoM 概论

IC-ASIC-SoC 设计师的科技素养,包括基于 FoM 的设计方法学训练.

FoM 的概念:英文是 Figure of Merit,汉语意为优值函数、评价函数.

FoM 研究及应用的意义与构造方法[45-48]如下:

(1) 其是由对象本身——器件、电路或系统的重要参数所合成的计算参数,往往结合器件(材料)等底层参数.

(2) 综合刻画对象(材料、器件、电路或系统)的内在特性.

(3) 方便用于比较同类对象的设计质量[45-47].

(4) 构造方法既强调准确又希望简单.

如下论述的 FoM,分别针对电子材料、器件、电路与系统.

钛宝石的 FoM

钛宝石($Ti:Al_2O_3$)是当今最优秀的可调谐激光晶体,调谐带宽为 660~1200nm,吸收带位于 400~600nm,峰值吸收在 490nm 绿光附近,激光峰值在 780~800nm 近红外附近.

1988 年,R. L. Aggarwall 等构建了 FoM 以便表征晶体质量[49].

FoM 值定义为中心吸收波长的主吸收系数与中心发射波长的吸收系数之比，即
$$\text{FoM} = \alpha_{490-\pi}/\alpha_{800-\pi}$$
$\alpha_{490-\pi}$ 与 $\alpha_{800-\pi}$ 分别表示晶体在 490nm 和 800nm 对 π（平行光轴）偏振光的吸收系数，单位是 cm^{-1}.

FoM 值越大，钛宝石晶体的光增益越高. FoM 值的变化范围从个位数到 1000.

改进讨论[49]：曾有专家经过实验，建议取 $\text{FoM} = \alpha_{490-\pi}^2/\alpha_{800-\pi}$.

功率 MOSFET 的 FoM

定义综合评价功率 MOSFET 的器件优值（FoM）为（Jun Zeng, 2001 年）
$$\text{FoM} = R_{on} \cdot Q_g$$
其中，R_{on} 是通态电阻（Specific-on-Resistance），Q_g 是栅电荷. FoM 可以 mΩ·nC 作单位.

之所以选择这两个关键指标，是因为它们分别决定着器件的传导损耗和开关损耗.

一般情况下，减小 R 和减小 Q 是相互矛盾的，所以需要折中考虑，以便使 FoM 最小.

进入深亚微米水平，FoM 优值已经减小到原来的 1/3.

改进讨论 1[50]：有实验建议取 $\text{FoM} = R_{on}/BV$，单位是 Ω/V. 其中，BV 是管子的击穿电压；FoM 寻小.

改进讨论 2：为评价 10V 以下供电的标准 MOSFET（用于 DC-DC 转换器）的整体性能与能量转换效率，针对 0.25μm 工艺的功率 MOSFET，实验给出新的 FoM-new 如下（Abraham Yoo, 2007 年）：
$$\text{FoM-new} = A \cdot R_{on} + B \cdot Q_g = I_L^2 \cdot R_{on} + 4 f_s V_g \cdot Q_g$$
其中，I_L 是 DC-DC 电路的平均负载电流，f_s 是 MOS 管的受控 PWM 频率，V_g 是 MOS 管的栅电压，4 倍率（3+1）反映的是 P 管的 Q_g 值是 N 管的 3 倍.

管子的功耗损失分别来自：① 导通状态；② 开关状态；③ 栅极驱动；④ 反跳二极管. FoM-new 的构造主要根据前文中的（1）和（2）.

图 2.20 是改进之后的 FoM 与能量转换效率（输出级）的关系图解：小的 FoM-new 对应大的能量转换效率；而旧的 FoM（寻小对应最佳综合性能）则表现不佳.

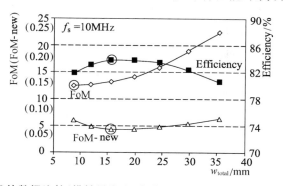

图 2.20 新旧 FoM 的数据比较（横轴是沟宽；负载电流是安培量级）（Abraham Yoo, 2007 年）

改进讨论 3：优值对于任何半导体器件都是重要的，可以评判诸如材料、结构乃至应用的适应尺度. 最重要的高压器件的优值首先来自文献[51]，基于 Si 的优值描述了导通电阻与关断电压的关系，简式写作 $R_{on} = 5.93 \times 10^{-9} (BV)^{2.5}$，适用于单极的垂直结构 Si 器件.

关键改良工作参见：

(1) 超结器件——陈星弼院士的扛鼎之作与新优值(基于缓冲层耐压,可将指数降为 1.23,继而在 1993 年的 US Patent 5216275A 中修正为 1.32)：Theory of a novel voltage-sustaining layer for power devices, Microelectronics Journal, 1998, 29: 1005-1011.

(2) FoM-new——剑桥大学的工作：Technology-based static figure of merit for high voltage ICs (M. M. Iqbal and F. Udrea, 2006 年).

RF 与混合电路的 FoM

FoM 的构造来自基本的电路本质包括的器件参数,将反映 RF 与混合电路的性能[47,52]。

置于 SoC 内的四种主要的 RF 与混合电路是：LNA (Low-Noise Amplifier)、VCO (Voltage-Controlled Oscillator)、PA (Power Amplifier)、ADC (Analog-to-Digital Converter).

检索 FoM 发展路线图的趋势,得出其已从 ITRS(1998—2015 年)改变为 IRDS(2016 年 3 月至今),它继续指导设计改良,提供了好的标杆基准(Benchmarking).

改良的中心法则是：每个系统都被完美设计,达到其预想的结果,以重构系统的性能 (Donald M, 1996 年).

(1) 单级 LNA 的 FoM[47].

公式：组合了 5 个变量,反映其动态范围和直流功率,单位为 GHz/W. 有

$$\text{FoM}_{\text{LNA}} = G \cdot \text{IIP3} \cdot f/(\text{NF}-1) \cdot P$$

其中,用于表征线性度的输出参考三阶截点 $\text{OIP3} = G \cdot \text{IIP3}$, G 是增益, IIP3 是输入参考三阶截点; f 是工作频率; NF 是噪声因数(Noise Figure); P 是功耗.

化简 1[47]：由 2 只 MOSFET 构成 LNA,则有

$$\text{FoM}_{\text{LNA}} \propto r_{\text{load}}^2 \cdot g_m \cdot f/(N_{\text{amplfier}}/N_{\text{input}}) \cdot V_{\text{DD}}$$

因为 ① $G \propto g_m \cdot r_{\text{load}}$; ② $\text{IIP3} \propto I_d/g_m$; ③ $\text{NF} = N_{\text{amplfier}}/N_{\text{input}}$.

化简 2[52]：首先简化 $\text{FoM}_{\text{LNA}} = G/[(\text{NF}-1) \cdot P]$,推导出近似 $\text{FoM}_{\text{LNA}} \propto (g_m/I_D)^2$. 近似结果仅仅应用 2 个 MOSFET 参数,即跨导 g_m 和漏极电流 I_D.

近似效果的对比参见图 2.21：对应两种栅长的 MOSFET 的最佳 V_{GS} 确定(随栅长缩小,寻找 FoM_{LNA} 最大),且颇具一致性.

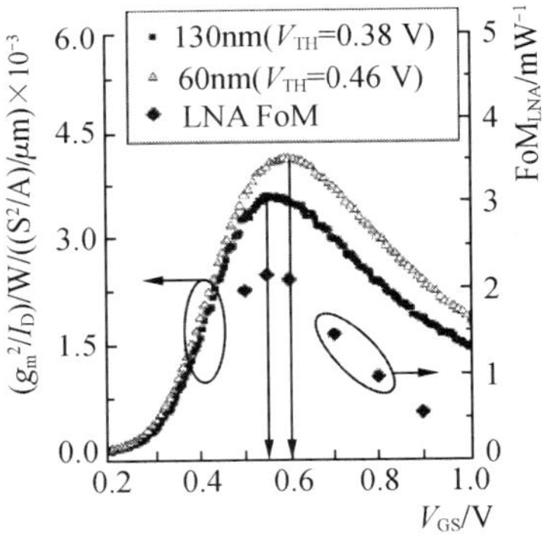

图 2.21 两种栅长的 MOSFET 的最佳 V_{GS} 确定

(2) VCO 的 FoM[47].

公式：联合刻画相位噪声与能耗,单位为 J^{-1}. 有

$$\text{FoM}_{\text{VCO}} = (f_0/\Delta f)^2 (1/L\{\Delta f\} \cdot P)$$

其中, f_0 是谐振频率, $L\{\Delta f\}$ 是相位噪声能谱密度(距 f_0 偏离 Δf 测量), P 是能耗.

化简[47]：针对 3 管差分 CMOS VCO,随栅长缩小,寻找 FoM_{VCO} 最大. 有

$$\text{FoM}_{\text{VCO}} \propto Q^2/(kT \cdot (1+\gamma))$$

其中, Q 是 LC 谐振腔的品质因数,主要决定于电感 L; γ 是噪声系数,与沟道长度相关 (2/3 对应长沟).

文献[53]给出 PLL-FoM 的基本信息是：$\text{FoM}_{\text{PLL}} \propto \text{FoM}_{\text{VCO}} + \text{FoM}_{\text{loop}}$

（3）PA 的 FoM[47].

公式（单位为 W/GHz²）如下：
$$\text{FoM}_{\text{PA}} = P_{\text{out}} \cdot G \cdot \text{PAE} \cdot f^2$$

其中，P_{out} 是输出功率，G 是功率增益，PAE(Power-Added Efficiency)是功率提升效率，f 是载波频率；平方项 f^2 旨在补偿 RF 增益的 20 dB/decade 跌落.

化简：针对 A 类单管 CMOS 功率放大器，应用了管子的击穿电压、串联负载的品质因数、最高工作频率等三个参数. 有
$$\text{FoM}_{\text{PA}} \propto P_{\text{out}} \cdot f_{\max}^2 \propto V^2 \cdot Q_{\text{LOAD}}^2 \cdot f_{\max}^2$$

（4）ADC 的 FoM[47].

ADC 的应用最为广泛，主要参数指向采样和量化. ADC FoM 的构造将组合动态范围、采样率和能耗.

基本关系为
$$\text{最大信噪比 SNR} = n \cdot 6.02 + 1.76 (\text{dB})$$

其中，n 是 ADC 输出的位数.

定义有效数据位数
$$\text{ENOB}_0 = (\text{SINAD}_0 - 1.76)/6.02$$

其中，SINAD_0 是 Signal-to-Noise-and-Distortion.

根据 Shannon/Nyquist 准则应有
$$f_{\text{sample}} > 2 \cdot \text{BW}$$

其中，BW 为带宽. 有效分辨带宽为 ERBW.

公式如下：
$$\text{FoM}_{\text{ADC}} = 2^{\text{ENOB}_0} \cdot \min(\{f_{\text{sample}}\}, \{2 \cdot \text{ERBW}\})/P$$

讨论：SoC 中模拟电路所占面积为 5%～30%. ADC 一般功耗为 1W 以下.

芯片封装的 FoM

UC Berkeley 的工作要点[54]：FoM 等于每秒百万条指令数/有效能损失（FoM=MIPS/Exergy Loss）.

产品的 FoM

FoM≡性能/（成本·能耗）

2.7 高精度-低功耗 SAR ADC 的 FoM 函数研究

1899 年发明的 Lindek 电位计，为绝大多数 ADC 奠定了基础[55]. 首款商业真空管逐次逼近寄存器型 SAR(Successive Approximation) ADC 于 1954 年由 Bernard Gordon 在 Epsco 发明[56].

就 SAR ADC 结构而言，整个系统只需一个比较器就能得到所需的低功耗，通过电容阵则可得到高精度.

SAR ADC 体系结构的发展趋势：一是低功耗，二是高转换速度，三是高分辨率.

至今，SAR ADC 的分辨率可达到 8bit 至 18bit. 早期 SAR ADC 在 50kSPS 采样率

下,可提供 11bit 的分辨率,功耗却为 500W;2010 年 ADI 公司出产的 18bit 精密 SAR 转换器 AD7986[57],采样速度为 2MSPS,分辨率是 18bit,功耗仅为 15mW,其全性能的功耗约是最接近的竞争产品(18bit,1.25MSPS,235mW)的 1/15.

SAR 新结构设计的主要挑战来自低功耗、高速与高精度之间的折中. 利用 ADC 主要参数构造有效的单个 FoM 优值,利于最优化实现 SAR 结构中各性能参数的设计平衡.

本例在理解 SAR 转换器的体系结构基础上,结合研读国内外文献,梳理已知的 FoM 函数,比较其优缺点,构造新的 FoM,举例证明其优点,以便为 SAR ADC 的设计师提供新颖的最佳设计评价函数.

SAR ADC 体系结构

SAR ADC 是一种反馈系统,以试探误差技术和数字代码逼近模拟输入[58].

以下明确 SAR ADC 的基本结构,基于 Multisim 10.0 图解 4 位 SAR ADC 的实现结构与工作过程.

(1) 基本结构.

如图 2.22 所示,SAR ADC 的基本结构包括采样保持电路(Track/Hold)、比较器(Comparator)、DAC(数字模拟转换器)、寄存器(N-bit Register)和移位寄存器(SAR Logic)[59].

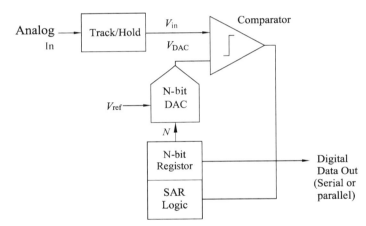

图 2.22　SAR ADC 的基本结构[59]

SAR ADC 的工作原理基于二进制搜索算法. 通过将最高有效位(MSB)设置为 1,第一次推测被确定在了零点和满量程之间的中间位置. 如果 V_{in} 大于 DAC 输出,该比特位则处于开启状态;如果小于 1,该比特位就被重新设置为 0. 在每一个连续的时钟周期上,该二进制搜索树程式都会不断运行,以测试下一个较低的有效位.

(2) 4 位 SAR ADC 的内部电路与仿真.

图 2.23 是基于 Multisim 10.0 软件实现的 4 位 SAR 转换器. 图 2.24 是其逐次判断过程中的 DAC 输出电压.

图 2.23 中,U24 为电压比较器,A1 为数字模拟转换器 DAC,四个 JK 触发器 U1A~U4A 组成了 4 位逐次逼近寄存器;6 个 D 触发器 U18B~U23B 构成了环形移位寄存器(又称为顺序脉冲发生器). 由模拟信号发生器 V3 产生输入信号 V_{in};V1 为时钟信号;最终的数字量输出由四通道示波器表头显示.

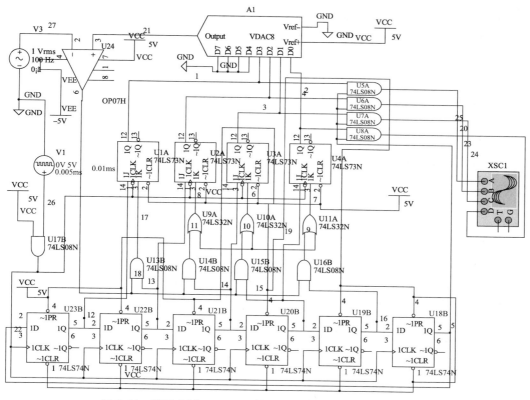

图 2.23　基于 Multisim 10.0 软件仿真实现的 4 位 SAR 转换器

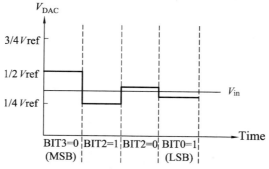

图 2.24　逐次判断过程中的 DAC 输出电压

为实现二进制搜索算法,首先设置 4 位寄存器在数字中间的刻度(即 1000,MSB 为 '1'),DAC 输出电压 V_{DAC} 被设置为 $V_{ref}/2$,其中,V_{ref} 是提供给 ADC 的基准电压.

然后,通过电压比较器(输入端分别是 V_{in} 和 V_{DAC})比较判断 V_{in} 是小于还是大于 $V_{ref}/2$. 如果 $V_{in}>V_{ref}/2$,则比较器输出逻辑高电平,4 位寄存器的 MSB 保持 '1';反之,寄存器输入逻辑低电平,其 MSB 清为 '0'.

随后,SAR 控制逻辑移至下一位,并将该位设置为高电平,进行下一次比较. 这个过程一直持续到最低有效位(LSB). 上述操作过程结束后,也就完成了转换,4 位转换结果储存在寄存器内,输出向量 V_{out} 给示波器表头.

图 2.24 是该电路结构在逐次判断过程中的 DAC 输出电压和 4 个寄存器值的变化.

这里,设定输入电压 V_{in} 在 $V_{ref}/4 \sim V_{ref}/2$ 之间,且为恒定值. 在 4 个比较周期之后,可以看到 DAC 的输出电压以及 4 个寄存器内容的变化.

对于 4 位 SAR ADC 需要 4 个比较周期. 通常,N 位 SAR ADC 需要 N 个比较周期,在前一位转换完成之前,不得转入下一个转换. 显然,如果位数增加,转换时间也会相应增加,但位数越多,转换误差就越小. 由此可见,SAR ADC 可以有效节省功耗和空间. 当然,也就是这个原因,分辨率为 16~18 位、速度高于几百 MSPS 的 SAR ADC 非常少见.

FoM 函数的构造思想

构造思想:多参数映射为单个计算参数,作为评判 SAR ADC 整体性能的评价函数(寻最小值).

两参数构造:

例 1:图解版的"准"评价函数.

如图 2.25 所示,是依据分辨率和转换速度这两个参数来评价 SAR ADC 性能的图解[60]. 其中,区别于其他种类的 ADC,SAR ADC 适合工作在中级转换速度,这是对低功耗和高精度的信号处理应用的最佳解决方案.

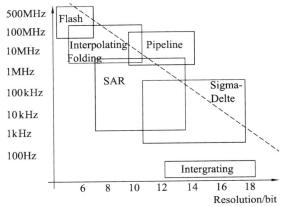

例 2:解析式的 FoM.

$$Q = P/f_{sampling} \quad (2.24)$$

等式(2.24)[61]定义了 SAR ADC 体系结构的每次转换的能量 Q. 这里,P 为 SAR

图 2.25 ADC 系列的分辨率与转换速率的关系图[60]

转换器的功耗,$f_{sampling}$ 为采样率,Q 的单位一般是 nJ/con.. 该等式相当于简化了的 FoM 函数,从功耗和采样率的角度,评价了 SAR ADC 性能.

图 2.26 是根据等式(2.24)绘制的 16 bit SAR ADC 的每次转换能量,并附上封装尺寸的变化[62],给予更直观的比较(注:2007—2010 年的数据为合作者所补).

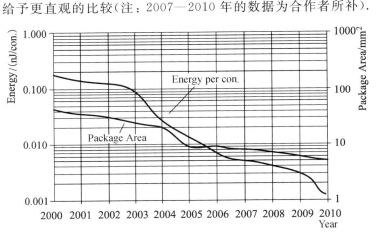

图 2.26 16 位 SAR ADC 每次转换能量和封装尺寸的变化趋势

比较从 2000 年到 2010 年的 Q 值和封装尺寸可知:较新推出的转换器所占用的印制电路板(PCB)面积减少了 80% 以上,每次转换的功耗减少了至少 99%.

提取主要静态参数：分辨率(Resolution)、积分非线性(INL)、微分非线性(DNL).

提取主要动态参数：采样率(Sampling-Rate)、信噪比(SNR)、信噪失真比(SNDR)、有效位(ENOB).

SAR ADC 的性能参数解释如下：

(1) INL 和 DNL 是除去增益误差和失调误差之后，A/D 转换器的实际与理想转换曲线之间的差值. DNL 和 INL 是非线性误差，无法消除，但可以通过电路设计、版图设计和校准技术等方法来减小.

(2) 信噪比(SNR)定义为输入正弦波的基频幅值的均方根值与各种噪声的均方根值(RMS)之比的分贝数. 对理想的 ADC 来说：$SNR = 6.02N + 1.76$. 其中，N 是 ADC 的位数.

(3) 信噪失真比(SNDR)的大小反映了模拟输入信号与噪声、谐波失真之和的比率大小. 它综合考虑了信噪比(SNR)和总谐波失真(THD)两个动态参数. SNDR 同时是衡量转换电路动态范围宽窄的一个重要指标，也更好地反映了转换电路的动态失真.

(4) 有效位(ENOB)定义为，在给定的输入和采样频率下，转换电路的实际转换位数. ENOB 与 SNDR 有以下关系：$ENOB = (SNDR - 1.76)/6.02$.

(5) 分辨率是指模数转换器所能分辨的最小量，习惯上用转换结果的位数来表示. 采样率是指单位时间内模数转换器对模拟输入信号采样的次数，常用 kSPS 或 MSPS 来表示.

4 个主要的 FoM 函数

两参数构造的 FoM 函数，往往从宏观上(以能量作单位，趋势约呈线性减函数)区分 SAR ADC 的优劣，并不能很好地平衡其各参数性能. 衡量 SAR AD 转换器的性能，一般依据三个关键指标：分辨率、采样率和功耗.

三参数构造举例如下.

例 1：早期的 FoM 函数.

1993 年国际固态电路会议上推出了一种包含这三种指标的衡量转换器性能的优值公式：

$$FoM_0 = P/(2^{ENOB} \times f_{sampling}) \tag{2.25}$$

FoM_0 的单位是 pJ/con.. 这里

$$ENOB = (SNDR - 1.76)/6.02 \tag{2.26}$$

其中，ENOB 是有效分辨率，SNDR 为信噪失真比，P 为功耗，$f_{sampling}$ 为采样率.

应用公式(2.25)评价产品时，若 FoM_0 值越小，说明产品性能越好.

图 2.27 统计表征了低功耗、中速和中等分辨率的 ADC 的 FoM_0，其演进规律是：每十年大约降低为原来的 1/20. 例如，$FoM_0 = 1pJ/con$. @ 2000 年. 技术驱动力来自降低供电电压与选择合适的架构. 其中，TDA8718、TDA8790 和 TDA8768 是 Philips 的产品，AD9042、AD9220 和 AD6640 是 Analog Devices 的产品，而 HI5905 是 Harris 的产品[63].

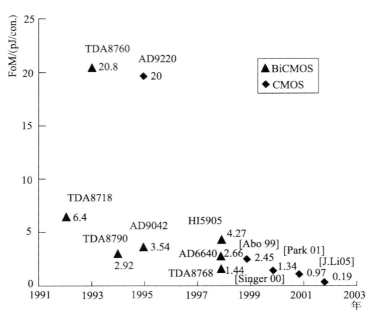

图 2.27 FoM$_0$ 的演进规律[63]

例 2：考虑带宽的 FoM 函数.

引入参数——输入信号有效带宽 ERBW，它决定了 ADC 可以处理的信号带宽，得到 FoM 函数的另一种形式[62]：

$$\text{FoM}_1 = P/(2^{\text{ENOB}} \times 2\text{ERBW}) \quad (2.27)$$

应用公式(2.27)评价产品时，FOM$_1$ 值越小，则产品性能越好.

例 3：考虑输入频率的 FoM 函数.

引入参数——最大输入信号频率 f_{in}，它关系着 ADC 是否毫无失真地重建模拟信号波形，得到 FoM 函数第三种形式[62]：

$$\text{FoM}_2 = P/(2^{\text{ENOB}} \times 2f_{\text{in}}) \quad (2.28)$$

在评价 SAR ADC 技术演进时，该评价优值的趋势是单调减小的.

应用 Nyquist 和 Shannon 定理[62]检验将证明：ADC 采样频率的选择与最大输入信号频率对输入信号带宽的比率有很强的相关性（$f_{\text{sampling}} > 2f_{\text{in}}, f_{\text{sampling}} > 2\text{ERBW}$）. 但是，在实际应用中，一般采用 $\min(f_{\text{sampling}}, 2\text{ERBW}, 2f_{\text{in}})$ 的形式具体选择所需参数就足够了.

例 4：考虑噪声的 FoM 函数.

引入参数——噪声指标 N_{RMS}，它影响着 ADC 输入信号带宽和高分辨率的信号输出，得到 FoM 函数[61]

$$\text{FoM}_3 = N_{\text{RMS}} \times \sqrt{P/f_s} \quad (2.29)$$

噪声指标 N_{RMS} 专门表示为满量程百万分率（PPM）的均方根值（RMS）形式 [N_{RMS} 的值可以由等式(2.30a)和(2.30b)给出]；f_s 为过采样率，是以高于输入信号频率两倍的频率对输入信号采样；P 为功耗；FoM$_3$ 的单位一般是 $\sqrt{\text{pJ}}/\text{con.}$.

$$\text{ENOB} = \log_2(V_{\text{DR}}/N_{\text{RMS}}) \quad (2.30a)$$

或者

$$\text{SNR} = 20\lg(V_{\text{RMS}}/N_{\text{RMS}}) \tag{2.30b}$$

其中,SNR 为信噪比,V_{DR} 为动态输入范围,V_{RMS} 为满量程输入信号均方根值.

等式(2.29)也说明了过采样的优点:过采样率 f_s 每增加 2 倍,理想的 SNR 就提高 3dB. 较大的 SNR 意味着 SAR ADC 可以更好地分辨模拟输入中更小的变化.

在评价 SAR ADC 演进时,该评价优值的趋势也是单调减小的.

新的 FoM 函数

最新的文献表明,在未来几年中,SAR ADC 的发展趋势可能集中在低功耗、高速和高精度上.

综合理解以上公式,同时保证单调减的趋势特征,我们构造了四参数的新的 FoM 函数

$$\text{FoM} = N_{\text{RMS}} \times \sqrt{P/(2^{\text{ENOB}} \times \min(f_{\text{sampling}}, 2\text{ERBW}, 2f_{\text{in}}))} \tag{2.31}$$

这里,有效分辨率 ENOB 由等式(2.26)给出,N_{RMS} 为噪声指标,P 为功耗,f_{sampling} 为采样率,ERBW 为有效输入带宽,f_{in} 为最大输入频率,FoM 的单位一般是 $\sqrt{\text{fJ}}/\text{con.}$.

与三参数的已知 FoM 函数相比较,等式(2.31)的优点主要是综合考虑了噪声、功耗、分辨率、采样率这四个参数来集体描述 SAR ADC 体系结构的性能. 在处理信号的设计方案中,噪声是不可避免需要考虑的因素;而高精度必然带来低噪声,但同时又将影响功耗;采样率又直接影响着系统的转换效率. 故而等式(2.31)结合这四类指标,在原有 FoM 基础上,弥补了传统 FoM 函数的不足(例如,忽略了低噪声与高精度的平衡对于采样率的影响),提高了可靠性.

为了量化证明新的评价函数的优点,运用等式(2.31),我们计算 2000—2010 年的国内外文献中 SAR ADC 的 Q、FoM_0 和 FoM 函数值,列入表 2.3. 在便于比较的前提下,此处采用的 FoM 函数的具体形式是

$$\text{FoM} = N_{\text{RMS}} \times \sqrt{P/(2^{\text{ENOB}} \times f_{\text{sampling}})} \ (\text{取 } N_{\text{RMS}} = 1)$$

表 2.3　当前国内外文献中关于 SAR ADC 的 FoM 函数值

Ref.	Resolution /bit	ENOB /bit	Sampling /MSPS	Power /mW	Adopting Q /(pJ/con.)	Adopting FoM_0 /(fJ/con.)	Our FoM /($\sqrt{\text{fJ}}$/con.)
[64]	10	9.06	1	2.7	2700.0	5059	71.1
[65]	6	5.5	250	30	120.0	2652	51.5
[66]	5	3.16	500	7.47	14.9	1671	40.9
[67]	5	4.74	285	10.5	36.8	1379	37.1
[68]	5	4.01	500	7.8	15.6	968	31.1
[69]	6	5.13	220	6.8	30.9	883	29.7
[70]	12	9.62	10	3	300.0	381	19.5
[71]	8	7.7	180	14	77.8	374	19.3
[72]	12	10.1	11	3.57	324.5	296	17.2
[73]	6	5.6	1200	16	13.3	275	16.6

续表

Ref.	Resolution /bit	ENOB /bit	Sampling /MSPS	Power /mW	Adopting Q /(pJ/con.)	Adopting FoM_0 /(fJ/con.)	Our FoM /($\sqrt{fJ}$/con.)
[74]	6	5.01	50	0.24	4.8	149	12.2
[75]	12	11.3	40	7	175.0	69	8.3
[76]	9	7.75	50	0.7	14.0	65	8.1
[77]	9	7.84	50	0.73	14.6	64	8.0
[78]	9	8.56	40	0.82	20.5	54	7.3
[79]	10	8.48	50	0.92	18.4	52	7.2
[80]	9	8.53	100	1.46	14.6	39	6.2
[81]	12	10.6	0.7	0.04	57.1	37	6.1

图 2.28 是表 2.3 中我们的 FoM 与另两类 FoM 的图解比较.

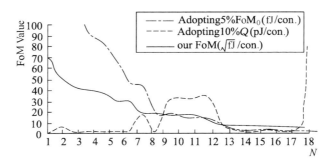

图 2.28 我们的 FoM 优值与其他两种 FoM 优值的比较

图 2.28 中,横轴对应表 2.3 的文献编号[64—81],纵轴为三种 FoM 优值. 虚线为 10% 的 Q 值,点画线为 5% 的 FoM_0 值,实线为我们的 FoM 优值.

结合表 2.3 和图 2.28 有以下分析:

(1) 表 2.3 显示:相比之下,我们的 FoM 的动态范围小.

(2) 图 2.28 显示:10% Q 的曲线波动较大,并且在个别区域中出现等优值情况,对于评价 SAR ADC 十分不利;5% FoM_0 的曲线总体上呈现递减趋势,但是近似线度不如我们的新 FoM.

(3) 噪声直接关系着 SAR ADC 的采样过程. 考虑噪声指标,采用高精度设计时,噪声的影响将直观地表现在新的 FoM 等式中,同时也兼顾了对采样率的影响. 采样率每增加一倍,将会使理想的 SNR 提高 3dB,与 FoM_3 有同样的效果,又不失对精度的考虑.

再分别以功耗、有效分辨率和采样率作为自变量,作 Q、FoM_0 和 FoM 于图 2.29 中的 A、B 和 C 子图中.

图 2.29 提示我们:在噪声指标 $N_{RMS}=1$ 的条件下,新构造的 FoM 的形貌近似于 FoM_0,优点是将最大量程缩小为原来的约 1/20;同样以能量的均方根作单位的 FoM,形貌基本近似于 Q 值,优点是将最大量程缩小了至少 99%.

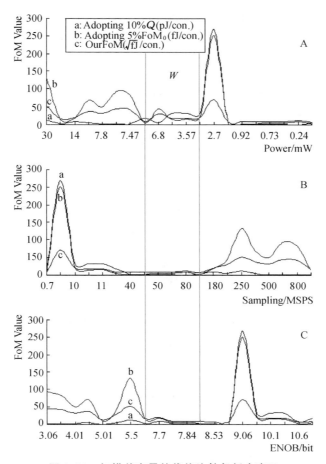

图 2.29　扫描单变量的优值比较与折中窗口

图 2.29 还提示我们:同时考虑三指标(功耗、有效分辨率、采样率),寻找到的最小优值范围出现在由双线标识的区域 W 中,因此可知文献[76,78-79]的折中设计工作值得推崇.

结论

先进的 SAR ADC 可提供的分辨率已高达 18bit,吞吐率已高达 GSPS.

应用我们提出的新 SAR ADC FoM,可较好地分析得到 SAR ADC 的合理的折中设计参数.

对于采用阈值可配置比较器、输入缓冲器和开关电容 DAC 结构等[74,76-81]新技术,设计当前与未来的超低功耗 SAR ADC,需要新的 FoM 帮助分析折中设计的综合效果.

2.8　微码技术概论

微码概念:微码(Microcode)可将一条复杂指令转换成多条且优化的操作指令,最常应用于复杂指令集的 CPU 体系结构[82].

如图 2.30 所示为英国剑桥大学 M. V. Wilkes 教授率先引入的微码编程(Microprogramming)闭环概念:定时脉冲输入到解码树,选择控制凭借寄存器 R 的内容,将解码树输出依次传送到阵列 A 和 B,再由阵列 B 的输出进行延时,以便更新寄存器 R 的内容.

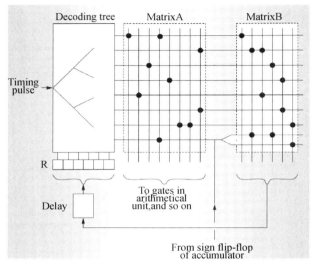

图 2.30 Wilkes 微码编程控制模型[82]

微码的优点如下:

(1) 使得编程人员无须过多了解指令在 CPU 中的运行细节.

基础:微码设计工程师在理解 CPU 体系架构的基础上,完成复杂严谨的指令流,通常它们存储在 ROM 中,与实际用户相互隔离.

优点:如果 CPU 芯片升级了工艺或者架构,那么用户可在不修改原代码指令的前提下,进一步优化和更新微码.

(2) 可以锐减用户的指令长度.

存储空间:通常普通复杂指令至少对应 5 条微码,这样针对早期计算机,节省(有限的)指令空间就相当重要.

演进:1974 年,IBM 公司的 J. Cocke 提出精简指令集概念之后,微码与普通 CPU 汇编指令的区分变得愈加模糊,几乎可以认为精简指令也就是微码指令.诚然,精简指令操作接近于微码操作,优化代码工作逐渐转移到编译器.但是对于贴近 CPU 的汇编程序员,仍然需要深刻理解微码与精简指令,以及计算机体系结构,以便软硬协同地提高程序性能.

微码原理:CPU 花费 90% 的时间运行 10% 的代码.阿姆达尔定律的等效公式为[83]

$$最大整体加速比 \leqslant P/(1+F \cdot (P-1))$$

其中,P 为加速比,F 为我们不能优化的部分,很显然 F 越小越好.

这个公式需要我们优化占有 90% 时间的代码,又因为这部分的代码只占总体代码的 10%,需要很少的存储空间,这就给微码指令的生成并且放入有限空间 ROM 提供了可能.

微码指令之所以能够被有效快速地执行,除了因为能够充分利用 CPU 硬件的特性之外,还因为增加了指令级的并行性(Instruction Parallelism).

计算机指令代码相互依赖的关系分为三种,即写然后写(Write After Write)、读然后写(Write After Read)、写然后读(Read After Write).其中,前两种完全能通过寄存器重新命名的方式得到解决,只有最后一种方式,要求我们必须按时序执行代码.

完全依赖编译器或由 CPU 操作,实施指令寄存器的重命名操作,可大幅提高指令间的可并行性,同时执行多条指令,也就是重叠它们的执行时间.

换言之,越是细化指令,越可能得到更多并行处理的机会.

所以微码不仅能从充分利用 CPU 特性方面提高性能,而且可以进一步挖掘指令并行性,加速程序的执行.

应用里程碑

1947 年麻省的旋风 I 号计算机引入了控制存储的概念,旨在简化计算机设计.

1951 年,M. V. Wilkes 通过加入条件执行的方式增强了这个概念,此法非常类似于我们熟悉的条件判断.由于引入条件判断,可以动态地选择性地控制逻辑,Wilkes 将之称为微码编程(Microprogramming)[82].

大多数 IBM System/360 大型机系列、NCR 315 和 PDP11 等机型,使微码编程方式得到广泛的应用和普及.

20 世纪 60 年代,微码编程取得长足发展.20 世纪 80 年代中期,精简指令集的提出,减缓了微码发展的原有脚步,其原因如下[84-85]:

(1)因计算机工艺提高,提供了尺寸更大、价格更低的内存,开始弱化了基于复杂指令减少内存消耗的优势.

(2)由于提高 CPU 频率和电源电压,专为复杂指令设计硬件变得更加困难.

(3)程序大多开始使用中高级语言,使得复杂指令编程简单的优势开始变弱.

(4)大多数程序运行的 80% 的代码都属于 20% 的精简指令.

(5)精简指令尽可能在单指令周期内结束,同时多条精简指令可以并发执行,这样的设计思想与复杂指令转变成微码指令的执行策略非常类似.

综上原因,从 20 世纪 80 年代中期复杂指令微码操作的进展变得缓慢了许多,但其仍有存在的必要,例如可减少 CPU 前端压力,对于汇编代码库函数,仍保留着简单易操作的优势.基于此,编程者仍能在不是非常清楚 CPU 架构的前提下,写出漂亮的高效代码[86-89].

优化精简指令的性能分析:图 2.31 和图 2.32 中,横坐标表示三种方法所要转存数据块的长度,纵坐标表示精简指令代码和 SIMD(Single Instruction Multiple Data)指令转存代码相对于 CPU 微码转存指令产生的归一化加速比(越高越好).

背景数据:高速缓存又分为一级缓存(16~32K 数据,延迟 3~4 时钟周期)、二级缓存(2~4M 数据,延迟 14 时钟周期)和三级缓存(8~16M 数据,延迟 110 时钟周期).

一级缓存的作用是尽可能降低时钟延迟,二级和三级缓存的目的是用来减少缓存缺失问题.

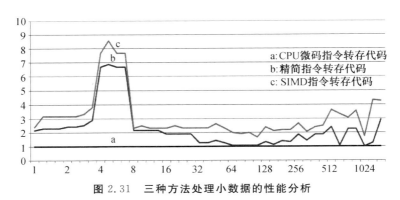

图 2.31　三种方法处理小数据的性能分析

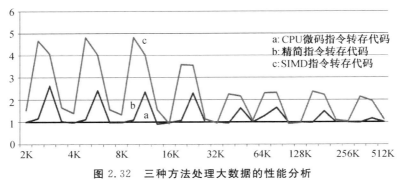

图 2.32　三种方法处理大数据的性能分析

展望：回顾微码所走过的 60 余年，在寻求诸如微码思想、存储器深度、CPU 架构平衡的技术创新历程中，SPEED-UP 的未来还可寄希望于解码缓存(Decoded Cache)和二进制翻译(Binary Translation)，这些或许是支撑摩尔定律的技术关键[90]。

感谢英特尔亚太研发中心(上海)马凌硕士合作并提供了本节内容。

2.9　第一键合点铜线焊接的三步键合研究

封装引论[91-93]：

(1) 现代封装开始于 20 世纪 50 年代前后。

(2) 封装必须提供五种功能：电源分配、信号分配、散热通道、机械支撑和环境保护。同时考虑功能可靠和成本约束。

(3) 封装结构：TO→DIP→QFP→BGA →CSP→MCP→3D SiP。

(4) 封装材料：金属、陶瓷→陶瓷、塑料→塑料。

(5) 引脚形状：长引线直插→短引线或无引线贴装→球状凸点。

(6) 装配方式：通孔插装→表面组装→直接安装。

(7) 硅效率＝DIE 与基板的面积比＝2%→75%～88%→100%。

(8) 混合建模(重要参数参见表 2.4)。

(9) 封装摩尔定律：性能跳跃周期约 10 年。Intel 的 3D 异质封装，从 2D-Interposer-EMIB(嵌入微桥)到 3D-TSV-Foveros，凸点间距从 $100\mu m$ 缩至 $50\sim25\mu m$；再到混合键合(室温压接升温退火)间距小于 $10\mu m$，引出至少 20 万微凸点(0.05pJ/bit)。

表 2.4　封装技术中重要的材料属性（R. K. Ulrich）[91]

电气属性	热属性	机械属性	物理属性	化学属性
介电常数	热膨胀系数（CTE）(10^{-6}/℃)	杨氏模量	微结构（微粒尺寸）	金属氧化
损耗角正切（$\tan\delta$）	分解温度	泊松比	平面度和平面化	金属迁移
体积表面电阻率（$\Omega \cdot cm$）	熔点	应力（dyn/cm^3）及抗剪强度（MPa）	黏度（P）	反应性
介质强度（V/cm）	玻璃转变温度（T_g）	固化温度	封闭性	黏滞性
电阻的温度系数	热导率 [W/(m·K)]	玻璃转变温度	熔点	毒性
	收缩量	维度稳定性	低共熔温度	环境性
	固化温度	抗拉强度（GPa）	密度（g/cm^3）	
	热稳定性	抗弯强度（GPa）	玻璃转变温度	
	电阻的温度系数	黏着强度	布氏硬度	
		抗剥离强度延展性阳性界面强度		

案例摘要：背景——铜线和金线相比具有良好的导电性能、机械性能和价格优势；传统键合的故障率占比为 1/4～1/3. 问题——以 22μm 铜线键合工艺为例，统计发现存在着参数不稳定、虚焊、铜球氧化和焊球拉提等典型问题. 方法——通过比较产线数据记录、分析焊点失效和调研键合文献，重点分析了三个工艺参数，分别是结球时间、超声能量和劈刀压力，通过扫参配比，具体实践了延迟结球和三步键合的工艺技巧，已将良率稳定提升至相对满意的水平. 结果——系列改良结果使公司产能增长了近 1/5. 结论——本技术解决方案，因细化了工艺窗口，或可成为推动相关产线优化键合关键参数的技术参考.

2 步键合参见图 2.33.

试验机台为 ACB400HF 焊线机，铜线类型为 22μm. 改进前，引线键合第一步，先不施加超声功率，只施加焊接压力为 80g 并停留 5～8ms；第二步，同时施加超声功率和焊接压力 35g 并保持 15ms.

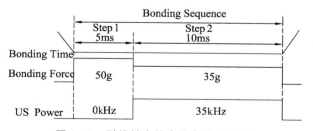

图 2.33　引线键合的步骤参数-时序图

3 步键合初始参数参见图 2.34.

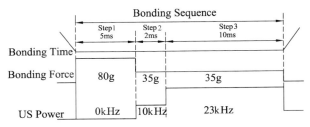

图 2.34 初始试验参数

拟由 2 步改为 3 步,初始工艺参数按照经验值设定,具体如表 2.5 所示.再通过设计试验(DOE)找到最佳参数窗口并给出参数标准.

表 2.5 初始试验参数

Page 1		PAD	LEAD
S-LEVEL		15(10~20)	15(10~20)
S-SPEED		3(0~5)	3(0~5)
Step 1	TIME/s	5	15(10~20)
	US POWER/kHz	0	70(60~80)
	FORCE/g	80	70(60~80)
Step 2	TIME/s	2(10~20)	—
	US POWER/kHz	10(30~40)	
	FORCE/g	35(30~40)	
Step 3	TIME/s	10(10~20)	
	US POWER/kHz	25(30~40)	
	FORCE/g	35(30~40)	

将 10 组 DOE 试验数据列入表 2.6,分别改变并记录步骤 3 中的焊接压力,测量键合质量和各项指标;然后与第 11 组试验做对比,比较键合质量(表 2.7),其中第 1 组试验的参数为改进前的步骤 2 的参数.

表 2.6 DOE 试验结果

No.	球直径	球高	比值	拉伸力		剪切力	
	44~70μm	11~37.4μm	3~5	Min Spec.:3.0g	CPK	Min Spec.:12g	CPK
1(LL)	62.3	9.7	6.5	11.3	4.7	43.5	3.5
2(LH)	62.2	10.1	6.3	11.3	5.6	42.5	3.8
3(HL)	63.7	8.6	7.5	11.8	5.0	43.0	3.3
4(HH)	71.7	6.7	11.0	11.3	5.5	43.0	3.9
5(MM)	62.9	8.3	7.7	11.8	5.5	43.9	3.5
6(LL1)	59.6	13.7	4.4	12.1	4.3	41.4	2.4

续表

No.	球直径 44~70μm	球高 11~37.4μm	比值 3~5	拉伸力 Min Spec.:3.0g	CPK	剪切力 Min Spec.:12g	CPK
7(LH1)	60.6	12.8	4.8	12.0	4.9	40.7	2.8
8(HL1)	62.9	12.1	5.3	12.1	3.7	37.6	1.5
9(HH1)	64.3	12.3	5.3	11.7	3.1	36.7	1.3
10(MM1)	61.4	12.7	4.9	11.8	3.0	42.1	2.2
11(Control)	54.3	14.9	3.7	11.8	5.1	37.8	2.2

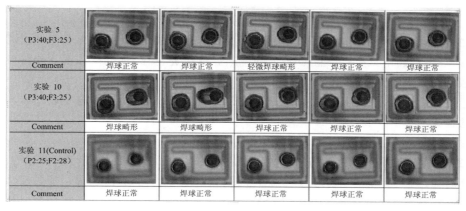

表 2.7 典型实验的焊球形状比较图解

图 2.35 给出了 Cornerstone 软件计算的最优参数窗口。步骤 3 的超声功率在 20~25kHz,焊接压力范围为 20~25g,整个输出响应的线性拟合度达到 65% 以上(Y 是输出响应,Power 和 Force 为实验输入因子,D 为模型的线性拟合度)。

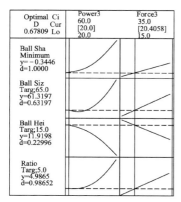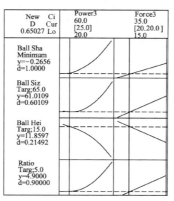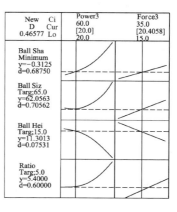

图 2.35 最优参数窗口

通过软件分析给出本试验产品的关键键合参数,参见图 2.36。

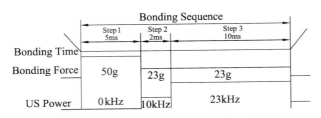

图 2.36　优化后的引线键合每步骤的工艺参数

结果总结：

（1）改进后的键合方式的金属间化合物覆盖率达到 95%，比改进前的 82% 要提高 13%。

（2）改进后的焊球形状要比改进前的更加完美（$W:L\approx 2:1$）。

结论：

（1）得到更加稳定的键合质量，产品成品率提高 0.6%。

（2）更为重要的是，和之前相比，很大程度地降低了焊球拉提的失效比例。按照质量要求，同一批产品中只要有一粒 DIE 上的一颗焊球拉提，那么整批产品都需要报废，以避免类似潜在失效器件交付客户。

通过努力改进，因降低焊球拉提的失效比例，仅此一项每周就能避免将近 4×10^5 颗产品的报废。

讨论：

（1）为提高键合可靠性，尝试引入并验证三步焊接的理念，即将整个焊接过程分为三个具体时序。第一步和第二步焊接时间都较短，第一步作为初始焊接，焊接压力较大，旨在形成很好的球形。第二步作为过渡步骤，使第一步的焊接压力稳定下降并保持，以使第三步的超声能量更好地作用在焊球上面，得到更好的 IMC。前两步时间之和要比第三步少 3~5ms。第三步焊接将决定最终的键合质量。

（2）初始键合力是关键参数。使用初始键合力可优化铜线键合，能在键合金属层硬度不够的情况下提供协助，同时减少键合区域因铜线强度过高而造成的铝飞溅。

（3）初始键合力作用原理为在引线键合开始时，将铜球压在键合焊盘区域，铜球接触到焊盘而发生形变，之后在较低的超声功率和较低的焊接压力参数下进行键合。采用此法可降低键合接触面的应力，从而保护焊盘上的铝层金属，防止产生裂纹或弹坑。

研究心得：

（1）随着超声功率的增加，键合强度对键合时间的敏感性呈下降趋势。

（2）键合参数过小时，键合失效模式以打线不黏为主，这说明焊点间结合不够充分。

（3）键合参数过大时，键合失效模式以焊点断裂、产生弹坑为主，这说明键合过程中过多能量会导致焊点材料变形加剧而造成键合质量下降。

感谢顾盛光硕士合作并提供本节内容[94—101]。

2.10　串扰概论

亚微米制程的进步迫使互连线的耦合电容增加而自电容下降，又因工作频率超过 GHz，致使线电感作用凸显，它们所造成的邻近互连线的信号串扰现象，是继分析关键参数(如面积、时序与功耗)之后,设计师必须迎接的高速集成电路设计优化的挑战.

下面研究串扰噪声及其建模、定位、预防与纠错.

串扰噪声的定义与表现

串扰噪声(Crosstalk Noise)本质上是一种电磁现象,即电磁传导干扰. 其成因是相邻线网中的高频信号活动,主要形成途径是线间存在的耦合电容和耦合电感,表现是相互影响着的线网中的电压波形的畸变[102].

在高速信号传输过程中,串扰噪声是不受欢迎的能量值.

图 2.37 为我们图解了串扰噪声的电压波形表现,它可分类为毛刺与时延. 其中,将入侵网(A)和受害线网(V)联系起来的模型之一,是相邻互连线间的耦合电容 C_{couple}. 若入侵线有开关动作,则将为静默的受害线注入干扰电流成分 $C_{couple} \cdot dV/dt$,从而叠加构成了串扰噪声. 区别于容性耦合将引发耦合电流,感性耦合则将引发耦合电压.

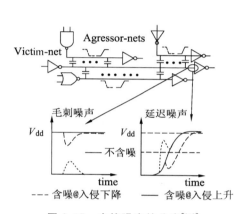

图 2.37 串扰噪声的分类[102]

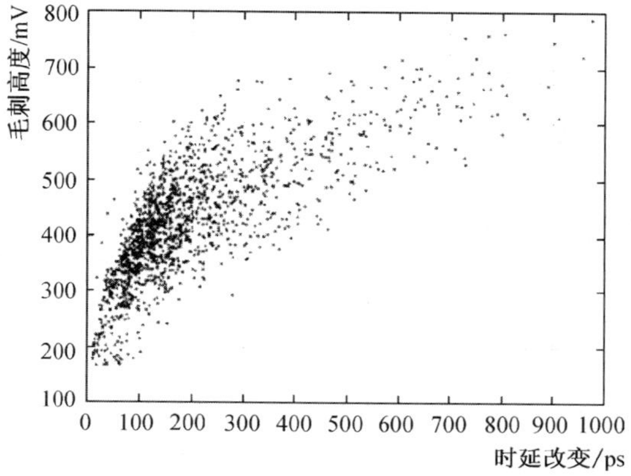

图 2.38 毛刺高度与时间延迟的相关性[102]

图 2.38 说明了串扰噪声的两种表现(毛刺和时延)是正相关的,相关系数高达 0.76(@ SoC 中的 RF 接收输入级的相同节点)[102].

当线间耦合电容超过互连总电容的 18% 时,串扰噪声的影响逐渐显著[103];当入侵信号达到 GHz 水平,分析建模除了主要考虑耦合电容的贡献,还需增加考虑耦合电感的作用(M. S. Rahaman,2009 年).

串扰噪声的建模基础及其化简

图 2.39 给出研究双线串扰所利用的电路简图与电路模型. 其中,CMOS 非门驱动被建模为电阻 R_{tr},负载非门建模为电容 C_L.

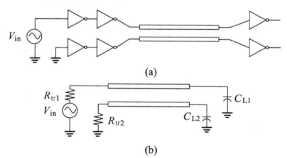

图 2.39 串扰研究电路建模图解初步

一般将互连线建模为分布的传输线,可由传输线理论写出电报方程(Telegrapher's Equation)[104],反映传输线上任意一点的电压与电流规律. 它将传输线本身的结构及周围介质性质用传输线参数 L(单位长度电感)、C(单位长度电容)、G(单位长度漏导)、R(单位长度电阻)来描述.

$$\frac{\partial V(x,t)}{\partial x} = -\left(RI(x,t) + L\frac{\partial I(x,t)}{\partial t}\right) \tag{2.32}$$

$$\frac{\partial I(x,t)}{\partial x} = -\left(GV(x,t) + C\frac{\partial V(x,t)}{\partial t}\right) \tag{2.33}$$

求解电报方程的一种典型方法是在时域内进行半解析数值计算. 其算法概要如下[105]:

(1) 在时域内离散,建立对空间的一阶常微分方程,矩阵式为 $dY/dt = HX + F$.

(2) 应用牛顿-拉夫逊迭代法求解 $Y_{j+1} = f(Y_j)(j=0,1,2,\cdots,m)$.

(3) 所求 $Y = (v_j, i_j)^T (j=0,1,2,\cdots,m)$.

在步骤(2)内未用传统的差分类算法,而是采用精细积分法,利用矩阵指数函数可在计算机字长范围内精确计算,得到该常微分方程组事实上的精确解.

区别于上述时域分析,针对传输线的串扰解析研究,降维化简,将互连线分成多段,每段内采用 RC 模型或 RCL 模型,然后基于 Kirchhoff 电流定律列写方程,进行 Laplase 变换,在 s 变换域计算输出电压,再反变换进而得到串扰峰值与延时等关键量[106-107]. 如此得到的解析式将有助于替代 SPICE 软件,快速分析串扰噪声.

建立串扰噪声估计的简单模型的方法如下:

(1) 噪声峰值正比于互连耦合电容与单线总等效电容的比例.

针对图 2.40 中的等效电路(双平行同质互连线,电容耦合),文献[106]的建模要点是:

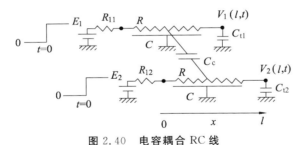

图 2.40　电容耦合 RC 线

① 列写电报方程,换元归型(分布 RC 线的差分方程),得到 $V_1(l,t)$ 和 V_2 的解析式.

② 在条件 $E_2 = 0$、$R_{t1} = R_{t2} = C_{t1} = C_{t2} = 0$ 下,入侵线的阶跃激励 E_1 所导致的受害线峰值噪声 $V_p \approx 0.5 E_1 C_c/(C+C_c)$. 在 $0.5\mu m$ 工艺下,相对于 SPICE 仿真,该公式误差在 E_1 的 3% 之内.

③ 受害线峰值噪声 V_p 与线长无关.

(2) 峰值噪声正比于互连耦合电感与电容的比例.

参照图 2.41,建模过程要点[108]如下:

Sukurai's RC Partial Differential Equations

$$\frac{\partial^2}{\partial x^2}V_Q(x,t)=r(c_{grd}+c_m)\frac{\partial}{\partial t}V_Q(x,t)-rc_m\frac{\partial}{\partial t}V_A(x,t)$$

$$\frac{\partial^2}{\partial x^2}V_A(x,t)=r(c_{grd}+c_m)\frac{\partial}{\partial t}V_A(x,t)-rc_m\frac{\partial}{\partial t}V_Q(x,t)$$

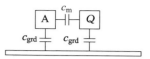

RLC Partial Differential Equations

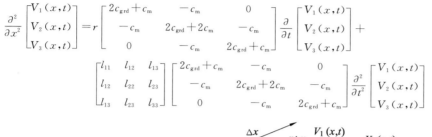

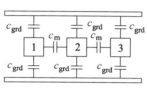
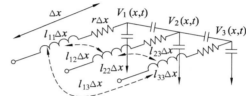

图 2.41　方程与等效电路[108]

① 模仿文献[106]的计算方法.

② 扩展考虑耦合电感的作用,化简借助关系式$[L][C]=v^{-2}[I]$,其中,v是电磁波在已知介质材料中的波速.

③ 三线中间的被侵略线的V_p解析表达与SPICE仿真符合得很好.其中,SPICE仿真应用了500段的集总RLC单元模型(驱动源电阻$R_t=133.3\Omega$,单位长度线电阻$r=37.86\Omega/\text{cm}$,线长$L=3.6\text{cm}$).

④ 受害线峰值噪声V_p与线长呈非线性关系.例图条件：互连线长13cm,全局时钟3GHz,局部时钟10GHz,低介电常数铜线;R_{tr}大,将掩蔽耦合电感对于串扰的贡献.

⑤ 在条件$E_2=0,R_{t1}=R_{t2}=0,C_{t1}=C_{t2}=\infty$下,入侵线的阶跃激励$E_1$所导致的受害线峰值噪声需结合图2.42分区解析.

Ⅰ区：$l\leqslant l_{crit}$,有

$$V_{peak}=e^{-\frac{\rho lc_0\sqrt{\varepsilon_T}}{2H_\varepsilon H_\rho}}(1-e^{-\frac{l\rho c_0\sqrt{\varepsilon_T}}{WS}})$$

结果是降$H_\varepsilon H_\rho$可降低交扰;而降WS反而抬升交扰.

Ⅱ区：$l>l_{crit}$,有

$$V_{peak}=0.5\left(1+\frac{WS}{H_\varepsilon H_\rho}\right)^{-1}$$

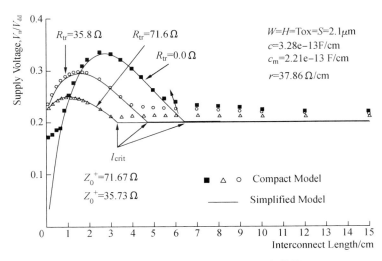

图 2.42　三种驱动条件下的模型比较[108]

⑥ 在条件 $E_2=0$、$R_{t1}=R_{t2}=0$、$C_{t1}=C_{t2}=\infty$ 下，入侵线的阶跃激励 E_1 所导致的受害线峰值噪声最大值 $V_p\approx 0.8E_1C_c/(C+C_c)$，其位于 $l_{max}=(vrc_m)^{-1}\ln((c_{grd}+2c_m)/c_{grd})$，是 RC 模型的 1.57 倍.

小结：

串扰建模的基本方法包括：忽略分布效应，建立精简电容的 2π 模型；不区别近端与远端耦合，建立基于电荷共享的模型；采用类 Elmore 公式计算峰值噪声，并假设无穷大斜率，估计非常悲观（特别当攻击者线的斜率较小时，噪声甚至可能大于工作电压）的 Devgan 模型；考虑到分布耦合效应，建立精确但实现困难的层次分量计算模型（马剑武，2005 年）.

片内互连曾经免疫于电学畸变问题，因为互连线的长度远小于信号的波长. 然而，当芯片工作频率大于 1GHz，因为有损长线传输所致，互连延迟相当突出. 例如，即使带信号驱动的 20mm 长度的信号线，延迟已达 1ns，该信号难于被 1GHz 芯片所捕获（Ken Lee，1998 年）.

当芯片工作频率大于 1GHz 时，应启用串扰的 RCL 模型.

降低纳米尺度效应，可以寄希望于大尺寸的驱动器、缓冲器插入、线网与线空间掩蔽等；然而当其施加于位置靠后的线网时，将颇具挑战.

扩展阅读，参见文献 [109].

2.11　RF 手机测试案例

RF（Radio Frequency）信号的频率范围从 300kHz 到 300GHz，应用于远距离通信、近距离识别或射频除皱（美容）.

例 1：1nH 电感的测试结果比较.

用某测试仪器供应商提供的相同仪器，测试标准件电感值（1nH）的结果参见图 2.43. 造成结果不一致的测量条件主因：一是来自物理学，如 Fixture 和 Short Bar 等；二是来自电子学，例如执行不同的测试标准.

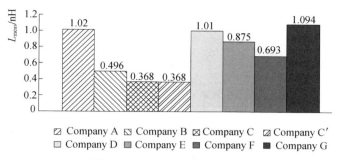

图 2.43　1nH 电感的测试结果

例 2：RF 电缆损耗的线性分析.

在手机 RF 测试中,影响手机测试结果的因素,包括仪器的测试精度、测试仪器的一致性、RF Cable Loss(电缆损耗)值的校验等,而且,这几个方面相互影响,因此,在 RF 测试中应尽量减少这几个因素对手机测试结果的影响.

为减少 RF Cable Loss 值对测试结果的影响,在生产时,通常采用测量 Cable Loss 值并且修改综测仪 offset 值的方法加以补偿,但由于各种因素影响,不可能在所有的功率等级下对 RF Cable Loss 值进行测量,也不可能在所有功率等级下修改综测仪的 offset 值,这就需要 RF Cable Loss 值有一个良好的线性关系跟随着功率等级,以减少测量误差.

应用网络分析仪 HP8753 对两根 RF Cable 进行测试,一根长度为 40cm,另一根为 70cm,分别加 3dB、6dB 衰减器和不加衰减器.实验结果如图 2.44 所示.

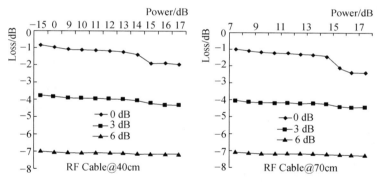

图 2.44　RF 电缆损耗的线性分析

从图 2.44 可知：加 6dB 衰减的线性比加 3dB 的衰减的好,但 3dB 的又好过不加衰减的.

在大部分时候,用 3dB 的衰减器就可以满足生产需要,但对功率的要求比较高时,建议采用 6dB 的衰减器.

例 3：RF 手机测试概要.

生产线所用的整个测试系统组成：基带测试(包括 A/D、D/A 转换测试和开关机电流测试等)、射频测试(包括有线和无线测试等,是整个测试环节中最重要的部分)、电性能测试(涉及手机按键功能、听筒和话筒是否正常等)、其他测试(包括照相功能测试、GPS 测试、GPRS 测试和蓝牙测试等,还有外观和包装测试).

典型的生产测试项目示于图 2.45(a)；RF 测试系统(测试柜)的硬件平台如图 2.45

(b)所示;软件框图参见图2.45(c).

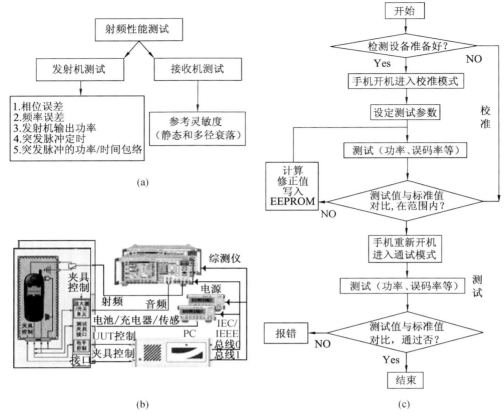

图2.45 (a) 典型的生产测试项目、(b) 硬框和(c) 软框

工程研究结果：完成单款双频手机（GSM900/DCS1800）C157型RF测试（包括校准和测试部分）用时85s,和现有部分外企所需时间80s相接近；测试的误测率小于8%.

扩展阅读参见李波的工程硕士论文《GSM手机射频测试技术的实用系统构建研究》.

2.12 ATE技术演进规律

纵观测试技术的历史,在可能的测试技术与系统复杂性不断增长的情况下,需完成较高水准的测试.

测试技术启用新方法（如并行测试）必将带来新挑战,新方法不仅决定于电子学的趋势,更依赖于微电子学革命.

ATE（Automatic Test Equipment）系统之于半导体制造业的作用,恰似神奇的自动"示波器".复杂的ATE系统的设计领域,包括了机械、冷却、工业安全、电源、模拟和数字电子学以及软件.

半导体自动测试机（ATE）的工作,主要使用两套测试系统：一是针对电流和电压等参数的,二是针对逻辑功能的.当被测芯片内的门数量大于500k,时钟频率大于200MHz,ATE的测试成本已经等于硅工艺成本（Stephen Sunter,1998年）.

因此，测试经济学(Economics of Test)将继续成为新的测试方法学和测试工程师的关键驱动力之一.

ATE 是一种通过计算机控制，进行器件、电路板和子系统等测试的设备，通过计算机编程取代人工劳动，自动化地完成测试序列.

典型的 ATE 结构组成为：主机、测试台和工作站(E. H. Volkerink,2002 年；Eric Liau,2004 年).

主机内置了测试图形发生器、数据格式化与定时发生器、管脚参数测量单元(PMU)、中心 PWU 以及器件电压源.

测试台内含通道卡(负责驱动)、比较器、负载电路，还有 PMU(每通道配置). 所谓通道就是负责与器件进行电连接的器件接口板.

工作站控制着测试机，可发出指令，例如，指定管脚、加载驱动电流或运行真值表. 而由预备编程指令产生测试图形、回送结果(对应 Passes 或 Fails)，都在工作站里完成.

ATE 的演进规律

通用 ATE 简史[110]：20 世纪 70 年代中期，出现了全晶体管计算机控制的通用 ATE；进入 20 世纪 80 年代，随着在路测量(in-circuit)的发展，出现了在片测试(on-chip)(例如 BIST)；20 世纪 90 年代出现了具有测试特征的人工智能预计算，保障了高的质量和可靠性(W. Gosling,1989 年).

1958 年 TI 公司研制发明了世界第一块集成电路 7400(与非门逻辑电路)，之后诞生了世界上第一台集成电路测试机，即专用于测试自己产品的 IN HOUSE TESTER(Eric Liau,2004 年).

20 世纪 60 年代早期，美国 Fairchild 公司开始应用专用 ATE，解决当时的运算放大器的量产测试问题.

区别于 20 世纪 40 年代针对收音机(电视)的简单测试(先驱之一是英国工程师 John Sargrove)，英国的 William Gosling 教授领导的研究小组于 1955—1958 年，设计出欧洲最早的通用型全编程 ATE 系统(ACORN)，该系统拥有 832 个测试头/点(W. Gosling,1989 年).

ACORN ATE 系统的研发要点如下：

(1) 最初的测试哲学(the Initial Philosophy of Testing)是完全被动的参数测量与比较，试用之后感觉不方便，又加入了测试信号产生模块.

(2) 改良应用了 Lindek 电位计(1899 年)，这成为绝大多数 ADC 和数字电压表的基础.

1970 年，Fairchild 公司推出商业化的数字集成电路测试机 Sentry 7，采用 24 位宽的数据通道、2MHz 频率的主机，DATA RATE 为 10MHz，最大测试通道为 60PIN.

到了 20 世纪 70 年代中期，全数字化的浪潮唤醒了 ATE 的技术市场：结合在路测量(in-circuit，应用涉及测试夹具和测试程序)，ATE 终于有了用武之地.

微电子学革命带来了什么？芯片速度的增长达 3~4 个数量级，复杂度的增长达 7~12 个数量级. 由此，其主要的驱动力是复杂度(管子数量/芯片)而不是速度.

随着互连复杂性的激增，20 世纪 80 年代中期 Motorola 公司的 Gary Daniels 报告了 Self-testing Chips，由此开启了测试哲学的新时代——在片测试(on-chip)/(可测试设计).

跟进的趋势就是：制定 IEEE 测试标准；重视 Test Signatures 的预计算（启用人工智能）.

面向未来，在片测试并不会完全剥夺 ATE 的传统市场，因为在路的功能测试总是要做的，特别是针对模拟和 RF 模块.

总结 ATE 的演进规律是[111]：从专用到通用；遵从标准与协议，适应 DFT 和可重构；启用人工智能；走向并行.

下一代的 ATE/ATS 体系结构研究将并行测试列为关键技术之一（1996 年，美国国防部自动测试系统执行局）（E. H. Volkerink，2002 年）.

ATE 并行测试的种类：一是多点被测 UUT_i 的并行；二是单点被测 UUT 内部的多部件（$Function_i$）的并行；三是单个测试步内的软件并行（N. Waivio，2007 年）.

并行计算的优势（针对固定的计算复杂度任务，以加速比作为评价指标）所在与极限，由阿姆达尔定律（1967 年）做出回答.

Advantest 测试机概要

测试系统模块图参见图 2.46（ATL-51 Test Plan Program Reference Manual，2008 年）.

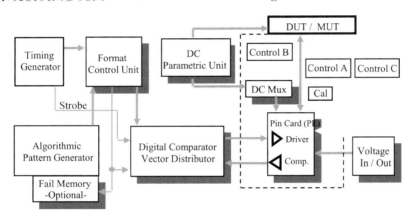

图 2.46　Advantest 测试机模块图解

高端测试系统具有：

（1）高度精确时序.

（2）深向量存储器.

（3）复合 PMU.

（4）可编程电流加载.

（5）Per Pin 时序和电平.

重要测试参数包括：建立时间、保持时间、传输延迟和输出使能时间等.

测试规则为：

（1）特别关心管脚信号方向.

（2）同时关注管脚节点电流和电压大小.

（3）保持管脚非空接.

测试工程师必须仔细理解输入数据的组成、格式和时序，并革新其应用.

扩展阅读参见叶佳慧工程硕士论文《NOR 闪存读出不稳定性问题的研究与解决》（2009 年），其中，关于可编程负载有比较细致的工程比较研究.

2.13 MOS管混沌产生电路设计方法研究

混沌信号的特点[112]如下：
(1) 初值敏感.
(2) 幅值有界.
(3) 不收敛.
(4) 非周期.
(5) 自相似性.
(6) 功率高.
(7) 频谱宽,从近音频到微波域.

混沌研究的趋势[113]是：计算混沌、仿真、实验、应用混沌(通信、测量、控制、健康)、集成混沌.

1927年,丹麦工程师 Van der Pol 利用正弦电压源驱动氖灯 RC 张弛振荡[114],实验时通过电话耦合检测到了不规则的噪声——混沌信号.根据麻省专家的提法,是类似油炸肥肉片的声音,这是非自治混沌电路的先声.

1963年,Lorenz 报道数值求解热对流方程时,图解(图2.47)聚焦热流 Y 伴随迭代次数的演进细节,比较相邻的三个1000点迭代输出,显见迭代演进至2000点之后,信号 Y 变得很不规则,意味着初值相同,结果却是不可预测的.

1983年,蔡少棠先生提出3阶最简自治混沌电路,仅含1L-2C-1D′(蔡氏二极管,非线性负电阻).通过配置合适的参数,该电路方便实现周期、拟周期和混沌这三态变化.

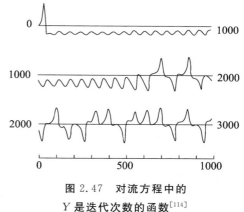

图 2.47 对流方程中的 Y 是迭代次数的函数[114]

设计思想演进

1975年,李天岩博士与约克教授计算认为[115]：周期3意味着混沌,说明系统中存在三个独立的频率成分是产生混沌信号的基本条件.

混沌电路设计方法学：
(1) 三模块法.基于两个独立频率信号生成电路和一个开关模块,化简,做混沌判断.
(2) 增模块法.基于经典混沌电路,少量增加储能元件或非线性元件,构成更复杂的电路,判断混沌特性.
(3) 减模块法.针对复杂的混沌电路,通过提取电路中的最小混沌单元,遵守电路基本定律简化系统,判断混沌特性.
(4) 方程映射法.考察状态方程中包含的基本储能单元的4种可测参量(压、流、磁、荷),聚焦非线性元件特性的分段近似电路表达,做混沌判断.

容易理解三模块设计方法[116-117]：
(1) 从建模角度讲,是在三维向量微分映射 $\dot{X} = AX$ 的右端,添加非线性控制向量 S（杨晓松,李清都,2002年；Han Jung Song,Kae Dal Kwack,2002年）.

(2) 从拓扑角度谈,包括3个非线性模块,一般可从两个非线性模块(例如积分器或脉冲信号发生器)和一个切换模块(开关电路或负阻、忆阻器)出发,逐渐化简,或添加非线性模块,并持续判断混沌特征(Muthuswamy,Chua,2010年;R Trejo-Guerra,2013年).

典型设计实例:

(1) 文氏桥混沌电路[118].结构特点是将两个非线性模块融合为一个文氏桥信号产生电路,利用滞回电路作为切换模块,在文氏桥上找到反馈控制点(Namajunas,1995年).

(2) 布尔混沌电路[119].拓扑规律为非门环振信号源反馈给异或门的一个输入端,异或门的逻辑输出经过门级延迟,又反馈给该异或门的另一输入端(Rui Zhang,2009年).

相对于启发自蔡氏电路的负阻模块设计的传统四端网络方法,三模块反馈法的优点是相对直观,有利于组合新的设计思想,例如超低电压设计技巧.

电路结构演进

1992年,加州大学伯克利分校蔡少棠教授研究组基于39只MOS管首次实现蔡氏二极管,双运放跨导结构,±5V供电[120];2003年,埃及开罗大学Radwan等利用51只MOS管实现无电感蔡氏电路,±1.5V供电[121],同年,化简为以20只MOS管实现,结构特点是级联3个积分器和1个比较器[122];2009年,清华大学微电子所李树国教授使用36只MOS管实现前述结构,降低供电压为1.8V;韩国仁济大学可用3T或4T MOS管实现蔡氏二极管,±1V供电(Sang-Guk Nam,2012年)[123].

1994年,爱尔兰都柏林大学Kennedy教授发现NPN单管Colpitts混沌电路[124];湖南大学采用NMOS单管设计的Colpitts混沌电路可以2V供电,宽长比为$400\mu m/1\mu m$,$L=10nH$,$C_1=C_2=500pF$,$R=4.4\Omega$(王春华,2013年)[125].

1996年,日本东北大学Cong-Kha Pham等设计实现反相时钟受迫驱动的混沌神经元,应用5T-MOS,一只MOS管上拉一只电阻作为非门,其他管子作为两个传输门开关,控制非门的负载电容的充放电[126];本质是基于两个电子开关,切换一个最简单的积分器.

区别于连续的模拟混沌,2002年,韩国汉阳大学Han Jung Song设计了离散的数字混沌,包括2个时钟产生电路、2个采样保持延迟器和1个非线性产生电路,±2.5V供电;2009年,美国杜克大学Rui Zhang等提出的布尔混沌基于非门环振器、异或门和非门延迟链[119];2012年,美国马里兰大学Park等使用30只MOS管设计了0～300MHz的宽带布尔混沌器[122].

小结:已经报道的全集成MOS管混沌电路,所需MOS管数量至少大于14只.

前述工作的不足:

(1) 还缺少小于12管的MOS管混沌产生电路(Narendra,2015年)[127].

(2) 尚未见500mV以下供电的超低电压混沌产生电路(Machado,2014年)[128].

区别于前述,2005—2015年,李文石博士研究组积累的预备实验包括:

(1) 神经突触拓扑的混沌产生电路(5T-MOS).

(2) 三框图拓扑的混沌产生电路(7T、9T、11T-MOS),它具备3个优点——超低电压、结构简洁、数字接口.

三种设计方法应用实例

三模块法:300～500mV供电11T-MOS混沌产生电路及其典型波形参见图2.48和

图 2.49. 其中,应用 Wolf 法计算,输出信号 v2 的最大李指数大于 0.1,具备混沌特性. 因重在使用大宽长比法,故利用栅偏压或体驱动优化面积还有较大潜力.

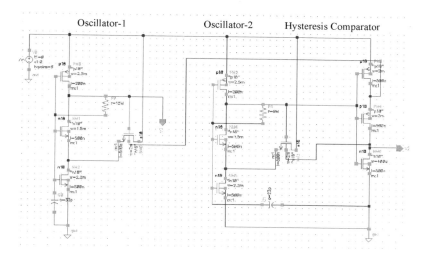

图 2.48　11T-MOS 混沌电路(SMIC 0.18μm 工艺库)

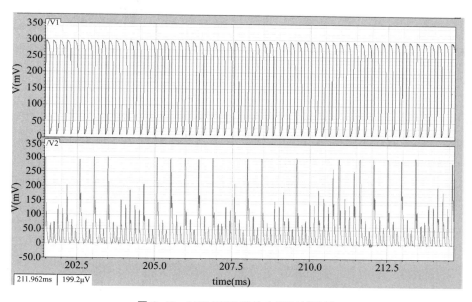

图 2.49　11T-MOS 混沌电路时域波形

增模块法:图 2.50(a)是经典的三点式 Colpitts 电路[123],结构简单,电压源和电流源恒定,通过电路元件的合适参数设置,MOS 管的非线性放大作用将使电路能在周期、拟周期和混沌这三态中变化. 之所以选择 NMOS 管,是因为相对于 PMOS,载流子迁移率高,版图面积节省. 根据禹思敏教授工作的启发,图 2.50(b)中特别加入电容 C_3,串联在电感 L 两端,LC_3 形成谐振选频网络,旨在增加混沌区间范围,使电路更易产生混沌. 本尝试的基本假设:以增加最小结构复杂性为代价,换取新的感兴趣性能. 例如,改变原有混沌电路拓扑,可能产生一个 4 阶混沌新电路.

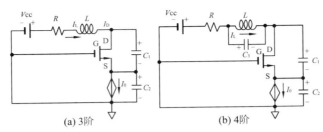

(a) 3阶　　　　　　　　　　(b) 4阶

图 2.50　Colpitts MOS 管混沌电路

李指数计算与混沌判断:所推导方程的系数分别为 $a=0.7, k=1, b=2, \alpha_1=-2.2$, $\alpha_2=-4.5, \beta=-0.95, \varepsilon_1=-3, \varepsilon_2=-1.2, \gamma=2.1$,则可得仿真的对比实测的相图,即图 2.51、图 2.52 和图 2.53.

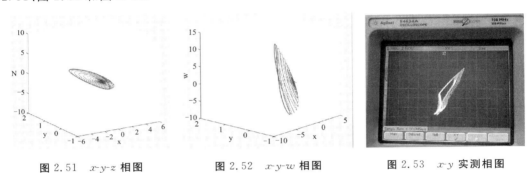

图 2.51　x-y-z 相图　　　图 2.52　x-y-w 相图　　　图 2.53　x-y 实测相图

此时位于平衡点 $(0,0,0,0)$ 的雅各比矩阵的特征值为

$-7.8358; -0.6843+1.3298i; -0.6843-1.3298i; 0.7543$

分析 4 个特征值可知,该平衡点为指标 1 的鞍点,由此可知本设计的混沌电路已初步达标.为验证该系统产生了混沌信号,还需计算与判断李雅普诺夫指数的正负,以便整体把握该系统的混沌拓扑吸引子,参见图 2.54.

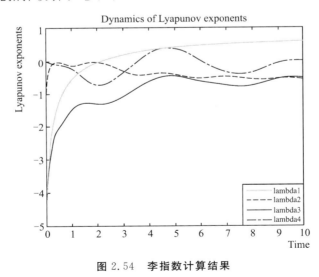

图 2.54　李指数计算结果

在图 2.54 中发现在系统运行的末端,存在一个大于 0 的李指数 $\lambda 1$(lambda1),存在一

个接近 0 的李指数 λ2(lambda2),还有两个小于 0 的李指数 λ3 和 λ4. 其中,λ1 可以保证系统存在发散性,即相空间会出现曲线发散,相互远离;λ2 可以保证系统做永不停息的运动,即相空间曲线永不闭合;λ3 与 λ4 的绝对值之和大于 λ1,这样可保证系统运动处于一个有界封闭空间. 综上分析,系统处于一个有界的空间,在此空间内,系统做永不停止的发散运动,如此,一个混沌系统即已构成.

减模块法:1983 年,蔡少棠先生成功给出 1L2C1R′(负阻)组成的世界上第一个自治混沌实验电路,信号特点是时域张弛摇摆、频域连续谱、双旋相图互相牵拉.

2010 年,蔡先生与合作者成功给出 1L1C1R″(忆阻)结构的最简单蔡氏电路,其中的忆阻应用了 2 只乘法器和 4 只运放以及多只电阻,不但令人耳目一新,而且激发了我们继续为之进行简化的发明冲动.

于是,继李教授独立发明 3T-MOS 管施密特非门和 5T-MOS 管相似器(Similaritor),研究组合作简化改良最简蔡氏电路,约束是继续凸显李氏电路的优点,一是超低功耗,二是拓扑最简,三是应用急需(例如脑脑接口).

(1) 基于 Multisim 13.0 工具,逐步化简最简蔡氏电路,持续跟踪与判断输出信号的混沌特征.

(2) 结合进一步化简电路方程表达式,合理应用乘法器的和项输出,巧妙设计出 4 种可编程输出的混沌信号,时域特点是犬牙交错.

(3) 基于面包板验证新电路的涡旋相图,如愿自洽地测试记录到著名的 8 字型忆阻特性,与华中科大测试得到的香蕉肉忆阻特性如出一辙.

已经受理的我们的发明专利,公开了一种二阶微分平方复杂度的混沌电路. 本发明对忆阻器的结构进行简化,所述忆阻器包括:乘法器芯片、运算放大器、第一电阻、第二电阻、第三电阻、第四电阻以及第五电阻. 与现有技术相比,本发明较大地简化了忆阻器网络实现的结构,设计原理充分利用了乘积项中的差动输入对的反相输入端,也合理组合了乘法器的乘积结果中的和项式端子,通过仅仅改动拓扑内部的一根连线,就能达到分别实现三种高阶混沌或一种二阶混沌的新信号产生的效果.

图 2.55 为发明专利附图;基于示波器 Agilent 54624A 的测量结果参见图 2.56 和图 2.57.

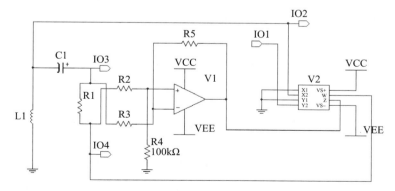

图 2.55 发明专利附图

状态方程映射法:参见清华大学的工作"A double-scroll based true random number

generator with power and through put adjustable"(Fuqiang Cao，Shuguo Li. 2009 IEEE 8th International Conference on ASIC，2009：309－312).

图 2.56 V_L-V_C 相图

图 2.57 忆阻器 8 字型 I-V 特性

总结：传统研究认为，因为混沌存在的关键参数集合的取值范围非常狭窄，故而发明新的混沌电路一直是个手艺活儿．本工作重视总结适用的设计理念与方法，简洁给出设计实例，有关技术细节，请参阅中国发明专利 No. 201610008811.5 及后续工作．

2.14 生物医学环境信号模式识别实验

实验 0：著者图解模式识别与特征分类，参见图 2.58 和图 2.59．

图 2.58 Pattern Recognition Herringbone

图 2.59 Feature-Domains' 5V-Ball

实验 1：雷克斯狗与语谱图．

雷克斯狗-Radio Rex：1922 年出品的玩具狗 Radio Rex，可谓是最早的自动语音识别电子装置，棕色的斗牛犬造型，使用塑料和金属做成．当叫它"Rex"时，它立刻被弹簧弹出房门．这只狗的语音钥匙"Voice Key"是元音[ex]的能量(A. G. Adami，2010 年)．正是这个位于 500 Hz 的共振峰特征被 Radio Rex 内部的电子管电路所识别，从而释放原本被磁铁吸住的玩具狗．当然，如若呼唤"X"，Radio Rex 也会响应，这是因为特征过于简单．

从那时起，各类识别率更高的"Voice Key"语音钥匙[129]相继地被开发[130]．

基于语音检测疲劳的相关内容，请参见李智海硕士论文《基于语音信号监测脑疲劳的微电子系统设计与优化》(苏州大学，2011 年)．

语谱图(Speech Spectrogram)在 1941 年发明于贝尔实验室，是语音研究的一个里程碑，它三维显示语音频谱特性，例如时间、频率和特定频带的能量(由颜色深浅区分)．

如图 2.60 所示，基于理解 Praat 软件操作手册(熊子瑜，2004 年)，应用再现了 Rex 的语谱图．

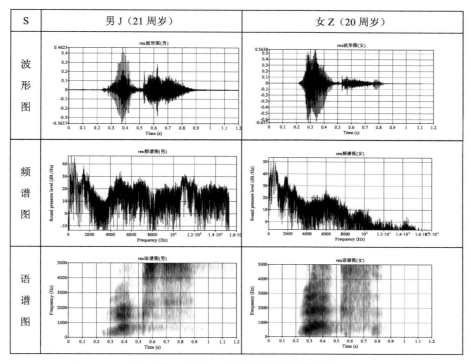

图 2.60　参与大学生电子竞赛培训的两位同学做的 Rex 语谱图

结果简析:第一共振峰能量位于 500 Hz 位置.

语谱图程序 MATLAB 代码及含义如下(李富强,2005 年;钱重阳,2013 年):

Sg=a1;

%a1 定义为测试数据(列向量)的变量名,将 a1 的值赋予矩阵 Sg

Winsiz=256;

%定义帧长值

Shift=32;

%定义帧移值

Base=0;

%定义评价电平阈值为 0(略微提升可以降噪)

Mode=0;

%定义显示模式,1 为伪彩色映射,0 为灰度映射

Gray=64;

%定义灰度级数

Fs=1000;

%定义取样频率,本研究采用 1000 Hz

n=floor((length(Sg)−Winsiz)/Shift)+1;

%取整舍弃小数部分

A=zeros(Winsiz/2+1,n);

%创建一个(Winsiz/2+1)行、n 列的零矩阵 A

```
for i=1:n
n1=(i-1)*Shift+1;
%计算每帧数据的头
n2=n1+(Winsiz-1);
%计算每帧数据的尾
s=Sg(n1:n2);
%分帧矩阵 Sg
s=s.*hanning(Winsiz);
%加过 hanning 窗的一帧数据定义为 s
z=fft(s);
%对 s 做快速傅里叶变换得到 z
z=z(1:(Winsiz/2)+1);
%将 z 值记为 1 行、(Winsiz/2+1)列的矩阵
z=z.*conj(z);
%复数取共轭并计算能量(复数积)
z=10*log10(z);
%取得语谱图的 dB 表示(也为满足组织光学成像之需)
A(:,i)=z;
%将 z 值赋予矩阵 A
end
L0=(A>Base);
L1=(A<Base);
%比较 A 与基准灰度电平的大小
B=A.*L0+Base*L1;
%将小于 Base 的值限定在此基准电平上,把大于 Base 的值线性映射到 0~1 的归一
    化彩色值
L=(B-Base)./(max(max(B))-Base);
%计算灰度级
y=[0:Winsiz/2]*Fs/Winsiz;
%定义频率轴
x=[0:n-1]*Shift;
%定义时间轴
if Mode==1
colormap('default');
%伪彩色映射使用默认值
else
mymode=gray;
mymode=mymode(Gray:-1:1,:);
colormap(mymode);
```

％定义灰度映射值
end
figure(1)
imagesc(x,y,L);
xlabel('N');ylabel('频率/Hz');
％频谱图显示,构建2D语谱图
figure(2)
meshc(x,y,L);
xlabel('N');ylabel('power');zlabel('frequency/Hz')
％频谱图显示,构建3D语谱图

实验2：耳穴拇指穴映射fMRI.

目的：基于fMRI检验耳穴-脑反射的理论,以耳郭纳之拇指穴为例[131-133].

被测者：10人,男女各半,右利手,年龄18～52岁；对该实验知情.

仪器：1.5-T MRI,时空分辨率分别是1mm和0.1s；9V供电的电压表；压力钳($2kg/cm^2$)；金针(非磁),直径0.4mm,长度30mm.

选穴：纳之定义的拇指穴(右耳郭,参见图2.61)；其皮肤电位数据参见表2.8.

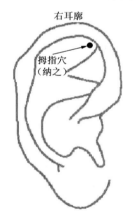

图2.61 纳之拇指穴(右耳郭)[133]

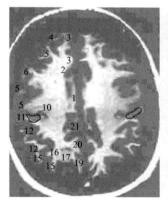 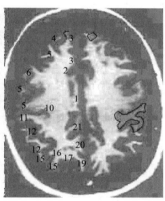

图2.62 受测2的脑S1区激活对比[Rolando横剖面,左为干预条件(2),右为干预条件(5)][133]

表2.8 纳之定义的拇指穴(右耳郭)的皮肤电位[133]

受试者右耳郭	1	2	3	4	5	6	7	8	9	10
基本皮肤电位/V	1.80	2.12	2.12	1.80	2.12	2.12	2.12	2.12	1.80	2.12
拇指穴皮电/V	0.84	1.16	1.16	0.84	1.16	1.16	1.16	1.16	0.84	1.16

干预条件：

(1) 休息状态(大脑与躯体).

(2) 保持以2Hz频率触压右拇指.

(3) 保持触压右耳郭的拇指穴.

(4) 右耳郭的拇指穴被刺入3根金针(深3mm).

(5) 基于状态(4)并以 2Hz 频率捻针(倾角 30°).

其中,每个条件下成像持续 5min,间隔以 10min 的休息态(1).

结果(结合分析图 2.62):

(1) 右耳拇指穴的皮肤电位较右耳郭的基本皮电低约一半(平均倍数为 0.52).

(2) 相对于干预条件(2),10 人中有 9 人,针刺捻针激活了对侧(即左脑)的拇指投射脑区(S1).

(3) 相对于干预条件(2),10 人中有 3 人,针刺捻针激活了双侧(即左脑与右脑)的拇指投射脑区.

结论:

(1) 9 人出现了躯体感觉区内的拇指投射区域的兴奋,表明耳穴拇指区与躯体感觉区拇指投射区域之间存在特殊的对应联系,这为耳穴定位的可靠性提供了有力的脑成像证据.

(2) 双侧激活的比例(10 人中有 3 人)与 20%~30% 耳-脑反射的双侧化已知例证相吻合.

(3) 分析得知本实验检验得到的耳-脑反射路径是痛觉的上传神经通道.

研究启发:考虑到"双侧激活的被测者半球之间的通路比较发达",故利用该特征可能对检测学生的智力活动有裨益.

实验 3:实验室地磁测试与简要分析.

图 2.63 是博士生支萌辉记录到的 11 小时时长的地磁 Y 轴信号,对比测量应用了两个磁通门传感器(自行研制 VS 德国某型).

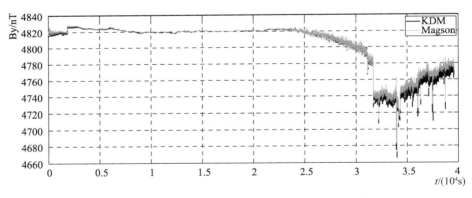

图 2.63 苏州大学电子信息楼 Y 轴磁场测试数据对比

实验时间:2014.06.30—2014.07.01(夜间 23 点~次日 10 点).

地点:苏州大学电子信息楼 22X 室.

分析:

(1) 本地的磁场 Y 轴信号约为 4000nT,对比数据是地球最大磁场为 65000nT.

(2) 早晨 5 点(第 21600 秒)人员开始活动,上午 8 点(第 32400s)电子信息楼内开始科研教学活动.

(3) 凌晨的地磁是很平稳的,方便做 MEMS 的测试实验.

(4) 信号细节参见图 2.64,说明本对比实验的分辨率约为 0.3nT.

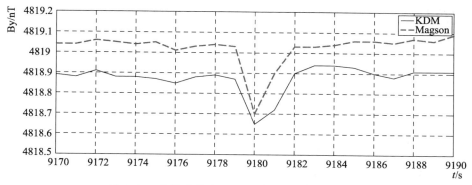

图 2.64 分辨率约为 0.3nT 的水平磁场信号细节

扩展：

（1）太阳磁暴引起地磁水平方向波动分为初相-主相-恢复相，其主相 H 成分跌落＜500nT＜1000nT．

（2）脑磁场数量级：突触后电位 10nA，对应脑磁 100fT．

本章扩展阅读的重要建议：诸如架构设计优化等热点的扩展研读文献参见文献[134－141]．

2.15 本章小结

现代物理学的鼻祖伽利略非常强调"直观分解，数学解析，实验证明"这 12 个字，这是他对科学研究模式的最佳概括．

工艺使得 IC 以（管子）小求（集成度）大；工艺对 IC 集成度增长的贡献超过 50%，而电路设计对 IC 集成度增长的贡献不超过 20%．

假若 IC 是艘船，工艺在忙着做船，车、洗、锯对应光刻、CMP 和刻蚀．数学是晶圆制造的窗口，透过窗口研究工艺优化，以寻找利益最大化．

工艺是"烧钱的游戏"，晶圆厂的建设费用可谓天价，IC 成品率低于 98%～99%，甚至低于 99.6% 即赔钱．

互连之前的工艺步骤，主要围绕光刻进行，最主要、最昂贵的工艺设备就是光刻机．

晶棒质量以吨为单位，其纯度非常高（达 99.9999999% 甚至 99.9999999999%）．1917 年，CZ 法直拉单晶机由波兰人切克劳斯基原创发明．它为薄层工艺，由下而上，分层制造．SiO_2 的隔离作用是在研究晶体二极管 I-V 特性时偶然被发现的．

当年，0.25μm 以下技术代出现互连瓶颈，金属互连时延大于门延迟．另外还有散热的难题．而今，14nm 工艺代，缩微的成本优势式微了．

做一个 IC 设计师必须具备瞻前顾后的能力．瞻前，就是了解乃至熟悉系统，这样所研发的解决方案才可能对整个系统发挥更高的效率．顾后，就是要熟悉芯片的制造工艺技术，如此研发出来的产品才可能提高良率．

近年来 IC 发展的重头戏是如何降低功耗．充分利用好每一纳库仑电荷，不仅是消费者所希望的，更是众厂商所期待和追求的．

设计方法学重视理论的预测，鼓励试错，强调折中，依赖概率，不得不考量量子效应．

而软故障从来就是难题,需要新法围堵抑制.应重视优值,在降维度的路上应融合多参数.模拟 IC 最复杂的要算 ADC 与 PLL 了,而微码提示我们最终依赖软件大于管子.键合优化基于抑制铜线氧化与巧妙满足超声焊;因为频率提升过快,耦合路径使串扰增加;手机测试要注意指标定义、线缆损耗补偿;ATE 很昂贵,还有优化的细节空间;混沌 IC 必将是超低功耗的传感器设计新贵.

2.16 思考题

1. 为什么应以建立新概念为探究的逻辑起点?接着为什么是推理和判断呢?
2. 美学原则至少包括哪 9 条?对此,您的感觉如何?
3. 世界上最美的 10 个物理实验对于 IC 设计有何启发?
4. 如何辩证分析与应用数学变换的增维和降维映射?如何构建评价函数 FoM?
5. 为什么称蒙特卡罗算法为仿真计算的金标准?第一性原理计算的核心思想是什么?
6. 请比较 1 秒定律和慢设计.软硬兼施之于芯片设计的指导作用如何?
7. 请阐述新信号的重要性.说说微弱信号检测与模式识别以及成像技术的因果关系.传感芯片在前述因果链条中的位置是固定的吗?

2.17 参考文献

[1] 赵昌然.设计方法学的探讨[J].华东交通大学学报,1984(1):64—72.
[2] 陈俊璧.电子信息系统设计方法学[J].世界产品与技术,2000(2):56—58.
[3] W.I.B·贝弗里奇.发现的种子[M].北京:科学出版社,1987:1—100.
[4] Wayne Wolf. Modern VLSI Design:Sysem-on-Chip Design[M]. New York:Pearson Education, Inc.,2002:1—100.
[5] 胡谊,吴庆麟.专家型学习的特征及其培养[J].北京师范大学学报(社会科学版),2004(5):50—54.
[6] 胡谊,吴庆麟.专长的心理学研究:专家行为的实质及成才规律[J].科学:上海,2002,54(6):25—27.
[7] 王嘉良,李德林.世界冠军赵国荣专集[M].成都:蜀蓉棋艺出版社,1994:1—99.
[8] 吉利久.ASIC 设计方法学[J].电子了望,1992(5):1—7.
[9] 魏少军.集成电路设计方法学的几个热点[J].电子科技导报,1998(1):20—24.
[10] 罗旻,杨波,高德远,等.基于结构级的低功耗设计方法[J].小型微型计算机系统,2004,25(3):329—333.
[11] Ditzel M,Otten R,Serdijn W. Power-Aware Architecting for Data-dominated Applications[M]. Netherlands:Springer Publisher,2007:10—24.
[12] Nemani M,Najm F N. High-level area and power estimation for VLSI circuits[J]. IEEE Transactions on Computer-Aided Design,1999(6):697—713.
[13] Landman B S,Russo R L. On a pin versus block relationship for partitions of logic graphs[J]. IEEE Transactions on Computers,1971,C-20(12):1469—1479.
[14] Donath W E. Placement and average interconnection lengths of computer logic[J]. IEEE

Transactions on Circuits and Systems,1979,CAS-26(4):272-277.

[15] Sakurai T,Newton A R. Alpha-power law MOSFET model and its applications to CMOS inverter delay and other formulas[J]. IEEE Journal of Solid-State Circuits,1990,25(2):584-594.

[16] Elmore E. The transient response of damped linear networks with particular regard to wideband amplifiers[J]. Journal of Applied Physics,1948(1):55-63.

[17] Alpert C J,Devgan A,Kashyap C V. RC delay metrics for performance optimization[J]. IEEE Transactions on Computer-Aided Design,2001,20(5):571-582.

[18] 王志华,邓仰东. 数字集成系统的结构化设计与高层次综合[M]. 北京:清华大学出版社,2000:1-100.

[19] Ullman J D. Computational Aspects of VLSI[M]. Rockville,MD:Computer Science Press,1984:1-100.

[20] 李文石,唐璞山,许杞安,等. 集成电路时间延迟优化分析与模拟[J]. 微电子学,2004,34(6):655-657,662.

[21] Dongarra J,Sullivan F. Guest editor's introduction:the top 10 algorithms[J]. Computing in Science and Engineering,2000,2(1):22-23.

[22] Hammersley J M,Handscomb D C. Monte Carlo Method[M]. London:Methuen,1964:1-100.

[23] Lugli P. The Monte Carlo method for semiconductor device and process modeling[J]. IEEE Transactions on Computer-Aided Design,1990,9(11):1164-1176.

[24] 徐钟济. 蒙特卡罗方法[M]. 上海:上海科学技术出版社,1985:1-100.

[25] Burch R,Najm F N,Yang Ping,et al. A Monte Carlo approach for power estimation[J]. IEEE Transactions on Very Large Scale Integration(VLSI) Systems,1993,1(1):63-71.

[26] Tranter W H,Shanmugan K S,Rappaport T S,et al. 通信系统仿真原理与无线应用[M]. 肖明波,杨光松,许芳,等,译. 北京:机械工业出版社,2005:1-100.

[27] Arora N. 用于VLSI模拟的小尺寸MOS器件模型理论与实践[M]. 张兴,李映雪,等,译. 北京:科学出版社,1999:1-100.

[28] Gildenblat G,Xin Li,Weimin Wu,et al. PSP:An advanced surface potential-based MOSFET model for circuit simulation[J]. IEEE Trans. Electron Devices,2006,53(9):1979-1993.

[29] Stern F. Self-consistent results for n-type Si inversion layers[J]. Phys Rev B,1972,5(12):4891-4899.

[30] 孙志忠,袁慰平,闻震初. 数值计算[M]. 2版. 南京:东南大学出版社,2002:1-100.

[31] Taur Y,Ning T H. Fundamentals of Modem VLSl Devices[M]. NY:Cmabridge Univresity Press,1998:1-100.

[32] Shnagguan W Z,Saeys M,Zhou X. Surface-potential solutions of the Pao-Sah voltage equation [J]. Solid-state Electronics,2006,50(7,8):1320-1329.

[33] Pregaldiny F,Lallement C,Van Langevelde R,et al. An advanced explicit surface potential model physically accounting for the quantization effects in deep-submicron MOSFETs[J]. Solid-State Electronics,2004,48(3):427-435.

[34] Ando T,Fowler A B,Stern F. Electronic properties of two-dimensional systems[J]. Reviews of Modem Physics,1982,54:437-472.

[35] Van Langevelde R,Klaassen F M. An explicit surface-potential-based MOSFET model for circuit simulation[J]. Solid-State Electronics,2000,44(3):409-418.

[36] 张大伟,章浩,朱广平,等. 亚 100nm 体硅 MOSFET 集约 I-V 模型[J]. 半导体学报,2005,26(3):554-561.

[37] 李亦清,王子欧,李文石,等. 考虑量子效应的短沟道 n-MOSFET 表面电势分布数值模型[J]. 微电子学与计算机,2011,28(12):75-78.

[38] Ziegler J F, Lanford W A. Effect of cosmic rays on computer memories[J]. Science,1979,206(4420):776-788.

[39] Vijaykrishnan N. Soft errors: is the concern for soft-errors overblown[C]. IEEE International Test Conference, Austin: TX,2005:1270-1271.

[40] Dodd P E, Shaneyfelt M R, Horn K M, et al. SEU-sensitive volumes in bulk and SOI SRAMs from first-principles calculations and experiments[J]. IEEE Transaction on Nuclear Science,2001,48(6):1893-1903.

[41] Hazucha P, Svensson C. Impact of CMOS technology scaling on the atmospheric neutron soft error rate[J]. IEEE Trans. Nucl. Sci.,2000,47(6):2586-2594.

[42] Munteanu D, Autran J L. Modeling and simulation of single-event effects in digital devices and ICs[J]. IEEE Transaction on Nuclear Science,2008,55(4):1854-1878.

[43] Niccolo Battezzati, Luca Sterpone, Massimo Violante. Monte Carlo analysis of the effect of soft errors accumulation in SRAM-based FPGA[J]. IEEE Transaction on Nuclear Science,2008,55(6):3381-3387.

[44] 沙亚兵,李文石. 基于扩展汉明码的 BISR 设计优化[J]. 微电子学与计算机,2011,28(12):92-95.

[45] 蒋建飞,赖宗声. 相容器件技术与优值型集成电路[J]. 微电子学,1982(1):1-8.

[46] 赤强. 红外系统中优值函数的应用[J]. 红外与激光工程,1986(4):15-19.

[47] Brederlow R, Weber W, Sauerer J. A mixed-signal design roadmap[J]. IEEE Design & Test of Computers,2001,18(6):34-46.

[48] 李文石. 固态电路设计的未来:融合与健康——2004 年~2008 年 ISSCC 论文统计预见[J]. 中国集成电路,2007(8):8-18,35.

[49] 邬承就. 钛宝石的 FoM 值和 Q 因素[J]. 人工晶体学报,1995,24(2):154-159.

[50] 潘志斌,徐国治. 功率 VMOSFET 优值 R_{on}/BV 的温度特性[J]. 半导体杂志,1991,16(4):5-10.

[51] Baliga B J. Power semiconductor device Figure of Merit for high-frequency applications[J]. IEEE Electron Device Letters,1989,10(10):455-457.

[52] Ickhyun Song, Jongwook Jeon, Hee-Sauk Jhon, et al. A simple figure of merit of RF MOSFET for low-noise amplifier[J]. IEEE Electron Device Letters,2008,29(12):1380-1382.

[53] Xiang Gao, Klumperink E A M, Paul F J, et al. Jitter analysis and a benchmarking figure-of-merit for phase-locked loops[J]. IEEE Transactions on Circuits and Systems-II: Express Briefs,2009,56(2):117-121.

[54] Shah A J, Carey Van P, Bash C E, et al. An exergy-based figure-of-merit for electronic packages[J]. Journal of Electronic Packaging, Transactions of the ASME,2006,128(4):360-369.

[55] Gosling W. Twenty years of ATE[C]. International Test Conference, Washington DC,1989:3-6.

[56] Baker R J. CMOS Circuit Design, Layout, and Simulation[M]. 2nd Edition. New York: Wiley,2002:13-56.

[57] ADI. Analog devices datasheet, analog-to-digital-converters: AD7986[EB/OL]. http://www.

analog. com/en/analog-to-digital-converters/ad-converters/ad7986.

[58] 魏智. 解析逐次逼近 ADC[J]. 国外电子元器件,2003(2):245-249.

[59] He Yong, Wu Wuchen, Meng Hao, et al. A 14-bit successive-approximation AD converter with digital calibration algorithm[C]. IEEE 8th International Conference on ASIC, Changsha, 2009: 234-237.

[60] Willy M C S. Analog Design Essentials[M]. 北京:清华大学出版社,2008:30-63.

[61] Capistran R, Guery A, Hennessy M. 21-century SAR ADCs[EB/OL]. http://www. analog. com/static/imported-files/zh/tech_ articles/ 21_century_SAR_ADC.

[62] McCormack P. 合理选择高速 ADC 实现欠采样[EB/OL]. http://www. eaw. com. cn/news/newsdisplay/article.

[63] Jinghua Li, Maloberti F. Pipeline of successive approximation converters with optimum power merit factor[J]. Analog Integrated Circuits and Signal Processing,2005,45(3):211-217.

[64] Confalonieri P, Zamprogno M, Girardi F, et al. A 2.7mW 1MSps 10b analog-to-digital converter with built-in reference buffer and 1LSB accuracy programmable input ranges[C]. 30th European Solid-State Circuits Conf., Berlin,2004:255-258.

[65] Lin Chisheng, Liu Binda. A new successive approximation architecture for low-power low-cost CMOS A/D converter[J]. IEEE J. Solid-State Circuits,2003,38(1):54-62.

[66] Ginsburg B P, Chandrakasan A P. Dual time-interleaved successive approximation register ADCs for an ultra-wideband receiver[J]. IEEE J. Solid-State Circuits,2007,42(2):247-257.

[67] Chio U-Fat, Wei Hegong, Yan Zhu, et al. A self-timing switch-driving register by precharge-evaluate logic for high-speed SAR ADCs[C]. IEEE Asia Pacific Conf. on Circuits and Systems, Macao,2008:1164-1167.

[68] Ginsburg B P, Chandrakasan A P. Dual scalable 500MS/s, 5b time-interleaved SAR ADCs for UWB applications[C]. IEEE Custom Integrated Circuits Conf., San Francisco,2005:403-406.

[69] Liu Chuncheng, Huang Yiting, Huang Guanying, et al. A 6-bit 220-MS/s time-interleaving SAR ADC in 0.18-μm Digital CMOS process[C]. International Symp. on VLSI Design, Automation and Test, Hsinchu,2009:215-218.

[70] Chen Hungwei, Liu Yuhsun, Lin Yuhsiang, et al. A 3mW 12b 10MS/s sub-range SAR ADC [C]. IEEE Asia ISSCC, Tatluo,2009:153-156.

[71] Zhu Yan, Chio U-Fat, Wei Hegong, et al. Linearity analysis on a series-split capacitor array for high-speed SAR ADCs[J]. VLSI Design,2010(10):1-8.

[72] Kang J J, Flynn M P. A 12b 11MS/s successive approximation ADC with two comparators in 0.13μm CMOS[C]. IEEE Symp. on VLSI Circuits Dig, Tech., Kyoto,2009:240-241.

[73] Dondi S, Vecchi D, Boni A, et al. A 6-bit,1.2 GHz interleaved SAR ADC in 90nm CMOS[C]. Ph. D. Research in Microelectronics and Electronics Conf., Otranto,2006:301-304.

[74] Nuzzo P, Nani C, Armiento C, et al. A 6-bit 50MS/s threshold configuring SAR ADC in 90nm digital CMOS[J]. IEEE Transactions on Circuits and Systems I:Regular Papers,2012(1):80-92.

[75] Imani A, Bakhtiar M S. A two-stage pipelined passive charge-sharing SAR ADC[C]. IEEE Asia Pacific Conf. of Circuits and Systems, Macao,2008:141-144.

[76] Ying Zulin, Chun Chengliu, Guan Yinghuang, et al. A 9bit 150MS/s 1.53 mW Subranged SAR ADC in 90nm CMOS[C]. IEEE Symp. on VLSI Cricuits Technical Digist of Technical Papers, San Francisco, 2010:243-244.

[77] Craninckx J, Van der Plas G. A 65fJ/conversion-step 0-to-50MS/s 0-to-0.7mW 9b charge-sharing SAR ADC in 90nm digital CMOS[C]. ISSCC Dig. Tech. ,San Francisco,2007:246－247.

[78] Vito G,Pierluigi N,Vincenzo C,et al. An 820μW 9b 40MS/s noise-tolerant dynamic SAR ADC in 90nm digital CMOS[C]. ISSCC Dig. Tech.，San Francisco,2008:238－239.

[79] Chuncheng Liu,Chang Soonjyh,Guanying Huang,et al. A 0.92mW 10bit 50MS/s SAR ADC in 0.13μm CMOS process[C]. IEEE Symp. on VLSI Circuits,Kyoto,2009:236－237.

[80] Yanfei Chen,Tsukamoto S,Kuroda T. A 9b 100MS/s 1.46mW SAR ADC in 65nm CMOS[C]. IEEE Asian Solid-State Circuits Conf,Taipei,2009:145－148.

[81] Fabrizio E,Andrea A,Edoardo B,et al. Design of an ultra-low power time interleaved SAR converter[C]. IEEE Conference of Research in Microelectronics and Electronics, San Francisco, 2008:245－248.

[82] Vassiliadis S,Wong S,Cotofana S. Microcode processing：positioning and directions[J]. IEEE Micro,2003,23(4)：21－30.

[83] 李文石,姚宗宝. 基于阿姆达尔定律和兰特法则计算多核架构的加速比[J]. 电子学报,2012,40 (2)：230－234.

[84] 陈国良,吴俊敏,章锋. 并行计算机体系结构[M]. 北京：高等教育出版社,2002：1－100.

[85] 商陆军. 并发代码的继承问题[J]. 计算机学报,1992(12)：920－926.

[86] 吴长松. 微码设计的特点[J]. 计算机工程,1985(2)：44－49.

[87] 魏小凡,陈炳从. 微码自动生成系统中的寄存器分配策略[J]. 计算机学报,1987(9)：519－525.

[88] 陈华生,石磊,姜恒远. 微码自动压缩模型与算法[J]. 计算机研究与发展,1994,31(6)：19－24.

[89] 吴承勇,连瑞琦,张兆庆,等. 协作式全局指令调度与寄存器分配[J]. 计算机学报,2000,23(5)：493－499.

[90] 刘晶,李文石. 摩尔定律的数学模型与应用[J]. 电子技术,2010(2)：29－30.

[91] Ulrich R K,Brown W D. 高级电子封装[M]. 李虹,译. 北京：机械工业出版社,2010：1－100.

[92] 编写组. 微电子封装技术[M]. 合肥：中国科技大学出版社,2003：1－100.

[93] 刘勇. 微电子器件及封装的建模与仿真[M]. 北京：科学出版社,2010：1－100.

[94] 曹颜顺,郑晓华,李向明. 新的铜球焊线的研究[J]. 电子工艺技术,1992(1)：5.

[95] 陈宏仕. 新型铜线键合技术[J]. 电子元器件应用,2007,9(5)：73.

[96] 刘春芝,贺玲,刘笛. 键合拉力测试点对键合拉力的影响分析[J]. 电子与封装,2008,8(5)：9－11.

[97] 林刚强. 铜丝球焊工艺的理论与实践[J]. 电子工业专用设备,2008,16(2)：10.

[98] 王彩媛,孙荣禄. 芯片封装中铜丝键合技术的研究进展[J]. 材料导报,2009,23(14)：206－209.

[99] Kim H J,Lee J Y,Paik K W,et al. Effects of Au/Al inter-on metallic compound on copper wire and aluminum pad bondability[J]. IEEE Trans. Components and Packaging Tech. ,2003,26 (2)：367.

[100] 宋登元,宗晓萍,孙荣霞,等. 集成电路铜互连线及相关问题的研究[J]. 半导体技术,2001(2)：29－32.

[101] Shingo K,Tsuyoshi N,Akira M. The development of Cu bonding wire with oxidation-resistant metal coating[J]. IEEE Trans. Adv. Packg,2006,29(2)：227－231.

[102] Becer M,Vaidyanathan R,Chanhee O, et al. Crosstalk noise control in an SoC physical design

flow[J]. IEEE Trans. Computer-Aided Design of Integrated Circuits and Systems,2004,23(4):488－497.

[103] 马剑武,陈书明,孙永节.深亚微米集成电路设计中串扰分析与解决方法[J].计算机工程与科学,2005,27(4):102－104.

[104] Yungseon E,Eisenstadt W R,Ju Young Jeong, et al. A new on-chip interconnect crosstalk model and experimental verification for CMOS VLSI circuit Design[J]. IEEE Transactions on Electron Devices,2000,47(1):129－138.

[105] 赵进全,马西奎,邱关源.有损传输线时域响应的精细积分法[J].微电子学,1997,27(3):181－185.

[106] Takayasu Sakurai. Closed-form expressions for interconnection delay, coupling, and crosstalk in VLSI's[J]. IEEE Transactions on Electron Devices,1993,40(1):118－124.

[107] Kuhlmann M,Sapatnekar S S. Exact and efficient crosstalk estimation[J]. IEEE Transactions on Computer-Aided Design of Integrated Circuits and Systems,2001,20(7):858－866.

[108] Davis J A,Meindl J D. Compact distributed RLC interconnect models—Part II: Coupled line transient expressions and peak crosstalk in multilevel networks[J]. IEEE Transactions on Electron Devices,2000,47(11):2078－2087.

[109] 杨媛,高勇,余宁梅.90nm CMOS 工艺下串扰延迟及其测量电路的研究[J].2007,30(1):9－12.

[110] 郭瑞振,李定学.集成电路测试机发展简史[J].集成电路应用,2001(3):18,46.

[111] 肖明清,朱小平,夏锐.并行测试技术综述[J].空军工程大学学报(自然科学版),2005,6(3):22－25.

[112] Kennedy M P,Chua L O. Van der Pol and chaos[J]. IEEE Transactions on Circuits and Systems,1986,33(10):974－980.

[113] 李雷,李文石.基于功耗特征的蔡氏电路混沌复杂性研究[J].电路与系统学报,2012,17(2):72－75.

[114] Lorenz E N. Deterministic nonperiodic flow[J]. Journal of the Atmospheric Sciences,1963,20(2):130－141.

[115] Li T Y,Yorke J A. Period three implies chaos[J]. The American Mathematical Monthly,1975,82(10):985－992.

[116] Muthuswamy B,Chua L O. Simplest chaotic circuit[J]. International Journal of Bifurcation and Chaos,2010,20(5):1567－1580.

[117] Trejo-Guerra R,Tlelo-Cuautle E,Carbajal-Gómez V H,et al. A survey on the integrated design of chaotic oscillators [J]. Applied Mathematics and Computation,2013,219:5113－5122.

[118] Namajunas A,Tamaševius A. Modified Wien-bridge oscillator for chaos[J]. Electronics Letters,1995,31(5):335－336.

[119] Zhang Rui,Cavalcante H L D de S, Gao Zheng,et al. Boolean chaos[J]. Physical Review E,2009,80(4):1－9.

[120] Cruz J M,Chua L O. A CMOS IC nonlinear resistor for Chua's circuit[J]. IEEE Transactions on Circuits and Systems I: Fundamental Theory and Applications,1992,39(12):985－995.

[121] Radwan A G,Soliman A M,El-Sedeek A L. An inductorless CMOS realization of Chua's circuit[J]. Chaos, Solitons and Fractals,2003,18:149－158.

[122] Radwan A G,Soliman A M,El-Sedeek A L. MOS realization of the conjectured simplest chaotic equation[J]. Circuit System Signals Processing,2003,22(3):277－285.

[123] Sang-Guk Nam,Han-Jung Song. Frequency analysis of a transconductor based Chua's circuit with the MOS variable resistor for secure communication applications[J]. Journal of the Korea Academia-Industrial Cooperation Society,2012,13(12):6046−6051.

[124] Kennedy M P. Chaos in the Colpitts oscillator[J]. IEEE Transactions on Circuits and Systems I:Fundamental Theory and Applications,1994,41(11):771−774.

[125] 王春华,徐浩,万钊,等.基于金属氧化物半导体晶体管Colpitts混沌振荡电路及其同步研究[J].物理学报,2013,62(20):1−8.

[126] Cong-Kha Pham,Makoto Korehisa,Mamoru Tanaka. Chaotic behavior and synchronization phenomena in a novel chaotic transistors circuit[J]. IEEE Transactions on Circuits and Systems I:Fundamental Theory and Applications,1996,43(12):1006−1011.

[127] Narendra S,Fujino L. ISSCC 2015—"Small chips for big data"[J]. IEEE Solid-state Circuits Magazine,2014,6(4):66−67.

[128] Machado M B,Schneider M C,Galup-Montor C. On the minimum supply voltage for MOSFET oscillators[J]. IEEE Transactions on Circuits and Systems,2014,61(2):347−357.

[129] Wells F L,Rooney J S. A simple voice key[J]. Journal of Experimental Psychology,1922,5(6):419−427.

[130] 李文石.电子锁设计与制作[M].北京:电子工业出版社,1994:1−312.

[131] 张振望.厘正按摩要术[M].北京:人民卫生出版社,1955:1−100.

[132] Nogier P,Nogier R. The Man in the Ear[M]. Maisonneuve:Moulins-les-Metz,1985:1−100.

[133] Alimi D,Geissmann A,Gardeur D. Auricular acupuncture stimulation measured on functional magnetic resonance imaging[J]. Medical Acupuncture,2002,13(2):18−21.

[134] Hoang Q Dao,Zeydel B R,Oklobdzija V G. Energy optimization of pipelined digital systems using circuit sizing and supply scaling[J]. IEEE Transactions on Very Large Scale Integration (VLSI) Systems,2006,14(2):122−134.

[135] Peiyin Chen. VLSI implementation for one-dimensional multilevel lifting-based wavelet transform[J]. IEEE Transactions on Computers,2004,53(4):386−398.

[136] Wondrak W. Physical limits and lifetime limitations of semiconductor devices at high temperature[J]. Microelextronics Reliability,1999,39:1113−1120.

[137] Lirong Zheng,Xinzhong Duo,Meigen Shen,et al. Cost and performance tradeoff analysis in radio and mixed-signal system-on-package design[J]. IEEE Transactions on Advanced Packaging,2004,27(2):364−375.

[138] Hernandez O J. A high-performance VLSI architecture for the histogram peak-climbing data clustering algorithm[J]. IEEE Transactions on Very Large Scale Integration (VLSI) Systems,2006,14(2):111−121.

[139] Pedram M,Nazarian S. Thermal modeling, analysis, and management in VLSI circuits:principles and methods[J]. Proceedings of the IEEE,2006,94(8):1487−1501.

[140] 王爱峰,李曦,雷霆,等.算法级能耗分析方法研究[J].计算机工程与应用,2006(29):100−102,106.

[141] Benjamin B V,Peiran Gao,Emmett McQuinn,et al. Neurogrid:a mixed-analog-digital multichip system for large-scale neural simulations[J]. Proceedings of the IEEE,2014,102(5):699−716.

第 3 章 微纳电子学定律

数学是百科之母,是科学和技术的语言.

齐普夫定律(Zipf's Law)是人脑编解码语言信号的低功耗法则. 1948 年,美国哈佛大学语言学教授 G. K. 齐普夫提出,大量统计英语文献中的单词出现频次,以便检验前人的定量化公式. 这可谓一语中的. 在 56008 个汉字中,词频第一的是"的",第二的是"一",第九的是"中".

诗人汪国真说:"规律是大技巧,技巧是小规律. 大家注意规律,小家注意技巧."

本章内容聚焦科学指数增长律(经验公式 $W = \alpha e^{\beta T}$)的重要变形的建立和应用,例如摩尔定律. 分别基于时间顺序论述:① 欧姆定律(1827 年);② 兰特法则(1960 年);③ 良率幂律模型(1963 年);④ 摩尔定律(1965 年);⑤ 阿姆达尔定律(1967 年);⑥ 丹纳定律(1974 年);⑦ 硅周期(20 世纪 80 年代);⑧ MOS α 幂律模型(1990 年);⑨ 金帆定律(1994 年);⑩ 海兹定律(2003 年);⑪ 想法定律(2014 年). 最后给出本章小结与思考题.

3.1 欧姆定律(1827 年)

1827 年德国人 Georg Simon Ohm(1789—1854 年)出版了专著《伽伐尼电路的数学论述》,正确给出了反映电流强度、电压和电阻三者关系的欧姆定律(Ohm's Law),由此开启了精确的电学研究之门.

欧姆博士的实验技巧养成,得益于其热爱哲学与数学的锁匠父亲的影响,及电学初创时代的科技积累,例如,奥斯特电流磁效应(1820 年)、伏打电池(1880 年)和塞贝克温差电池(1822 年).

论述顺序:① 欧姆实验;② 迷你实验(基于 MATLAB);③ 应用范围;④ 纳米应用.

欧姆实验

图 3.1 是欧姆发现欧姆定律的实验装置. 其中,温差电池的低温和高温分别通过冰水和沸水得到;不同长度的被测铜质导体,两端插入汞杯,构成封闭的电流回路;电流扭秤的长度是 5 英寸,指示磁针的扭转角度正比于电流强度,并以百分刻度读值[1].

1826 年 1 月 8 日,欧姆博士将记录到的数据列入表 3.1. 说明:被测导体的横截面积相同(事先控制保证了导体长度与电阻成正比例).

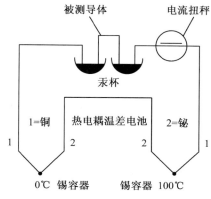

图 3.1 发现欧姆定律的实验仪器示意图

表 3.1 欧姆原始数据记录

被测导体编号	1	2	3	4	5	6	7	8
导体长度 x(英寸)	2	4	6	10	18	34	66	130
电流强度	326	300	277	238	190	134	83	48
X(角刻度)	3/4	3/4	3/4	1/4	3/4	1/2	1/4	1/2

欧姆博士接着重复该实验,仔细读数,直到觉得所测数据可重复,并且可用如下方程概括电路规律:$X=a/(b+x)$,其中,常数 a 和 b 分别反映电池的激励(Exciting Force)和回路中其余的串联电阻值.

他通过计算和实验确定了:① 串联电阻 $b=20\frac{1}{4}$;② 电动势 $a=7285$.

如此这般发现的定律,对应于现在熟知的欧姆定律表达式:$I=V/R$.

欧姆定律的建立过程,模仿了 1822 年建立的傅立叶定律(Fourier's Law),是数学分析在物理学中应用的最早例证之一,类似的达西定律(Darcy's Law)1856 年由实验得到.

对比一下两个公式的绝妙相似性:

傅立叶定律描述热的传递规律——$Q=\Delta T/R$(热流、温差和热阻之间的关系).

欧姆定律则揭示了电荷的传递规律——$I=V/R$(电流、势差和电阻之间的关系).

18 年后,基尔霍夫定律的诞生,也为电路设计理论做出了重要奠基.年仅 21 岁的德国大学生基尔霍夫(Gustav Robert Kirchhoff,1824—1887 年)于 1845 年在自己第一篇论文的附录中报道了该成果;另外,他也贡献了欧姆定律的微分形式表述式.

1881 年,国际电工委员会正式批准以安培(A)为电流单位,以伏特(V)为电压单位,以欧姆(Ω)为电阻单位,是为纪念.另外,法国人安培于 1827 年出版了专著《电动力学现象的数学理论》.

迷你实验

问题:针对某电阻元件,分别施加端电压 5 组,数据为 $[1,2,3,4,5]$V,测得相应的电流,数据为 $[0.2339,0.3812,0.5759,0.8153,0.9742]$mA,请拟合计算该元件的电阻[2].

建模拟合:将欧姆定律的显式写成直线方程 $y=a(1)x+a(2)$,其中,y 描述电流,x 代表电压,待定系数 $a(1)$ 是所求电导[电阻 $r=1/a(1)$],$a(2)$ 是补偿因子.

将已知数据组分别代入,则得:

$$a(1)\times 1+a(2)=0.2339$$
$$a(1)\times 2+a(2)=0.3812$$
$$a(1)\times 3+a(2)=0.5759$$
$$a(1)\times 4+a(2)=0.8153$$
$$a(1)\times 5+a(2)=0.9742$$

利用矩阵形式表达这 5 个联立方程,其系数矩阵设为 $datax=[1,2,3,4,5]'$ 和 $datay=[0.2339,0.3812,0.5759,0.8153,0.9742]'$,构成 $datax\times a(1)+[1,1,1,1,1]'\times a(2)=datay$.其中 $datax$、$datay$ 都是 5 行数据列向量,这里 5 个一次代数方程含有 2 个未知数,方程个数超过了未知数的个数,是一个超定方程,可写成 $A\times a=B$,其最小二乘解可以直接应用 MATLAB 的左除运算符 $a=A\backslash B$ 求得.因此程序为 A=[datax,ones(5,1)];B=datay;a=A\B.

(1) 不经过原点线性拟合.

a(2)的存在,说明此直线不通过原点.

(2) 经过原点线性拟合.

若想在过原点的曲线族中拟合,就要在原始方程中规定 a(2)=0. 把 A 中的第二列去掉,即令 A=datax,a0=A\B.

(3) 二次曲线拟合.

如果需要用二次曲线来拟合数据,则结果为 A=[datax.^2,datax,ones(N,1)];B=datay;a=A\B.

MATLAB 程序如下:

```
clear
datax=[1:5]';
datay=[0.2339,0.3812,0.5759,0.8153,0.9742]';      %原始数据
A=[datax,ones(5,1)];B=datay;a=A\B,r=1/a(1)        %线性拟合
plot(datax,datay,'ko'),hold on                    %绘出原始数据点图,'圈'
xi=linspace(0,5,100);yi=a(1)*xi+a(2);             %设置 100 个取值点
A1=datax,a0=A1\B,                                 %通过原点的线性拟合
plot(xi,yi,'k-.',xi,a0*xi,'k:')
% 分别绘不通过原点(点画线)及通过原点(虚线)的拟合曲线
a2=polyfit(datax,datay,2);yi=polyval(a2,xi)       %二次拟合
plot(xi,yi,'k-')                                  %绘二次拟合曲线(实线)
xlabel('电压/V');ylabel('电流/A');
legend('实验测得数据点','不通过原点的线性拟合','通过原点的线性拟合','二次拟
   合曲线')
hold off
```

运行 MATLAB,自动绘出的三种拟合曲线如图 3.2 所示. 所求电阻数值 r=5.2228.

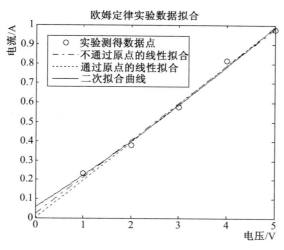

图 3.2 电阻拟合迷你实验

应用范围

欧姆定律实际上也是一个经验关系,只是可以应用在相当宽的工作条件之下[3].

如果限定在异温条件下,应用欧姆定律去验证金属的导电能力,其量级一般将从 pA/cm^2 覆盖到 GA/cm^2.

与经验定律相左,欧姆定律的突出特点是不需要修正系数(该历史长达 150 年).

为了拓展其应用,例如,针对高电场下的元素半导体,才需要将电导率 σ 视作电流密度 J 的非线性函数. 此时,欧姆定律的微分形式写作:

$$J/E = \sigma(J) = \sigma_0 \cdot (1-(J/J_c)^2)$$

其中,σ_0 是低场电导率(J 极限趋于 0),J_c 是高电场时的饱和电流密度(其是晶向、载流子密度和几何结构的函数).

在半导体中,电流的产生同时依靠漂移载流子和扩散载流子,漂移电流受制于欧姆定律,而扩散电流则服从于费克定律(Fick's Law),所合成得到的修正的欧姆定律(Modified Ohm's Law)中静电势替代以电化学势(即为准费米势). 这在器件物理中,就是构造出了电流方程.

纳米应用

欧姆定律曾经是电子器件和电路设计、表征和评价的基础,这建立在欧姆定律有效成立的条件上. 虽然当微电阻条的长度 L 大于 $100\mu m$ 时,该定律仍然能很好地适用,但是,当电阻条的长度进入几纳米的尺度,并且电场高于临界值 $E_c = 2.59\text{kV/cm}$(室温热电压 $V_t = k_B T/q = 25.9\text{mV}$;载流子欧姆平均自由程 $l_o = 0.1\mu m$)时,传统的欧姆定律 $I = V/R_o$ 就失效了(V. K. Arora,2006 年;M. L. P. Tan,2009 年).

进入非欧姆(非线性电阻)区域的评价公式为

$$V_{co}/L = V_t/l_o$$

新参数关键电压 $V_c = d \cdot V_{co}$,其中,d 是纳米电阻(或沟道)的几何维数(取 3、2、1).

修正后的非线性直流电阻

$$R = V/I = R_o(1+(V/V_c)^\gamma)^{1/\gamma}$$

修正后的非线性小信号电阻

$$r = dV/dI = R_o(1+(V/V_c)^\gamma)^{1+(1/\gamma)}$$

相应的数值解析非线性电阻值参见图 3.3.

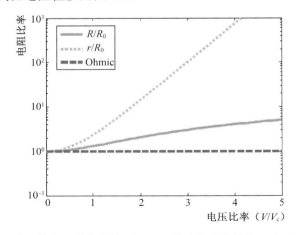

图 3.3 纳米尺度下的电阻的非线性 Blow-Up 效应仿真结果(V. K. Arora,2006 年)

电阻的功耗公式可以写作
$$P = V \cdot I = (V \cdot V_c / R_o) \cdot \tanh(V/V_c)$$
对比线性欧姆区($V < V_c$)的公式 $P_o = V^2/R_o$，在非欧姆区($V \gg V_c$)有 $P = V \cdot (V_c/R_o)$，功耗不仅数值变小（低功耗是我们希望的），而且还与电压呈线性关系．参见图 3.4．

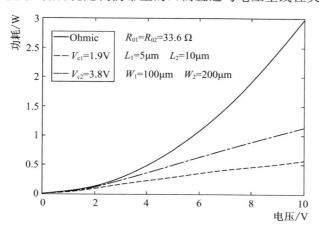

图 3.4　并联微电阻的功耗（V. K. Arora，2006 年）

研究结论：

（1）重温了欧姆定律建立模型的过程．涉及构造闭合回路、控制变量个数以及电流检测的简便方法．欧姆定律的建立过程，借鉴了同时代建立的傅立叶定律(Fourier's Law)．

（2）欧姆定律的趣味拟合建模是 MATLAB 计算工具应用的最小实例．

（3）传统欧姆定律表述($I = V/R$)的成立条件是 $V < V_c$．依据文献[3]，关键电压 V_c 为 $2.59 \cdot d \cdot L(V/100nm)$，其中，$d$ 是电阻的几何维数，L 是电阻的长度．

（4）若有 $V \gg V_c$，则进入了非传统欧姆区（纳米世界），所使用的公式变得复杂起来．例如，电阻被"放大"了，RC 时间常数将被格外关注；另外，电阻消耗功率减少，这是个简单的考察结果．

在纳米尺度的电路中，传统的欧姆定律和 Kirchhoff's KVL and KCL 都已不再适用．这迫使 IC 设计师加强学习（研读器件物理课程，速成为 γ 分析专家——施敏教授语）．永远的学习者的态度，终生被奥斯特博士所信奉："我不喜欢那种没有实验的枯燥的讲课，所有的科学研究都是从实验开始的．"

3.2　兰特法则(1960 年)

兰特法则涉及计算逻辑的结构组织，描述了逻辑模块的外部引脚数量与内部门数的关系模型，它是研究 VLSI 设计与缩微技术的有力计算工具．

兰特法则的效度(Validity)来源于设计师趋向分层设计（在同一层保持相同的复杂性）．

论述顺序：

（1）基于统计数据或者第一性原理建模兰特法则．

（2）互连线的平均长度模型理解．

（3）纳米电子学互连的可靠性．

(4) NoC 带宽的兰特法则.

(5) 脑互连的兰特法则.

(6) 小结.

兰特法则的建模

(1) 基于统计数据建模.

1960 年(11 月 28 日、12 月 12 日),IBM 公司的工程师 E. F. Rent 统计得到 2 份内部备忘录,针对 IBM1401 和 IBM1410 计算机的逻辑部件设计,描述了插卡的外边互连数量(Edge Connector Count)与电路数量(Circuit Count)对数表示的关系图解[4],参见图 3.5 (Rent E F, Microminiature packaging—Logic block to pin ratio, Memoranda, 1960 年).

针对现代 IC 设计,将机壳换成模块,在该图解数据的双对数坐标系中,呈现为直线的幂律关系(Power-Law Relation)可写成[5]

$$\log_2 N_{\text{conn}} = \log_2 k_R + p_R \cdot \log_2 N_{\text{gate}}$$

或者

$$N_{\text{conn}} = k_R \cdot N_{\text{gate}}^{p_R}$$

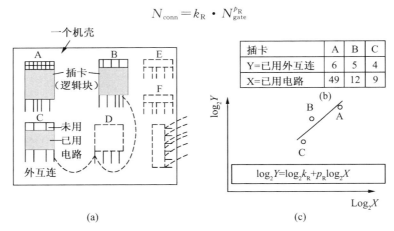

图 3.5　E. F. Rent 的建模图解

这就是公开于 1971 年的兰特法则(Rent's Rule). 其中,N_{gate} 是某模块中的逻辑门数量,N_{conn} 是该模块的已用互连数量,k_R 是比例倍乘因子,p_R 是 Rent 指数.

一般把兰特法则写成公式 $T_{\text{IO}} = k \cdot N_{\text{gate}}^p$,以便表征输入输出的互联数目. 其中,$k$ 是平均的每门管脚数,而 $p(0 \leqslant p \leqslant 1)$ 是已知逻辑结构的兰特指数.

这样就出现了两套 Rent 系数:$\{k_R, p_R\}$ 和 $\{k, p\}$.

根据 IBM POWER4 统计抽取的关系是

$$k_R = 3.1 - 0.1k; \quad p_R = 1.2 - 0.3p$$

其中,k_R 的平均值是 2.5033,p_R 的平均值是 1.0233. 一般有 $1.02 \leqslant k_R \leqslant 4.65$,$0.92 \leqslant p_R \leqslant 1.25$.

例如,由 Intel X86 系列 CPU 统计而知 $p = 0.36$[4]. 又如,IBM 计算机的比例倍乘因子 $k = 2.5$,Rent 指数 $p = 0.6$[6].

图 3.6 是根据不同系统与芯片统计得到的双对数坐标下的直线特性——斜率是兰特指数 p. 其中,高速计算机(芯片和模组层)的管脚数目相对最多,因其内部应用了流水线和并行结构.

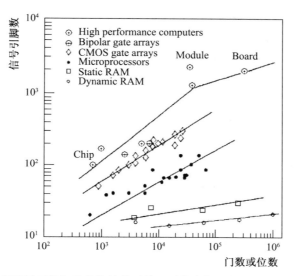

图 3.6　根据不同系统与芯片统计得到的双对数坐标下的兰特指数的直线特性

表 3.2 是不同类型系统的 Rent 指数与倍乘因子.

表 3.2　不同类型系统的 Rent 指数与倍乘因子

系统或芯片类型	Rent 指数 p	倍乘因子 k
静态存储器	0.12	6
微处理器	0.45	0.82
门阵	0.5	1.9
高速计算机(芯片和模组层)	0.63	1.4
高速计算机(板级和系统级)	0.25	82

(2) 基于第一性原理建模[6].

参见图 3.7[7],一般地有二维有界框:含有逻辑门数量为 N,与外界通信所需的互联端子数量为 T.

当门数发生微小扰动 ΔN 时,若缺乏外来信息,则唯一的可能就是引起互联端子数量的微调 ΔT,参照 N 和 T 的原来依赖关系——每门需要 T/N 个互连端子,则有

$$\Delta T = (T/N) \cdot N$$

若 ΔT 和 ΔN 都比较小,则可写成一阶差分方程

$$dT/T = dN/N$$

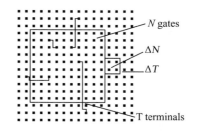

图 3.7　基于二维有界框的门数扰动方法评价其外互连的需求变化

解得 $T = k \cdot N$. 其中因子 k 的意义是,当门数 $N=1$ 时,有互连数 $T=k$.

上述未加优化布局的结果可以表述为 $p=1$ 的情况;实际上通过布局优化($0 \leqslant p \leqslant 1$),有

$$\Delta T = p \cdot (T/N) \cdot N$$

类同地可得 Rent Rule 的显式:

$$T_{IO} = k \cdot N_{gate}^{p}$$

互连线的平均长度模型理解

布线问题针对绕过障碍的两点连线,追求最小化的目标路径.

针对计算逻辑,随机布局(Random Placement)所产生的平均互连线长度为[7]:

方形阵列 $r_{\text{mean}} \approx (N_{\text{gate}})^{0.5}/3$

线性阵列 $r_{\text{mean}} \approx (N_{\text{gate}}+1)/3$

区别于前两式,互连线的复杂程度实际上与 Rent 指数联系紧密. 关于互连线的平均长度的解析参见如下 3 个经典模型.

(1) Donath Model[7].

针对计算逻辑,基于正方形平面分层划分(Hierarchical Partitioning)(除以 4),平均的互连线长度为

方形阵列

$r_{\text{mean}} \sim (N_{\text{gate}})^{p-0.5}$, While $p > 0.5$
$r_{\text{mean}} \sim \log(N_{\text{gate}})$, While $p = 0.5$
$r_{\text{mean}} \sim f(p)$, While $p < 0.5$

评价:Donath 给出了 r_{mean} 的理论上限(约为实际的 1.5 倍);关键数值 p 是 1/2,随着 p 继续增大,r_{mean} 将提升过快.

线性阵列 $r_{\text{mean}} \sim (N_{\text{gate}})^p$

(2) Feuer Model[8].

基于曼哈顿平面布线(斜画线),以逻辑门的长度 a 为单位的平均互连线长度为

$(r_{\text{mean}})/a = 2^{0.5} 2p(3+2p)(N_{\text{gate}})^{p-0.5}/((1+2p)(2+2p)(1+(N_{\text{gate}})^{p-1}))$

评价:默认 $p = 2/3$ 时,已知该式与实验吻合比较好.

(3) Sastry-Parker Model(S. Sastry,1984 年).

基于可靠性理论(Reliability Theory),遵从 Weibull 分布的平均互连线长度是

$(r_{\text{mean}})/a = p^{-1} \cdot k^{-1/p} \cdot \Gamma(1/p)$

评价:制作此图,实践 Γ 函数分析.

图 3.8 同时绘出互连线平均长度的前述 3 个经典模型. 其中,设 $a=1, k=2.5$;Donath Model 使用了显式而非渐近式[8]. 图中显示:Sastry-Parker Model 很严格——保证可靠性,互连越短越好.

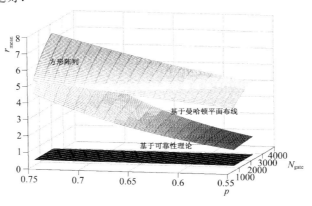

图 3.8 互连线平均长度的前述 3 个经典模型图解

纳米电子学互连的可靠性

图 3.9 是互连线长度、器件尺度与故障概率的关系图解(B. Madappuram,2008 年).

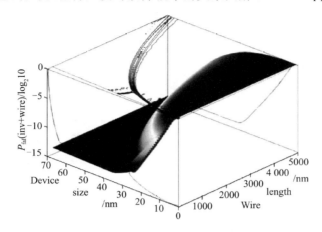

图 3.9　互连线长度、器件尺度与故障概率的关系

图 3.9 针对一个非门驱动一段互连线(挂一个相同的非门负载),数据举例:若器件尺度 $a=30\text{nm}$,则线长 $L_{\text{optim}} \sim 500\text{nm}$;而 $a=60\text{nm}$,更有 $L_{\text{optim}} \sim 3500\text{nm}$. 此现象说明:存在着与最小驱动门连接的最优长度的互连线.

制作图 3.9 所需要的公式准备[9-10]:

(1) 故障(隧穿)概率 $P_{\text{fal}} = P_{\text{gate}} \cdot P_{\text{wire}}$.

(2) $P_{\text{gate}} = 1-(1-P_{\text{device}})^n$,$n$ 是器件中门的个数.

(3) $P_{\text{device}} = P_{\text{classic}} + P_{\text{quantum}} - P_{\text{classic}} \cdot P_{\text{quantum}}$.

(4) $P_{\text{classic}} = \exp(-E_b/k_B T)$.

(5) $P_{\text{quantum}} = \exp(-4\pi a(2mE_b)^{0.5}/h)$.

(6) $P_{\text{wire}} = [1-(1-a/L)^{N_{\min}}]^{\text{fan-out}}$,

其中,负载扇出 fan-out 和互连线中的最少电子数 $N_{\min}$ 的关系举例如(2,5)和(4,14).

NoC 带宽的兰特法则

NoC(片上网络)是针对多核 SoC 设计的新型片上通信架构.

为了评价 NoC 的路由性能,研究 NoC 带宽(最大数据传输率)的 Rent Rule.

NoC 基本的 Mesh 网格通过将所有节点连接成十字网格而构成,参见图 3.10.

图 3.11 是 NoC 的三种路由方法的图解比较(D Greenfield,2007 年).

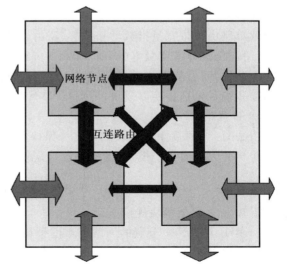

图 3.10　NoC 的基本 Mesh 网格

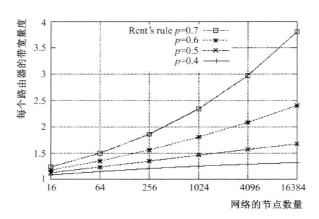

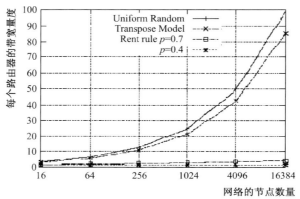

图 3.11　NoC 的三种路由方法的图解比较

伴随网络节点数量的增加，强调局部互连的 Rent 法则路由规律，将只引起单路由器带宽的线性增长. 固然，Rent 带宽指数的增长（例如从 0.4 提高到 0.7）也将导致带宽成倍提高；而完全随机（单点到多点）或者颠倒交换（互换 X、Y 坐标值）这两种经典的路由，则导致单路由器带宽呈指数增长态势（路由器带宽乘以 2 倍/4 倍节点数量）.

接着，推导带宽版本（Bandwidth Version）的 Rent's Rule.

法 I：因为基于基本假设的第一性原理，可计算得到经典版本的 Rent's Rule[6]；当把门数和端子分别替换以模块（节点）（N）及其带宽（B），也可类同地得到 $B = k \cdot N^p$，p 是 Rent 带宽指数.

法 II：多尺度下的局域约束——保持局域带宽特性为 α. 该思想来源是：参照图 3.10，针对相同大小的 4 个模块（网络节点），恢复组合之后相对于之前的可用带宽的比值为

$$\alpha = \frac{k \cdot (4N)^p}{4k \cdot N^p} = 4^{p-1}$$

分析知，α 独立于模块规模 N.

表征具有 N 个节点的网络区域的平均外带宽为 B，记作 $B(N)$，必定会有如下的多尺度局域约束存在：

$$\frac{B(4N)}{B(N)} = 4\alpha$$

重复 n 层，则有

$$\frac{B(4^nN)}{B(N)}=(4\alpha)^n$$

又设 $N=1, x=4^n$,结合 $\alpha=4^{p-1}$,则有

$$\frac{B(x)}{B(1)}=(4^p)^{\log_4 x}$$

即

$$B=k \cdot N^p$$

评价:NoC 的 Rent 互连指数描述了路由 Software Circuits 的局域性.

脑互连的兰特法则

脑互连复杂性的研究成果参见图 3.12(V Beiu,2008 年).

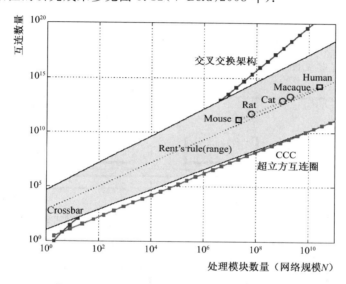

图 3.12 脑互联、网络互联与兰特法则的比较

研究背景:人脑首先可分为灰质(体积 G;神经元+树突+轴突;负责信息处理和局部通信)和白质(体积 W;长的轴突互连着皮质层,负责全局通信)[11]. 可将哺乳动物的大脑建立为幂率模型,如 $W=10^{-1.47} \cdot G^{1.23}$.

(1) 针对人脑互连的复杂性,可以计算得到

$$N_{CONN}=0.092N_{NEU}^{1.23}+3N_{NEU}=k_B \cdot N_{NEU}^{p_B},$$

其中,轴突互连数量 $N_{CONN} \sim 2\times(0.44W+0.6G)$,脑灰质中的神经元数量 $N_{NEU} \sim 0.4G$. 该公式构型颇似兰特法则,被称为皮层兰特法则(Cortical Rent's Rule).

(2) 针对网络架构的复杂性,交叉交换矩阵 **XB**(Crossbar)呈平方复杂度,因为 $N_{CONN}=N(N-1)/2$;超立方互连圈 CCC(Cube Connected Cycles)则呈线性复杂度,因为 $N_{CONN}=3N/2$.

(3) 面向复杂系统集成(Tera-scale Integration),为趋近于模拟人脑,通过计算 N_{CONN} 可知:组合 $XB(m)$ 的改良 CCC 超立方互连圈(N/m)是比较理想的备选网络架构(N/m 是处理器的个数).

小结:

Rent 法则开始是统计得到的,显示了其经验观察性质;也可基于最少的假设推演得到,彰显了电路或网络基本互连的近距离寻优属性——p 指数是逻辑复杂性的并行性的

度量(Degree of Parallelism).

影响 Rent 指数的关键因素包括：机器的架构、组织与实现、设计哲学和方法学.

Rent 法则模型被成功应用的前提是：已知模块的初始数据；众多模块的结构具有类似性.

Rent 法则最初被用来估计互连线的长度和关键路径,推而广之,在新型 EDA 工具中可用于评价能耗和带宽.

Rent 法则在 NoC 中和脑中的类似表现,无疑说明技术科学的相因性和回归性.

3.3 良率幂律模型(1963 年)

良率(Final Test Yield)定义：通过终测的芯片比率[12]. 良率工程考虑可以定位的工艺缺陷,将良率分类为总缺陷良率和随机缺陷良率.

良率测量图解参见图 3.13(C. J. Spanos,2005 年).

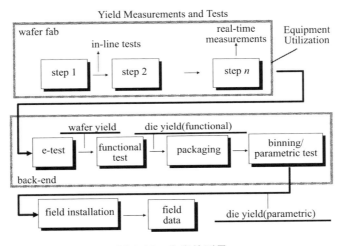

图 3.13 良率的测量

良率的规律：以 64kbit RAM 为例,由于器件参数波动引起的良率损失不足 5%；区别于总缺陷致使良率损失仅达 16.5%,随机缺陷却使得良率损失高达 83.5%[12].

影响良率的因素因工艺变异性各有不同,通常来自工艺缺陷.

图 3.14 给出了失效 DIE 的典型分布.

良率建模的研究意义：

（1）良率的统计有利于控制已知工艺过程（估计因减小芯片面积或晶圆尺寸而更改设计规则的代价）,并可预测未来工艺的质量和生产成本[12].

（2）良率工程依赖于技术新人、新工艺厂、投资商[12].

（3）概括为一句话,即良率建模有利于工艺控制和

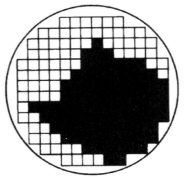

图 3.14 失效 DIE(白色)
在晶圆上的外周分布[12]

良率管理.

良率建模的方法论:

(1) 良率建模的目标是应用新模型系数以表征复杂工艺整合的要点和寄生成品率损失.

(2) 早在 1960 年,T. J. Wallmark 已经应用二项式统计描述分立元件的良率.

(3) 正确的良率模型应与实验数据达成最佳匹配(IBM 公司的 C. H. Stapper,1983 年).

(4) 随机缺陷模型包含两部分:均值理论和统计分布.

(5) 最简单的缺陷模型是介质内的针孔(Pinhole),它将造成短路从而引起芯片失效. 对于针孔敏感的部分是导体相互交叠的面积——关键面积(Critical Area).

计算芯片上的平均失效数量的模型写作[12]:$\lambda_i = A_i D_i$,其中,i 是缺陷类型标号,A_i 代表关键面积,D_i 代表单位面积内的缺陷数量,称为缺陷密度.

(6) 随机故障理论的数学基础[12].

① 适合于 IC 良率分析的一个特别好的已知模型,是在城市内建立零售商店的分布模型(A. Rogers,1974 年),将城市(类比为 Wafer)分成小块(Die)并在块内设店(Defect).

② 针对制造工艺过程引起的每个芯片内的缺陷分布,为良率进行数学建模:

首先定义 $p(x,t)$ 是 t 时刻的缺陷(x 个)分布函数;

接着定义 $G(s;t)$ 是分布产生函数,$G(s;t) = \sum_{x=0\sim\infty} p(x,t)s^x$,$s$ 是伴变量.

③ $G(s;t)$ 和 $p(x,t)$ 都本质地依赖于故障概率产生函数 $f(x,t)$,存在关系

$$G(s;t)' = (s-1)\sum_{x=0\sim\infty} p(x,t)f(x,t)s^x$$

④ 良率的性质是 $Y = G(0;t) = p(0,t)$.

(7) Poisson 统计模型($Y = e^{-\lambda}$).

若设故障概率产生函数 $f(x,t)$ 独立于 x,求解式 $G(s;t)' = (s-1)\sum_{x=0\sim\infty} p(x,t)f(x,t)s^x$,得 $G(s;t)' = (s-1)f(t)G(s;t)$,该一阶线性差分方程的解是 $G(s;t) = e^{\lambda(s-1)}$,称为泊松统计.

计算 $Y = G(0;t) = e^{-\lambda}$,其中,$\lambda$ 是($0\sim t$)时间段芯片上积累的故障平均数;$\lambda = AD$,A 是芯片面积,D 是缺陷密度;早在 1963 年,S. R. Hofstein 和 F. P. Heiman 已经应用该公式作为良率研究的出发点了.

讨论:泊松模型只适用于小直径硅片,因为假设整个晶圆上的 DIE 的缺陷密度均等,而缺陷出现在大晶圆边缘的概率是大于中心处的.

良率组成:针对工艺编号 i,有工艺步骤积累故障 $\lambda = \sum_{i=1\sim m} \lambda_i$,则总良率积 $Y = \prod_{i=1\sim m} Y_i$.

Intel 公司的 Moore 曾经应用了一个经验良率公式[13],就是将泊松模型中的 λ 再开根号. 根据 C. H. Stapper 的评述[12],该经验公式缺乏统计基础,难于扩展描述冗余电路的良率.

(8) 复杂的 Poisson 统计模型[$Y_i = (1+\lambda_i/\alpha_i)^{-\alpha_i}$].

重视不同批次之间的工艺偏差,第 i 种缺陷类型的良率模型可写作

$$Y_i = \sum_{j=1\sim m} c_j e^{-\lambda_{ij}}$$

其中,考察晶圆面积分区为 m 小块(面积占比为 c_j),块内平均缺陷数为 λ_{ij}.

经过 1964 年 Murphy 和 1972 年 Okabe 等以及 1973 年 C. H. Stapper 的努力研究,负二项式分布表述的良率简式写为

$$Y_i = (1 + \lambda_i/\alpha_i)^{-\alpha_i}$$

其中,参数 α_i 依赖于 i 类缺陷引起的故障分布.

经过 IBM 公司 C. H. Stapper 的研究,发现由负二项式分布表述的良率实际是聚类模型.

① 负二项式分布表述的良率简式,可由故障概率假设为 $f_i(x_i,t) = c_i + b_i x_i$ 导出,该分布与已知故障 x_i 有关.

② 聚类参数为 $\alpha_i = c_i/b_i$,取值可从 $0.05 \sim \infty$,极低的 α_i 描述故障聚类严重,而 $\alpha_i = \infty$ 时,则有 $Y_i = (1 + \lambda_i/\alpha_i)^{-\alpha_i}$ 演变为 Poisson 统计模型 $Y_i = e^{-\lambda_i}$.

③ 该聚类模型适用的缺陷类型是污染颗粒和 Pipe 失效等.

④ 若缺陷 i 聚类是独立的,仍有总良率积表述

$$Y = \prod_{i=1\sim m} Y_i \approx (1 + \lambda/\alpha)^{-\alpha}$$

其中,λ 是 λ_i 之和,而 α 的计算需要迭代,且前提是检查 λ 是 λ_i 之和的正确性.

⑤ 若考虑周全,需要关心总良率损失(例如晶圆开裂与工艺步骤出错),则构造 Y 式时将增加累和因子 Y_{0j}.

(9) 良率管理举例.

良率管理的思想是加强可统计可测量参数的过程记录和监督,借助良率模型,表述质量监控效果.

图 3.15 显示良率是电路数量变化的函数[14]. 数据采自 IBM 生产线的 DRAM、SRAM、FET 逻辑和 ASIC 以及 CPU. 良率可以写为 $Y = Y_0(1 + n_{LC}\lambda_{LC}/\alpha)^{-\alpha}$,其中,$Y_0$ 是总良率,n_{LC} 是逻辑电路数,λ_{LC} 是每个逻辑电路内的平均随机故障数,α 是聚类参数. 图中取 $Y_0 = 0.84$,$\alpha = 1.44$,$\lambda_{LC} = 0.044/(1000\ 电路)$.

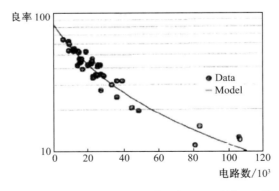

图 3.15 良率是逻辑电路数量的函数(IBM 数据,Y 模型)

在跨越 16 年的数据统计中[14]:FET 工艺中,$\alpha = 1.4 \sim 3.4$;$\alpha = 2$ 适用于 FET 和 CMOS 逻辑电路的良率工程和设计优化.

可把良率模型中的子运算项 $n_{LC}\lambda_{LC}$ 的下标分别替换为 ROM、SRAM、PLA 和 REG

等,并且累加之后放回原运算位置,则该模型更能提醒读者关心芯片良率管理的细节.

表 3.3 给出了 IBM 生产 CPU 电路的良率管理的基础数据[14],包括缺陷类型和相应的关键面积.

表 3.3 缺陷类型和关键面积[单位:mm^2/1000 电路)]

Defect types		Critical areas			
		Circuit types (Index j)			
Index i	Description	Logic Circuits	SRAM Cells	ROM Cells	DRAM Cells
1	Missing N-well	0.0167	0.0023	0.0000	0.0024
2	Extra N-well	0.0173	0.0076	0.0022	0.0004
3	Missing diffusion	0.0284	0.0097	0.0016	0.0026
4	Extra diffusion	0.0038	0.0046	0.0009	0.0019
5	Missing polysilicon	0.0488	0.0183	0.0029	0.0052
6	Extra polysilicon	0.0077	0.0071	0.0004	0.0031
7	Missing P block	0.0114	0.0043	0.0013	0.0002
8	Extra P block	0.0114	0.0043	0.0013	0.0002
9	Missing N block	0.0114	0.0022		0.0018
10	Extra N block	0.0114	0.0022		0.0018
11	Missing contacts	0.0082	0.0023	0.0004	0.0003
12	Extra contacts	0.0563	0.0148	0.0062	0.0037
13	Missing metal 1	0.0241	0.0078	0.0015	0.0022
14	Extra metal 1	0.0077	0.0039	0.0007	0.0004
15	Missing via holes 1	0.0013	0.0012		0.0000
16	Extra via holes 1	0.0358	0.0067		0.0001
17	Missing metal 2	0.0321	0.0062		0.0001
18	Extra metal 2	0.0093	0.0014		0.0001
19	Missing via holes 2	0.0010			
20	Extra via holes 2	0.0298			
21	Missing metal 3	0.0159			
22	Extra metal 3	0.0068			
23	Metal 1 to diffusion shorts	0.0381	0.0072	0.0033	0.0018
24	Polysilicon to subs. shorts	0.0529	0.0119	0.0034	0.0013
25	Polysilicon to diffu shorts	0.0529	0.0119	0.0036	0.0013
26	Diffusion to subs. shorts	0.2184	0.0241	0.0186	0.0044
27	Metal 1 to polysilicon shorts	0.0182	0.0076	0.0029	0.0019
28	Metal 2 to metal 1 shorts	0.0358	0.0067		0.0000
29	Metal 1 to subs. shorts	0.0216	0.0097	0.0022	0.0005
30	Metal 3 to metal 2 shorts	0.0298			

(10) 良率守恒规律[15].

针对小尺度缺陷(尺寸记为 x),缺陷尺寸的反立方($1/x^3$)分布函数成为比较主流的研究方向(Cook,20 世纪 60 年代)[14]. 该分布带来一个有趣的良率守恒规律——当芯片的特征尺寸线性缩微时,随机缺陷良率保持不变. 良率不变是因为存在两种拮抗的效应:

一方面,芯片缩小,将导致低的平均故障 λ;另一方面,增加了的小缺陷敏感度,必将导致引起逻辑故障的缺陷数量有所增加.两相作用的总结果是保持随机缺陷良率的守恒.

图 3.16 给出 $1\mu m$ 和 $1.5\mu m$ 工艺下的良率比较[14].其中,良率对芯片内的电路数量而非工艺节点更加敏感.

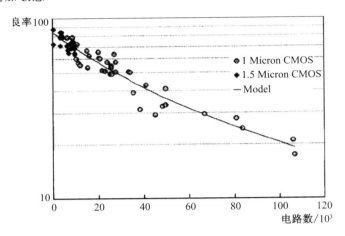

图 3.16 $1\mu m$ 和 $1.5\mu m$ 工艺下的良率比较

(11) 版图布局设计.

前述复杂的 Poisson 统计模型,也叫大面积聚类负二项式分布(意为故障聚类面积大于芯片面积),并不适合考虑良率问题的 VLSI 设计;而中等面积的负二项式分布,则针对面积大于 $2cm^2$ 的芯片,片内包含不同模块,模块的故障密度不同,模块类型包括冗余模块.

先推导中等面积的负二项式分布,然后应用其指导版图布局设计[16].

设芯片包含 B 个独立模块,平均故障数为 l 个,则每个模块分得 l/B 个故障,根据泊松分布,芯片良率为

$$Y_{chip} = e^{-l} = (e^{-l/B})^B$$

推广至复杂的 Poisson 统计,有

$$Y_{chip} = [(1+\lambda/(B\alpha))^{-\alpha}]^B = (1+\lambda/(B\alpha))^{-B\alpha}$$

再设模块 i 的参数为 λ_i 和 α_i,则有

$$Y_{chip} = \prod_{i=1\sim B}(1+\lambda_i/\alpha_i)^{-\alpha_i}$$

若芯片 N 个模块(module)中有 R 个冗余,则至少应该有 $N-R$ 个模块无故障.
于是设 $F_{MN} = \text{Prob}\{N\text{ 个模块中 }M\text{ 个无故障}\}$,则良率

$$Y_{chip} = \sum_{M=N-R}^{N} F_{MN}$$

$$Y_{chip} = \sum_{M=N-R}^{N} \sum_{k=0}^{N-M} (-1)^k \binom{N}{M}\binom{N-M}{k}(1+(M+k)\lambda/\alpha)^{-\alpha}$$

例 1:一维无冗余 4-module 的布局排列.

参见图 3.17[17].其中,排列基于 1Block=2-Module;Block 的 α 相同,而对相等面积的 Module 有 $\lambda_1 \leqslant \lambda_2 \leqslant \lambda_3 \leqslant \lambda_4$.

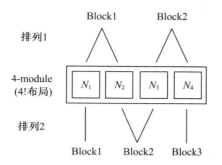

图 3.17 一维无冗余 4-module 的布局排列举例

排列 1 的良率为 $Y(1) = (1+(\lambda_1+\lambda_2)/\alpha)^{-\alpha}(1+(\lambda_3+\lambda_4)/\alpha)^{-\alpha}$.

排列 2 的良率为 $Y(2) = (1+\lambda_1/\alpha)^{-\alpha}(1+(\lambda_2+\lambda_3)/\alpha)^{-\alpha}(1+\lambda_4/\alpha)^{-\alpha}$.

旋转和反射并不改变良率,考察 4! 种布局,总有最佳布局 $Y_{\max}$ 为 (N_1, N_3, N_4, N_2) 排列,条件是 4-module 有 $\lambda_1 \leqslant \lambda_2 \leqslant \lambda_3 \leqslant \lambda_4$. 结论可以推广至 k-module,即 k-module 的最佳布局为 $(N_1, N_3, N_5, \cdots, N_k, \cdots, N_6, N_4, N_2)$.

类似地有,当 λ_i 满足 $\lambda_1 \leqslant \lambda_2 \leqslant \cdots \leqslant \lambda_9$ 时,显然对小面积聚类(Block 面积为 1×1)或大面积聚类(Block 面积为 9×9),9! 种可能的布局都有相同的良率;改变块 Block 面积大小($n \times m$,中等面积聚类),可以改变良率,其中需保持最大故障率的 module 位于中间位置.

例 2:一维冗余 3-module 的布局排列.

如图 3.18 所示,S_1 和 S_2 互为冗余(λ_s),$N(\lambda_n)$,Block(相同 α) 采用 2-module.

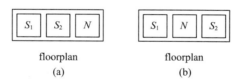

图 3.18 一维冗余 3-module 的布局排列举例

计算得

$$Y(a) = \frac{1}{2}\left[\left(1+\frac{\lambda_n}{\alpha}\right)^{-\alpha}\left(2\left(1+\frac{\lambda_s}{\alpha}\right)^{-\alpha} - \left(1+\frac{2\lambda_s}{\alpha}\right)^{-\alpha}\right)\right.$$
$$+ \left(1+\frac{\lambda_s}{\alpha}\right)^{-\alpha}\left(1+\frac{\lambda_n}{\alpha}\right)^{-\alpha} + \left(1+\frac{\lambda_s+\lambda_n}{\alpha}\right)^{-\alpha}$$
$$\left. - \left(1+\frac{\lambda_s}{\alpha}\right)^{-\alpha}\left(1+\frac{\lambda_s+\lambda_n}{\alpha}\right)^{-\alpha}\right]$$

$$Y(b) = \left(1+\frac{\lambda_s}{\alpha}\right)^{-\alpha}\left(1+\frac{\lambda_n}{\alpha}\right)^{-\alpha} + \left(1+\frac{\lambda_s+\lambda_n}{\alpha}\right)^{-\alpha}$$
$$- \left(1+\frac{\lambda_s}{\alpha}\right)^{-\alpha}\left(1+\frac{\lambda_s+\lambda_n}{\alpha}\right)^{-\alpha}$$

结论:当 $\lambda_s \neq \lambda_n$ 时,总有 $Y(a) \leqslant Y(b)$. 提示:冗余模块不可以相邻(鸡蛋不要放在同一个篮子里),意义是减小它们同时被故障聚类"击中"的概率.

小结:可以基于第一性原理推导良率的泊松模型.

产品工程师分析良率将从如下六个方面展开(孙宏,2009年):

(1) 设计数据,包括版图和电路图等.
(2) 电性测试数据(Wafer Probing,Final Test data).
(3) Shmoo 图.
(4) 比特图(Bitmap).
(5) 系统级测试(System Level Test).
(6) 失效分析(Failure Analysis).

一句话,良率是工程过程正确概率的乘积.由此印证,细节决定成败,这也是"木桶原理"的同义词.

3.4 摩尔定律(1965年)

感谢 G.摩尔博士于 1965 年在《Electronics》杂志发表了论文《让集成电路塞进更多的元器件》[18],这是源于仙童(Fairchild)公司的摩尔定律内容的处女秀."摩尔定律"(Moore's Law)这一提法于 7 年后出自 C.米德院士,他是加州理工学院的计算及神经系统的创办人之一[19].

本节再现摩尔定律的数学模型的建立过程;详解摩尔定律的典型应用:预测量子极限年;最后讨论了摩尔定律的一般适用性.

摩尔定律的数学模型

摩尔定律定义为:单块集成电路芯片内所集成的晶体管数目,每隔 18～24 个月翻一番[18].

根据文献[20-21]的启示,摩尔定律的数学模型可被描述为[22]

$$n_2 = n_1 \cdot 2^{(y_2-y_1)/m}$$

其中,n_1 是处在 y_1 年份时单芯片中集成的晶体管数目,n_2 是在通过上式预测出的 y_2 年份时($y_2 > y_1$)所能单片集成的晶体管数目,m 增长因子是晶体管数目每翻一番所需要的年数.

摩尔定律建模的五部曲概论如下.

● 一年翻一番($m=1$).

1965 年摩尔博士根据当时前四年的单芯片集成的晶体管数目,预测集成度的发展趋势:大约每前进一年,芯片集成度(Density of Transistors)就翻一番[18].

摩尔博士在论文[18]中的原意是:"具有最小单元成本的复杂性,以大约每年 2 倍率的速度在增长."对应的英文原文是:"The complexity for minimum component costs has increased at a rate of roughly a factor of two per year."

图 3.19 是摩尔定律的首个图解[18].

摩尔定律是所提出时代的后验曲线拟合练习

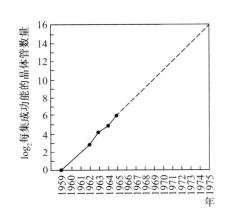

图 3.19 基于 4 个基础数据点预测出摩尔定律[18]

(A post-hoc curve-fitting exercise).

最初的估算比较粗糙. 例如, 以 1965 年的集成度是每芯片包含 50 个组件 (晶体管) 为计算初值, 若一年翻一番, 则预测 1970 年制造出来的芯片集成度是 1600, 而不是摩尔博士在原文中亲自给出的 1000, 误差高达 38%. 同样的增长速度下, 预测 1975 年将得到的集成度是 51200, 而不是摩尔博士给出的 65000, 本次预测误差也达 27%[19].

图 3.20 描述了摩尔定律数学模型 m 增长因子的三种取值表现.

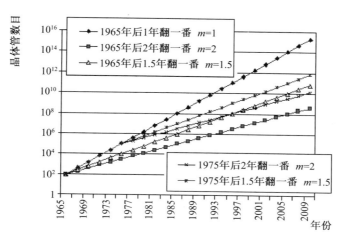

图 3.20 摩尔定律数学模型的 m 增长因子比较

● 两年翻一番 ($m=2$).

1975 年摩尔博士根据 1965 年到 1975 年的实际芯片集成度数据, 亲自将摩尔定律的数学模型的 m 增长因子修正为 2, 即集成度每两年翻一番[23]. m 增长因子的修正, 使得该数学模型更加吻合当时的发展趋势.

● 一年半翻一番 ($m=1.5$).

其后不久, 有专家进一步修正了摩尔博士的预测: 芯片集成度每一年半翻一番.

摩尔博士也曾经指出: 晶体管均价、沟道长度和栅氧厚度等参数的减小趋势都符合 m 增长因子等于 1.5 的预测 (Gordon E. Moore, 2003 年).

● 翻不过去的摩尔墙.

我们尚不知道距离摩尔墙 (Moore's Wall) 有多近. 多年来, 摩尔定律不再适用的论调广为增长, 根据该提示可以定义出 "Moron's Law": "不再引证摩尔定律的文献数量 1 年翻 1 番."[19]

● 阻尼的 m 因子.

《Microprocessor Report》的编委 Dave Epstein 曾为摩尔定律提出修正方法[19]: 从 1970 年算起, 翻一番的时间间隔由 18 个月, 修改为每推进 10 年, 间隔增加 6 个月.

例如, 翻一番间隔: 1970 年为 12 个月 ($m=1$), 1980 年为 18 个月 ($m=1.5$), 1990 年为 24 个月 ($m=2$), 2000 年为 30 个月 ($m=2.5$). 该建模方法引入了翻番减缓层级因子 (+6 个月/10 年, 或者 $\Delta m = 0.5$ 年/10 年), 以便符合缩微减缓的趋势.

猜测结果, 也许修正因子的最佳参考值可能是 +6 个月/8 年, 或者 +8 个月/6 年.

这也是一个开放的建模练习思考题.

列入表 3.4 的是桌上型 PC 的 CPU 和服务器 CPU 的具体集成度,同比 2006 年的预测数值,距离仍较大.

表 3.4 预测对比实际产品的集成度

Moore's Law	Number of Transistors	
	Baseline=50 in 1965, Predicted for 2006	Actual in 2006
2X@m=1	109.9 trillion	—
2X@m=1.5	8.4 billion	—
2X@m=2	74.1 million	—
Intel Pentium D (Dual Cores)	—	230 million
Intel Itanium-2 (Montecito)	—	1.72 billion

基于摩尔定律预测量子极限年

根据文献[23—24]的启示,计算预测量子极限年,计算结果可能对读者深刻理解摩尔定律和量子极限的会聚(Convergence)有所帮助.

特征尺寸(Feature Size)是微电子学描述微型化的关键指标,定义为单只 MOS 管的沟道长度,或者相邻互连线中心距离的半线宽.

图 3.21 是最小特征尺寸的发展趋势(缩小因子是 0.7/3 年).沿着摩尔定律的发展,重点考虑提高芯片的集成度,则特征尺寸的优化方向是——寻最小.

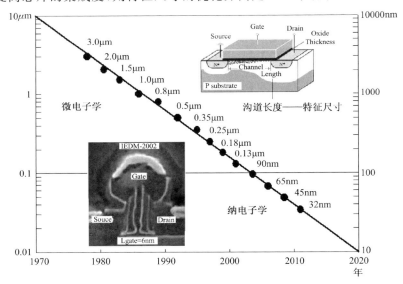

图 3.21 最小特征尺寸的发展趋势(S. M. Sze,2009 年)

针对微电子学的微小型化和计算能力增长的需求,量子物理学可定义特征尺寸的未来极限.

该量子极限是基于 Planck 常数 h 的 Heisenberg 不确定性.考虑到微电子学的基本极限是光速恒定和物质具有原子特性(Stephen Hawking,2005 年),那么,触摸到量子极限时摩尔定律模型中的未来边界(Future Boundary)如何呢?

n_1的确定(令$n_1=1/L_1$):选择2008年CPU芯片的45nm特征尺寸作为L_1.

n_2的确定(令$n_2=1/L_2$):若以最近(《State-of-the-Art》)报道的自旋电子晶体管为例,单电子的特征尺寸(Characteristic Dimension)是Compton波长(视为可被测量的最小距离),则有关系式$L_2=\lambda_c=h/m_e c=0.0024263$nm,其中,$m_e$是电子质量,$c$是光速.

变换公式$n_2=n_1\cdot 2^{(y_2-y_1)/m}$成为以下的形式:
$$1/L_2=(1/L_1)2^{(y_2-y_1)/m}$$

代入$L_1=45$nm、$L_2=0.0024263$nm和$y_1=2008$(年),基于摩尔定律模型m增长因子的三种表现$m=\{1,2,1.5\}$,分别计算何时将到达量子极限年(Quantum Limit Year)(即是求$y_2=?$).

仅以$m=1$为例,此时上式化为$(2.4263\times 10^{-3}\text{nm})^{-1}=(45\text{nm})^{-1}2^{(y_2-2008)/1}$.

计算结果是:如果以电子作为可实现的最小的量子计算晶体管器件,基于摩尔定律预测得到的量子极限年如表3.5所示.显见,同时满足摩尔定律和量子极限的微电子学的缩微终点并不遥远.

表3.5 m增长因子影响量子极限年的比较结果

m因子	量子极限年	结果出处
1年翻一番	2022	本工作[22]
2年翻一番	2036	文献[24]
1.5年翻一番	2029	本工作[22]

通过量子极限的预测,也可知工艺进步的未来后果将是提前撞到量子极限.因为倘若2008年CPU的特征尺寸为22nm[23],同上可得三组量子极限年分别是:2021年@因子$m=1$;2034年@因子$m=2$;2028年@因子$m=1.5$.

如若仔细选择单芯片中集成的晶体管数目为$n_1=(1/L_1)^2$和$n_2=(1/L_2)^2$,而且变换公式$n_2=n_1\cdot 2^{(y_2-y_1)/m}$成为以下形式:
$$(1/L_2)^2=(1/L_1)^2 2^{(y_2-y_1)/m}$$

重新计算前述步骤得到刷新的结果,列入表3.6中.

表3.6 m增长因子影响量子极限年的刷新比较结果

m因子	量子极限年 @$L_1=45$nm	量子极限年 @$L_1=22$nm
1年翻一番	2036	2032
2年翻一番	2064	2057
1.5年翻一番	2050	2045

比较表3.5和表3.6中的结果,显见,仔细建模的结果相对乐观,因为撞到量子硅墙的时间被延迟了.

摩尔定律的最终极限在哪里?这是一个开放(Open)问题,有赖于未来的电子革新、物理学和化学的发展.除了比较有说服力的量子极限外,针对硅基(Silicon-Based)超大规模集成电路,应尽早考虑的工程屏障(Engineering Barriers)或约束(Constraint),包括散热(Thermal or Heat Dissipation)、漏电流(Leakage Current)和热噪声(Thermal Noise).

图3.22给出CMOS集成电路裸芯(Die)面积和集成度随时间变化的统计图解.相对

于裸芯面积的线性增长,晶体管数量的指数级增加必将带来芯片自热(Self-Heating)的问题.

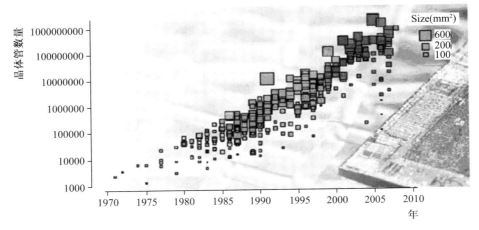

图 3.22　CMOS 集成电路裸芯(Die)面积和集成度的增长图解(Chris Edwards,2008 年)

结论与讨论

摩尔定律是微纳电子学中的中心思想(Leitmotif).

摩尔定律是技术定律,其力量在于成功地刻画了芯片集成度在数学表现上的"加倍"(Doubling).

摩尔定律的前瞻性将在未来 10～20 年内指导微电子产业的持续发展,而主要驱动力来自工艺方向的三维封装与三维集成,功能需求方向的全脑模拟器[19,25]寄希望于新的"毫伏开关",量子计算和神经形态计算(或某种全新范式)被看好.

讨论 1：摩尔定律的本质浓缩了微电子产业经济学规律.

图 3.23 是摩尔博士 1965 年发表论文中的第 1 张图解.横轴描述芯片集成度,纵轴描述每晶体管的相关制造成本.预期成本的追逐方向是寻最小.

图 3.24 是摩尔博士 2003 年发表论文中的例图(缩减版),图解统计了集成晶体管平均售价每年缩小的比例.

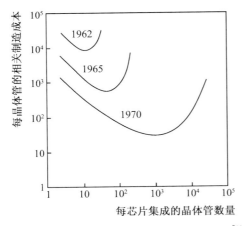

图 3.23　每晶体管成本与集成度的关系预测[18]

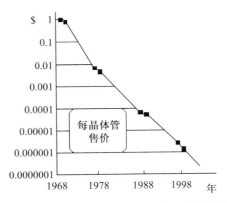

图 3.24　每晶体管平均售价的减小比例统计
(Gordon E. Moore,2003 年)

讨论2：摩尔定律的时间(年)—空间(集成度,对数坐标)表现,初始为线性,后来趋于平缓.也许摩尔定律最吸引人的贡献就是久经考验的优化(Time-Tested Optimism).

讨论3：摩尔定律的数学模型与典型应用,是微纳电子学研究方法入门的第一典型分析案例.

摩尔定律是Intel发展的"时钟"和"圣经".图3.25浓缩了摩尔定律自我实现(Self-Fulfillment)走过的40年,图解了Intel的CPU产品集成度按照摩尔定律的发展轨迹,技术代/特征尺寸持续走低、晶圆直径(Water Diameter)持续走高的趋势[26].

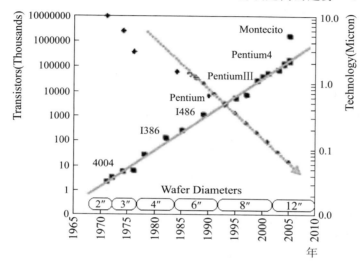

图3.25 Intel公司总结的摩尔定律走势[26]

摩尔定律走过的每个10年,各有其技术挑战的涌现、创新解决方案的亮相和新挑战的诞生,分别论述如下[26]：

(1) 摩尔定律的婴儿期即20世纪70年代,是发明的时代(the Era of Invention).例如：1971年4位CPU 4004在Intel被发明;CPU频率做到了100kHz～10MHz;装有CPU的苹果机进入了家庭.

为什么集成(Integration)趋势如此受人青睐?驱动力来自三个基本因素,即集成系统(Integrated Systems)① 提供较高的性价比;② 体积较小;③ 更加可靠.摩尔定律的实现是兑现这些优点的"车票"(Ticket).

处处是创新之地,然而技术的天空是有限的(Innovations were everywhere, and the sky was the limit).

(2) 20世纪80年代是比例缩小和制造科学(Manufacturing Science)的时代.那时,摩尔定律的实现成为可行的和负担得起的.例如,NMOS工艺畅行,CMOS工艺刚浮出地平线;CAD出现并参与进行逻辑综合;功能强大的超大规模集成电路(VLSI)诞生了;CPU发展到了功率W级而频率为10MHz.

三个大的挑战(Big Challenges)开始显现：良率(Yields)、设计复杂度(Design Complexity)和功耗(Power Dissipation).

(3) 20世纪90年代是制造和速度(Speed)的时代.例如,每芯片晶体管数量从100万(Million)增加到5000万;芯片性能提升表现在工作频率从25MHz增至1GHz;相伴随的是功耗以 10 倍增长.

于是,亚阈值泄漏电流(Subthreshold Leakage Circuit)开始惊人地增加,低功耗设计备受重视.

(4) 21 世纪是多核的时代(Multi-Everywhere Era). 例如,芯片集成度达到 10 亿(Billions Level);产业重心转移到基于各种平台/架构(Platforms)以便提供能量效率性能(Energy-Efficient Performance);技术挑战来自基于摩尔定律指导下的集成度的有限增长,同时保证不超越平台(架构)所限制的功耗上限,以便提供越来越高的芯片性能.

2005 年到 2006 年,出现了一种新的范式(Paradigm),叫作 Multi-Everywhere——多核技术,它提高了性能而不提高频率和功耗.

在多核的时代,可以预见单处理器的内核数量激增,甚至超过几百个核,期望取得太赫兹的每芯片计算(Tera-Scale Computing)能力.

持续缩微的晶体管尺寸将导致的新特点是:① 裸芯之间或内部的变异(Cross/in-Die Variability)严重增长;② 晶体管内建电场的继续增加威胁着晶体管的可靠性.

产生的问题主要是集成进入芯片的晶体管数量太多.

近期有关晶体管的挑战包括可靠性、变异性和功耗.

(5) 21 世纪 10 年代,超级 CPU 为业界的新期盼.

从 Intel 公司的角度设想,希望利用庞大数量的晶体管,构造 1 个单片的完全集成平台,特点是拥有成百个芯核、专用硬件和存储器. 这种处理器将包括新架构、微架构和电路技术,可以提供内建灵活性或者说弹性(Built-in Resiliency).

曾经不可逾越的(Insurmountable)难题,正在逐个地被学术界和产业界合作(Cooperation throughout Academia and the Industry)的艰苦研发与恢宏毅力(Hard Work and Perseverance)所克服,作为指导原理的摩尔定律仍然领先走在微纳电子学的大路上.

2016 年 3 月,全球芯片巨头摩尔定律的发明、倡导和执行者 Intel 公司,告了提倡"偏执"的格罗夫博士,从第三代 Skylake 架构处理器 Kaby Lake 芯片开始打破 Tick-Tock 的钟摆节奏(制程和架构)芯片发展模式,从 10nm 制程开始,Intel 公司开始采用制程(Process)—架构(Architecture)—优化(Optimization)(PAO)三步走的战略.

总有人盼望着这个"经济技术发展周期表"的踯躅蜕变,因此新的半导体技术路线图(IRDS,2016 年)加速强调了超越摩尔定律.

3.5 阿姆达尔定律(1967 年)

针对散热、速度、存储和带宽等性能的新挑战,半导体学术界和工业界在 20 世纪中期开始探索多核 CPU 解决方案的原理可行性与技术可行性.

1996 年,Stanford 大学首先提出片上多处理器和首个多核结构原型[27];2001 年,IBM 推出第一个商用多核处理器 POWER4[27];2005 年,Intel 和 AMD 开始挺进多核处理器市场,先后推出 2 核、4 核、8 核与 16 核 CPU. 多核处理器构成了拉动摩尔定律发展的新机制.

2007 年,MIT 教授兼 Tilera 公司创始人 A. Agarwal. 与 EEMBC 创始人兼总裁 Markus Levy 发表专论预测:十年内将出现千核处理器(A Agarwal,2007 年);2010 年 12

月29日国外媒体报道,英美科学家基于FPGA成功开发出一款千核处理器,可在提高计算速度的同时降低能耗.

评价多核架构性能的参数是加速比(Speedup),定义为多核串行所需时间除以并行所需时间.例如,文献(G Seshadri,2010年)研究认为:串行PCA(主成分分析)用时95.08单位,而并行只需5.86单位,则其加速比就是16.22.文献[28]重视研究多核加速比极限问题,为本工作提供了研究范式.

以下首先评述阿姆达尔定律;接着基于三维图解,梳理已知的加速比极限研究结果(三个已知模型).重点结合兰特法则(Rent's Rule)描述的互联约束,基于第一性原理重新计算了加速比极限(构造一个新模型),比较讨论了4个模型的结果,举例分析了芯片温度与核数的关系.

多核处理器的加速比研究演进

根据模型提出的时间顺序(1967年、1988年、1990年),分别讨论多核处理器的三种加速比,构造三维图解,以便突出其间的可对比性[28].

(1) 固定任务(fixed-size)模型.

1967年,IBM大型机之父阿姆达尔(Gene M. Amdahl)博士图解了并行计算系统设计的关键.

阿姆达尔定律指出:系统某一部件由于采用某种更快的执行方式,整个系统功效的提高与这种执行方式使用频率占总执行时间的比例有关.由并行方法所能获得的加速比为

$$\text{Speedup}_{\text{Amdahl}} = \frac{1}{1-f+\dfrac{f}{m}} \tag{3.1}$$

其中,f 为问题中可被并行处理部分的比例,$1-f$ 是串行的比例,m 为并行处理器的数量,Speedup 为并行时相比于串行时的加速比.

如下择要推导阿姆达尔定律,旨在还原与加深理解大型机的并行架构发明理念.

若设多核芯片最多内置 n 个基本核(BCE,Base Core Equivalent),运用多个BCE资源可组成一个更高性能的内核.令单个BCE的性能(理解为运算速度)为1,设用 r 个BCE内核所创建结构的串行性能为 $perf(r)$[29].

根据加速比的原始定义,有

$$\text{Speedup} = \frac{\text{加速后的性能}}{\text{原性能}} = \frac{T_{\text{ori}}}{T_{\text{enh}}} \tag{3.2}$$

设问题的工作任务为 w,那么单个BCE执行时间为 $T_{\text{ori}} = w/perf(1) = w$,而 n 个BCE基本核执行时间则为

$$T_{\text{enh}} = \text{串时} + \text{并时} = \frac{(1-f)w}{perf(r)} + \frac{fw}{\dfrac{n}{r} \cdot perf(r)} \tag{3.3}$$

其中,$n/r=m$ 是核数,且每个核的串行性能为 $perf(r)$,将 T_{ori} 和 T_{enh} 代入式(3.2),则加速比实为

$$\text{Speedup} = \frac{w}{\frac{(1-f)w}{perf(r)} + \frac{fw}{m \cdot perf(r)}}$$
$$= \frac{1}{\frac{1-f}{perf(r)} + \frac{f}{m \cdot perf(r)}} \quad (3.4)$$

对于给定的多核设计，r 个 BCE 的 $perf(r)$ 是常数，设为 c，则式(3.4)化简为

$$\text{Speedup} = \frac{c}{1-f+\frac{f}{m}} \quad (3.5)$$

阿姆达尔定律的解析式(3.1)就是 $c=1$ 的式(3.5)。讨论：阿姆达尔定律默认工作任务(workload)是固定的，这种加速模式强调解决给定任务的耗时减少了，所以阿姆达尔定律也叫固定任务(fixed-size)模型。

三维图解多核架构的固定任务模型参见图 3.26。

简单述评：阿姆达尔定律表明，在问题的可并行部分不大时，增加处理机的数量并不能显著地加快解题速度。这曾让计算机界产生过悲观情绪，有专家认为搞多处理器的机器没什么前途[28]。

分析可知提速的机会还是存在的。虽然阿姆达尔定律基于约定① 固定工作任务、② 固定的并行化比例，但是，其忽略的重要事实是：在实际应用中，当工作任务更大时，通常情况下，该任务也有更大的可能被分为可并行化的小任务(或者说多个相互独立的任务)，这也就意味着 f 更大(更接近 1)，可能得到更大的加速比。

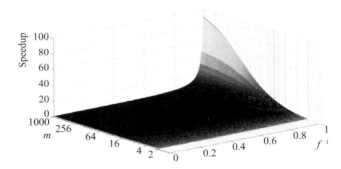

图 3.26　多核架构的固定任务模型

(2) 固定时间(fixed-time)模型。

直到 1988 年，J. L. Gustafson 提出了一个固定时间模型(fixed-time model)，也即 Gustafson 定律，专家们才重拾对大规模并行计算的信心[30]。

同样假设原始工作任务为 w，比例扩增的工作任务(scaled workload)为 w'，分别是串行条件下和并行条件下 m 个核在同样时间里完成的工作任务，故有 $w'=(1-f)w+fmw$。基于类似速度关系的比例计算有

$$\text{Speedup} = \frac{\text{串行解决 } w' \text{ 的时间}}{\text{并行解决 } w' \text{ 的时间}} \quad (3.6)$$
$$= 1-f+fm$$

此公式称为 Gustafson 定律。

图 3.27 展示了多核架构固定时间加速的性能改善的总趋势.

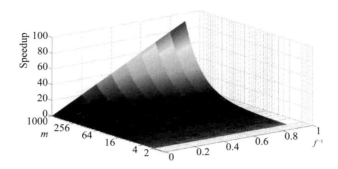

图 3.27 多核架构的固定时间模型

Gustafson 定律表明：① 如果工作任务被扩大以保持固定执行时间,则固定时间内的加速比 Speedup 是有关 m 的线性关系式；② 由于 Speedup 可以随系统规模(m)线性增长(更接近 1 的 f),建立一个大规模的并行系统将有裨益.

论述至此,研究多核加速比的提速问题,尚未考虑基本核中存储器的约束或贡献.

(3) 存储器约束(memory-bounded)模型.

1990 年,X. H. Sun 和 L. Ni 提出了存储器约束模型(memory-bounded model)[27],即 Sun and Ni 定律.

设 w_e 为存储器空间限制下的规模扩大的工作任务,则加速比形如[29]

$$\text{Speedup} = \frac{\text{串行解决 } w_e \text{ 的时间}}{\text{并行解决 } w_e \text{ 的时间}} \tag{3.7}$$

设 $y = g(x)$ 是反映存储器容量(随核数)增长 m 倍时并行工作任务增长因数的方程式.

再设存储器节点容量是 M,则有原始工作任务 $w = g(M)$,而规模扩大的工作任务 $w_e = g(m \times M)$,有 $w_e = g(m \times g^{-1}(w))$.

基于类似于处理式(3.3)的方法,解算式(3.7),有

$$\text{Speedup} = \frac{(1-f)w + f \cdot g(m \cdot g^{-1}(w))}{(1-f)w + \dfrac{f \cdot g(m \cdot g^{-1}(w))}{m}} \tag{3.7'}$$

化简繁式(3.7'),对于任何一个激励方程 $g(x) = a \times x^b$ 和任意有理数 a 和 b,有 $g(mx) = a(mx)^b = g(x)m^b = g'(m)g(x)$,其中显然 $g'(m) = m^b$.

$$\text{Speedup} = \frac{(1-f)w + f \cdot g'(m)}{(1-f)w + \dfrac{f \cdot g'(m)}{m}} \tag{3.7''}$$

图 3.28 对存储器约束模式的加速比进行了三维图解.

基于图 3.26 做整体概貌理解,比较图 3.27 和图 3.28 显知：并行比例 f 较小时,加速比提升可观.原因是仔细分析约束条件(① 任务、② 时间、③ 存储器),逐渐精细建模得到加速比的阶段优化结果.

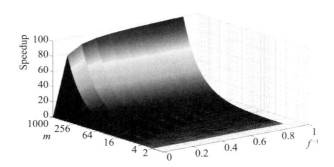

图 3.28　多核架构的存储器约束模型

然而,当我们重新审视约束条件(④ 互连复杂性、⑤ 带宽),可能对多核 CPU 的加速比优化问题产生全新的认识和理解.

基于兰特法则建立与修正加速比模型

1960 年 IBM 公司的工程师兰特(E. F. Rent)发现了基于同质模块构造计算机系统的互联复杂性规律,这就是兰特法则(Rent's Rule),描述为式(3.8):

$$T = kG^\beta \tag{3.8}$$

其中,T 为终端(引脚)数,G 为芯片上的模块(同构核)数,k 为平均每个模块上的终端数,β 是与芯片上并行比例有关的参数[30].

首先借鉴第一性原理推导兰特法则,基于此构造加速比的新模型;接着,结合带宽的兰特法则,建立加速比与带宽的关系模型;最后,利用表格对比展示各个模型的加速比的可比较性质,也举例分析了芯片温度与同质核数的关系.

(1) 互连约束模型(应用 Rent's Rule 描述加速比).

借鉴文献[6]的研究思路,设一个处理器有 m 个核时加速比为 S. 若核数有 Δm 的微小变化,在没有其他信息改变的情况下,我们只能认为加速比的相对变化与核数的相对变化存在比例关系 β,其是与处理器并行比例有关的参数. 近似写作

$$(dS)/S = \beta(dm)/m \tag{3.9}$$

积分得

$$S = km^\beta \tag{3.10}$$

k 为与平均每个核的加速相关的一个常数,类似式(3.3)中的 r,因此 $k = r = 1$. 由于 β 与处理器并行比例有关,可以用 αf(α 为常数)代替. 最终

$$\text{Speedup} = m^{\alpha f} \tag{3.11}$$

令式(3.11)和式(3.6)在 $f = 0.99$ 及 $m = 1024$ 处相等,可计算出 $\alpha \approx 1.0086$,因此令 $\alpha = 1$,对互连约束模型做三维图解,示于图 3.29.

分析可知:相对于图 3.26 与图 3.27,我们的这种加速比估算值,介于固定工作任务模型和固

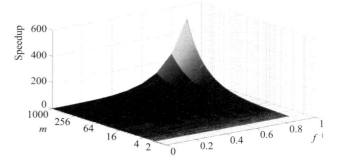

图 3.29　基于兰特法则描述加速比

定时间模型之间.

(2) 带宽约束模型(建立加速比与带宽的关系).

由文献[31]知道:研究 NoC(片上网络)技术得到带宽的新表述

$$B = kG^{\beta} \tag{3.12}$$

在多核处理器中,$k=r$,可以设为 1,G 为芯片上的模块数,相当于多核中的 m,β 可以用 αf 代替.则式(3.12)可以转化为

$$B = m^{\alpha \cdot f} \tag{3.13}$$

将式(3.13)代入阿姆达尔定律中,仍设 $\alpha = 1$,可得

$$\text{Speedup} = \frac{1}{1 - f + \dfrac{f}{B^{1/f}}} \tag{3.14}$$

利用 MATLAB 绘制三维图,得到图 3.30.

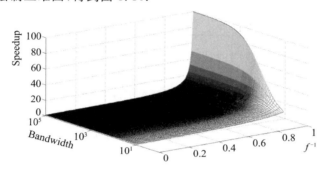

图 3.30 加速比与带宽的关系

分析可知:该加速比的提升,强烈伴随着并行比例趋于 1,同时也给出带宽特性.

(3) 4 种加速比模型的结果比较.

针对前面分析与提出的 4 种加速比模型,在核数 $m = 1024$ 的条件下,分别计算加速比值,列入表 3.7.

表 3.7 4 种加速比模型的结果比较

模型 f	固定任务	固定时间	存储器约束	兰特法则
0.2	1.25	205.60	910.33	4.00
0.4	1.67	410.20	963.80	16.00
0.6	2.50	614.80	1003.12	64.00
0.8	4.98	819.40	1016.07	256.00
0.9	9.91	921.70	1020.46	512.00
0.99	91.18	1013.77	1023.68	955.42

小结:基于固定时间约束模型与存储器约束模型预测多核的加速能力,容易得到估计结果的乐观上限;而我们提出的基于兰特法则的模型计算结果,在并行比例较大时稍小于但接近上述两种模型估计值,却又比固定任务模型的保守结果要好.

(4) 核数与温度的关系.

我们也特别关心多核优化的功耗限制问题[32].

温度单位为摄氏度(℃),TDP 表征处理器可产生的最大功耗;由国际会议文献(Wei Huang,2008 年)得芯片峰值温度与内部核数(m)和总散热设计功耗(TDP)的关系式如下:

$$T_{\max} = \text{TDP} \cdot \left[R_{\text{conv}} + \frac{t_{\text{si}} - t_{\text{iso}(m)}}{kA} + \frac{t_{\text{iso}(m)}}{k} \frac{1}{A(1 - Ca(m))} \left| \frac{1}{1 + jw_s \tau_s} \right| \right]$$

其中,R_{conv} 是热阻,A 是芯片面积.计算得到的结果列入表 3.8 中.

表 3.8 芯片峰值温度值与核数 m 和散热设计功耗 TDP 的关系

TDP m	200W	250W
1	44.0℃	55.0℃
10	40.5℃	51.0℃
100	34.5℃	43.0℃
1000	32.5℃	41.0℃

小结:表 3.8 提示,处理器内的(同构)核数越多,峰值温度越低.

结论

阿姆达尔定律(1967 年)首次基于固定任务约束,概括了加速比跟同质核的数目与并行度的深刻关系.

Gustafson 定律(1988 年)基于固定时间约束,针对工作任务很大的情况,设法提高并行比例,得到较大的加速比.

Sun and Ni 定律(1990 年)的核心建模思想是加入存储器约束,使加速比预测更接近实际峰值.

我们融合阿姆达尔定律和兰特法则思想,提出了一种新的表征多核处理器加速比的方法,经过验证,并行度 f 分别为(0.4,0.8,0.99)时,阿姆达尔定律计算出的加速比分别为(1.67,4.98,91.18),而新表征方法的计算值分别为(16,256,955.42),与固定时间加速模型比较,新方法在大 f 下比较接近估算加速比.

关于同构多核的 NoC 带宽性质和最大温度特性,本工作也给予了数据比较结果,结论是同质多核 CPU 的内部技术驱动,期盼相对高的并行度架构.

多核技术的未来趋向异构多核[32-35],因此本工作权作多核建模优化计算的入门研究(针对同构多核).

3.6 丹纳定律(1974 年)

感谢 R. 丹纳博士及其团队于 1974 年在《IEEE 固态电路杂志》上发表论文《利用超小物理尺寸设计离子注入 MOSFETs》[36].该文所提炼的 MOS 晶体管比例缩小原理(Scaling Principle),可以同时改进晶体管的密度(Transistor Density)、开关速度(Switching Speed)和能耗(Power Dissipation).该比例缩小原理出自 IBM 公司,很快被半导体业界接受为技术路线图,并被 Intel 公司的 M. 波尔院士称为"丹纳定律"(Dennard's Law 或 Dennard's Scaling Law)[37].

本例再现丹纳定律的基本模型与一般模型的建立过程;详解丹纳定律的未来瓶颈:

物理极限;最后总结了丹纳定律的研究意义.

丹纳定律的数学模型

丹纳定律定义为:通过设计缩小 $1/\kappa$ 倍率尺度的 MOS 晶体管,一般可以获得 $1/\kappa$ 倍率的器件或电路参数的缩微(改良).其中,约定比例因子 κ 大于 $1^{[36]}$.

丹纳定律的原始建模思想是:"将较大的器件做得更小,基于自恰的(Self-Consistent)方式缩微,保持满意的电特性."(R. H. Dennard,1972 年)

(1)恒定电场条件的比例缩小.

图 3.31 是丹纳(恒定电场)比例缩小原理示意图.

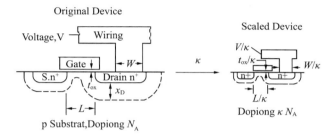

图 3.31 MOS 晶体管和集成电路的(恒定电场)比例缩小原理示意

丹纳定律的公式推演思路:基于几何尺度的等比例缩小和掺杂浓度的等比例放大(因子 $1/\kappa$),分别利用器件或电路参数的基本公式,考虑主要贡献量如栅厚度,微调掺杂浓度和衬底偏置电压,取得器件或电路性能的比例改良.

例如根据一阶(First Order)近似的 MOS 管电流方程有(令源级电压 $V_s=0$)$^{[36]}$

$$I_d' = \frac{\mu_{\text{eff}}\varepsilon_{\text{ox}}}{t_{\text{ox}}/\kappa}\left(\frac{W/\kappa}{L/\kappa}\right)\left(\frac{V_g-V_t-V_d/2}{\kappa}\right)(V_d/\kappa) = I_d/\kappa \tag{3.15}$$

显然,漏极电流 I_d 可以随着栅氧厚度 t_{ox}、沟长 L、沟宽 W 和漏级电压 V_d(电源电压)的等比例缩小(因子 $1/\kappa$)而缩微.式中,μ_{eff} 是等效迁移率,t_{ox} 是栅氧厚度,V_t 是器件开启的阈值电压.

表 3.9 是 R.丹纳博士团队给出的在理想缩小比例条件下的电路性能改变结果.

表 3.9 电路性能(恒场)比例缩小结果$^{[38]}$

	器件或电路参数	比例缩小因子
设计	器件尺度(栅氧厚度、沟长、沟宽)	$1/\kappa$
	掺杂浓度	κ
	供电电压(V)	$1/\kappa$
性能	阈值电压(V_t)	$1/\kappa$
	电流(I)	$1/\kappa$
	电容($C=\varepsilon A/t$)	$1/\kappa$
	延迟(VC/I)	$1/\kappa$
	能耗(电路 VI)	$1/\kappa^2$
	能密(VI/A)	1

由表 3.9 可知:伴随着器件尺寸的比例缩小,器件的开关速率变快(缩放比例 $1/\kappa$),消耗的能量更少(缩放比例 $1/\kappa^2$).

计算可知[36]:

① 晶体管沟道长 L 和宽 W 的缩小,使得单个晶体管面积缩微了 κ^2 倍,因此可能使芯片集成度提高 κ^2 倍.

② 比例缩小原理的潜在约定是:保持 MOS 器件内部的电场恒定.由电场公式推演:

$$E = \frac{V'}{x'} = \frac{V/\kappa}{x/\kappa} = V/x \tag{3.16}$$

所以,缩微前后的电场强度数值保持不变.

③ 重要评价指标——功耗延迟积(Power-Delay Product)受益最多,因其缩小倍数是 $1/\kappa^3$.

④ 能密保持为 1,似乎可以无限制地增加芯片集成度,提示该恒场等比例缩小法则是理想情况.

R. 丹纳博士团队给出了 MOS 管比例缩小关系的实验验证,其性能的优越性显现在图 3.32 中[36].

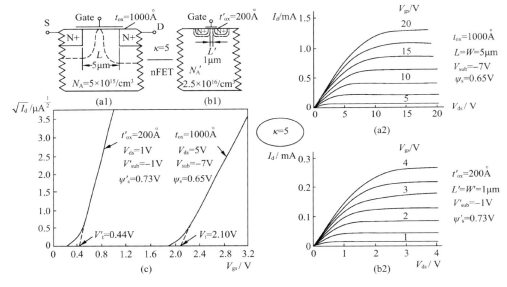

图 3.32 MOS 晶体管比例缩小 1/5 的演示实验结果[36]

从图 3.32 的(a1)到(b1)观察,取比例因子 $\kappa=5$,MOS 管几何缩小 5 倍,衬底掺杂浓度提高 5 倍,结果有 I-V 特性曲线同比缩小 5 倍,在图 3.32(c)中可提取阈值电压 V_t 和 V_t' 值,存在近似缩小 5 倍的关系.其中,ψ_s 是 Si 的表面势(条件:零衬偏压,强反型开启).

(2) 一般条件的比例缩小.

当 MOS 管的沟道长度缩微至 $1\mu m$ 以下时,丹纳定律的恒定电场比例缩微方法将会遇到如下两个问题:

① 由于费米能级的温度依赖性,使得阈值电压随温度的变异涨落约等于 $-1mV/℃$.

② PN 结的内建电势差不能按比例缩小,这将恶化短沟道效应(Short-Channel Effect).

这两点提示我们:阈值电压和电源供电压已不方便继续按照原来的恒场比例条件进行压缩.

1984年,丹纳博士等又提出了一般条件的比例缩小法则,其设计准则(Design Criteria)是:允许局部的场强增加仍保全已缩微器件内的电场和电势分布的形状. 如此做法,仍能按照独立的比例来缩小FET管的物理尺度和供给电压,同时改进了设计的灵活性,并且保持着二维电特性的可控性[38].

针对MOSFET管任意给定的几何尺度和一套边界条件,泊松方程[式(3.17)]定义了电场E/电势ϕ和空间电荷密度q的基本电场关系,它服从于电磁学中的高斯定律;电流连续性方程[式(3.18)]定义了场致漂移、浓度梯度致扩散(还有复合)的总和效应,以电流密度的散度为0来表现物质不灭定律[39].

$$\frac{\partial^2 \phi}{\partial x^2}+\frac{\partial^2 \phi}{\partial y^2}+\frac{\partial^2 \phi}{\partial z^2}=\frac{q(p-n+N_D-N_A)}{\varepsilon_S} \tag{3.17}$$

$$\mathrm{div} J_n = \mathrm{div}(-q\mu_n n\, \mathrm{grad}\phi + qD_n \mathrm{grad} n) = 0 \tag{3.18}$$

在亚阈值条件下,在式(3.17)中忽略电子浓度对于空间电荷区的贡献,则式(3.17)和式(3.18)可解除耦合. 仅考虑式(3.17),将缩微重新定义如下:

电势 $\quad\quad\quad\quad\quad\quad\quad \phi' = \phi/\kappa \tag{3.19a}$

几何尺度 $\quad\quad\quad\quad (x', y', z') = (x, y, z)/\lambda \tag{3.19b}$

掺杂 $\quad\quad\quad\quad\quad (n', p', N_D', N_A') = (n, p, N_D, N_A)\lambda^2/\kappa \tag{3.19c}$

将式(3.19a)~式(3.19c)代入式(3.17)得

$$\frac{\partial^2 \phi'}{\partial x'^2}+\frac{\partial^2 \phi'}{\partial y'^2}+\frac{\partial^2 \phi'}{\partial z'^2}=\frac{q(p'-n'+N_D'-N_A')}{\varepsilon_S} \tag{3.20}$$

显然,式(3.20)就是泊松方程的一般条件比例缩小格式,形式与式(3.17)完全相同.

表3.10给出了一般条件下的比例缩小因子.

表3.10 一般条件下的比例缩小因子与重要的器件物理公式[38]

物理参数	公式(或相关物理量)	比例因子	
		300K	77K
几何尺寸	W, L, t_{ox}, x_j	$1/\lambda$	
电势	Φ_G, Φ_S, Φ_D	$1/\kappa$	
掺杂浓度	N_A, N_D	λ^2/κ	
电场强度	E	λ/κ	
电容	AC_{ox}, AC_j	$1/\lambda$	
电流(线性区)	$(W/L)\mu C_{ox}(V_{GS}-V_T)V_{DS}$	λ/κ^2	
电流(饱和区)	$k_s W C_{ox}(V_{GS}-V_T)v_{sat}$		$1/\kappa$
功耗	$I_D V_{DD}$	λ/κ^3	$1/\kappa^2$
功耗密度	$I_D V_{DD}/A$	λ^3/κ^3	λ^2/κ^2
门延迟	$C_G V_{DD}/I_D$	κ/λ^2	$1/\lambda$
功耗延迟积	$I_D V_{DD} t_d$	$1/(\lambda\kappa^2)$	
线性电阻	$\rho l/A$	λ	
电流密度	I_D/A	λ^3/κ^2	λ^2/κ
时间常数	$R_l C_l$	1	

讨论 λ 和 κ 的选取：$\lambda=\kappa$ 对应于恒场条件；$\kappa=1$ 对应于恒压条件[40-41]；$\lambda\neq\kappa$ 对应于一般条件.

当 $\lambda>\kappa$ 时,最重要的限制将来自：

① 功耗密度,因为比例因子 λ^3/κ^3 成了增长因素.

② 互连线的电流密度,因为比例因子 λ^3/κ^2 也成了增长因素.

对应于恒压条件 $\kappa=1$ 时,可做类同①和②的分析.

图 3.33 给出从 20 世纪 80 年代中期开始统计的缩微因子数据[41]. 缩微因子的平均值是 1.39.

丹纳定律遭遇的物理极限解析

早在 1972 年,C. 米德博士等已经关注微电子学中 MOS 技术的基本极限(Limit)问题[42],认识到 MOS 电路的缩微进程将受到物理现象的最终限制,具体指出超薄栅氧层的隧穿现象以及漏源穿通问题是最为突出的负效应. 该极限分析思想的出现与比例缩小定律的最早提出是在同一年.

MOS 器件比例缩小的长远未来必将遭遇到理论极限(例如,热力学极限和量子极限)和实际极限(例如材料极限)[43].

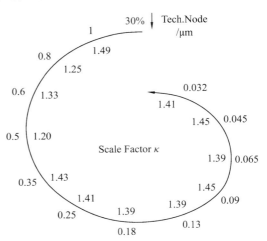

图 3.33 技术代与缩微因子统计数据[41]

如下从器件的二值开关能量——功耗延迟积分析入手,分别讨论热力学极限、量子极限和材料极限,结果归纳为图 3.34,以便理解.

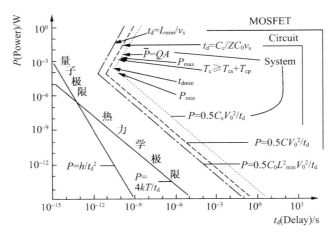

图 3.34 器件开关极限的 P-t_d 关系图解[44]

(1) 热力学极限下的功耗延迟积.

根据波尔兹曼定义熵,结合熵增原理可知：

① 二值开关操作所需的最小能量为 $E_{bmin}\geqslant E_n=\ln 2 kT$,其中,$E_n$ 是热噪声能量,k 是波尔兹曼常数,T 是绝对温度. 典型数据是当 $T=300\text{K}$ 时,$E_{bmin}\approx 1.2\times 10^{-21}\text{J}=7.5\times$

10^{-3} eV.

② 二值开关器件的功耗延迟积 $P \times t_d = E_b$ 取为 $4kT$[44],于是有

$$P = \frac{4kT}{t_d} \quad (3.21)$$

(2) 量子极限下的功耗延迟积.

量子力学测不准原理要求:

① 关系式 $E_b \cdot t_d \geq \frac{h}{4\pi}$ 成立,其中,h 是普朗克常数. 研究延时 $t_d = 10$ ps 时,二值开关能量 $E_b \geq 10^{-23}$ J;而 $0.25\mu m$ 技术代的 MOSFET 的开关能量是 10^{-15} J.

② 代入功耗延迟积,得到 $(P \cdot t_d) t_d \geq \frac{h}{4\pi}$,于是有式(3.22)[44]

$$P = \frac{h}{t_d^2} \quad (3.22)$$

将式(3.21)和式(3.22)画入对数坐标系,得到图3.34(基本的、材料的、器件的、电路的和系统等分层条件下的 P-t_d 限制关系图). 图中左下角是"极限墙垛",不为已知的经典二值器件所占据.

计算在两极限直线交点上的器件的延时 t_d 和沟道长度 L. 因同时满足式(3.21)和式(3.22),得

$$t_d = h/4kT = 6.626 \times 10^{-34}/4 \times 4 \times 10^{-21} (s) = 0.04 (ps)$$

设若该器件中电子以饱和速度穿过沟道,则有沟道长度 $L = v_s \cdot t_d = 10^7$ cm/s $\cdot$ 0.04ps = 4nm.

(3) 硅材料极限下的最小时延和栅氧厚度.

关于材料硅中 Δx 长度内的电子漂移的最小时延 t_d 的计算,由速度定义式有 $t_d = \Delta x / v_s$,其中,$v_s = 10^7$ cm/s 是电子的饱和速度;由电场定义式有 $\Delta V = E_c \cdot \Delta x$,其中,最小供电电压 ΔV 取为热电压,有 $\Delta V = kT/q$,又临界电场强度 $E_c = 5 \times 10^5$ V/cm.

由上述内容可得

$$t_{d-min} = kT/(qE_c v_s) \approx 5 \times 10^{-15} (s)$$

栅介质厚度是最早进入原子量级的器件参数尺度,对 MOS 管的比例缩小至关重要. 参照图3.35分析最薄栅氧厚度[45].

① 为了保证体积 SiO_2 的 8.9eV 能带间隙,必须至少包含两层相邻的 O 原子.

② 注意到图3.35中的顶层(实际与硅衬相连)O 原子是亚氧层,因其不具备最紧邻的 6 个 O 原子.

③ 基于①和②的分析有,最小厚度=1.6Å(联结在衬底的一个 Si—O 键长度)+2×2.7Å(彼此维持键结的相邻 O 层距离)=7Å=0.7nm.

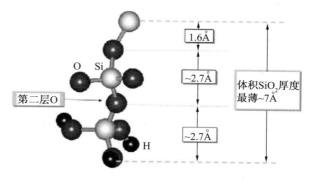

图3.35 SiO_2 的价键结构与最薄栅氧厚度

④ 电子能量损失谱仪的研究结果表明,SiO_2 的最小厚度至少是 2 个单层 Si—O 键的厚度,才能保证满带隙(D A Muller,Nature,1999年).

图 3.36 是来源于半导体技术国际路线图 ITRS 2007 的典型数据,显示了伴随着工艺代节点(栅长)的持续缩微,严峻挑战来自 MOSFET 的栅极漏电流,其很快超过了极限值,并以指数量级增长.解决方案是使用高介电常数的栅介质材料,替代常规的 SiO_2 栅氧.

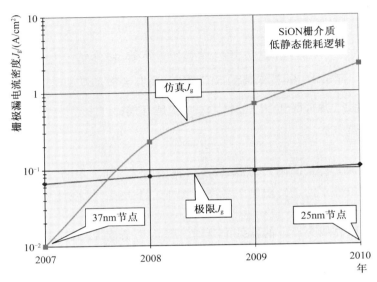

图 3.36　低静态功耗电路中 MOSFET 的栅极漏电流的极限值与仿真值的比较

结论与讨论

丹纳定律首次将几何缩微(Geometry Shrink)与其他重要的参数如功耗延迟积(Power-Delay Products)、芯片互连性能以及集成度联系在一起.具有魔力的缩微因子"1.4"或"0.7x"几乎统领了所有 CMOS 器件参数[41].

与摩尔定律一样,丹纳定律也是微电子学的强有力的驱动力(Driving Force),并被比喻为支撑摩尔定律的基石(Keystone)和跑步机(Treadmill)[46].

微纳电子学中呈现纳米和千兆两个极端:器件结构小至纳米(10^{-9} m)尺度,具备优越性能;芯片集成度增大至千兆(10^9)量级.例如,10^{10} 大小的芯片集成度一定需要纳米尺寸的器件(对比数据:人脑神经元的数量约为 10^{12}).

冲到比例缩微终点之前,分层分析理论和工程极限,是应对各种小尺寸 CMOS 器件负效应的前瞻性方法.其限制从理论至工程分别包括基础(热力学+量子力学)、材料、器件、电路和系统等方面.

讨论:

(1) 较低的功耗延迟积意味着能量较好地被转化成操作速度.

(2) P-t_d 关系图解同时提示作者和读者,现在微电子学业界没有通才,是因为交叉学科的知识总量因积累而过于庞大.

(3) 分层寻优的基础是学科概览,而其出发点是数学建模.

3.7 硅周期(20世纪80年代)

人体生物节律

人体生物节律(Biological Rhythms)被定义为组织内部的周期性的生物涨落(Periodic Biological Fluctuation),其响应于环境变化,例如地球、太阳和月亮等的周期性变化.

人体生物节律在20世纪初已被英国医生费里斯和德国心理学家斯沃博特发现(D L McEachron,2000年).

在100多种人体生物节律中,最著名的包括昼夜节律和人体生物三节律.

昼夜节律(Circadian Rhythm)即周期为24小时的近日律[47].

图3.37是受试者的皮质醇的24小时节律变化图.

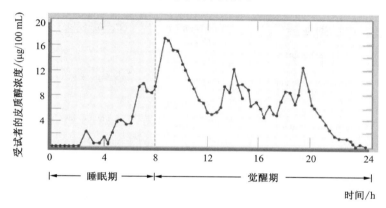

图3.37 昼夜节律:受试者的皮质醇浓度值[47]

皮质醇(cortisol)音译为"可的松",是肾上腺在应激反应里产生的一种类激素,该"应激激素"主要负责糖类代谢.

人体生物三节律为:体力节律(23天)、情绪节律(28天)、智力节律(33天),周期是近月律[48-49].

图3.38是人体生物三节律的变化曲线及其行为表现[48].

一般最应关注的是三根曲线的三重临界点,其附近是体心智的集中低潮临界期.

人体生物三节律的正弦计算法,依据如下两个公式[49]. 令某人在算日的三节律值为 X_i,从生日到算日之间的总天数为 t,已知三节律周期为 $T_i(i=1,2,3)$,则有 $X_i = 100\sin(360t/T_i)$;又有 $t = (365.25 \times A) + Z$. 其中,$A$ 是算日与生日之间的年数差(算日在生日之后为正);Z 是在算日所处年份中,生日与算日的天数差(算日在生日之后为正).

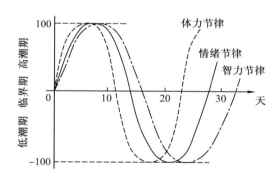

图3.38 人体生物三节律的变化曲线[49]

以三节律与运动成绩的关系举例可知:体力因素影响最显著,参见表3.11[49].

表 3.11　2004 年雅典奥运会 40 名金牌运动员(中国)比赛日及其前 2 天的三节律分布

	体力	情绪	智力
高潮期 60～100	19 人	16 人	14 人
临界期 −60～60	13 人	12 人	13 人
低潮期 −100～−60	8 人	12 人	13 人

实际上,生命的乐章(The Symphony of Life)被时间生物学(Chronobiology)所观察,这些著名的节律发生在不同的组织层次,跨越多个数量级(层级之间相互耦合着),参见图 3.39.其中,通道快离子的工作频率高达 29kHz;人的情爱周期存在"7 年之痒";人的平均寿命长达 78 周岁(以 2001 年美国举例).

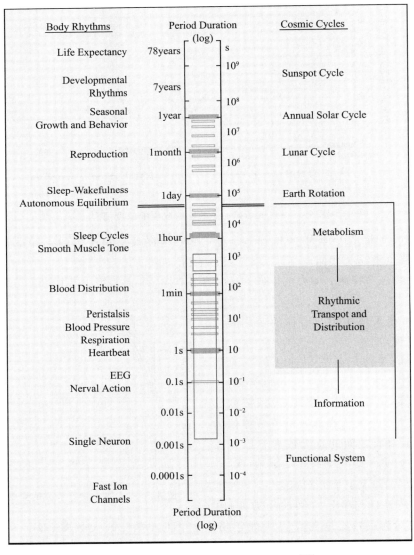

图 3.39　人体节律对比宇宙周期图解[50]

那么,藏在人体中的生物钟(Bioclock)的本质(Internal Mechanism)是什么呢?

《Science》杂志在 2005 年是这样回答的[51]:

"化学反应需要降解和氧化等环境.由于细胞内的空间有限,瞬态划分允许生化反应分时发生于单位空间内."

"令人惊讶和放心"的结果是:生命昼夜节律稳定在 24h 左右,并不随年龄增长而衰减(Science,1999,284:2177-2181).

世界经济浪潮

根据许居衍院士的讲演 PPT(2003 年,上海)重描,给出世界经济增长的长波规律图解,参见图 3.40.

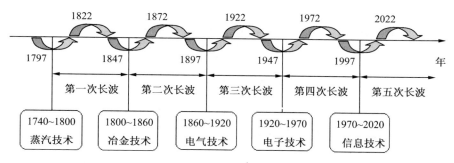

图 3.40 世界经济增长的长波规律

我国在 21 世纪之初倡导发展集成电路产业,实现社会生产力的跨越式发展.此战略机遇期恰好选择在世界经济增长的长波规律中,并与第五次长波上升期同步[52].

1926 年,苏联农业经济学家尼古拉·康迪拉耶夫(Nicholai Kondratieff)发表了他的周期理论:认为西方资本主义经济盛衰的长期循环,倾向于重复一种持续半个多世纪的扩张与紧缩的周期.经济学界一般称其为世界经济周期的"长波理论"[53].

该理论成功地验证了 1929 年和 1987 年经济或股市的大崩溃.

康氏理论认为:长波周期可分为四大部分——上升、见顶、高原和萧条,参见图 3.41[54].

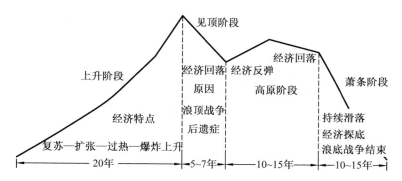

图 3.41 经济长波周期内的亚分期

世界经济波动的本质原因有:市场经济;追求利益最大化;资源供给的有限性.

硅周期

全球集成电路产业一直保持着周期性的上升(繁荣)和下降(衰退),这种周期性的变化称为硅周期,参见图 3.42[55].

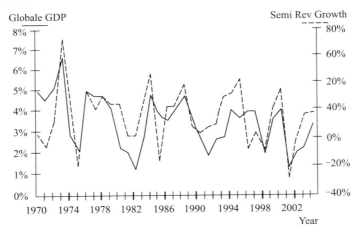

图 3.42　**全球 GDP 和半导体盈收的波动性增长(硅周期:1970—2004 年)**

硅周期的波动规律与世界经济波动规律基本一致,但也受到关键技术出现的影响.其中,供求关系的变化是硅周期存在的主要原因.全球半导体市场的历史平均增长率约为 9%.

半导体行业从 1971 年到 2008 年一共出现 8 次硅周期;SIA 曾预测 2008 年达到了第 8 个循环周期的高峰.2009 年发生了仅次于 2001 年的深度衰退[55-56].

硅周期的主要特点:平均每 4~5 年一个周期,周而复始不曾间断,几乎每隔 10 年出现一个大低谷或者大高峰.

未来,硅周期的特征可能呈现阻尼振荡变化,即峰值及间隔越来越小,界线越来越模糊.

日本 Sony 公司顾问牧本次生博士在 1987 年发现:集成电路产品技术种类有一个循环往复的变化规律,即半导体芯片的结构技术在标准化和定制化之间大约每 10 年发生一次循环变化.该规律被英国著名电子周刊《Electronics Weekly》于 1991 年 1 月称为牧本浪潮(Makimoto's Wave).参见图 3.43[57].

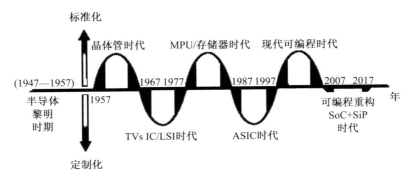

图 3.43　**牧本浪潮(重描,扩展)**

从 1957 年的晶体管时期至今已历经 5 次循环,并迈过第 5 次循环——CPLD/FPGA 时代.

讨论：

(1) 技术能力和需求牵引驱使半导体之摆周期性地晃动在标准产品和定制产品之间.

(2) 为符合"小就是美"的原则(20世纪70年代世界石油危机时提出)，设计集成度追赶摩尔定律的约束——单位成本之下单位面积之内的集成度翻番.

(3) 根据国际半导体技术路线图2005ITRS预测：2007—2017年将跨入可编程可重构SoC+SiP时代，趋向于突破CMOS技术极限的束缚. 其中，系统芯片SoC中主要涉及数字技术，完成信息处理；系统封装芯片主要包含非数字技术，负责与人和环境接口，具体可包容传感器、生物芯片、高压器件、射频发射和被动接收设备、内嵌存储器，以及执行器MEMS等. 自主创新在该领域大有用武之地.

既然基本的热动力学限制(Fundamental Thermodynamic Limits)使摩尔定律难以为继[58]，那么指导后摩尔定律时代的将是什么微纳电子学规律？

答案是许氏循环！

实际上，由中国许居衍院士概括的半导体产业之摆形成的"许氏循环"模型，要比"牧本浪潮"更加细致.

小结

注意自身周期性，结合世界经济运动规律的背景，深入理解硅周期的特点，反思牧本浪潮，想见许氏循环，这些都是青年学子手握健康、了解业界风险、寻求创新机会的优秀的微纳电子学建模例证.

3.8 MOS管的α幂律模型(1990年)

芯片设计师在牵手EDA工具之时，已经在消费MOSFET模型了. 因为，MOS模型是通信车(Communication Vehicle)，提供了IC设计师和工艺厂之间的关键联系[59].

感谢T. Sakurai博士在1990年与加州大学伯克利分校的合作者提出了知名的MOSFET的α幂律模型[60]，其研究范式模仿了Shockley博士的MOS管平方律模型，新模型的突出优点是保持了简明性和解析性，而幂率α的物理意义也陆续得到原创者和改良者的深刻揭示[61-62].

本例学习再现α幂律模型的建立过程；详解幂率α的物理意义. 最后引出HSPICE的MOSFET模型并且予以评述[61-63].

(1) MOS管的α幂律模型.

1952年，Shockley博士发表了描述MOSFET的I-V特性的解析公式，重写为式(3.23)~式(3.25)[61]. 其中，饱和区的I_D-V_{GS}特性被称为平方律MOSFET模型.

$$I_D = 0 \quad (V_{GS} \leqslant V_{TH}, 截止区) \tag{3.23}$$

$$I_D = K\{(V_{GS} - V_{TH})V_{DS} - 0.5V_{DS}^2\} \quad (V_{DS} < V_{DSAT}, 线性区) \tag{3.24}$$

$$I_D = 0.5K(V_{GS} - V_{TH})^2 \quad (V_{DS} \geqslant V_{DSAT}, 饱和区) \tag{3.25}$$

式中，V_{TH}是阈值电压，漏极饱和电压$V_{DSAT} = V_{GS} - V_{TH}$，物理因子$K = \mu(\varepsilon_{ox}/t_{ox})(W/L_{eff})$ (μ是载流子的有效迁移率，ε_{ox}是栅氧的介电常数，t_{ox}是栅氧的厚度，W是栅宽，L_{eff}是有效栅长).

公式(3.24)的推导假设:
① 沟道载流子在横向电场中漂移(速度 $v=\mu E$,内建电场 $E=V_{DS}/L_{eff}$).
② 栅极建模为平板电容[沟道电荷 $Q_{channel}=C_{gate-channel}(V_{gate-channel}-V_{TH})$,栅电容 $C_{gate-channel}=(\varepsilon_{ox}WL_{eff}/t_{ox})$,栅电压 $V_{gate-channel}=V_g-V_c=V_g-(V_s+V_d)/2=V_{GS}-V_{DS}/2$].
③ 若将 $V_{DS}=V_{DSAT}=(V_{GS}-V_{TH})$ 代入公式(3.24),可近似得到公式(3.25)——位于饱和区的平方定律 MOSFET 模型.

如果 MOSFET 的栅长 L 缩小到 $1\mu m$,那么公式(3.25)还能适用吗?文献[60]回答了该问题,参见图 3.44.

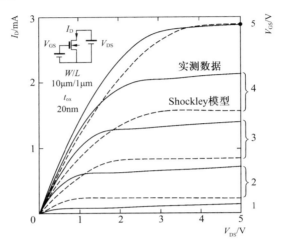

图 3.44 NMOSFET($1\mu m$ 栅长)的 I_D-V_{DS} 特性的实测曲线对比 Shockley 模型[60]

分析图 3.44 得:除了 $V_{DS}=V_{GS}=5V$ 这个点吻合之外,Shockley 模型已经不再适用,例如在饱和区,基于模型的预测数据远小于实测数据.

分析原因:问题出在饱和区的公式(3.25)中的 K 因子里面,因为载流子的有效迁移率 μ 在短沟道条件下减小了(或称遭遇了短沟道 MOS 管的载流子速度饱和问题).

载流子的有效迁移率的经验公式为 $\mu=\mu_0/(1+(E_{eff}/E_0)^n)$,而 $E_{eff}=(Q_B+\zeta Q_m)/\varepsilon_{Si}$. 式中,$\mu_0$ 是低场迁移率,E_{eff} 是有效电场,E_0 是常数,Q_B 和 Q_m 分别是单位面积耗尽电荷与沟道可动电荷. 对 NMOS 管,$n=1.65$,$\zeta=0.5$;对 PMOS 管,$n=1$,$\zeta=0.25\sim 0.3$. 显见,高场迁移率将降低.

为了继承 Shockley 平方律 MOSFET 模型的解析性和简洁性,同时适合准确(误差小于 2%)描述短沟道的 I-V 特性,T. Sakurai 博士(樱井贵康,日本东京大学教授)在 1990 年与加州大学伯克利分校的合作者给出了 MOSFET 的 α 幂律模型[60],其研究思想是改写饱和区的漏极电流表达式,由平方率而成 α 幂率,即假设存在 $I_D \propto (V_{GS}-V_{TH})^\alpha$. 两边取以 10 为底的对数,则有 $\lg I_D \propto \alpha \times \lg(V_{GS}-V_{TH})$,实验结果证实了这个漂亮的假设,参数 α 的提取参见图 3.45.

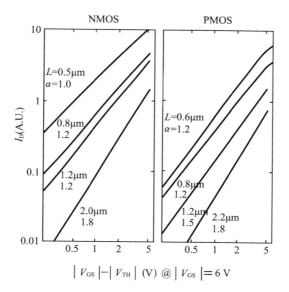

图 3.45 MOSFETs 饱和区的 α 数值的线性表现(不同沟道长度下的实测数据)[60]

α 意义的初步理解:随着沟道长度的减小($L=2\sim0.5\mu m$),α 也恰巧由 2 减小到 1,方便展现短沟道 MOS 管的载流子速度饱和的严重程度. 因此,可以将 α 称作载流子速度饱和指数[60].

樱井贵康教授给出的 MOSFET 的 α 幂率模型解析式重写如下[60]:

$$I_D = 0 \quad (V_{GS} \leqslant V_{TH}, 截止区) \tag{3.26}$$

$$I_D = (I'_{D0}/V'_{D0})V_{DS} \quad (V_{DS} < V'_{D0}, 线性区) \tag{3.27}$$

$$I_D = I'_{D0} \quad (V_{DS} \geqslant V'_{D0}, 饱和区) \tag{3.28}$$

式中

$$I'_{D0} = I_{D0}\left(\frac{V_{GS}-V_{TH}}{V_{DD}-V_{TH}}\right)^{\alpha} = \frac{W}{L_{eff}}P_C(V_{GS}-V_{TH})^{\alpha} \tag{3.29}$$

$$V'_{D0} = V_{D0}\left(\frac{V_{GS}-T_{TH}}{V_{DD}-V_{TH}}\right)^{\alpha/2} = P_V(V_{GS}-V_{TH})^{\alpha/2} \tag{3.30}$$

其中,V_{DD} 是电源电压,I_{D0} 是最大漏极电流($V_{GS}=V_{DS}=V_{DD}$ 时),V_{D0} 是漏极饱和电压($V_{GS}=V_{DS}$ 时).

总结公式(3.26)~式(3.30)给出的 α 幂率解析模型,其仅仅应用 4 个参数:阈值电压 V_{TH}、速度饱和指数 α、最大漏极电流 I_{D0} 和漏极饱和电压 V_{D0};同时保持饱和区的特性描述只用单个函数项. 因此,该模型具备简洁和实用(方便电路仿真之用)的特点.

模型验证:例如,当 NMOSFET 等效沟道长度是 $1\mu m$ 时,α 幂率解析模型和实测比较符合,特性图解参见图 3.46[60].

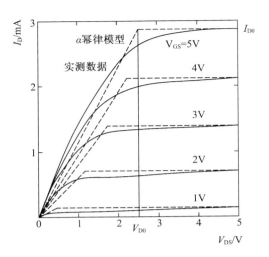

图 3.46 α 幂率解析模型验证的图解
($L=1\mu m$ 的 NMOSFET)[60]

阐述至此,所使用的幂率 α 仍然是提取参数(参见图 3.46),尚缺少与 MOSFET 的几何/工艺参数的解析式联系,因而仍带有经验性,这将影响其进一步的扩展应用. 以下着重研讨针对幂率 α 的物理理解.

幂率 α 的物理理解

樱井贵康教授和曼德尔院士[63]都对幂率 α 的物理解释做过贡献,具体如下.

(1) α 意义的物理解释.

① 研究思路是求解漏流方程 $I_{ds}(x) = -\mu_{eff} W \frac{dV}{dx} Q_i(V)$,式中,$V$ 与 $Q_i(V)$ 分别是沟道中 x 点的准费米势和总的反型电荷密度,得到 $I_{ds}(V_g)$ 的解析表述,其中包括系数 $\beta \approx v_0 L(1+3t_{ox}/W_{dm})/2\mu_{eff}$. 式中,$v_0$ 是常数,W_{dm} 是最大耗尽区宽度.

② 比较 $I_{ds}(V_g)$ 的解析表述和 α 幂率解析模型,成功地提取了幂率 $\alpha = f(\beta)$.

③ 分析至此,α 幂率已经不再是经验值,而是可与 MOS 管的几何(性能)参数相联系的. 图解参见图 3.47.

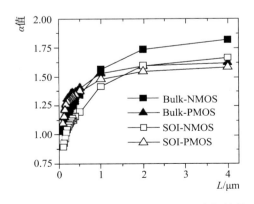

图 3.47 实验提取的 α 值与 MOSFET 沟长的关系

进一步的验证工作将式(3.28)改写为 $I_D = B'W(V_{GS}-V_{TH})^\alpha$. 图 3.48 给出的是三星

0.18μm 工艺下的 α 和 B' 参数提取值,其均值分别为 1.6 和 390;I_{DS}-V_{GS} 特性(漏和正电源之间接入 180Ω 电阻)显示出 MOSFET 的 α 幂率模型优于 H-SPICE 模型.

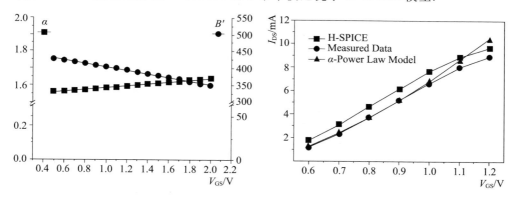

图 3.48 三星 0.18μm 工艺下的 α 和 B' 参数提取值与 I-V 特性比较

(2) α 意义的进一步物理解释.

① 重写 α 幂率模型在饱和区的解析式(3.28)为[63]

$$\left(\frac{V_{GS}-V_T}{V_{DD}-V_T}\right)^\alpha = I_D/I_{D0} \tag{3.31}$$

② 利用考虑亚阈值区域的低功耗 MOSFET 模型的饱和区表达式,化简公式(3.31)的右端,得到式(3.32).在图 3.49 的双对数坐标系中,α 常数随着 V_{DD} 变化,略小于 2.直线斜率 α 提示我们其与实验吻合.其中,$V_T(=V_{th}+\Delta)$ 是阈值电压,因子 η 定义为和栅氧电容 C_{ox} 有关.

$$\left(\frac{V_{GS}-V_T}{V_{DD}-V_T}\right)^\alpha = \frac{V_{DS}(V_{GS}-V_T-(\eta/2)V_{DS})}{V_{D0}(V_{DD}-V_T-(\eta/2)V_{D0})} \tag{3.32}$$

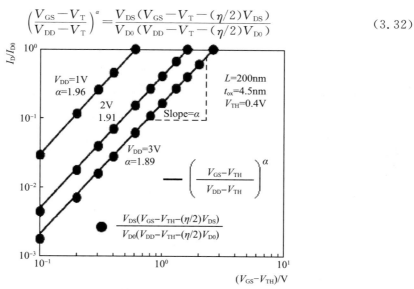

图 3.49 双对数坐标下的饱和区特性的斜率 α 提取

文献[63]给出 $L=0.18\mu m$ 的 MOSFET 的实测数据对比改良的 α 幂率 MOS 模型,结果吻合得很好(图 3.50).其工作针对超薄栅氧条件下的修正,思路是扩展栅氧电容 C_{ox} 的内涵,重新计算验证.

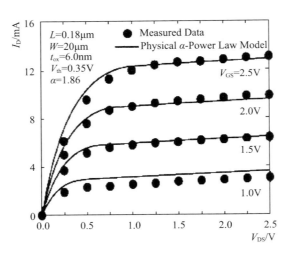

图 3.50 改良的 α 幂率 MOS 模型的 I-V 特性验证

结论与讨论

本例是简单 MOSFET 模型演进的最典型的教学和研究案例. 一个 α 参数,因为放在了指数位置,而称为幂率,因为继承和发展了 Shockley 平方律方程,故称为"α-Power-Law Model". 因之已经和 MOSFET 发生了物理的联系(例如与沟道长度和栅厚度),所以促进了电路仿真的近似估算.

显然,模型的复杂性是速度的"敌人"(Complexity is the enemy of speed). 每位设计者都在进行着如此循环的工作,即尝试→仿真→调整→再次尝试(Try→Simulate→Adjust→Try Again),这无疑要求设计出速度更快的 MOS 模型和电路模型.

已知的 MOSFET 模型谱系(Genealogy)主要体现在 SPICE 类电路仿真器所应用的 MOS 模型. 1998 年由文献[59]给出的 SPICE 类电路仿真器的 MOSFET 模型谱系总结参见图 3.51. 横轴为模型提出或发布年;纵轴为描述直流漏电流的 MOS 模型参数的个数[59]. 为了对比,首先重申参考数据:α 幂率解析模型仅仅应用了 4 个参数.

图 3.51 反映出来的技术规律[59]如下:

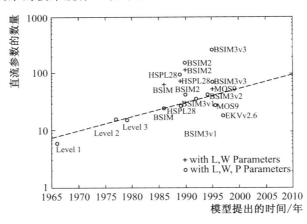

图 3.51 SPICE 仿真用 MOSFET 模型的复杂度统计[59]

(1) 存在明显的轨迹(fairly obvious path)——每 10 年翻一番,类似 Moore's Law.

（2）复杂性日益突出。因为单一模型不可能普遍适用，因此，使用了分区技术以便保证计算的连续性。

（3）日益经验化（数学化）而远离了物理性，不易理解，难于预测工艺变异性。

对于最基础的器件模型而言，因为要适应随比例缩小而来的新问题，其更新频繁。针对 PSICE-MOSFET 的简明解释[64-65]如下：

（1）相对最简单的 Level 1 模型基于 H. Shichman 和 D. A. Hodges 方程，增加考虑了沟道长度调制效应，即是重写 Shockley 模型中的几何与物理因子 $K = \mu(\varepsilon_{ox}/t_{ox})(W_{eff}/L_{eff})(1+\lambda V_{DS})$，式中 λ 是根据经验得到的沟道长度调制因子。

（2）Level 2 模型基于 Grove-Frohman 公式建模，针对沟道长度调制效应和更为精确的阈值电压模型。

（3）Level 3 模型基于经验公式建模，考虑了短沟和窄沟道效应。

（4）BSIM(Berkeley Short-Channel IGFET Model)基于 Shockley 平方律模型，其中，BSIM1、BSIM2 和 BSIM3 模型（对应 Level 13、Level 39、Level 49）考虑了深亚微米器件效应，而 BSIM4（对应 Level 54）则考虑了频变电感等射频应用时的深亚微米器件效应（总的参数数量达 200）。

（5）Level 1 模型因其解析式简单，方便于手工计算电路参数；而到了复杂模型 BSIM 的时代，则难于直接利用 BSIM 模型得到电路关键性能参数的闭合公式。

MOSFET 模型建立方法总结如下：

（1）出发点是抓住三种电荷——栅电荷、体电荷与反型层电荷$[G_G = -(Q_B + Q_I)]$。

（2）求解描述器件特性的三个基本方程（Basic Equations）——泊松方程（Poisson Equation）、电流密度方程（Current-density Equations）、连续性方程（Continuity Equations）。

（3）用好边界条件——新器件、新边界。

（4）处理 MOSFET 建模的策略——应对性能对几何的依赖（the geometry dependence of MOSFET behavior）。例如，量子效应使得载流子密度分布的峰值移离 SiO_2-Si 界面（朝衬底方向约移动 50Å），这可以表征为栅氧厚度的增加$[t_{oxeff} = t_{ox} + 3.5(Q_B + 0.343Q_I)^{-1/3}]$。

关于 MOSFET 模型的未来有如下论述：

（1）某种程度重归物理基础，可以独立反映负效应。

（2）遵循"简单就是美"原则以节约仿真时间。

（3）模型结构分层，方便针对模拟电路进行手工计算。

3.9　金帆定律（1994 年）

TI 首席科学家 Gene Frantz 曾于 2009 年 11 月 9 日在苏州大学电子信息学院做讲座：Power—the Final Frontier for Technology Breakthrough。其间提到 Gene's Law，它描述 DSP 芯片的能耗降低速度，类似于摩尔定律的节奏[66]。功耗降低的极限就是 10E-4 mW/MMAC/s in year 2030。

图 3.52 是文献[66]给出的基因定律（金帆定律），对比图 3.53（来自 IBM 的信息），人脑的潮湿电子学的功耗优势领先机器芯片 10^4。

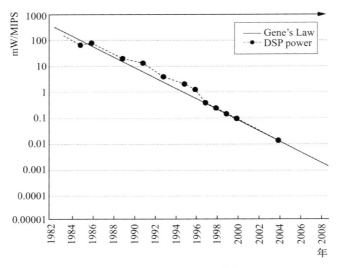

图 3.52 金帆定律图解[66]

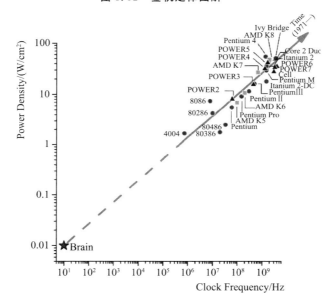

图 3.53 IBM 预测功耗与时钟关系(B Miche,2016 年)

Gene 特别指出[66],大部分的创新将在硬件基础之上的软件内完成,参见图 3.54。图中可能存在 0.618 的优值区域;在可见的未来内,wetware 也会找到相应位置。

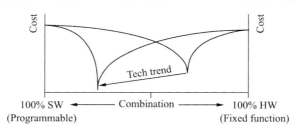

图 3.54 DSP 软硬协同设计[66]

也有定律论述软件进化[67],即 Constructal Law(Adrian Bejan,1995 年).

对于一个有限大小的持续活动的系统,它必须以这种方式发展演进:它提供了一种在自身元素之间更容易访问的流动方式.这就是最优能效方式.

1961 年,IBM 物理学家罗夫·兰道尔(Rolf Landauer)证明,重置 1 比特的信息都会释放出极少的热量,该能量大小即为兰道尔阈值 $kT\ln2$,与环境温度成比例.

1900—2000 年这 100 年间,特征尺寸缩微了一百万倍,参见图 3.55;缩微最终的极限距离是 Si 单晶中原子之间的距离 0.314nm(直接隧穿),参见图 3.56.

乐观看待 50 年后的新发展,单位成本降低是生产量的函数(Wright's Law,1936 年).

幂律的起源仍是一个谜,幂律甚至被某些研究者称为是比正态分布还要正态的分布,幂律的基本特点是标度不变性.

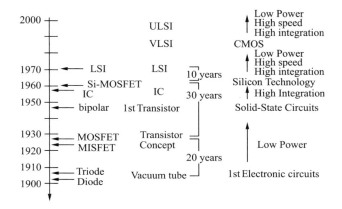

图 3.55　电子器件的进化[68]

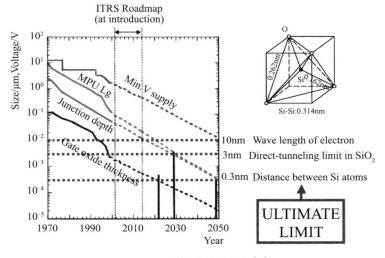

图 3.56　缩微的演进趋势[69]

3.10　海兹定律(2003 年)

全球的照明能耗平均值已经约占电力消耗的 20%.有些国家鼓励固体照明的核心高

亮度 LED(Light Emitting Diode)挺进照明市场,因为固体光源的特点是高效、节能和环保.

从 Agilent 公司退休的科学家 Roland Haitz 拥有在 LED 行业从业 33 年的经历,其于 2003 年阐明了 LED 发光的明亮度演进规律,并成功建模为海兹定律.

驱动海兹定律的主要技术力量包括外量子效率和能耗.本例量化分析了经典的提高 LED 外量子效率的布拉格反射膜方法.

论述顺序:
(1) PN 结的发光机理.
(2) LED 业界的"摩尔定律"——海兹定律.
(3) 红光 LED 简史与提高 LED 外量子效率方法概要.
(4) 应用 MATLAB 计算评价提高外量子效率的典型方法——布拉格反射膜方法.

PN 结的发光机理图解

为方便理解海兹定律(Haitz's Law),首先图解 LED 的发光机理.

应用图 3.57,从 Agilent 公司退休的科学家 Roland Haitz 解释了 PN 结的发光原理[70],摘要如下.

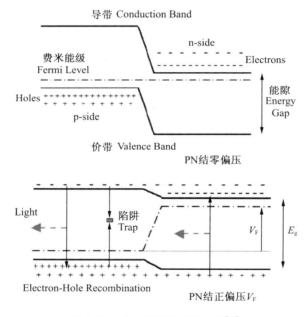

图 3.57　PN 结发光原理示意[70]

在正偏 PN 结中,两侧的多子分别扩散到对侧而成为"注入少子".注入少子与多子复合,才有可能发光.

根据能量守恒定律($h\nu = E_g$)判断:若发红光,则需能带宽度为 $E_g = 1.9\text{eV}$;若要"红到发紫",则必有 $E_g = 3.0\text{eV}$.

根据动量守恒定律考察得:所有的半导体中一般呈现零动量的是空穴;在材料 Si 和 Ge 中,因电子占据最低能级,故鲜有发生"复合发光"所需要的近似零动量;庆幸的是,在 III/V 族半导体材料构成的化合物周期系中,经常有电子也占据近似零动量状态,例如在直接带隙材料 GaAs、GaAlAs、GaInN 和 GaAlInP 中.

当动量方向相反的电子和空穴狭路相逢,见面地点恰好不是晶体缺陷陷阱,复合发光才告成功.

使用发光/非发光的复合平均时间定义内量子效率 $\eta_{int} = \tau_n/(\tau_n + \tau_r)$. 结果对 GaAlInP(650nm)有 $\eta_{int} \approx 100\%$.

至此,LED 有效发光的科技故事刚发生"一半"!因为,PN 结有源层概率均等地向外发射光子,它还需从管芯的内部反射和衬底吸收等外部陷阱中逃逸出来,最后才会被人的眼睛捕获.考虑光子逃逸出封装的概率因子 η_{esc},定义外量子效率 EQE(External Quantum Efficiency)为 $\eta_{ext} = \eta_{int}\eta_{esc}$.

面向固态发光的未来,LED 的内/外量子效率应分别处在数量级 90%～100%、53%～59%.

海兹定律

海兹定律(Haitz's Law):每 18～24 个月单个发光 LED 封装器件输出的光通量将翻一倍(2003 年由 Roland Haitz 预测,被分析数据始于 1965 年).参见图 3.58[70-71].

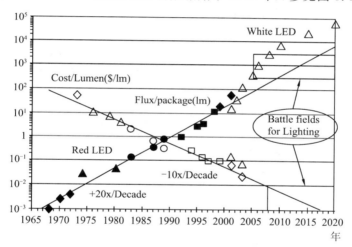

图 3.58 红光和白光 LED 的光通量和成本的演进[70]

统计红光 LED 的发光效率涉及了 30 多年的数据,而成本统计则涉及了 25 年的数据.

表征 LED 性能的发光效率公式为 $\eta_{lum} = 683 R_{eye} \eta_{ext} = 683 R_{eye} \eta_{int} \eta_{esc}$,其中,683 是眼睛对于最敏感的黄绿光 555nm 波长的峰值响应(人眼 555nm 的光通量与光功率换算关系为 1W=683lm),参数 R_{eye} 是关于 555nm 波长处的眼睛响应系数.三参数的分别贡献就造就了红光 LED 的每封装光通量的持续走高,预测白光 LED 的光效提高速度将稳步超越红光 LED 的发展[70].

以 InGaN 与 AlInGaP 两种发光 LED 用的半导体材料为例,其在各峰值波长(光色)下的外部量子效率参见图 3.59(图片来源:Lumileds.com),最理想条件下该效率可逼近 40%.

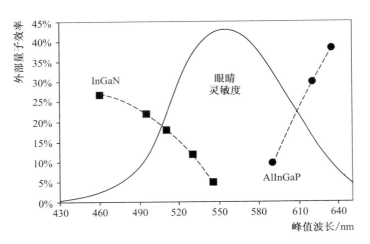

图 3.59　两种典型发光材料的外量子效率

海兹定律(图 3.58)的驱动力(针对红光 LED)图解参见图 3.60.其中,进入新世纪后,光效因素趋缓,功耗因子的贡献率增强.

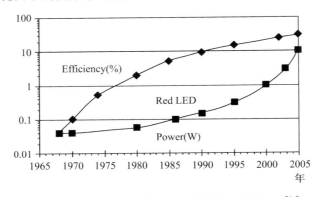

图 3.60　红光 LED 光通量倍增的两种主要驱动力[70]

红光 LED 简史与提高 EQE 方法概要

《固体照明导论》开宗明义:五十多万年前,人类"发明"了燃烧的木头;1772 年发明了煤气照明;1876 年发明了电照明;1938 年发明了荧光灯——人造光源的这些突破带来了现代照明光源的发展[72].

目前 21% 的电能消耗于照明,如若换用高效的固体冷光源,预计到 2020 年,固体照明累计节约的费用将达 1150 亿美元.固体照明用可见光和紫外发光二极管(LED)寿命可望超过 100000 小时.

LED 被称为 21 世纪的固体照明光源,它几乎是整个可见光范围内效率最高的彩色光源.

1962 年,世界上第一只商用红光($\lambda = 650\text{nm}$)GaAsP 发光二极(LED)管由通用电器公司制作成功,它采用液相外延生长(LPE)工艺,单价为 45 美元[72-73].

20 世纪 90 年代后,利用有机金属化学气相淀积(MOCVD)方法制作成功 AlGaInP LED.

区别于传统的内量子效率很低的间接带隙材料 GaP 和 GaAsP,直接带隙发射材料

III/V族磷化物$(Al_xGa_{1-x})_{1-y}In_yP$的发光效率高,光谱覆盖从红光(650nm)到蓝绿光(560nm)。

LED的响应时间小于$1\mu s$,管芯小(500 micron square die),内量子效率已经高达90%以上,发展的瓶颈是外量子效率的提升。因为经过封装后,外量子效率只有30%左右。问题的根源在于存在着晶格缺陷吸收、衬底吸收以及光在出射过程中由于全反射造成的损失等。

如何有效地把光从芯片有源层引出来?典型的提高外量子效率(EQE)的方法及其数据包括[74]:

(1) 生长分布式布拉格反射层技术(EQE=35%)。
(2) 透明衬底技术(EQE从4%提升到25%~30%)。
(3) 衬底剥离技术。
(4) 倒装芯片技术(EQE为35%)。
(5) 表面粗化技术(EQE为22%;侧面粗糙后可达31%)。
(6) 异形芯片技术。
(7) 采用光子晶体结构。

有报道称,红光LED的峰值EQE达到了55%和60.9%[75];近超紫光LED的EQE超过了46.7%[76]。

DBR结构的反射率计算

为了将射向衬底的光发射回表面或侧面,从而减少衬底吸光,提高外量子效率,20世纪80年代由R. D. Burnham等提出了分布的布拉格反射层DBR(Distributed Bragg Reflector)结构,参见图3.61[73]。

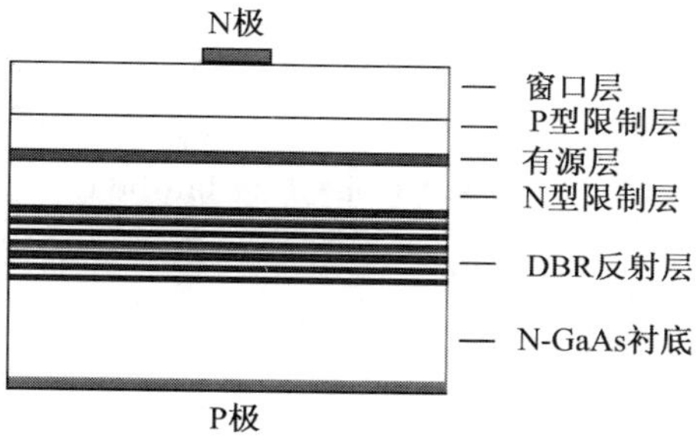

该结构的特点是:

(1) 位于有源层和衬底(折射率n_s)之间。
(2) 周期且交替地生长两种材料(折射率分别是高n_h和低n_l,层数$j=2\times$层对数目)。

图3.61 生长在衬底和外延层之间的分布式布拉格结构[78]

(3) 反射率的简单模型[73]:$R\approx 1-4\exp(-j\times(n_h-n_l)/n_s)$。
(4) 反射率的解析模型[74]:$R=(1-(n_h/n_l)^j n_s)/(1+(n_h/n_l)^j n_s)$。
(5) 基于模系特征矩阵的反射率计算模型:利用矩阵法可将单层膜组合导纳的推导,推广至任意层膜[77-78]。

应用模系特征矩阵,刘文姝硕士计算DBR结构的反射率的MATLAB程序如下[79]:

```
clc;
clear all;
lambda0=590e-9;            %波长(红光)
theta=25*pi./180;          %入射角θ=25度
na=1.0;                    %入射介质(空气)
ns=1.52;                   %出射介质(玻璃)(衬底GaAs,3.5)
nh=3.52;                   %h层反射介质材料$Al_{0.6}Ga_{0.4}As$
```

```
nl=3.32;                                              %l 层反射介质材料 AlAs
ns_eff=ns./sqrt(1-sin(theta)^2/ns^2);                 %导纳法计算耦合等效折射率
nh_eff=nh./sqrt(1-sin(theta)^2/nh^2);                 %P 波(primary wave)对应于点除
nl_eff=nl./sqrt(1-sin(theta)^2/nl^2);
na_eff=na./cos(theta);                                %S 波(secondary wave)则将点除换为
                                                        乘法
dh=lambda0./4/nh/cos(theta);                          %h 层厚计算
dl=lambda0./4/nl/cos(theta);
lamb=380;%start                                       %定义可见光波长和计算步长
lamf=780;
dd=1.0;%step
lamnum=(lamf-lamb)/dd+1;
for k=1:lamnum                                        %耦合迭代
    lambda=lamb+(k-1)*dd;
    C=[1,0;0,1];                                      %构造矩阵
    B=[1;ns_eff];
    xh=2*pi*1e9/lambda*nh*dh*sqrt(1-sin(theta)^2/nh^2);
                                                      %h 层相位厚度
    Ah=[cos(xh),i*sin(xh)/nh_eff;i*nh_eff*sin(xh),cos(xh)];
                                                      %h 层特征矩阵
    xl=2*pi*1e9/lambda*nl*dl*sqrt(1-sin(theta)^2/nl^2);
                                                      %l 层
    Al=[cos(xl),i*sin(xl)/nl_eff;i*nl_eff*sin(xl),cos(xl)];
                                                      %l 层
    for j=1:20                                        %j=20 层 DBR 结构,每层对数被定义
                                                        为 h+l
        C=Al*Ah*C;
    end
    C=Ah*C;
    C=C*B;
    r=(na_eff*C(1,1)-C(2,1))/(na_eff*C(1,1)+C(2,1));
    R(k)=r*conj(r);                                   %膜系的反射率
    T(k)=1-R(k);                                      %膜系的透射率
end
wave=lamb:dd:lamf;                                    %定义横坐标
plot(wave,R);                                         %出图参见图 3.62
hold on;
plot(wave,T,'r');
```

程序输出的反射率和透射率如图 3.62 所示.

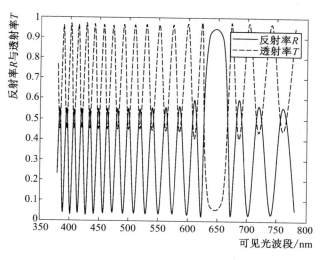

图 3.62　程序输出的反射率和透射率

图 3.63 是 DBR 结构外量子效率计算模型的三种表现.计算条件设定为 25°入射,P 波;分析图形显示的峰值反射率 R,结果是反射层数不宜过低(至少应大于 10).

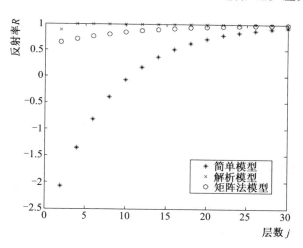

图 3.63　DBR 结构外量子效率计算模型比较

图 3.64 是入射角度影响反射率峰值及波长的计算结果,小角度入射可保证反射率 R 较大.入射角实取 25°,对应反射率峰值波长为 650nm.

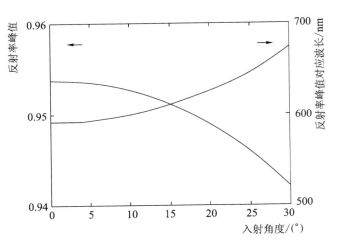

图 3.64 入射角度影响反射率峰值及波长

理论上,当 DBR 结构中两种材料的折射率差越大,膜系的层数越多,反射率可接近 100%.

实际上,由于膜层中的吸收和散射损耗限制了介质膜系的最大层数,反射率反而下降.

本次光学设计的结构模型是:采用 $Al_xGa_{1-x}As$ 和 AlAs 两种材料($x=0.6$)[79],考虑到结构的设计复杂度和经济因素,采用 20 层结构,能够得到较为优化的有实验背景指导的计算结果.

小结

类似于摩尔定律仍在指导着 IC 前进的集成速度一样,海兹定律已经是 ITRS 2007 承认的照亮 LED 固体照明未来的微纳电子学定律之灯.具体通过一个计算实例,初步解析了基于 DBR 结构提高 LED 外量子效率 EQE 的"外特性".

3.11 想法定律(2014 年)

How can you win success? Yes by SYNTHESIS, said the author's peer, in 2007, Kasparov, the former world chess champion.

One interesting ideal assessment model of idea was born here as we knew that: IQ (Intelligence Quotient, W. Stern, 1912), EQ (Emotional Quotient, W. L. Payne, 1985) and AQ (Adversity Quotient, P. G. Stoltz, 1997). Now I defined [Stoltz, P. G. Adversity Quotient: Turning Obstacles into Opportunities (Wiley, New York, 1997)]: DQ as doctor quotient meaning focused synthesis attitude on doing with three hearts of Ambition, Kindness and Perseverance.

To set the maximal values as:

(1) DQ=A+K+P=1+2+4=7 and (2) DQ=IQ+EQ+AQ=1+2+4=7.

Then had the IDEA law as

(3) IDEA=(I+E)/(D−A)=(I+E)/(I+E)≡1, wherein ONE represents

success.

But while the IQ, EQ, and AQ and DQ leap up and down randomly between zero and their maxima, then through running MATLAB program I can illustrate six results in Figure 3.65. Into 6-sub-figures the nests may catch freedom golden ratios for every quotients inputs but touch pity the lower IDEA-peak outputs.

In brief, IDEA may be the most important single indicator describing the sense of success for every champion of their lives.

For further reading please search meeting paper titled: FOMs of Consciousness Measurement.

In Figure 3.65 Chaotic IQ, EQ, and AQ and DQ don't embrace larger IDEA indexes only if with balanced values and proportions in 4Q just like Kasparov once emphasized in his book in 2007 compared with truth-Q versus lie-Q and their complementary lie-truth law in the author's doctoral dissertation in 2009.

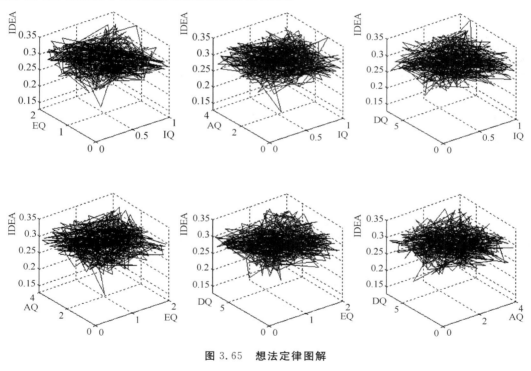

图 3.65 想法定律图解

3.12 本章小结

理想和现实之间的确存在矛盾,但建模有技巧,正如 John von Neumann 曾经总结的那样:"The sciences do not try to explain, they hardly even try to interpret, they mainly make models. By a model is meant a mathematical construct which, with the addition of certain verbal interpretations, describes observed phenomena. The justification of such a mathematical construct is solely and recisely that it is expected to work."

统计定律的总的发展顺序是从线性到非线性,多数呈现非线性.

线性规律包括:

欧姆定律(1827 年):反映电压、电流和电阻三边形(变量)关系的电学规律,是电子器件和电路设计、表征及评价的基础.

丹纳定律(1974 年):将较大的器件做得更小,基于自恰的(Self-Consistent)方式缩微(约 0.7 倍),保持满意的电特性,是 MOS 晶体管的比例缩小法则.

硅周期(20 世纪 80 年代):全球集成电路产业一直保持着周期性的上升(繁荣)和下降(衰退)(短周期约 4~5 年)的经济学规律.

想法定律(2014 年):关联智商、情商和挫商,定义博商,给出成功与众商数的关系式.

非线性规律包括:

兰特法则(1960 年):芯片外互连的数量正比于芯片内逻辑门数量的指数幂率,类似的非线性幂率在脑代谢中亦有表现,无疑说明技术/科学的复杂性的相因性和回归性.

良率幂律模型(1963 年):指数规律,妙在指导可靠性设计.

阿姆达尔定律(1967 年):强调因并行而加速.

摩尔定律(1965 年):单片集成电路内的晶体管数量的指数级别增长规律(以 CPU 为例,每 1.5 年集成度翻一番;以模拟电路为例,每 5 年集成度翻一番),它是微纳电子学的经济学驱动力.斯坦福大学教授乔库梅(J Koomey)研究能源效率,发现了库梅定律(Koomey's Law,2011 年):每隔 18 个月,相同计算量所消耗的能量将减少一半.

MOSFET 模型 α 幂律(1990 年):饱和区漏极电流的解析值正比于栅压变形($V_{GS} - V_{TH}$)的 α 幂律(α 介于 2 和 1 之间),该模型方便于"手算"入门.

金帆定律(1994 年):简言之就是 DSP 的功耗性能比每隔 5 年将降低为原来的 1/10.

海兹定律(2003 年):每 18~24 个月单个发光 LED 封装器件输出的光通量将增长一倍,该规律被喻为 LED 业界的"摩尔定律".

记住工艺化学中的费克定律(1855 年),它是描述分子热运动扩散的通量或速率的基本定律.记住分析半导体温度特性的原始模型:阿伦尼乌斯公式.

正如 Abraham Lincoln 于 1862 年所言:"We Cannot Escape History".

受试者在做敲击键盘实验时,反应时存在无法跨越的绝对界限——100ms,无论进行多少次训练,这种时间极限就像一堵无法逾越的"生物墙"(图 3.66).

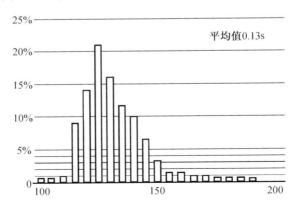

图 3.66　听觉简单反应时(单位:ms)(波佩尔,2000 年)

讨论：施密特触发器是由美国科学家施密特（Otto Herbert Schmitt）于 1934 年发明的，它是研究鱿鱼神经脉冲传播的直接成果. 当时施密特只是一个研究生，后来他于 1937 年在博士论文中将这一发明描述为"热电子触发器"(Thermionic Trigger). 他的主要合作者，都是诺贝尔奖得主. 正是受惠于反复研读他的传记，从而得到启发与灵感，著者提出与推动脑健康微电子学，推出系列电路. 建议我们共同记住："Some people are in it for the money, others for pleasure, still others for power. Me, I'm into ideas."（Otto Herbert Schmitt, 1977 年.）

在脑脑接口体系中，EEG 脑机接口所积累的 10 年的（下行）信息传输率（Information transfer rates, ITR）研究数据，已于 2015 年被清华大学的学者刷新了，参见图 3.67[80]. 该信息传输率显然受限于正常的脑功耗（本质受限于供氧和血糖）表现，二次计算却表明，保守估计的 ITR 的指数增长律模型是更新的脑健康微电子学期盼.

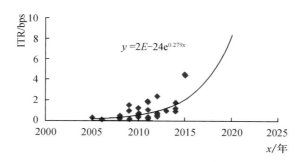

图 3.67　EEG 类脑机接口的信息传输率的建模与预测

3.13　思考题

1. 诗人汪国真说："规律是大技巧，技巧是小规律. 大家注意规律，小家注意技巧."您如何理解？
2. 张爱玲说：出名要趁早！这与定律统计有联系吗？
3. 爱因斯坦的著名公式 $E=m \cdot C^{2.05}$，其中的"零头"说明什么？
4. 最好的科技乃是组合四种要素而诞生的：科学家的责任感、想象力、直觉和创造力. 您怎么看？

3.14　参考文献

[1] Geddes L A, Geddes L E. How did Georg Simon Ohm do it？[J]. IEEE Engineering in Medicine and Biology Magzine, 1998, 17(3)：107－109.

[2] 陈怀琛. MATLAB 及其在理工课程中的应用指南[M]. 西安：西安电子科技大学出版社，2004：1－100.

[3] Gupta M S. Georg Simon Ohm and Ohm's Law[J]. IEEE Transactions on Education, 1980, 23 (3)：156－160.

[4] Lanzerotti M Y, Fiorenza G, Rand R A. Interpretation of Rent's rule for ultralarge-scale integrated circuit designs, with an application to wirelength distribution models[J]. IEEE Transactions

on Very Large Scale Integration (VLSI) Systems,2004,12(12):1330—1347.
[5] Landman B S,Russo R L. On a pin versus block relationship for partitions of logic graphs[J]. IEEE Trans. on Comput. 1971(C-20):1469—1479.
[6] Christie P,Stroobandt D. The interpretation and application of Rent's rule[J]. IEEE Trans. on VLSI Systems,Special Issue on System-Level Interconnect Prediction,2000,8(6):639—648.
[7] Donath W E. Placement and average interconnection lengths of computer logic[J]. IEEE Transactions on Circuits and Systems,1979,26(4):272—277.
[8] Feuer M. Connectivity of random logic[J]. IEEE Trans. Comp. ,1982(C-31):29—33.
[9] Zhirnov V V,Cavin R K,Hutchby J A,et al. Limits to binary logic switching scaling:a gedanken model[J]. Proceedings of the IEEE,2003,91(11):934—1939.
[10] Cavin R K,Zhirnov V V,Herr D C,et al. Research direction and challenges in nanoelectronics[J]. Journal of Nanoparticle Research,2006,8(6):841—858.
[11] Laughlin S B,Sejnowski T J. Communication in neural networks[J]. Science,2003,301:1870—1874.
[12] Stapper C H,Armstrong F M,Saji K. Integrated circuit yield statistics[J]. Proceedings of the IEEE,1983,71(4):453—470.
[13] Moore G E. What level of LSI is best for you? [J]. Electronics,1970(43):126—130.
[14] Stapper C H,Rosner R J. Integrated circuit yield management and yield analysis:development and implementation[J]. IEEE Transaction on Semiconductor Manufacturing,1995,8(2):95—102.
[15] Stapper C H. Modeling defects in integrated circuit photolithographic patterns[J]. IBM Journal of Research and Development,1984,28(4):461—475.
[16] Koren I,Koren Z. Defect tolerance in VLSI circuits:techniques and yield analysis[J]. Proceedings of the IEEE,1998,86(9):1819—1836.
[17] Koren Z,Koren I. On the effect of floorplanning on the yield of large area integrated circuits[J]. IEEE Transactions on VLSI Systems,1997(5):3—14.
[18] Moore G E. Cramming more components onto integrated circuits[J]. Electronics,1965,38(8):698—703.
[19] Halfhill T R. The mythology of Moore's Law[J]. IEEE Solid-State Circuits Society Newletter,2006,20(3):21—25.
[20] Orsak G C,Treichler J R,Douglas S C,et al. Our Digital Future:The Infinity Project[M]. N J:Prentice-Hall,2004:1—100.
[21] Voller V R,Porte-Agel F. Moore's Law and numerical modeling[J]. Journal of Computational Physics,2002(179):698—703.
[22] 刘晶,李文石. 摩尔定律的数学模型与应用[J]. 电子技术,2009(9):29—30.
[23] Powell J R. The quantum limit to Moore's Law[J]. Proceedings of the IEEE,2008,96(8):1247—1248.
[24] Peters L. 32纳米:光刻、晶体管技术的变革[J]. 集成电路应用,2008(3):50—55.
[25] 李文石. 固态电路设计的未来:融合与健康[J]. 中国集成电路,2007(9):8—18.
[26] Gelsinger P. Moore's law:the Genius lives on[J]. IEEE Solid-State Circuits Society Newletter,2006,20(3):18—20.
[27] 黄国睿,张平,魏广博. 多核处理器的关键技术及其发展趋势[J]. 计算机工程与设计,2009,30(10):2414—2418.

[28] Xianhe Sun,Yong Chen. Reevaluating Amdahl's law in the multicore era[J]. Journal of Parallel and Distributed Computing,2010,70(2):183-188.

[29] Hill M D,Marty M R. Amdahl's law in the multicore era[J]. Computer,2008,41(7):33-38.

[30] Gustafson J L. Reevaluating Amdahl's law[J]. Communications of ACM,1988,31(5):532-533.

[31] Greenfield D,Banerjee A,Jeong-Gun Lee,et al. Implication of Rent's rule for NOC design and its fault-tolerance[J]. Networks-on-Chip,2007,7(9):283-294.

[32] 郝松,都志辉,王曼,等.多核处理器降低功耗技术综述[J].计算机科学,2007,34(11):259-263.

[33] 邓让钰,陈海燕,窦强,等.一种异构多核处理器的并行流存储结构[J].电子学报,2009,37(2):312-317.

[34] 张饶,武晓岛,谢学军.透过专利看微处理器的技术发展(四)——中国专利中的多核技术演进分析[J].中国集成电路,2009(4):83-89.

[35] 陈国良,吴俊敏,章锋,等.并行计算机体系结构[M].北京:高等教育出版社,2002:1-100.

[36] Dennard R. Design of ion-implanted MOSFETs with very small physical dimensions[J]. IEEE Journal of Solid State Circuits,1974,SC-9(5):256-268.

[37] Bobr M. A 30 year retrospective on Dennard's MOSFET scaling paper[J]. IEEE Solid-State Circuits Society Newletter,2007,12(1):11-13.

[38] Davari B,Dennard R H,Shahidi G G. CMOS scaling for high performance and low power:the next ten years[J]. Proceedings of the IEEE,1995,83(4):595-606.

[39] Baccarani G,Wordeman M R,Dennard R H. Generalized scaling theory and its application to a 1/4 micron MOSFET design[J]. IEEE Transactions on Electron Devices,1984,ED-31:452-462.

[40] Sze S M. Semiconductor devices,physics and technology[M]. 2nd Edition. NY:John Wiley & Sons,Inc.,2002:1-100.

[41] Chatterjee P K,Hunter W R,Holloway T C,et al. The impact of scaling laws on the choice of n-channel or p-channel for MOS VLSI[J]. IEEE Electron Device Lett.,1980,EDL-1:220-223.

[42] Kumar R. The business of scaling[J]. IEEE Solid-State Circuits Society Newletter,2007,12(1):22-27.

[43] Hoeneisen B,Mead C. Fundamental limitations in microelectronics-I. MOS technology[J]. Solid State Electronics,1972,15(7):819-829.

[44] Meindl J D. Physical limits on gigascale integration[J]. Journal of Vacuum Science & Technology B:Microelectronics Processing and Phenomena,1996,14(1):192-195.

[45] Hei Wong,Hiroshi Iwai. On the scaling issues and high-κ replacement of ultrathin gate dielectrics for nanoscale MOS transistors[J]. Microelectronic Engineering,2006(83):1867-1904.

[46] Yoshio Nishi. Impact of scaling and the scaling development environment[J]. IEEE Solid-State Circuits Society Newletter,2007,12(1):31-32.

[47] Weitzman E D,Fukushima D,Nogeire C,et al. Twenty-four-hour patterns of the episodic secretion of cortisol in normal subjects[J]. Journal of Clinical Endocrinology and Metabolism,1971,33:13-22.

[48] Latman N. Human sensitivity,intelligence and physical cycles and motor vehicle accidents[J]. Accident Analysis and Prevention,1977,9(2):109-112.

[49] 赵颖,叶榛,周芳芳.人体生物节律优生辅助系统的研究与实现[J].计算机工程与应用,2005(19):196-198.

[50] Moser M,Fruhwirth M,Kenner T. The Symphony of Life[J]. IEEE Engineering in Medicine and Biology Magazine,2008,27(1):29-37.

[51] Tu B P,Kudlicki A,Rowicka M,et al. Logic of the yeast metabolic cycle:Temporal compartmentalization of cellular processes[J]. Science,2005,310(5751):1152-1158.

[52] 李文石,谢卫国.苏州市集成电路产业的发展研究[J].中国集成电路,2004(4):56-61.

[53] 明枫.康迪拉耶夫长波理论(之一)大波浪周期[J].证券导刊,2005(37):80-81.

[54] 明枫.康迪拉耶夫长波理论(之二)长波九个阶段[J].证券导刊,2005(38):81-82.

[55] 俞忠钰.关于我国集成电路产业未来发展思考[J].中国集成电路,2006(2):15-21.

[56] 俞忠钰.变革与创新——半导体产业应对金融危机的策略思考[J].中国集成电路,2009(11):14-20.

[57] 李文石.集成电路核心技术自主创新进程预测(上)[J].中国集成电路,2007(12):11-18.

[58] Packan P A. Device physics:pushing the limits [J]. Science,1999,285(5436):2079-2081.

[59] Daniel F. MOSFET modeling for circuit simulation[J]. IEEE Circuits and Devices Magazine,1998,14(4):26-31.

[60] Sakurai T,Newton A R. Alpha power law MOSFET model and its applications to CMOS inverter delay and other formulas[J]. IEEE Journal of Solid-State Circuits,1990,25(2):584-594.

[61] Shockley W. A unipolar field effect transistor[J]. Proceedings of the Institute of Radio Engineers,1952,40(11):1365-1376.

[62] Sakurai T,Newton A R. A simple MOSFET model for circuit analysis[J]. IEEE Transactions on Electron Devices,1991,38(4):887-894.

[63] Bowman K A,Austin B L,Eble J C,et al. A physical alpha-power law MOSFET model[J]. IEEE Journal of Solid-State Circuits,1999,34(10):1410-1414.

[64] Weste N H E,Harris D. CMOS VLSI Design:a Circuits and Systems Perspective[M]. 3rd Edition. N J:Pearson Education,Inc.,2005:1-100.

[65] Grove A. Physics and Technology of Semiconductor Devices[M]. NY:Wiley,1967:1-366.

[66] Gene Frantz. Digital signal progressor trends[J]. IEEE Micro,2000(11-12):52-59.

[67] Bejan A,Lorente S. The Constructal law and the evolution of design in nature[J]. Physics of Life Reviews,2011(8):209-240.

[68] Iwai H. CMOS downsizing toward sub-10nm[J]. Solid-State Electronics,2004(48):497-503.

[69] Nagy B,Farmer J D,Bu Q M,et al. Statistical basis for predicting technological progress[J]. Plos One,2013,8(2):1-7.

[70] Kramer B. Adv. in Solid State Phys[M]. Berlin:Springer-Verlag Berlin Heidelberg,2003:1-100.

[71] 茹考斯卡斯,舒尔,加斯卡.固体照明导论[M].黄世华,译.北京:化学出版社,2006:1-100.

[72] 齐云,戴英,李安意.提高发光二极管(LED)外量子效率的途径[J].电子元件与材料,2003,22(4):43-45.

[73] 占美琼,吴中林,吴恒莱,等.提高LED外量子效率[J].激光与光电子学进展,2007,44(12):61-67.

[74] Krames M R,Ochiai-Holcomb M,Hofler G E,et al. High-power truncated-inverted-pyramid $(Al_xGa_{1-x})_{0.5}In_{0.5}P/GaP$ light-emitting diodes exhibiting ≫50% external quantum efficiency

[J]. Applied Physics Letters,1999,75(16):2365—2367.

[75] Sakuta Hiroaki,Fukui Takeshi,Miyachi Tsutomu,et al. Near-ultraviolet LED of the external quantum efficiency over 45% and its application to high-color rendering phosphor conversation white LEDs[J]. Journal of Light and Visual Environment,2008,32(1):39—42.

[76] 尹树百. 薄膜光学[M]. 北京：科学出版社,1987:1—100.

[77] 林永昌,卢维强. 光学薄膜原理[M]. 北京：国防工业出版社,1990:1—100.

[78] Jianjun Xu,Haiping Fang,Zhifang Lin. Expanding high reflection range in a dielectric multi-layer reflector by disorder and inhomogeneity[J]. Journal of Physics D:Applied Physics,2001,34(4):445—449.

[79] 于晓东,韩军,李建军,等. 复合布拉格反射镜高亮度 AlGaInP 发光二极管[J]. 半导体学报,2007,28(1):100—103.

[80] Xiaogang Chen,Yijun Wang,Masaki Nakanishib,et al. High-speed spelling with a noninvasive brain-computer interface[J]. Proceedings of the National Academy of Sciences,2015(10):1—10.

第 4 章

微纳电子学表达

"在学术领域,出版物就像硬通货币,其是学术成果的基本表现形式."《Science》杂志前主编 D. Kennedy(Stanford University 前任校长)如是说.

英国诗人 F. 朗布里奇(1849—1923 年)也曾说:"两个人从同一个栅栏望出去,一个看见泥土,一个看见星辰."(钱钟书谓云泥之别).

猜想:一个人可能是研究新手;而另一位,可能就是论文的同行评审专家(Peer-Reviewer).

作者以中年学者的成长心态,为力所能及逐步加速提高微纳电子学的研究表达水平,促使成果信息流动书写本章,内容具备"文约而旨丰"和"文简而理周"的特征.

本章的论述顺序是:① 科学研究 ABC;② 科技写作精要;接着列举 9 个实例,分别涉及 ③ 本科论文;④ 硕士论文;⑤ 博士论文;⑥ 中文综述论文;⑦ 英文学术论文;⑧ 省自然科学基金申请书;⑨ 国家自然科学基金申请书;⑩ 发明专利申请书;⑪ 调查研究报告.最后凝练本章小结,提供主要思考题.

4.1 科学研究 ABC

何为研究? 根据维基百科,梗概"研究"为何.图解参见图 4.1.

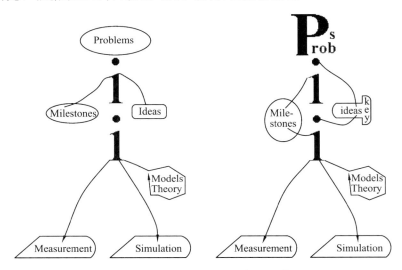

图 4.1 科学研究的三个支柱扩展模型

研究(Research)被定义为应用智力探索未知世界的人类活动；描述一个特殊选题(Subject)的信息的全部收集过程，也称为研究. 原创研究(Original Research)贵在追求新知.

研究经常遵循"沙漏模型"(Hourglass Model)：始于广谱的搜寻，通过该项目方法学这一沙漏瓶颈，聚焦所需要的信息，然后，以结果和讨论的形式，拓展该研究工作.

研究过程包括以下步骤：找选题、做假设、定义概念、定义操作、收集数据、分析数据、测试比较、修正假设、给出结论. 如有必要，重复前述步骤.

研究类型可概括为：探索、建设、实证. 其中，探索性研究，旨在构造和识别新问题；建设性研究，针对某一问题寻找解决方案；实证研究，则应用实验证据，检查解决方案的可行性(Feasibility).

作者研究的宗旨、理念和体会包括(启发图解参见图 4.2)：

（1）宗旨："努力多读书，终生为人民！"(巴德年院士赠言)

（2）赠言：锲而不舍(中国优秀畅销书作家李德林高级工程师题字).

（3）口号：学百家，成一家，为大家.

（4）理念：选题就是生命，方法就是世界，实验室就是家.

（5）研究入门三部曲或四重奏：(暗示)→(模)仿→改(造)→(创)造.

图 4.2　挖井漫画(1983 年中国高考作文题图，作者张新华)

（6）选题追求绅士风度：迥异于"近邻".

（7）以深广的学科交叉为基础，做集成创新[1-2].

（8）研究节奏：3 个月文献，7 个月实验，2 个月解释.

（9）科技写作宗旨：结构严谨，实事求是，惜墨如金(随时拿着 Occam's Razor).

（10）科研促进教学. 例如，研究院士系列纵论生物医学微纳电子学教育.

（11）微电子系统设计人才培养方法：

① 集成电路设计师的培养，可以借鉴一个著名的比喻例证. IC 设计师、IC 设计公司和 IC 制造商的关系，好比作家、作协和出版社的关系. 最重要的还是迎合受众口味的产品或作品，这称为系统拉动.

② 系统芯片设计师的培养，必须抓住系统选题、架构、算法、工具、设计和调试技巧，包括验证、综合与测试等关键训练环节. 相对理想的训练包括数学线、工具线、外语线和系统线.

总之，科学研究是一部分人的一种生存状态；健康的生活需要科研成果的拉动，科研氛围的健康需要有识之士共同营造.

4.2　科技写作精要

选题优先考虑新颖、别致、巧妙的研究工作，通过一个非常简单的路径、通过对方法的巧妙改进而得到某种可靠结果的研究工作，以及将一个领域知识巧妙应用于另一领域的研究工作.

应注意信息量和篇幅.例如,J. Watson 与 F. Crick 发现 DNA 双螺旋结构,1953 年 4 月 25 日发表在《Nature》上的论文只有 500 字、1 幅线条图和 6 篇参考文献.

《Science》杂志的稿件录用倾向:文章应是关于科学的原始创新和评论;共同的思维线缕(the Common Thread)是,所论述的工作应该揭示新的概念(Novel Concepts),对科学共同体具有广泛的重要性.

学术论文必须经过同行评价,标题、摘要、关键词、引言和参考文献,基本上决定了论文能否被期刊采纳和能否引起读者的兴趣.

好文章=5C. 即

Clear:思路清晰,概念清楚,层次清楚,表达清楚.

Complete:内容完整,结构完整匀称.

Correct:内容正确,资料数据正确,语言正确.

Concise:论述深刻,充分揭示其科学内涵,使用定量方法.

Consistency:一致性,强调逻辑自洽.

施敏院士在苏州大学讲学时,曾面授机宜:"撰写专著或论文,每个句子不能超过 25 个字. 我的书平均每句话有 12~15 个词."

"完美"的微纳电子学(IC)论文标准究竟如何呢?

Silicon Laboratories 的 Axel Thomsen 在 2005 年的 ISSCC 论文集中论述到:"针对某一具有比较常规功能的电路,提出一个新的电路框架,引入一个非常巧妙的晶体管级设计技巧,给出完备的电路特性测量结果数值,其超过旧有解决方案的关键指标多达 10dB,所有此类由研究生撰写的目标清晰的技术论文,都可以讲授于世界技术论坛. 任何国际会议的组织专家、参加学者与工程师,必将拭目以待此类新技术的涌现."

关于怎样写出一篇好的 ISSCC 论文,《Microelectronic Circuits》的作者 Ken Smith 教授给出的建议是:

(1) 具备新概念:有原创的或革新的观点,推进了技术水平(State-of-the-Art),适合 ISSCC 选题范围.

(2) 革新至少包含下述其一:电路(Circuit)、架构(Architecture)、新的系统实现方法、新技术应用、不低于最好的已知性能指标.

(3) 倒叙:论文写作开始于结论. 先概论自己团队重要的已测数据,同其他专家的相关工作做比较;然后,回填(Backfill)该论文前面的模块.

(4) 聚焦关键观点,利用优值(Figure-of-Merit)评价本工作异于他人的创新.

(5) 可资利用的版面只包括:摘要(325 个字符)、正文(7200 字符)和(最多)6 张图表.

2011 年,江苏省教育评估院认为,一般可从如下七个方面衡量硕博研究生学位论文的创新(简记为新法—简法—严证—纠错—验证—体系—新题):

(1) 用新的理论或方法解决前人所未解决的问题.

(2) 以较简单的方式解决前人使用复杂的方式所解决的问题.

(3) 严格证明了一个未曾严格证明的问题.

(4) 纠正了前人的错误,诸如提法的错误、结论的错误、解决方法或者途径的错误.

(5) 首次实验验证或者改进性地验证了理论上的预言.
(6) 将零星的知识综合化或者系统化,或扩大了原先某一体系或系统所概括的内容.
(7) 提出一个甚有意义的新问题,即使自己目前未能解决它.

作者关于如何写好论文的心得如下:

0. 摘要

摘要＝背景＋目标＋方法＋结果＋结论

1. 引言

引言＝研究背景＋存在问题＋研究目的＋理论基础＋结论要点＋论文框架

导入特征＝准确＋清楚＋简洁＋经典文献＋自我贡献＋术语解释

2. 材料和方法

材料＝药品＋受试＋仪器

材料特征＝清楚＋准确＋具体方法＝研究步骤＋实验条件＋受试选择＋随机盲法＋材料选择＋干预措施＋方法理由＋实验程序＋测量结果＋统计方法

方法特征＝详略得当＋重点突出

3. 结果

结果＝结果图表＋结果描述＋（结果评论）

结果特征＝概括提炼＋受试数量＋原始数据＋统计数据＋图文并茂

4. 讨论

讨论＝解释结果＋推论结果＋研究展望＝回顾预期＋概论发现＋成果特色＋它山之石＋研究局限＋结果意义

讨论特征＝重点突出＋简洁恰当＋理论意义＋可推广性＋实事求是

5. 结论

结论＝研究论点＋结果内涵＋结果应用＋研究局限＋研究展望

结论特点＝浓缩论点＋瞻前顾后

6. 致谢

致谢应具体.

7. 参考文献

参考文献应新.

写好英语科技论文的诀窍:主动迎合读者期望,预先回答专家可能的质疑,做尽可能多的测试以让人信服.所能找到或设计的测试例越多,你的工作就越会被其他人所接受和使用(周耀旗,2007年).

基金材料撰写中的框图的重要性:

(1) 框图在表示顺序关系和因果关系方面极富表现力.

(2) 最好用框图的形式表示出本项目研究的几个方面是通过什么技术路线来完成的,一步完了下一步又将干什么,它们之间的内在联系与逻辑联系是什么,最终是否可以达到你所需要的总的目标.

可以说论文作者的任务,就是让审稿专家把"斧子"放在桌子下.《牛津英语》科技英语部分的执笔者梅达沃爵士认为:简洁、中肯、明晰乃科技文体三大主要品质.研究者就是戴着科技写作约束的"镣铐",进行着专业的总结.总之,通过平时的训练与科研实战的不断锤炼,未来的微纳电子学家也许可以尽早地成为论文写作的行家.

4.3 本科论文举例

题目:基于 Multisim 10.0 测试混沌现象的研究
作者:陈凌峰
指导:李文石
摘要:

Multisim 10.0 是一个完整的设计工具系统;混沌现象是一种复杂的系统现象.

研究目标:一是熟悉一款仿真工具(Multisim 10.0);二是利用蔡氏电路观察混沌现象;三是为 Buck 电源电路中的混沌现象做入门级的建模.

本工作首先介绍混沌现象的基本概念,然后叙述仿真测试的研究流程与意义;作为 Multisim 10.0 工具的入门训练,利用两个典型例子演示其工具自带的表头功能;以演示并阐述蔡氏电路中的混沌现象作为提高研究;最后,测试 Buck 电路中的混沌现象并且开展建模训练.

总共熟悉了 6 种虚拟仪器表头,训练了 5 个自变量,针对输出电压和纹波分别建立了简单模型.

通过本实验,掌握了 Multisim 10.0 仿真工具的基本使用方法,了解了混沌电路的基本工作原理,实验建立了 Buck 电路中的混沌现象影响下的电路特性的简单模型,得出电容数值对抑制混沌现象的贡献相对较大.

关键词:仿真测试;虚拟表头;混沌;蔡氏电路;并联 Buck 电路;建模
目录:

第一章　绪论
　　1.1　混沌概念
　　1.2　仿真技术概述
　　1.3　Multisim 10.0 入门
　　1.4　实验研究内容与特点
第二章　实验基础
　　2.1　测量基本原理
　　2.2　虚拟仪器概要
　　2.3　软测量表头功能演示
　　2.4　本章小结
第三章　蔡氏电路的仿真分析
　　3.1　蔡氏电路简介
　　3.2　蔡氏电路的搭建
　　3.3　混沌现象分析
　　3.4　本章小结
第四章　并联 Buck 电路的仿真研究
　　4.1　并联 Buck 电路简介

4.2　并联 Buck 电路的仿真测试
   4.3　并联 Buck 电路混沌研究
   4.4　本章小结
第五章　结论与展望
参考文献
致谢
附录 1　Multisim 10.0 的精简手册建立
附录 2　在 Excel 中的建模方法总结
（正文略.）

4.4　硕士论文举例

题目：近红外耳穴信号特征有效性与计算复杂性的研究

作者：李雷

指导：李文石

摘要：

通过优化算法挖掘信号潜在的特征，以便使其更有效地进行 ASIC 识别和应用，是模式识别目前发展的一个趋势.

本文的工作目标有以下两点：

一是基于虚拟仪器，获取近红外耳穴信号，从而重现微笑和平静两种认知状态时映射人脑的耳穴信号特征的可识别性.

二是以蔡氏电路为对象，考察和分析电路参数变化引起电路功耗变化的特征，并将此特征与人脑的功耗特征相结合，探索人脑的电路模型.

论文的主要内容有以下四点：

（1）基于 MATLAB 和声卡，开发新型的最简化硬件，采集人脑近红外耳穴信号. 通过已有的算法分析耳穴信号，再现平静和微笑时，额颞耳穴信号的差异性.

（2）进一步研究蔡氏电路混沌行为，重点考察蔡氏电路电感参数变化导致其纯阻功耗变化的特征，探究混沌特征变化与电路功耗变化的关系.

（3）从非线性角度出发，分析额颞耳穴近红外信号特征，研究人脑认知状态的变化与人脑激发混沌特征的辩证关系.

（4）以蔡氏电路纯阻功耗为相似对象，以人脑处于四种认知状态时消耗的近似功率为数据匹配参照，构造人脑的蔡氏电路模型.

研究结论认为：本工作针对额颞耳穴信号特征，先借助最简化虚拟仪器再现了微笑比平静时人脑额颞区消耗更低的功耗，进而通过非线性特征判别方法发现了正向情绪能够激发人脑的混沌行为，最后借助蔡氏电路纯阻的功耗特征以及内在的指数特征，建立了人脑在四种认知状态的蔡氏电路模型.

关键词：人脑；近红外耳穴信号；MATLAB；蔡氏电路；功耗；非线性

目录：

第一章　绪论

1.1　脑认知理论及其研究方法
1.2　耳穴脑区反射理论及其研究方法
1.3　计算信号有效特征的方法
1.4　研究工作与创新点
第二章　基于 Mini 接口的简化虚拟仪器设计
2.1　Mini 接口的简化虚拟仪器的硬件设计
2.1.1　提高信号灵敏度
2.1.1.1　选择单波长特征
2.1.1.2　寻找传感管角度
2.1.2　训练阻抗匹配
2.1.3　调整发射管的输出功率
2.2　Mini 接口的简化虚拟仪器的软件设计
2.2.1　简化虚拟仪器界面设计
2.2.2　声卡与近红外采集电路接口软件设计
2.2.3　采集信号分析处理
2.2.3.1　基于 MATLAB 抑制噪声
2.2.3.2　叠加均值差值算法
2.3　平静和微笑状态下人耳额颞穴的点频特征提取
2.4　本章小结
第三章　蔡氏电路纯阻的功耗特征分析
3.1　蔡氏电路纯阻的耗散功率特征
3.1.1　蔡氏电路的电感调整
3.1.2　蔡氏电路的电阻调整
3.2　利用混沌同步电路验证功耗特征
3.3　本章小结
第四章　近红外额颞耳穴信号非线性特征分析
4.1　双路无损探测人脑认知信号
4.2　人脑近红外耳额颞穴区信号非线性特征
4.2.1　最大李雅普诺夫指数
4.2.2　功率谱方法
4.2.3　关联维数
4.2.4　非线性特征分析
4.3　本章小结
第五章　人脑认知行为的蔡氏电路模型
5.1　模型的数据采集窗口
5.1.1　类积分法
5.1.2　李雅普诺夫指数
5.1.3　微窗口分割法和 P 分数
5.2　蔡氏电路 R1 的功率特征提取

  5.2.1 调整电感获得近似最小功率点
  5.2.2 调整电阻获得最小功率点
 5.3 建立人脑模型
 5.4 本章小结
第六章 总结与展望
 6.1 总结
 6.2 展望
参考文献
攻读硕士学位期间发表的论文
致谢
（正文略.）

4.5 博士论文举例

题目：无损测量人脑神经递质技术研究及其系统实现
作者：李文石
导师：时龙兴
摘要：

  21 世纪进入了脑科学研究的时代.脑神经信息是经由神经元化学突触的神经电脉冲与神经化学递质传递的.无损检测脑神经电生理的技术主要是脑电测量；无损检测脑神经化学递质主要基于磁共振谱仪.鉴于磁共振谱仪技术复杂而且波谱窗口狭窄，为便于间接检测神经递质这类内源性化学物质，需要发展新的无损测量技术，以利于神经化学分析研究，进而推进脑科学的快速发展，满足安全防范和预防医学等领域的应用要求.

  本文综合应用生物组织光学、中医耳穴理论、信号处理和模式识别理论与微电子系统集成技术，进行无损测量人脑神经递质技术研究.建立基于磁共振仪脑测谎的谎实比率模型，研究并利用近红外耳穴信号，指导提取该信号的小波特征与多重分形特征，重点检验两个特征应用于测谎的准确率，以此无损间接测量人脑额区颞区神经递质的整体内源作用；设计实现验证系统与微电子系统，设计相应的专用芯片.

  论文首先概述人脑神经递质的特点，分析无损测量人脑神经电学、化学与结构的成像技术优缺点.通过分析脑神经血管耦合规律、近红外脑成像规律与耳穴诊疗理论，搭建了研究工作的基础.基于磁共振仪研究人脑测谎，旨在观察脑额区颞区的氧离血红蛋白的应激功能，建立谎实比率模型，为近红外耳穴信号特征建模的准确性研究提供证据.提取近红外额颞耳穴信号超低频特征.根据脑神经递质的超慢振荡特性和神经血管耦合规律进行特征建模，具体选取反射脑额区和颞区的额颞耳穴，采集 940nm 单波长的近红外透射光强信号，直接提取近红外光谱的小波超慢成分特征和多重分形特征，主要表征耳动脉血的氧合血红蛋白色基之于近红外光的吸收涨落，间接检测脑额区颞区神经递质的整体内源作用（即偏向兴奋或抑制）.为了研究特征模型的准确性，邀请志愿者参加测谎/抑郁/微笑实验.完成特征验证的微电子系统采用了传感模块、嵌入式微处理器系统和 FPGA 连接数字 ADC.

论文主要创新工作包括：(1) 基于磁共振仪进行脑测谎,建立了谎实比率模型(即说谎脑耗氧大于诚实脑耗氧).(2) 利用了近红外耳穴信号(即选取额颞耳穴处的 940nm 近红外透射信号).(3) 基于近红外耳穴信号的小波超低频的几何特征,得到了谎实互补比率规律,以小波超低频系数平方和所构建的能量特征支持了谎实比率模型;以小波能量特征来表征疲劳的钙诱导实验,结果支持神经递质的钙激活特性;小波超低频谱的多重分形特征适合于检测抑郁和微笑.(4) 建立了两种验证系统(PC 系统和嵌入式系统),得到的测谎准确率下限是 83%,处理过 600 组测谎原始数据.(5) 以 FPGA 连接数字 ADC(基于施密特非门振荡器,输出脉冲边沿陡直并且容易控制得到较低频率)实现了小波特征的验证微电子系统.最后,完成了基于 SMIC $0.18\mu m$ 1P6M CMOS 工艺的专用芯片设计,给出了主要性能参数.

本工作提取了近红外耳穴信号的新特征,建立了特征验证的系统与微电子系统,主要针对测谎应用,为无损间接测量人脑额颞区神经递质做出了新的实验设计与系统实现,也为进一步加强对比测量实验和加速构建相关的 SoC 及系统应用奠定了基础.

关键词：神经递质;超慢谱;脑神经血管耦合;额颞耳穴;近红外测量;小波特征;多重分形特征;测谎;测抑郁/微笑;准确率;微电子系统

目录：
第一章　绪论
  1.1　课题背景与研究意义
  1.2　研究现状与最新进展
  1.3　论文工作及其创新点
参考文献
第二章　近红外耳穴信息研究理论基础
  2.1　脑神经血管耦合规律
    2.1.1　建模方法概述
    2.1.2　时频耦合规律
    2.1.3　超慢频谱分析
  2.2　近红外脑血氧成像基础
    2.2.1　基本光学原理
    2.2.2　连续波算法
    2.2.3　NIRS 谱图分析
  2.3　耳穴反射诊疗理论基础
    2.3.1　耳穴概念沿革
    2.3.2　耳穴诊疗原理
    2.3.3　耳穴信息特点
  2.4　本章小结
参考文献
第三章　基于 fMRI 脑认知测谎建立谎实比率模型
  3.1　fMRI 脑测谎原理与方法
    3.1.1　脑测谎原理

3.1.2　脑测谎方法
　3.2　谎实比率模型建立与验证
　　3.2.1　模型建立
　　3.2.2　模型验证
　3.3　fMRI 脑测谎实验
　　3.3.1　预备实验
　　3.3.2　实验改进
　3.4　fMRI 脑测谎讨论
　3.5　本章小结

参考文献

第四章　基于小波和多重分形两特征识别近红外耳穴信息
　4.1　模式识别原理
　4.2　两种新特征模型建立
　4.3　小波特征测谎实验
　　4.3.1　测谎算法综述
　　4.3.2　测谎预备实验
　　4.3.3　测谎小波特征
　　4.3.4　小波特征讨论
　4.4　小波多重分形特征测抑郁实验
　　4.4.1　抑郁测量
　　4.4.2　微笑测量
　4.5　本章小结

参考文献

第五章　近红外耳穴信息识别系统实现及其 ASIC 设计
　5.1　微机验证系统实现
　　5.1.1　数据采集硬件选择与设计
　　5.1.2　传感子系统设计指标寻优
　　5.1.3　数据处理软件设计
　5.2　微处理器验证系统实现
　　5.2.1　硬件平台
　　5.2.2　软件设计
　　5.2.3　测谎实验数据分析
　5.3　小波特征的 FPGA 验证系统实现与 ASIC 设计
　　5.3.1　系统设计指标
　　5.3.2　模块性能分析
　　5.3.3　系统仿真比较
　　5.3.4　测试数据分析
　　5.3.5　ASIC 设计
　5.4　本章小结

参考文献

第六章　总结与展望

　　6.1　总结

　　6.2　展望

博士期间取得的成果

致谢

（正文略.）

4.6　中文综述论文举例

题目：DSP 算法 ULSI 架构设计方法学

作者：李文石

摘要：

IC 设计师在驾驭 EDA 工具进行正向设计时，为达到最优化需把握设计技巧，理应谙熟 DSP 算法 ULSI 架构设计方法学，在设计约束矛盾丛中寻求平衡与和谐的哲学本质，而对双向折中映射的贡献以变换 DSP 算法为最大，以变换 ULSI 架构次之.本文结合图表与计算，概论 DSP 算法优化和 ULSI 架构优化方法.

关键词：DSP 算法；ULSI 架构；映射；评价函数；优化

1. 引言

航天、医疗和安全业界的问题牵引，驱动数字信号处理（DSP）走过经典与现代，奔向智能计算与实时测控的融合，进而日益增强着 DSP 算法的时间和空间复杂性，迫使 ULSI 超大规模集成的 ASIC 专用集成电路架构优化，演进为由 DSP 算法驱动的正向设计方法学.

自顶向下的正向设计，在每个阶段都要重视映射评价，设计的开始要继承一些逆向设计思维.此间每一次向下映射的贡献，首先来自 DSP 算法变换，其次来自 ULSI 架构变换.

正向设计的竞争力，首先来自 10 万～20 万片以上的 ULSI 规模 ASIC 的牵引，其次来自数学技巧的合理应用，同时要重视 EDA 工具的熟练使用和升级培训.

DSP 算法起源于 17 世纪的有限差分、数值积分和数值插值等经典算法.

运作 ASIC 正向设计流程，其间每一次向下的阶段性设计环节，都可以概括为映射这个概念.映射的数学本质就是变换.

指导映射的评价函数的一般构造方法是：巧妙组合所映射的下一层中的关键技术指标，构造生成一个单调变化的新参数.

重视以评价函数寻优的引导地位，其中，问题建模的作用类似大脑；算法优化的作用优于架构优化的作用.设计工程师不但应该谙熟主流正向设计工具，更应该以评价函数为基础，从 DSP 算法切入，抓住算法 A（Algorithm），直奔算法集成电路 ASIC 的 ULSI 架构优化主题.

ULSI 架构这一概念的提法，可以认为模仿了计算机组成架构的分析理念.

ULSI 架构主要描述 ASIC 的内部电路模块，是以怎样关联着的平面结构网络摆在管芯之中的，它类似于建筑物的平面图纸.

我们较早熟悉的是围绕单 CPU(核)所构建的 ASIC 的内部平面网络.应该熟悉的是 ASIC 内部网络必须是和谐的,包括数据流、控制流和关键存储体的良性快速互动.

未来必将面临的是由二维架构升级为三维架构.

计算学科的分化突显科学发展和知识演化与时俱进的趋势.

图 1 示出 DSP 算法驱动 ULSI-ASIC 架构优化的正向设计环路.下面结合图表分别概论 DSP 算法优化和 ULSI 架构优化方法.参考文献[1—4].

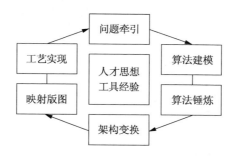

图 1　DSP 算法驱动 ULSI-ASIC 架构优化的正向设计环路

2. DSP 算法概论

算法定义为将一组数据变换到另外一组数据的方法.DSP 算法的基本内容是变换和滤波.其研究意义在于信息处理、识别和挖掘.

DSP 典型算法:相关、卷积、滤波、运动估值(ME)、离散余弦变换(DCT)、矢量量化(VQ)、动态规划、抽取和插值、小波等.

DSP 算法的优点:区别于 ASP,在温漂和工艺上具鲁棒性,字长控制精度,本质无误差(放大信号同时消噪);区别于其他通用计算,需要实时吞吐率(采样率),且由数据驱动.

DSP 算法的运算:乘积、加法、延迟(寄存).基本公式为积和运算

$$Y_n = \sum_{i=0}^{m} a_i X_{n-i}$$

DSP 算法图示:主要框图包括数据流图 DFG(基于计算节点与有向边,聚焦最长计算路径,聚焦迭代边界,DFG 可变换,更接近实际架构,调度并发实现至并发硬件)、信号流图 SFG(可转置,仅描述线性单速率 DSP 系统)、数据流图、依赖图 DG(展示并行和数据流,可变换,描述脉动阵列).框图的意义是,展示并行性和数据驱动,展示时间折中和空间折中,启发探索架构选择(通过算法变换).

DSP 算法实现:CPU(单、双、多)、DSP(基于一种 RISC)、ULSI-ASIC(架构变换和优化)、FPGA(算法变换、可编程、中等颗粒)、CPLD(可编程、大颗粒).

DSP 集成指标:空间和面积、吞吐率和钟频、功耗、量化噪声和舍入噪声.

DSP 研究思路:DSP 算法变换和优化、ULSI 架构变换和优化、DSP 算法变换与 ULSI 架构变换联合优化.除特别指明应用于 FPGA 之外,其余均聚焦服务于 ULSI 优化设计.

3. DSP 算法优化

各种 DSP 算法的本质是积和(SoP)公式变形,构造方法是系数缩放、变量扩增、变量平移、积和扩增、积和映射以及各方法的组合等.例如,自相关(麻省理工学院,1951 年)基

于变量平移和变量扩增.

林林总总的快速 DSP 算法,借助于公式和数学定理进行化简和逼近,基于子运算、重复性、规律性和并行性分解要点,热衷于以和代积.例如,FFT 算法(Cooley and Tukey,1965 年)巧妙利用了 DFT 变换中旋转因子 W 的周期性和对称性.

以下揭示 DSP 算法设计和 ULSI 集成架构实现之间的关系,认真分析特定算法的内在特征(对称性、并行性、模块性和信号流机制),灵活尝试算法变换,优化 DSP 算法使之并行化、模块化和层次化,降低其时间和空间复杂度,从而提速降耗.此间的数学技巧概论如下(参见表 1).

表 1 DSP 算法的典型应用

序 号	种 类	年 份	特 点
1	旋转	1956 年	没有乘法
2	分布	1973 年	分离乘数
3	缩减	1977 年	以和代积
4	超前	1977 年	消解递归

(1) 坐标旋转.

1956—1971 年,采用坐标旋转的算法得到开发和统一.该算法的基础是在直角坐标、柱坐标和双曲线坐标系中做坐标旋转,根据被计算函数的特点选取三种坐标系之一.坐标旋转算法对应的架构,只需加法、移位和迭代等基本操作,无须乘除运算.DSP 算法基于坐标旋转易于组合出创新架构.

(2) 分布计算.

概念:分布计算(Croisier,1973 年)是算法变换优化的经典范例,用于设计矢量乘法元架构.

方法:矢量经由二进制编码,内积重新排序与混合,基于查找表(LUT),实现与乘数无关,结果使乘法运算"分布"成为读 ROM 且加权累加.

用途:卷积和 DCT 的实现.

(3) 强度缩减.

采用层次映射,改变算法描述.变换利用子结构共享或数字拆分(加性和乘性),减少更强运算数量,以增加更弱运算数量为代价;或减少计算冗余.在 ULSI 实现中,相应架构可减少面积和功耗;在可编程 DSP 实现中,能缩短迭代周期.较早的文献出现于 1977 年.

(4) 超前变换.

意义:利用分解技术,消解递归运算的反馈回路,使能流水和并行,保持高的硬件利用率和处理速度.较早的文献出现于 1972 年.

算法:基本思想是提前迭代 $M-1$ 次以便产生并行性,把单一串行计算变换成 M 个独立的并行计算,则采样率变成 M 倍.

分类:① 聚类超前:为实现超前流水的线性增长方式,传递函数分子分母同乘以所需的积和累加项,以便添加可相消的极点和零点;② 离散超前:仅区别于聚类,相乘以 1 与积和累加项之差;③ 弛豫超前:针对自适应数字滤波器的流水,基于对超前变换的某种近似,是一种随机性质的变换技术,分为三类(可组合使用),即和近似、乘积近似和延时近似,特点是以自适应性能微小下降为代价,基本没有增加硬件负担.

4. ULSI 架构优化

实际需求的 DSP 的吞吐率与计算能力及性能之间存在两条鸿沟,基于架构(包括可重构)是重要解决方案.因此,DSP 算法变形(逼近)优化在先,然后直接或组合映射 ULSI 架构.评价标准可参考 ULSI 架构全局模型的三要素:网络几何结构 G、处理单元 F、网络定时 T.

优秀的 DSP 算法适配到合理的 ULSI 架构是创新过程,通用法则急需总结.应特别注意:DSP 算法得以 ULSI 实现的有效性,决定于算法内部数据流的复杂性.

已知 DSP 算法基于 DSP 积、和的元架构,设计 ULSI 系列高层次架构的方法可概论为 8 种,具体如表 2 所示.

表 2　ULSI 8 种基本架构的发明应用

序　号	种　类	年　份	特　点
1	转置	1975 年	缩短路径
2	管线	1976 年	时间并行
3	并行	1976 年	空间并行
4	阵列	1978 年	PE 空间并行性
5	寄移	1983 年	减少寄存器数目
6	展开	1986 年	并发性,降延迟
7	折叠	1987 年	降速度,省面积
8	旋转	1981 年	无乘除,兼容上

(1) 转置.

意义:缩短关键路径(最长计算时间路径,其是时钟周期的下界).

方法:应用转置定理(反转 SFG 所有边,互换输入和输出),则同时广播数据到所有乘法器.

(2) 管线.

意义:缩短关键路径,提速降耗;管线即流水线.

本质:时间并行处理,方法是流水线锁存器插入 SFG 的前馈割集.

缺点:① 对非递归网络,增加了锁存器数目和系统时延;② 流水的多时钟风格因时钟歪斜而异化.

改进:一是采用波流水线,减少流水级数,但不增加锁存器数目;另一为异步流水,基于握手信号通信而无全局同步.

(3) 并行.

意义:缩短关键路径,提速降耗.

本质:空间并行处理方法,复制原始串行硬件,构造并入并出系统.

特点:一是并行与流水线互为对偶,二者都挖掘计算的并发性,一为并行,另一为交替;二是并行和流水的降耗思路,即降低电源电压,以提高采样速度换取功耗降低.

(4) 阵列.

定义：规则排列多个处理元素(PE)，保证元素之间的区域通信；阵列即指脉动阵列.

特征：处理元素构成单纯，PE 可为固定、可编程或自由实现电路；未经存储器，直接规则排列，相邻链接处理元素，PE 之间同步通信；实现数据运算全流水.

脉动算法：应用线性映射或投影原理，将 N 维依赖图映射到一种较低维的规则阵列，通过选择投影矢量、处理器空间矢量和调度矢量，可设计出多种脉动阵列（输入、输出及延时可变向、变速脉动），这些矢量必须遵守约束.例如，投影和处理器矢量互相正交.

功能：协处理器，规则地输入输出数据；基于模块化和规则化特征.

(5) 寄移.

意义：缩短时钟周期，减少寄存器数目，降低功耗和逻辑规模；寄移即指重定时.

本质：数学变换，改变延时元件(寄存器)位置，不影响输入输出.

方程：新旧拓扑边的时延数目之差，等于新拓扑有向边端点的 r 值(r 值解法：最短路径算法，搜索负回路)之差.

判据：新拓扑边时延(权重、边长)大于等于 0.

性质：重定时不改变环路中的延时数和信号流图的迭代边界.

(6) 展开.

意义：揭示隐藏于 DFG 描述系统的并发性；缩短迭代周期和时钟周期，生成并行架构.

特点：J 阶展开程序的 DFG，总包含原始 DFG 的 J 倍数量的点和边.

算法：第一步，对应原始 DFG 中的节点，复制 J 倍数量节点；第二步，对应每条 w 延迟有向边，画出 J 条延迟 $= f(w, I, J)$ 的有向边.

性质：展开算法保持 DFG 中的延迟数目不变，每个延迟 J 倍降速，扩大迭代边界 J 倍.

调度：若 J 阶展开 DFG 的周期调度表的周期为 T，则平均迭代周期缩为 T/J；周期调度表源自无环路优先图（删除 DFG 所有延迟边而得到，关键路径小于等于 T）.

(7) 折叠.

意义：减少硅面积；是设计时分复用架构的系统变换技术.

本质：以增加 N 倍计算时间为代价，仅需要 $1/N$ 倍功能单元数目.

算法：通过调度和分配技术设计折叠集，基础是推导折叠方程，折叠集中间结果的存储时间非负.运用编译理论的寿命分析(最小寄存器数＝任意单位时间里的最大激活样值数)，减少折叠电路的存储单元数量，运用前向与后向寄存器分配数据.

转换：原有 DFG 和折叠 DFG（折叠因子 N）的 N 阶展开 DFG 互为重定时与/或流水线.

(8) 旋转.

旋转架构易于组合成流水和折叠架构，在表 2 中称为兼容上.

5. DSP-ULSI 综合优化

DSP-ULSI 综合优化，重点是算法架构组合及其低功耗分析，择要讨论.

(1) 管线并行.

L 级流水和 M 块并行组合架构的电源缩小因子 $\beta = \beta_L \cdot \beta_M$.证明思路是：① 相同时

钟条件;② 流水降低原电容,并行增加原电容;③ 分别针对架构 L、M 和 $L+M$,建立时延等式;④ 三方程联立得证.

流水组合并行,可提高采样率 $L \cdot M$ 倍.

(2) 阵列优化.

脉动阵列不含存储器,规则排列串联运算元素 PE 构成运算机构,就本质而论,其是具有 Flynn 分类的任一类或其组合构造的运算机构. Flynn 分类对理解和构造脉动阵列极有成效.

Flynn 分类指南:着眼于命令和数据流的并行度,聚焦于处理元素、存储器和控制器这三类元素架构,可概括出四类计算机复合系统(Flynn,1966 年),即单命令流单数据流、单命令流多数据流、多命令流单数据流、多命令流多数据流.

脉动阵列系统设计要点:确保同步时钟健壮,处理单元采用命令通道和数据通道的最优化,处理元素和控制器之间命令下载方式最优化,数据上载或输出最优化,局部(针对伪脉动阵)或整体存储器系统设计最优化.

脉动阵列(Systotic Array) 由美籍华人学者孔祥重(H. T. Kung)于 1978 年首先提出,其实质是一种线性时间阵列,数据在阵列内的相邻 PE(Processor Element)之间流动,算法本质是在超平面上的规则迭代(S. K. Rao,1986 年).

优点:数据流驱动,同步并行,不用缓存;控制开销极低;PE 间负载均匀,连线极短.

应用门控时钟技术可为 PE 节约 85% 的能耗(E. I. Milovanovic,1988 年),在实现蒙哥马利乘法器时考虑功耗,脉动结构是居于串行和并行之间的折中设计方法(D. Bayhan,2010 年).

(3) 三维架构.

综观以上经典架构的演化,可以预测:组合经典架构、构造三维元架构(例如,蜂窝状)、进行三维堆叠等,所得架构都必将是适应三维 ULSI 的架构. 在立体网格架构中,具有 2^n 个处理器的系统,每个节点只有 n 个连接;立体架构较之平面结构的优势就在于互连线少.

6. 结论

DSP 算法一般是积和项的叠加繁衍. DSP 算法是一种黏合剂,将"数字汇聚"黏合在一起. 从 DSP 算法映射到 ULSI 架构,是集成电路正向设计中极其重要的研究课题之一.

针对算法的计算核——积和项,分两路展开研究:一是通过编程,使算法适应冯·诺伊曼结构或哈佛结构的既有 CPU 或 DSP;另一是改变未知 ULSI 架构来使之适合算法,进行面向算法的专用处理器阵列设计,而 ULSI(或 3D-SOC)的规则布线要求算法结构化,以便分解为并行计算.

源于工程实践的算法具有多样性的特点,必须改造算法为有规律、重复且并行的,如此才能以最高速硬件实现该算法;对于复杂算法,只好运用组合的非常规架构来映射实现. 其中,并行是藏在处理核内的加速器.

区别于通用处理器,当 ASIC 是可能达到算法性能指标的唯一选择时,成本因素则降为第二位,必须面向算法研制专用处理器阵列. 为降低专用 ULSI 的成本壁垒,将专用处理器基于逻辑元件和寄存器进行特定架构组合与连接,在牺牲一定可编程灵活性的代价下,特定内核的处理速度可大幅度提高(例如,提速 1 至 2 个数量级),避免了因灵活性而付出的硬件开销. 与用软件实现相比,用专用硬件实现更小巧,更高速,更低耗.

当专用硬件的性能比现有处理器高 10 倍以上时,业界才愿意去设计 ASIC.越来越复杂的 ASIC 设计完成后,也作为固定的硬件平台使用(最好嵌入少量线控/程控功能),这已成为常用的系统正向设计方法.

基于 EDA 工具辅助进行最佳映射的评价函数,其变量是芯片面积(单元总数和布线数量)、时间、单元利用率.映射寻优的过程,必定是带着工艺接口思想的 DSP-ULSI 变换组合优化循环.

当我们完成由 DSP 驱动的 ULSI 架构正向设计时,驱动力的接力棒,尚需交给应用市场.

"大大加大互连密度,速度提高和功耗降低同步推进,更多地引进生物学和生命科学思想成果,是 21 世纪 ULSI 发展的三个值得重视的宏观方向."李志坚院士如是说[3].

未来的算法架构映射的应用微环境,最有可能的新特点是湿的、软的,就是类生命的新的高维 SOC[4]!

参考文献:

[1] 时龙兴,陆生礼.基于 Verilog HDL 的数字集成电路高层设计环境[J].东南大学学报,1996,26(3):29—34.

[2] 张欣.VLSI 数字信号处理——设计与实现[M].北京:科学出版社,2003:1—100.

[3] 李志坚.ULSI 技术发展的三点思考[J].中国集成电路,2002(1):19—22.

[4] 李文石,曹勇,鲍信茹.基于 DSP 算法的正向设计方法学概论[J].中国集成电路,2006(4):31—34.

4.7 英文学术论文举例

Let Ears Speak: an Auricular Frontal-Lobe-Point's Near-Infrared Spectroscope Brain Computer Interface

Li Wen-Shi, Qian Chong-Yang, Li Lei, Wei Feng

Mind reading through brain-computer interface (BCI) is in essence of neural decoding. Recent study cases concern functional areas of the cerebral cortex such as early visual region[1] and Wernicke's area[2]. However these studies typically used complex BCI (for example, fMRI) and implanted multi-channel BCI (for example, near infrared spectroscope, NIRS). To overcome these limitations, here we develop a decoding method based on out-hanging one-probe Chinese auricular frontal-lobe-point's NIRS that characterizes the relationship between meditated isolated Chinese word and NIRS activity mapping in Broca's area (called speech centre). This method is grasped in principles of auricle brain mapping (neurovascular-coupling links from Broca's area to Chinese auricular frontal-lobe-point called Antitragus Point No. 1, AT1), optical life window (active 875nm wave-length at high absorption factor for $O_{xy}H_b$ in about 90% oxygen saturation buried in tissue at AT1), and basic BCI test paradigm. We show that this compact BCI method makes it possible to identify silent reading in mind on word SHE/HE in voice [ta:] or YOU ([ni:]), or I ([wo]). Identification features extracted in (frequency-or) time-domain can touch 70% high level decoding positive recognition rate for 4-subject under the no-filter sensor kit and Agilent 54624 oscilloscope and PC (running Excel 546000 Toolbar and MATLAB 7.0). The time-domain features of three words lock in the differences of main discharge series (tonic potentials as vowel-signs) linking with low series (transition potentials as consonant-signs). Our results suggest that it may soon be possible to recognize more meditated isolated Chinese words from indirect noninvasive one-probe measurements of speech cortex activities under silent reading in mind.

Human ears serve two quite different functions: hearing and balance. The sound waves are collected by the inverted infant-like outer ear named auricle and then conversed into electrochemical impulses through vestibulocochlear nerve along auditory pathway under the control of primary auditory cortex[3].

Behind after the primary auditory cortex (Brodmann areas 41 and 42) on the temporal lobe is Wernicke's area, found in 1871, which is the input port or cortex for heart language understanding[4] (see Figure 1).

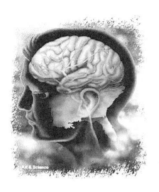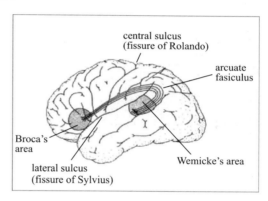

Figure 1　Auricle brain mapping as art & science (left) and
Broca's area as neural control output port of speech generation (right)

Broca's area (left Brodmann areas 44 and 45) was discovered by Pierre Paul Broca in 1861 as first specific function region of cerebral cortex linked to speech production, which locates behind the frontal lobe[5] (see Figure 1).

Compared with other famous experiments on mind reading such as J. L. Gallant's early visual neural decoding in fMRI data[4], and combined with our known pattern recognition techniques on auricular points' NIRS-BCI (near infrared spectroscope based brain-computer interface), this work's idea focuses recognition rate research of meditating upon isolated Chinese word of SHE/HE, or YOU, or I by an auricular frontal-lobe-point's NIRS-BCI invented in merits of opening the practical and effective window for mind reading test in China.

Definition on important concepts and introduction on key principles are given as:

(1) Mind reading. Once it was a magician's trick guessing the audience's thoughts as though with second sight (Philip Breslaw in 1781 at the Haymarket Theatre in Lon-

don), and in the 21th century it featured on various neural decoding sensor simplification, communication rate speed-up study, and nonlinear decoding analysis for modern brain health-care and control applications[1,2,6].

(2) Auricle brain mapping. First was reported in Inner Canon of Yellow Emperor (? - B. C. 221) and speeded up by Doctor P. Nogier in 1951 with famous model of inverted fetus. The basic neural decoding principles are to use and rebuild the mechanisms of neurovascular coupling and neural reflection. According to Chinese Standard GB/T 13734-1992 - 2008, in detail both frontal lobe and temporal lobe have mapping auricular points called Antitragus Point No. 1 (AT1) and AT2 on the lobule of fleshy lower part of the auricle[7-9] (see Figure 1 - 4).

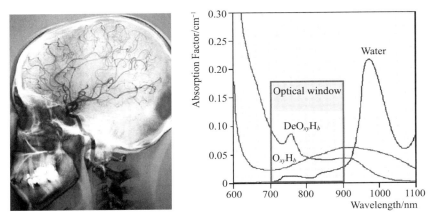

Figure 2　Combination principles with neurovascular coupling & auricle brain mapping (left) and near-infrared optical life window (right)

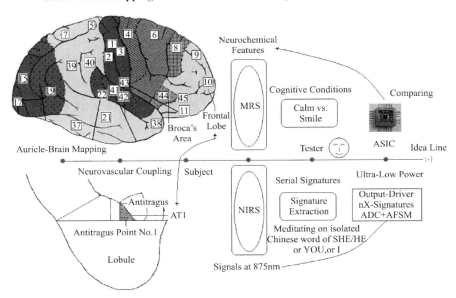

Figure 3　Research flow chart of Eng. D. LI Wenshi's mind reading methodology based on auricular points' NIRS-BCI versus MRS

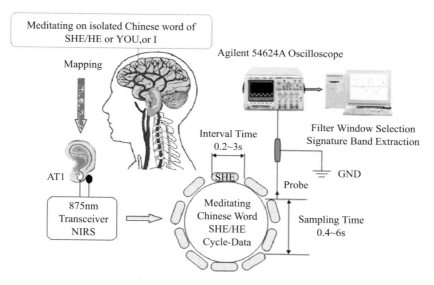

Figure 4　Test flow chart of ear-based speaking and key techs

(3) Auricular point's NIRS-BCI. Some neural decoding case-studies in cognitive conditions of lie versus truth or calm versus smile had contributed by our team works[10-12] (see Figure 3). Four advantages of this instrument are gathered in non-ionizing, noninvasive, simplified (ONE probe or channel) and effective (positive recognition rate is larger than~50% reported by published literatures)[1,13-15] (see Figure 4).

(4) Recognition experiment keys of meditating upon isolated Chinese word. Our innovation is highlighted on the design of cycle-data test method with suitable meditating interval time for isolated Chinese word (in Section 2-3).

1. Method on ear-based speaking

Here we show key techs embedded test flow chart of ear-based speaking in Figure 4. Together with Tester, Under-Tester and our Instrument, typical experiment steps are summed up as following.

Step 1: Subject selection. Student-Subject 1-3 are in year 25±2 (S3, female), Professor-Subject 4 is in year 48, at quiet Test Room with 22±3 degrees in temperature and 55±10% in humidity.

Step 2: Auricular point selection. Left side AT1 is set with 875nm transceiver tubes in axial angle zero degree.

Step 3: Sampling set. Transmission NIRS signals are sampled in time length of 1s in 1kHz for cycle-data (for example of word SHE [ta:]) at per single word interval time of 0.5s. In total 10-group, 1s-length cycle-data for any word is gathered after delay time span of 10s in no-thinking.

Step 4: Signal processing. To use no-filter sensor kit and Agilent 54624A oscilloscope and PC (running Excel 546000 Toolbar and MATLAB 7.0).

Step 5: Feature extraction. To search for geometry- or computing-signs matching every silent reading word in mind in frequency- or time-domain. MATLAB 7.0 filter instructions are written such as: wn=[15 25]/500;[a,b]=cheby2(3,25,wn);s=filter(b,a,x).

Step 6: Data analysis. To compute positive recognition rates.

2. Results

Figure 5 – 7 show high frequency domain data features of Subject 1 (male) in meditating upon isolated Chinese word of SHE/HE ([ta:]) or YOU ([ni:]),or I ([wo]).

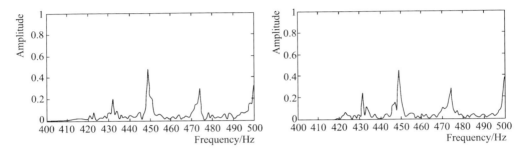

Figure 5　High frequency domain data features of Subject 1 (male) in meditating upon isolated Chinese word of SHE/HE ([ta:])

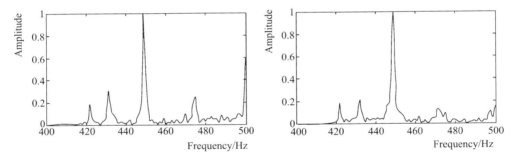

Figure 6　High frequency domain data features of Subject 1 (male) in meditating upon isolated Chinese word of YOU ([ni:])

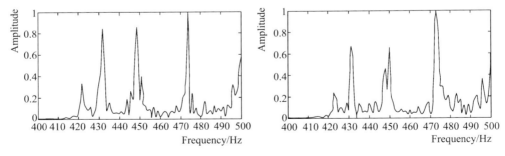

Figure 7　High frequency domain data features of Subject 1 (male) in meditating upon isolated Chinese word of I ([wo])

Figure 8 – 10 show time domain data features (in frequency window of 15 – 25Hz) of Subject 1 (male) in meditating upon isolated Chinese word of SHE/HE ([ta:]) or YOU ([ni:]),or I ([wo]).

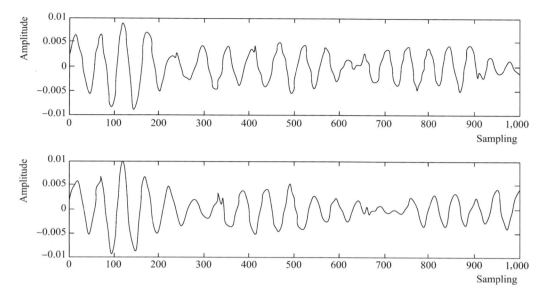

Figure 8　Time domain data features (low frequency) of Subject 1 (male) in meditating upon isolated Chinese word of SHE/HE ([ta:])

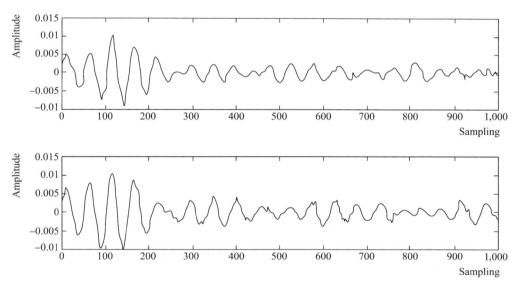

Figure 9　Time domain data features (low frequency) of Subject 1 (male) in meditating upon isolated Chinese word of YOU ([ni:])

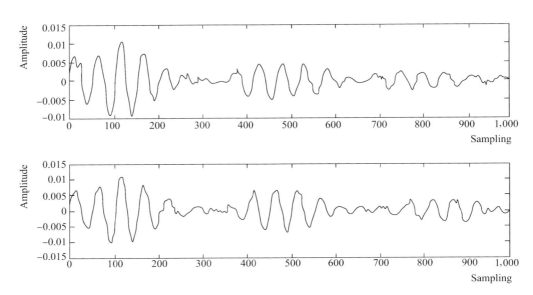

Figure 10 Time domain data features (low frequency) of Subject 1 (male) in meditating upon isolated Chinese word of I ([wo])

Figure 11 – 13 show time domain data features (in frequency window of 15 – 25 Hz) of Subject 3 (female) in meditating upon isolated Chinese word of SHE/HE ([ta:]) or YOU ([ni:]), or I ([wo]).

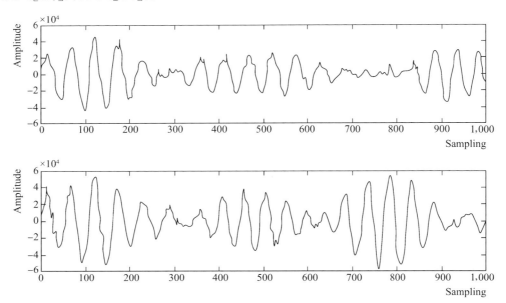

Figure 11 Time domain data features (low frequency) of Subject 3 (female) in meditating upon isolated Chinese word of SHE/HE ([ta:])

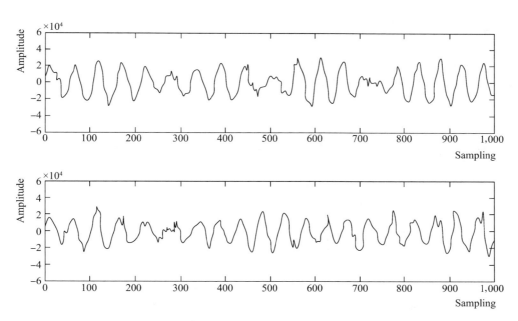

Figure 12　Time domain data features (low frequency) of Subject 3 (female) in meditating upon isolated Chinese word of YOU ([ni:])

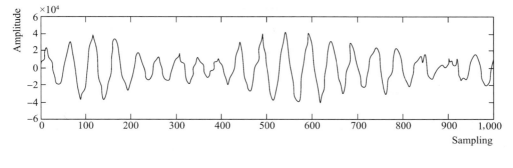

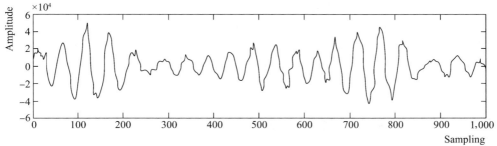

Figure 13　Time domain data features (low frequency) of Subject 3 (female) in meditating upon isolated Chinese word of I ([wo])

3. Discussions

In high frequency domain there are multi-peak signatures with obvious differences suiting for three words.

In time domain there are low frequency main discharge series (tonic potentials as vowel-signs) linking with low series (transition potentials as consonant-signs) suiting for three words.

Table 1 compares positive recognition rates in time domain for 4-subject in meditating upon isolated Chinese word of SHE/HE ([ta:]) or YOU ([ni:]), or I ([wo]).

The high PRR picks up 70% and low PRR bents over 30% (may be for reason of no-filter on sampling kit).

Table 1 Positive recognition rates (PRRs) for 4-subject in meditating on isolated Chinese words

Subject-X	SHE/HE ([ta])	YOU ([niv:])	I ([wo])	PRRs min/%	PRRs max/%
1	50	70	70	50	70
2	60	30	30	30	60
3	60	60	70	60	70
4	70	70	50	50	70

4. Conclusions

We illustrate how to let ears speak while the mind is meditating on single Chinese word of SHE/HE, or YOU, or I by auricular point's NIRS-BCI.

The first successful key is to understand auricle brain mapping and neurovascular coupling mechanisms and the second successful key is to build cycle-data on Chinese word SHE/HE, or You or I at time of effective electrochemical impulses communication between Broca's area and Antitragus Point No. 1(Optimal value is 0.5s).

More profound works are test under conditions of meditating on single vowel [a], or [i], or [o] in ears' master called brain.

This kind of measurement of mind reading examines deeply novel compact NIRS-BCI invented by us with merits of simplicity and reliability and its test paradigm may be suitable for future exploring practice on brain health-care and life-control.

Acknowledgements

Prof. Zhang Shu-Yi is acknowledged for kind review.

References

(Omitted here.)

4.8　省自然科学基金申请书举例

题目：无声通信脑机接口芯片低功耗设计

申请人：李文石

项目的立项依据：

（研究意义、国内外研究现状及发展动态分析，需结合科学研究发展趋势来论述科学意义；或结合国民经济和社会发展中迫切需要解决的关键科技问题来论述其应用前景．附主要参考文献，本文略．）

研究意义:

脑机接口(BMI,Brain Machine Interface)定义为一种辅助通信微电子系统,试图直接连接人脑内部神经活动和外部设备(例如光标、轮椅或者神经假体),以期修复甚至扩展人体的生理或者认知功能;所谓辅助,意为脑神经与外界通信并不(或者不能)利用通常的外周神经或者肌肉组织作为神经控制的输入输出通道[1].

无声通信脑机接口(Silent Speech Communication BMI)是一类新型的辅助通信微电子系统,试图直接连接人脑语言中枢活动和外部设备,正在加速成为神经科学与微电子学交叉的热点课题方向[2-3].

无声通信脑机接口的应用对象是肌肉萎缩症或脑中风患者,因为他们若不借助工具则无法像健康人一样说话.对于每年增长上万人的失音患者而言,急需一种更易接受的语言交流方式[4].

这类新型脑机接口解码语言中枢例如布洛卡区、邻近运动区和威尔尼克区,而传统的主流脑机接口一般解码肢体运动区和视觉区.

无声通信的显著优点就是应用时无须限制肢体或者眼睛的自由运动.其优点[1-2]概括为以下四条:

(1) 让肌萎缩或脑中风患者等后天的失语者恢复"讲话"(基于无声通信 BMI).

(2) 解码语言中枢,包括布洛卡区(控制语言产生)、相邻运动区(控制下颚和口舌等)和威尔尼克区(听性语音理解).

(3) 区别于解码肢体运动区或者视觉区,无声通信 BMI 无须限制肢体运动和视觉运用.

(4) 潜在的重要的应用是思维解码(Thought Decoding).

国内外研究现状:

国外 5 例.

例 1[2]:2004 年,美国波士顿大学 Kennedy 等为脑中风愈后患者植入表面 ECoG 遥测 BMI,构成了辅助通信闭环接口.

传感点数量为 56 个,覆盖布洛卡区的邻近运动区.

滤波器带宽 300Hz~6kHz,动作电位阈值选择 $\pm 10\mu V$,时长 1ms.该系列动作电位的采样率是 30kHz.

识别三个元音([hot],[heat],[hoot]),间隔以中性的元音([hut]).单元音持续 1s,间隔元音持续 300ms.

将系列动作电位信号做卡尔曼滤波得到第一和第二共振峰 F1 和 F2,输出到控制语音合成器,反馈时间平均小于 50ms(30~70ms).

经过 15~20 次从听元音到说出该元音的反馈训练,经过分析 F1 和 F2 的调谐性能,连续的元音平均识别准确率达到 70%,单次识别率最高可达 89%.

该双向通信的优点是响应时间很短,缺点是微创且对辅音识别还十分困难.

例 2[5]:2009 年,美国加州大学和哈佛大学 Sahin 等基于植入电极识别布洛卡区在说动词、构造动词过去式和形成单词发音的局域电位的组分峰值特性,结果是说动词出现在约 200ms,构造动词过去式出现在约 320ms,形成单词发音出现在约 450ms.

针对三位受试者(年龄 38~51 岁),经过 240 个目标单词的刺激(提供线索,用时

1750ms；无声地说，用时 1750ms)，通过采集信号与叠加对比分析，得到了上述结果，该传感定位得到了 fMRI 的对比研究证实.

该工作支持如是论点：语言产生规律呈现离散有序阶段的最简单法则和可证伪法则，同时避免反馈、循环、并行或者级联(Levelt，Roelofs 与 Meyer，1999 年).

本例中也间接提到了自我监测语音的时序规律：在颞叶，起始于 275～400ms.

该单向通信的优点是提供了单词传输速率的新的基础数据，缺点是尚属有损测量.

例 3[6]：2010 年，美国犹他大学 Kellis 等基于 ECoG 阵列解码脸部运动区和威尔尼克区.

针对一名罹患肌肉萎缩症的受试者，采用 4×4 通道的 ECoG 阵列(面积 $9mm^2$)共计两个，分别安装在颅内的脸部运动区和威尔尼克区的表面.

间隔 1s 重复说单个单词 30～81 次，总计 10 个单词，包括：Yes(是)、No(否)、Hot(热)、Cold(冷)、Hungry(饿)、Thirsty(渴)、Hello(嗨)、Goodbye(再见)、More(多)、Less(少).

带通 0.3Hz～7.5kHz，30kHz 采样，数据压缩采用通道内减均值法，训练组和识别组的数据分别使用 15 个相同词，每个词采用 0.5s 时长的数据，加汉宁窗，做 FFT(0.3～500Hz)，取每 2Hz 内的平均能量，得到 250 个频域特征数据(对应 16 通道构成特征向量)，再做 PCA 主成分分析(应用主成分 PSC1～3)，通信速率为每词 500ms.

结果是识别 45 个词对，平均识别率在脸部运动区为 85%；在威尔尼克区为 76%(主要响应实验中的对话).

评价：基于 PCA 的识别率比较高，但微创.

例 4[7]：2012 年，德国卡鲁理工学院认知系统实验室 Herff 等在新加坡信息通信研究所基于 fNIRS-BMI 解码布洛卡区和威尔尼克区.

fNIRS-BMI 的优点：① 无须训练；② 与 EEG 相比，受被测者的运动伪迹影响小；③ 与 fMRI 相比，成本异常低廉，便携.

5 名男受试者，右利手，平均年龄 27.6 岁.

32 个双波长(760nm 和 830nm)收发对传感头，采用 1.81Hz 采样率.

测量左脑，4 对收发传感头放在布洛卡区，10 对放在威尔尼克区，12 对放在前脑区，6 对放在运动区.

单次测量：英语句子 4s 时长，然后静默间隔 4s.

3 种测试条件及其对应识别率均值：有声(重复单次测试，总时长约 30 分钟)71%；无声(口里嘟囔)61%；无声(发音想象)46%.

单次特征提取算法：4s 时长内的动作信号均值－4s 时长内的静默信号均值.

优点：计算得到的 5 位受试者的单次实验结果存在最大互信息，说明 fNIRS-BMI 信号在不同受试之间存在高度的一致性.

缺点：无声(发音想象，虽然包括了想大声说的努力)的响应识别率均值仅仅是 46%，没有超过随机的水平，主要的可能原因是布洛卡区传感信号数量少，通过颅骨所贡献的能量很低；句子单次通信时长大于 8s.

例 5：2012 年 2 月，美国加州大学伯克利分校的奈特等基于 ECoG 进行听觉解码(《公共科学图书馆—生物学》).

将 256 个电极布置在(15 名治疗癫痫或脑瘤的)患者的大脑颞区表面,监听患者理解的包括名词、动词和名字在内的单词,应用频域加权解码算法分析电极信号,再现他们听到的词汇.

实验结果是孤立词(6 个单词为 deep、jazz、cause、fook、ors 和 nim)及句子的重构识别最高成功率分别可达 55% 和 23%(在 0~7kHz 频率范围内的听觉解码平均成功率为 30%).

缺点:听觉解码的识别率过低,尤其是针对句子.

国内 2 例.

例 1[8]:我们发展了一种语言中枢解码方法,采用便携式单通道主动近红外透射(耳额穴)传感器、示波器与计算机进行后处理,再现分析语言中枢(布洛卡区)(默想汉字例如你、我或她、他时)与耳额穴的神经血管耦合联系特征.测量信号波长选自人体生命之窗内的 875nm,其响应氧合血红蛋白的吸收率相对敏感,借助耳垂的动脉血氧饱和度高达约 90% 的原理背景,同时,测试技巧涉及以调幅脉冲波测量血氧散射成分和理解信号的典型延迟期.数据处理的结果表明:① 频域内的受测男的默想你、我和她/他的第一共振峰位于 450Hz、475Hz 和 450Hz(幅度减半);② 在时域特征内分别再现了三个汉字的 β 节律为声母特征呈现过渡的弱电位,而韵母特征则呈现强直的梭形电位;③ 时域内的汉字识别率可以高达 70%(受试者 4 人).本工作或可为获得型失语症患者提供利用耳朵"说话"的语言中枢控制的新的并行信道(相对于从脑到口的语言产生传统通道),特点是单通道且无损.

例 2[9-10]:我们应用窄带语谱图,结合数据构造技巧,根据共振峰调协特性,成功识别了默想声母和韵母的共振峰(动作峰)特性,能够识别受试男连续默想的二字短句例如"你我";此举将例 1 得到的半秒发送单个汉字的速度加倍了.

发展动态分析:

脑机接口的应用潜力是加强人脑的理解、运动和认知能力,这将创造性地应用计算机以便与超距离的环境接口[11-12].

无声通信 BMI 现有技术的主要优缺点[6-10,13-15]:

(1) 内嵌 ECoG 微创,植入电极阵列有创,fNIRS-BMI 无创.

(2) 无创 fNIRS-BMI 的正识率仍较低(现大于 60%),内植困难.

(3) 尚需继续提高双向通信的速度(现约 2 个字每秒;对比数据是西方人读和说的信息传输率约为 40~60bits/min,中央电视台播音速度是 4~5 个汉字每秒).

(4) 辅音识别异常困难,句子识别异常困难.

神经解码趋势:

BMI 结构[16-18]:原始神经信号传感器+解码器+驱动应用及反馈模块.

BMI 解码模型[18]:$V_{ijt} = A \cdot C_{ijt}$.

其中,向量 C_{ijt} 是脑区 $i(i=1\sim52)$ 各分区 $j(j=1\sim5)$ 的神经动作峰发放率矩阵,向量 A 是解码滤波器矩阵,V_{ijt} 是解码输出向量(即是思维识别的结果——行动或者语言).

神经信息解码的概念界定[19]:通过计算分析神经系统的输出信息(自主产生或由外界刺激诱发产生),识别猜出该神经系统所对应编码的自主控制信号或外界刺激信号.

(1) 从机制角度而言,神经系统内部的电化学能量传递的机制研究,需要从概率论出发的信息论的考量.

(2) 从求解角度而言,神经解码的计算本质是盲问题求解的降维.将遵循"大拇指法则"进行试探,期望获得从输出端到输入端的信号辨识转换的高识别率,该识别率仅仅来自处理单次相同刺激所对应的最小长度的测量系统实时响应数据.

神经编码的最基本形式是神经动作峰发放率(频率编码),还有时间编码和群体编码,复杂的有混沌编码.与之对应,神经解码的常用算法包括动作峰发放率算法、动作峰能量算法以及移植的各种非线性算法[19].

无声通信 BMI 的解码算法建议[3-4,7,10]:除了针对元音的共振峰算法和主成分分析算法等方法之外,急需借鉴连续语音信号处理的实用算法,启用隐马尔科夫模型和支撑向量机算法,重视低能耗的非线性解码算法.

BMI 芯片设计趋势:

世界预防医学和半导体产业都呼唤 SoC 级的 BMI 微电子系统出现,期盼突出无损、高效、低耗、实时和便携的优点.因为生物医学微电子系统设计的发展总趋势是小型化、微型化、集成化、网络化、数字化和智能化[20-21].

根据 2012 年 ISSCC 的总结,闭环控制和脑机接口是医疗电子芯片的设计重点[22]. 2010 年的《Speech Communication》曾发表专论,看好语音通信脑机接口的发展[2].

国家自然科学基金委信息科学部支持的研究热点包括了脑健康计算、监测与 BMI 研究[23]. 强调的理念包括了:深脑刺激、特征提取与融合、无线供电和遥测遥控等. 分析可知,尚需加强的理念是:超低功耗 IC 设计、无损实时测量脑生化信息和生物反馈控制等[3].

区别于植入传感 BMI(可能带来生物兼容性难题,容易导致感染),便携式近红外传感 BMI-SoC/SiP 级的脑化学信息毫秒级快发射无损间接监测微电子系统,主要应用于无声及脑际思维通信,方便实时识别声母、(有调)韵母和句子. 做 MRS(尽管分辨率为分钟)对比测试验证,为本项目的原创基本想法,已经预实验证明为可行.

无声通信 BMI 的研究趋势是设计无声双向通信 BMI 系统芯片,保证解码编码通信性能的高识别率、高传输率和芯片低功耗,这也将加速惠及健康人的思维解码需求.

无声通信 BMI 研究的未来[21-24]是研制高效能(高识别率、高通信率、低功耗、短延迟)无声双向通信 BMI-SoC,以加速惠及健康人的思维解码. 言为心声,语言是思维的重要载体之一,所谓意识,就是"心音"的识别.

我们认为,无声通信 BMI 研究必将迎合扩展人脑 BMI 输入输出途径的范式,重视主动调幅脉冲单通道近红外信号的无损测量、实时识别、反馈监控与微电子系统集成研究,并需要找到有效的神经解码方法(需要折中考虑解码正识率大于 90% 和通信速率最快大于 2bits/s,但倾向于降低计算复杂度).

问题凝练:基于主动调幅脉冲单通道近红外耳额穴信号,利用窄带语谱图搜索神经电化学动作峰时频规律,基于改良非线性能量子特征,实时间接解码布洛卡区,设计微瓦级功耗无声通信 BMI 芯片,默想单汉字识别率接近 100%,通信速率大于 2 字每秒,延时小于 100ms.

交叉学科研究背景提示[25]:

(1) 耳针学得力于法国 Panl Nogier 博士于 1957 年系统总结出耳穴图,受惠于中医传统针灸结合神经成像的科技支撑.

(2) 耳穴命名与定位有标可循(GB/T 13734—2008《耳穴名称与定位》,其替代了1993年版国标).

(3) 已经证明耳穴的脑神经机制是激活脑内多巴胺和5-羟色胺等神经递质.

(4) 成语"洗耳恭听"概括了人类耳朵的一般听觉功能;耳郭的作用可用工程术语比喻为"天线";耳郭穴位与大脑的关系,被美国针灸学会董事、针灸专家 Terry Oleson 博士类比为"键盘与计算机主机".

系列早期预备实验结果说明[26-28]:

耳额穴颞穴近红外透射光谱系列例证:从2002年开始,申请人与东南大学国家 ASIC 中心合作,连续报道基于940nm波长近红外光(连续波测量血氧反射成分)透射耳额穴颞穴,分析该无损检测信号的新特征,包括频域自相关系数和超低频小波功率谱特征等,揭示了脑神经递质慢振荡特性激活或抑制的总趋势,针对脑测谎、测疲劳、测抑郁与测微笑等,取得效度较好的实验室数据.实验的启发案例基于 fMRI 脑测谎(2002年申请人完成中国大陆首次实验)激活额区颞区的结构导航,验证案例则基于 MRS 测微笑及平静(2010年申请人与陈剑华医师完成首次实验)激活额区颞区的化学导航.

在脑健康微电子学领域经过十余年的学术积累,申请人团队构造了耳额颞穴近红外新信号,得到了美国医学仪器界泰斗、普度大学 L A Geddes 院士于2003年的致信好评,得到了国家自然科学基金完成人南京大学朱兵教授于2010年的学术好评[29],得到了国家青年基金获得者李洪革副教授的合作与鼓励[30],得到了著名声学家南京大学声学所张淑仪院士的好评[为申请人审《调幅脉冲波测量血氧散射成分,揭示神经递质快发射特性》(2012年)一文时在学术上予以好评][8],尝试了微电子系统的集成研究(2005年江苏省科技厅鉴定,No. 1017).

总之,本申请项目的科学研究意义是开创语言中枢间接解码实时识别的神经化学机理对比研究,融合集成电路低功耗设计技巧,发扬无声通信 BMI 芯片的无损实时监测、高识别率、高通信率、超低功耗和便携廉价的优点.

参考文献:

(略.)

4.9 国家自然科学基金申请书举例

题目: 意识流成像仪:特征压缩编码解码的自供电超低电压 SOC 关键技术研究

作者: 李文石

立项依据与研究内容:

(研究意义、国内外研究现状及发展动态分析,需结合科学研究发展趋势来论述科学意义,或结合国民经济和社会发展中迫切需要解决的关键科技问题来论述其应用前景.4000~8000字,附主要参考文献目录.)

研究意义:

"技术就像河水,它顺流而下."(未来学家 Kevin Kelly,2014年12月)[1]

"意识流"(Stream of Consciousness)由美国心理学之父 W. James 于1890年定义.

"意识状态的解释和描述"构成了心理学研究的首要目标(W. James,1892年);"意识是集成的信息"(G. Tononi,2008年);量子意识理论家 S. R. Hameroff 认为:相比计算表达,意识更像音乐,它源于人脑神经细胞内的蛋白质聚合物(微管)的量子振荡[2-3].

意识的特点可概括为"五性":① 个体、② 变化、③ 连续、④ 选择、⑤ 适度(前四点由 W. James 概括,第五点由中科院汪云九教授提炼[4]).

问题提出 1:突破意识实验研究的急迫需要,是发展具有更高时空分辨率的脑成像技术;首当其冲需要意识测量的合理的表征量(唐孝威院士,2004年).

问题提出 2:尽早解码在意识状态中所调制的意识内容的编码细节,是为意识实验研究的光明未来(S. Dehaene,Jean-Pierre Changeux,2011年).

问题提出 3:解码意识的脑机接口芯片的超低功耗设计正好符合 ICs 与 Neurons 对话的世界潮流.因为,"小芯片大数据"是 2015 ISSCC 的主旨,其压轴的深度讲座专题即是"基于 CMOS 技术如何设计更低供电压的电路"[5].

关于意识状态(例如其水平刻画分为清醒与睡眠)的精密量测与单参数表征、意识内容(神经复合编码数据流)的自适应复合解码算法及其成像芯片设计,研究的哲学意义是开拓哲学思辨的认知神经学测量工具研究;研究的科学意义是聚焦因果关系的溯源,可视化、音乐化地解密封闭颅脑内的"内语"或"内像"(意识与潜意识、抽象思维与形象思维);研究的适用意义是深入研究脑脑接口,方便与(特定)需要人的神经通信(如植物人的日常护理、麻醉师的给药剂量评测及儿童学习的效能监控等)[6].

申请人师从中国光声显微镜发明人张淑仪院士和高敦堂博导,积累了近 30 年的成像技术研究心得.针对诺贝尔奖获得者 F. Crick《惊人的假设》(原版 1994年)中关于意识研究的测量难题,申请人认为如果成像探头能够基于单通道,时间分辨率能够基于亚毫秒,正确解码率稳定大于 70%,进而集成出超低电压供电单片成像 SOC,则"瞬间"意识流的字母延迟记录,就可以顺利地代以意识流的单参数 FoM(优值)表达,这将极大地满足各界爱脑专家或个体的急迫应用需求,并加速对意识流的量化理解、深入研究及扩展应用,为认知神经科学大厦添砖加瓦[7-8].

特别声明:本研究小组的系列预实验结果,完全支持前述论点.鉴于该成像仪(芯片)将捕获耳额穴颞穴的近红外主动调制信号,基于 2 阶或高阶矩压缩特征,主要扩展应用申请人设计的 3 管施密特非门和 5 管模拟相似器,刺激信号可以选择默想语音.我们有信心在人脑化学突触信息传递、处理与识别水平上,相对成功地解码个体全脑的意识流,继而打造出意识流成像仪(微芯片级的思维示波器)服务于人类[9-19].

以工程眼光,简而言之,所谓(清醒的)意识,(相对容易测量的)就是"心音"(抽象思维)和"心像"(形象思维).

国内外研究进展:

意识表征的例证如下[20-22].

例 1:2000 年,Edelman 和 Tononi 描述了意识复杂性的定量计算式.

(1) 亚集与其补集的互信息的平均和,反映了系统的状态数.

(2) 其中,定义互信息为亚集的熵,加上补集的熵,再减去集合的熵.

2012 年,Tononi 进一步定义了意识复杂性.

(1) 因果集成信息是个最小值,选择于集成信息子最大值(核因与核果).

(2) 其中,定义集成信息子为神经系统的最小差分值(在扫描划分之后).

例 2:2013 年,米兰大学 Massimini 的研究组发展了扰动复杂性指数(PCI,Perturbational Complexity Index,ranging 0~1)用来评价意识状态的水平. 研究范式是 TMS+High-Density-EEG+PCI;8 步骤的算法要点包括:① 颅磁刺激;② 高密度(电极)EEG;③ ERP;④ 加权皮层电流;⑤ 重要信息抽取;⑥ 分类;⑦ 注意 L-Z 复杂性;⑧ 基于信息熵的归一化. 例如,针对清醒的健康人 PCI 为 0.44~0.67;而对植物人则有 PCI 为 0.19~0.31.

例 3:2001 年,汪云九等鉴于意识清醒时,脑电活动处于适当程度;处于昏迷与休克等状态时,脑电呈低下状态;处于狂躁、癫痫时,脑内神经系统处于大规模全局同步的高兴奋状态,但人脑处于无意识状态,于是设想把脑内活动程度作为横坐标,通过正态变换映射成为意识状态纵坐标. 这样适当的脑内电活动可达到意识清醒状态的较大值;而脑电活动的低下或亢奋,经正态变换后只能得到意识状态的低位(无意识状态). 原则上这是个刻画意识状态水平的算法(EEG~Index).

例 4:2007 年,李文石提出了以 Lock-Key-Ratio 刻画抑郁倾向,算法核心是双阈值的 L-Z 压缩比,针对近红外耳穴信号的低频成分的分形维数,从 10 位大学生志愿者中筛查出了 1 位有轻度抑郁倾向(后因抑郁退学了). 判断标准是健康的人(无论服用钙片后还是平静时)Lock-Key-Ratio≈1.0(姑且称为健康定律),而重感冒之后或有抑郁倾向的人,则 Lock-Key-Ratio≈0.7.

意识的人脑机能区联结图解参见图 1(a),其中,注意是意识的最基本成分,涉及的核心脑区如下:

丘脑是意识的唤醒区,是 4 个主要脑叶的中转区;

颞区(并行信息,快响应 CPU)与枕区(视觉);

额区(串行信息,慢响应 CPU)控制语言.

在图 1(b)中,浓缩了针对特征压缩的 4 种主要采样技术,对比结果是:在传感前端,构造压缩特征,或者为频段分类. 这最为学术界例如麻省理工所看好[23].

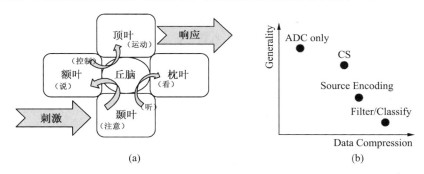

图 1 (a) 人脑意识的机能脑区联结图解,(b) 特征压缩的 4 种主要采样技术对比

无声通信脑机接口综述如下[24-26].

图 2 给出 6 轴(特点)蜘蛛网,概括了无声通信脑机接口的 8 类传感器技术.

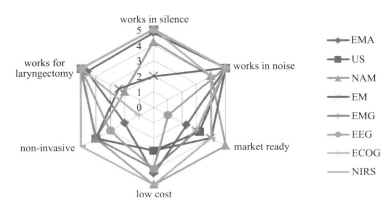

图 2　无声通信脑机接口综述图解

所应用的信道包括：

(1) 神经血管耦合机制下的额叶布洛卡区及颞叶威尔尼克区,分别映射耳额穴与耳颞穴.fNIRS-BMI 的优点有：① 无须训练；② 与 EEG 相比,受被测者的运动伪迹影响小；③ 与 fMRI 相比,快响应,成本异常廉价,便携(外挂或耳塞).

(2) 额叶布洛卡区及顶叶运动区,对应头皮脑电 EEG(优点是无创、快响应,缺点是多探头)和皮层脑电 ECOG(有创).

(3) 传统脑到口的肌肉,对应其余 5 种传感技术,分别采集微振动、肌电、肌磁或超声等信号(一般体积与功耗没有集成优势).

例 1：2012 年,德国卡鲁理工学院认知系统实验室的 Herff 等在新加坡信息通信研究所,基于 fNIRS-BMI 解码布洛卡区和威尔尼克区.

5 名男受试者,右利手,平均年龄 27.6 岁.

32 个双波长(760nm 和 830nm)收发对传感头,采用 1.81Hz 采样率.

测量左脑,4 对收发传感头放在布洛卡区,10 对放在威尔尼克区,12 对放在前脑区,6 对放在运动区.

单次测量：英语句子 4s 时长,然后静默间隔 4s.

3 种测试条件及其对应识别率均值为：有声(重复单次测试,总时长约 30 分钟)71%；无声(口里嘟囔)61%；无声(发音想象)46%.

单次特征提取算法：4s 时长内的动作信号均值－4s 时长内的静默信号均值.

优点：计算得到的 5 位受试者的单次实验结果存在着最大互信息,说明 fNIRS-BMI 信号在不同受试之间存在高度的一致性.

缺点：无声(发音想象,虽然包括了想大声说的努力)的响应识别率均值仅仅是 46%,没有超过随机的水平,可能的主要原因是布洛卡区传感信号数量少,透过颅骨所贡献的能量很低；句子单次通信时长大于 8s.

例 2[8]：2012 年,李文石等发展了一种语言中枢解码方法,采用便携式单通道主动近红外调制透射(耳额穴)传感器、示波器与计算机进行后处理,再现分析语言中枢(布洛卡区)(默想汉字例如你、我或她、他时)与耳额穴的神经血管耦合联系特征.测量信号波长选自人体生命之窗内的 875nm,其响应氧合血红蛋白的吸收率相对敏感,借助耳垂的动脉血氧饱和度高达约 90% 的原理背景,同时,测试技巧涉及以调幅脉冲波测量血氧散射成分和理解信号的典型延迟期.数据处理的结果表明:① 频域内的受测男的默想你、我和她/他的第一共振峰位于450Hz、475Hz和450Hz(幅度减半);② 在时域特征内分别再现了三个汉字的β节律为声母特征呈现过渡的弱电位,而韵母特征则呈现强直的梭形电位;③ 时域内的汉字识别率可以高达70%(受试者4人).本工作可为获得型失语症患者提供利用耳朵"说话"的语言中枢解码的新的并行信道(相对于从脑到口的语言产生传统通道),特点是单通道且无损.

进一步的成功预实验包括:
(1) 无声签名(例如,李文石)的识别(识别率大于70%)(已申报专利).
(2) 画在A4纸上的例如圆形、三角形等视觉图案的识别(识别率大于60%).
(3) 解码算法三维窄带语谱图,改良TEO.
(4) 血糖的无损测量(对比拜耳血糖仪)(识别率大于85%)(已申报专利).

研究无声通信的超低功耗脑机接口芯片已经有1项获江苏省自然科学基金项目批准.

无声通信BMI研究的未来[27-29]是研制高效能(高识别率、高通信率、低功耗、短延迟)的无声双向通信BMI-SOC,同时加速惠及健康人的思维解码.言为心声,语言是思维的重要载体之一,所谓意识识别,主要就是"心音"的识别.

超低电压微电子学的研究进展[30-32]如下:

一般的计算结果表明:硅芯片的最低供电压极限是36mV.虽然名家的教材尚未详论超低电压的MOS管建模理论,但1989年,C. A. Mead已在专著《Analog VLSI and Neural Systems》中介绍亚阈值晶体管的解析指数式;2002年,S. Naseh获邀发表用非门链构造超低压VCO的会议综论;2004年,严晓浪先生综述了栅偏法和体驱动模型,杨银堂教授等进行了实验.

一般设计"零"阈值MOS管时宽长比需大于1000.国外较早地将超低电压典型电路用在研究施密特触发器嵌入SRAM的加速控制中;同时,在ADC设计中,国内研究人员也曾给予了相当的重视(Xiong Zhou, A 160mV 670nW 8-bit SAR ADC in 0.13μm CMOS,2012年).在2014年,申请人完成并部分报道了关于实现"零"阈值的大宽长比MOS管的建模理论及其应用电路分析(1T、2T、3T、4T、5T等系列100~500mV供电的实用电路设计).

可对比的基于栅偏置方法设计实现"零"阈值MOS管的解析,2014年由Carlos Galup-Montoro等报道(循例分析了CMOS非门及施密特触发器).

由仿真设计实验对比知,基于大宽长比的代价,现在0.18μm节点以下直到28nm的工艺是支持100mV供电的MOS或类CMOS电路的(预实验成功设计出3T施密特非门和5T相似器,实现积和之商等的新电路).

建议大宽长比法结合栅偏置法或衬底驱动法(稍增互连或工艺步骤)使用,在12T左右复杂度的模拟电路中,最可能得到综合最优的性价比.

关于超低电压输入的升压电路国外已报道,最低可将5mV输入升压至实用电位(例如大于1V).申请人的预实验已将40mV抬升到大于1V作为供电电压源.2009年,申请人指导苏州大学文正学院3位同学参加全国大学生电子设计竞赛,获得江苏赛区二等奖,题目为"电能收集充电器(输入电压指标为710mV)".

关于模拟相似器,较早的报道见于加州理工 Tobi Delbriick 的论文《"Bump" Circuits for Computing Similarity and Dissimilarity of Analog Voltages》(1991年),其应用了7只MOS管(实现两个信号的相似性计算)。申请人2014年的预实验成功设计出4款5管模拟相似器,改良自同或门。

综上论述,项目申请针对意识流成像仪SOC的设计研究,提炼了关键科学问题;找到简约的意识表达特征,实现500mV以下供电的SOC,应用于解码思维和评价意识的清醒状态;科学意义是突破颅脑封闭的限制,直接与认知神经信号对话;潜在的应用是为无损、实时、高效、低耗与便携且适用的脑脑通信奠定基础。

本工作基于申请人提出的脑健康微电子学(Brain Health Microelectronics)的系列研究。

参考文献:

[1] Tononi G. Consciousness as integrated information: a provisional manifesto[J]. Biol. Bull., 2008, 215(3): 216-242.

[2] Tononi G, Edelman G M. Consciousness and complexity[J]. Science, 1998, 282: 1846-1851.

[3] 张剑荆,李大巍,孔剑平. 与凯文·凯利对话[J]. 中国经济报告, 2015(1): 126-128.

[4] 汪云九,周昌乐. 研究意识问题的物理学途径[J]. 物理, 2007, 36(7): 501-506.

[5] Narendra S, Fujino L. ISSCC2015—"Small chips for big data"[J]. IEEE Solid-state Circuits Magazine, 2014, 6(4): 66-67.

[6] Dehaene S, Jean-Pierre Changeux. Experimental and theoretical approaches to conscious processing[J]. Neuron, 2011, 70: 200-227.

[7] Crick F, Koch C. A framework for consciousness[J]. Nature Neuroscience, 2003, 6(2): 119-126.

[8] Li Wenshi, Qian Chongyang, Li Lei, et al. Let ear speak: an auricular frontal-lobe-point's near-infrared spectroscope brain-computer interface[J]. Journal of Nanjing University (Natural Sciences), 2012, 48(5): 654-660.

[9] 李文石. 基于脑神经递质的测谎方法:中国,ZL200510095198.7[P]. 2006-04-12.

[10] 李文石,李雷. 面部表情差异的测量方法和装置:中国,201110177383[P]. 2013-06-05.

[11] Li Wenshi, Lu Shengli, Shi Longxing, et al. BMSP-ASIC design methodology: modeling, case and implementation[J]. Chinese Journal of Electronics, 2007, 16(1): 73-75.

[12] Li Wenshi, Lu Shengli, Shi Longxing. Non-invasive measurement of brain neurotransmitter: one novel model[J]. Chinese Journal of Electronics, 2008, 17(2): 270-272.

[13] Li Wenshi. Microsystem design based on digital ADC and FPGA for super-slow spectrum analysis[J]. Chinese Journal of Electronics, 2010, 19(1): 35-38.

[14] Li Wenshi. Allometric power law modeling on brain chemistry complexity in self stimulus condition of calm, smile, truth and lie[J]. Chinese J. of Electronics, 2011, 20(1): 98-100.

[15] 胡黎斌,李文石. 低功耗—高速—高精度SAR ADC的FoM函数研究[J]. 电子器件, 2011, 34(3): 341-345.

[16] 沙亚兵,李文石. 基于扩展汉明码的BISR设计优化[J]. 微电子学与计算机, 2011, 28(12): 92-95.

[17] 李雷,李文石. 基于能耗特征分析蔡氏电路的复杂性研究[J]. 电路与系统学报, 2012, 17(2): 72-75.

[18] 李文石,姚宗宝. 基于阿姆达尔定律和兰特法则计算多核架构的加速比[J]. 电子学报, 2012, 40

(2): 230-234.

[19] 李雷,李文石. 微笑、平静、说谎和诚实的人脑蔡氏电路模型[J]. 电子学报,2013,41(10): 2100-2103.

[20] 程邦胜,唐孝威. 意识问题的研究与展望[J]. 自然科学进展,2004,14(3): 241-248.

[21] 曹丙利,唐孝威. 意识神经相关活动的实验探索[J]. 自然科学进展,2005,15(9): 1024-1030.

[22] Tononi G. Integrated information theory of consciousness: an updated account[J]. Archives Italiennes de Biologie,2012,150: 290-326.

[23] Clark A. Whatever next? Predictive brains, situated agents, and the future of cognitive science [J]. Behavioral and Brain Sciences,2013,36(3): 1-73.

[24] Denby B, Schultz T, Honda K, et al. Silent speech interfaces[J]. Speech Communication,2010, 52(4): 270-287.

[25] Xiaomei Pei, Hill J, Schalk G. Silent communication[J]. IEEE Pulse,2012(1): 43-46.

[26] Rolls E T, Treves A. The neural encoding of information in the brain[J]. Progress in Neurobiology,2011,95: 448-490.

[27] 谢翔,张春,王志华. 生物医学中的植入式电子系统的现状与发展[J]. 电子学报,2004,32(3): 462-465.

[28] 李文石. 生物医学 SoC 的技术演进——基于 ITRS 2010 和 ISSCC 2008—2011 的综述[J]. 测控技术,2012,31(4): 1-8.

[29] 李恒威,王小潞,唐孝威. 表征、感受性和言语思维[J]. 浙江大学学报(人文社会科学版),2008, 38(5): 26-33.

[30] 严晓浪,吴晓波. 低压低功耗模拟集成电路的发展[J]. 微电子学,2004,34(4): 371-376.

[31] 李严,张元亭. 低功耗低频率低噪声医用模拟 IC 设计进展[J]. 微电子学,2010,41(1): 80-86.

[32] Machado M B, Schneider M C, Galup-Montor C. On the minimum supply voltage for MOSFET oscillators[J]. IEEE Transactions on Circuits and Systems,2014,61(2): 347-357.

4.10 发明专利申请书举例

题目： 基于耳穴近红外调制信号无损检测血糖的方法

申请人： 李文石、仲兴荣、宋佳佳、常春起

说明书摘要：

本发明公开了一种基于耳穴近红外调制信号无损检测血糖的方法,通过设置于耳垂上的眼穴或内耳穴的近红外探头,利用透射的已调电压信号提取耳穴组织的约化散射系数的一阶和二阶响应,在单片机中组合均值法、谱减法和阈值法,构造血糖表征计算值(单位:mmol/L)并显示.对比有创血糖同测数据,评价函数根据最近邻法辨识选穴位置(眼、内耳、舌、额)、波长选择(700~900nm)、调制波形(正弦波、三角波、矩形波)、调制频率(1MHz~1kHz)以及血糖定标初值(3.0~5.0)、共同缩微因子(0.1~0.0001)和开关阈值比例(100~1000),时基长度可选 0.5~1.5s.本发明仅利用一对近红外线探头主动调制测量耳穴组织的约化散射系数,通过所构造的血糖计算值(单位:mmol/L)特征,进行信号增强与特征识别,无创检测血糖,误差范围为(0.7±0.2)mmol/L,传感电路结构简单,适合于家庭室温条件下的血糖低成本无创连续自测.

摘要附图:

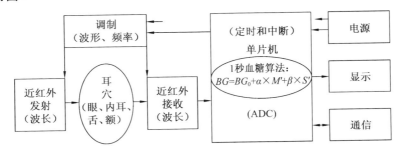

图 1　核心算法示意图

权利要求书：

(1) 一种基于耳穴近红外调制信号无损检测血糖的方法,其内容包括：

① 确定测试点,所述测试点位于耳垂特定耳穴,包括眼穴、内耳穴、舌穴或额穴,可选其一.

② 获取所述测试点输出的主动同步调制近红外透射电压信号(传感输出经过了 60Hz 高通滤波预处理),提取耳穴组织的约化散射系数的一阶和二阶响应,构造血糖表征计算值(单位:mmol/L)并显示.

③ 构造血糖表征计算值(单位:mmol/L)的算法是 $BG = BG_0 + \alpha \cdot M' + \beta \cdot S'$(在秒级时基内,因变量 BG 是血糖平均浓度,单位为 mmol/L,自变量 M' 是透射电压信号的累计均值的时基间增量,自变量 S' 是谱减值在相邻时基间的增量,BG_0 是血糖定标初值).

④ 定义权重合成比例 α 的计算模型是 $\alpha = \alpha_0 \cdot \lambda^{-1} \cdot f^{-1} \cdot A \cdot W$,共同缩微因子记作 α_0,λ 代表波长,f 代表频率,A 代表耳穴,W 代表波形；定义 β 是开关阈值比例；定义最小评价函数为 Min = BG 无创计算值 − BG 有创测量值 = $F(BG_0, \alpha, \beta, M', S') < 0.5$mmol/L.

系统辨识出所需准确率(小于 0.5mmol/L)的测量模式优值(即针对个人或一组被测者,在所定义的秒级时基内,确定特异单耳穴、近红外波长、调制波形和频率以及血糖定标初值、共同缩微因子和开关阈值比例).

(2) 根据权利要求(1)所述,系统辨识之前还在无创获取所述测试点输出电压信号的同时,有创测量头部对侧或同侧耳穴的血糖值.

(3) 根据权利要求(1)或(2)所述,自变量 M' 的算法是：① 在时基(帧长)内取均值；② 计算相邻时基间的增量.

(4) 根据权利要求(1)或(2)所述,自变量 S' 的算法是：① 对半分割数据长度；② 后减前；③ 计算相邻时基间的增量.

(5) 根据权利要求(1)或(2)所述,近红外波长 λ 的范围是 700～900nm.

(6) 根据权利要求(1)或(2)所述,近红外调制波形是正弦波、三角波或矩形波.

(7) 根据权利要求(1)或(2)所述,近红外调制频率 f 的范围是 1MHz～1kHz.

(8) 根据权利要求(1)或(2)所述,共同缩微因子 α_0 的范围是 0.1～0.0001.

(9) 根据权利要求(1)或(2)所述,开关阈值比例 β 的范围是 100～1000.

(10) 根据权利要求(1)或(2)所述,血糖定标初值 BG_0 的范围是 3.0～5.0.

(11) 根据权利要求(1)或(2)所述,时基长度可选范围是 0.5~1.5s.

说明书:

基于耳穴近红外调制信号无损检测血糖的方法.

(1) 技术领域.

本发明涉及生物信号测量技术领域,更具体地说,是一种基于耳穴近红外调制信号无损检测血糖的方法.

(2) 背景技术.

血糖,多数情况指的是血液中的葡萄糖.血糖含量是衡量人体新陈代谢水平的主要指标.因为,葡萄糖提供了体内各组织细胞活动所需的大部分能量,所以,血糖需要保持在一定水平.

对于糖尿病患者来说,血糖无损连续监测的意义尤为重要.因为,严格地监控血糖浓度,使之控制在正常生理水平,有利于减少患者的长期并发症如心脑血管病变、视网膜病变以及肾脏病变的发作程度.

传统血糖测量利用酶生化反应电流或反射光强来表征血糖含量,这需要有创采血,不但操作烦琐、造成患者疼痛,而且还有感染其他疾病的危险,因此不利于连续监测.

血糖无创检测技术源于西德 Kaiser 在 1978 年提出的专利,它介绍了无损测量极薄层组织内葡萄糖浓度的设想,应用带衰减全反射棱镜配件的傅里叶变换红外光谱仪,在口腔黏膜处测量红外吸收谱,并计算出血糖浓度.

血糖无创检测的典型方法包括近红外光谱法、中远红外光谱法、拉曼光谱法、光声光谱法、光散射法、偏振光旋光法、射频阻抗法、代谢热组合法和皮下间质液或唾液酶法等.检测部位包括指尖、指肚、前额、手臂、耳垂、眼球、腹部和口腔等.

评价前述已知技术,基于近红外吸收光谱技术,针对单一受试者的平均绝对预测误差在 1.1~2.1mmol/L 之间,误差过大(美国 Sandia 国家实验室和新墨西哥大学医学院的联合研究组于 1992 年公布).虽然中红外的血糖吸收谱(2200~2400nm)明显,但是美国 Sandia 研究组认为由于中红外波穿透能力有限(几毫米),所以不适合无损检测,另外基于 CCD 成像的成本过高.基于光声光谱虽可通过提高入射功率大幅度提高检测灵敏度(单波长测量误差为 1mmol/L),但与射频检测生物阻抗相类似,也与拉曼激光谱分析散射频移相类似,发射功率过大,出于生物组织安全考虑不容易被接受.偏振光旋光法检测毫度偏转角度的灵敏度不高.代谢热组合法的本质是光散射法的温度校正版本(2013年以色列公司 Integrity Applications 的技术),因为经过多传感器融合(超声波、电磁波、热容量),高精度检测使成本过高,且热扰动过大.皮下间质液酶法,容易引发组织感染.唾液酶法的检测精度需达到 0.01mmol/L 才能测准血糖值,这对元器件精度要求甚高,同时导致专用算法复杂度过高.

特别值得关注的研究新趋势是光散射系数测量方法.1994 年由科学家 Kohl 和 Maier 提出并观察到人体组织的约化散射系数 μ'_s 随血糖浓度上升而呈现下降的趋势.原理解释如下:组织的 μ'_s 与细胞外液和细胞膜的折射率失配有关.当血糖浓度上升时,细胞外液的折射率上升,若细胞膜的折射率保持不变,而且仍然高于前者,则折射率失配的程度会降低,从而使 μ'_s 下降.典型数据有,Maier 等在血糖浓度上升 3.6mmol/L 时观察到 μ'_s 有 2.1% 的降低.该分辨率距离实用的技术要求(例如 0.5mmol/L)尚有较大差距.

综上,无创检测血糖研究方法学,可由检测血糖问题转换成为高精度测量人体组织的光散射系数问题,同时必须结合模式识别流程中的特征提取专有技术.

因此,当前特别需要一种既保证无创测量血糖的高准确度,同时又利于被家庭广泛使用的低成本光学连续测量方法.

(3) 发明内容.

有鉴于此,本发明提供了一种基于耳穴近红外调制信号无损检测血糖的方法,以克服现有无创技术中由于进行测量的设备在测量时较为复杂、测量不够准确且成本高,从而不利于被家庭广泛使用的问题.

为实现上述目的,本发明提供如下技术方案.

一种基于耳穴近红外调制信号无损检测血糖的方法,包括:

① 确定测试点,所述测试点位于耳垂的特定耳穴,包括眼、内耳、舌或者额穴,符号量化记作 $A=1,2,3,4$.

② 获取所述测试点输出的主动同步调制近红外透射电压信号(传感输出经过了 60Hz 高通滤波预处理),提取耳穴组织的约化散射系数的一阶和二阶响应,构造血糖表征计算值(单位:mmol/L)并显示.

③ 优选近红外波长 λ 的范围为 700~900nm.

④ 优选近红外调制波形为正弦波、三角波或矩形波,符号量化记作 $W=1,2,3$.

⑤ 优选近红外调制频率 f 的范围为 1MHz~1kHz.

⑥ 构造血糖表征计算值(单位:mmol/L)的算法是 $BG=BG_0+\alpha\times M'+\beta\times S'$. 其中,在秒级时基内,因变量 BG 是血糖平均浓度(单位:mmol/L)计算值,自变量 M' 是透射电压信号的累计均值在时基间的增量,自变量 S' 是谱减值(半分数据长度,后减前)在相邻时基间的增量,权重 β 是开关阈值比例,权重 α 是合成比例,建立模型 $\alpha=\alpha_0\cdot\lambda^{-1}\cdot f^{-1}\cdot A\cdot W$. 共同缩微因子记作 α_0,BG_0 是血糖定标初值.

⑦ 所寻找最小评价函数定义为 Min=BG 无创计算值-BG 有创测量值=$F(BG_0,\alpha,\beta,M,S')$,辨识出所需准确率(小于 0.5mmol/L)的测量模式优值(针对个人或一组被测,确定特异耳穴、近红外波长、调制波形和频率以及共同缩微因子、开关阈值比例和血糖定标初值).

经由上述的技术方案可知,与现有技术相比,本发明公开了一种基于耳穴近红外调制信号无损检测血糖的方法,通过设置于耳垂上的眼穴或内耳穴的近红外探头,利用透射的已调信号提取耳穴组织的约化散射系数的一阶和二阶响应,在单片机中组合均值法、谱减法和阈值法,构造血糖表征计算值(单位:mmol/L)并显示,对比有创血糖同测数据,评价函数根据最近邻法辨识选穴位置(眼、内耳、舌、额)、波长选择(700~900nm)、调制波形(正弦波、三角波、矩形波)、调制频率(1MHz~1kHz)以及共同缩微因子 α_0(0.1~0.0001)、开关阈值比例(100~1000)和血糖定标初值(3.0~5.0),时基长度可选范围是 0.5~1.5s. 本发明仅利用一对近红外线探头主动调制测量耳穴组织的约化散射系数的一阶和二阶响应,根据最近邻比对所构造的血糖计算值(单位:mmol/L)特征与同测血糖值,进行信号增强与特征识别,无创检测血糖,误差范围为 (0.7 ± 0.2)mmol/L,传感电路结构简单,适合于家庭室温条件下的血糖低成本无创连续自测.

(4) 附图说明.

为更清楚地说明本发明实施例或现有技术方案,下面将对实施例或现有技术描述中需要使用的附图做简单介绍.

图1为本发明实施例公开的一种基于耳穴近红外调制信号无损检测血糖的方法的装置架构与核心算法示意图.

图2为本发明实施例公开的一种基于耳穴近红外调制信号无损检测血糖的方法的核心算法流程图.

(5) 具体实施方式.

下面将结合本发明实施例中的附图,对本发明实施例中的技术方案进行清楚、完整地描述,显然,所描述的实施例仅仅是本发明的一部分实施例,而不是全部的实施例.基于本发明中的实施例,本领域普通技术人员在没有做出创造性劳动的前提下所获得的所有其他实施例,都属于本发明保护的范围.

由背景技术可知,现有无损检测血糖技术基于光学、声学、射频电学和生化酶法四大类技术,其技术局限包括了检测准确度的约束、照射功率的约束、装置和算法复杂度的约束以及组织生化安全的约束,因而上述测量准确率相对低下、成本较高、测试不很安全的测量方式,都不利于无创检测血糖快速被普通用户接受并被广泛连续使用.

本发明公开了一种新型的基于耳穴近红外调制信号无损检测血糖的方法,在保证血糖测量的高准确度,同时保证装置结构简单和算法复杂度相对较低的前提下,使其利于被普通用户广泛使用和推广.

本发明所依据的原理为:

① 医学界已经测试证明,应在指端、耳垂和脚趾分别检测血糖数值,并且认为选择耳垂更有利于视觉心理.

② 耳穴国家标准提示我们,基于神经血管耦合机制,耳穴和相应人体区域具有反射关系,分别选穴眼、内耳、舌和额,既兼顾所涉器官的血糖指标测量敏感性,也考虑了其所占据的耳垂部位的透射光程差比较长.

③ 近红外调制波发射接收方法可以放大增强透射信号中的约化散射系数,同步调制技术结合透射信号的相移机制,本质上起到了光学干涉OCT的信号增强作用.扫描选择调制信号的波长、频率和波形,旨在在符合组织光学原理条件下,进行信号增强的组合优化配置,使发射与接收光强满足远小于组织生物安全阈值要求.

④ 算法原理还涉及均值法,其目的是提取约化散射系数时平滑血压的涌流作用.时基间的增量反映一阶响应,谱减法增量则考虑血管内血糖的二阶瞬变响应.

⑤ 满足模式识别理论,根据测试组与对照组的数据矩阵,构建了寻求最小值的评价函数,包括了所要扫描辨识的主要自变量,即特异耳穴、近红外波长、调制波形和频率以及共同缩微因子、开关阈值比例和计算血糖定标初值.具体过程通过以下实施例进行说明.

实施例.

图1为本发明公开的一种基于耳穴近红外调制信号无损检测血糖的方法的装置架构与核心算法示意图.装置架构与算法步骤简介如下:

传感电路包括近红外收发对管、调制产生单元、高通滤波单元(图略),主控单片机通过触屏(与显示模块二合一)控制选择初值(例如调制波形和频率),选择数据长度(时基),

单片机内的 AD 经由高通滤波单元采样近红外接收电压信号(满足采样定理)并缓存,录入血糖算法所需其他初值,录入同测血糖值,由单片机计算血糖值,同时根据评价函数寻小判断,小步长迭代辨识出初值集合的优值.

在该装置架构与核心算法示意图中,提示了传感电路简单的特点,因为仅应用了 2 只对管收发,同步调制连接结构节省了传感电路资源,所选电源电压(例如 3.3V)和驱动电流(mA 量级)考虑了耳穴组织的生物安全阈值要求.

本技术首要考虑了装置低成本与生物安全性.同时,优值集合选择所根据的组织光学原理是,透射调制信号解析式中散射系数与耳穴组织折射率和光程差具关系约束.

图 2 为本发明公开的一种基于耳穴近红外调制信号无损检测血糖方法的核心算法流程图,主要包括以下步骤:

步骤 1:选穴.备选穴位包括眼、内耳、舌、额.

步骤 2:初值和步长定义.初值集合包括耳穴、调制波长、频率和波形、缩微共同因子、开关阈值比例、血糖定标初值和时基(帧长).步长定义的缩微范围是 1%～30%.

步骤 3:无创采录波形.采录透射调制光电压信号(例如 3 帧)并存储.

步骤 4:采录有创血糖值.采录有创血糖值(例如对应 3 帧)并存储这些值,用于辨识比对.

步骤 5:计算血糖值.所构造的血糖表征(单位:mmol/L)算法 $BG = BG_0 + \alpha \cdot M' + \beta \cdot S'$.

步骤 6:判断评价函数 Min 是否小于 0.5mmol/L.若小于,则进入步骤 7,报告优值与显示;若大于,则转步骤 1.

步骤 7:报告优值与显示.

步骤 8:结束.

经过拜耳血糖仪比对的辨识结果表明,本方法的误差已落入范围 $(0.7±0.2)$mmol/L,相应的优值集合为特定耳穴包括眼、中耳、舌或者额穴.近红外波长 λ 的范围是 $700 \sim 900$nm;近红外调制波形为正弦波、三角波或矩形波;近红外调制频率 f 的范围是 1MHz～1kHz;时基(帧长)范围为 $0.5 \sim 1.5$s;共同缩微因子 α_0 的范围是 $0.1 \sim 0.0001$;开关阈值比例 β 的范围是 $100 \sim 1000$;血糖定标初值 BG_0 的范围是 $3.0 \sim 5.0$.

结合图 1 的算法原理可知:特征提取应用了血糖与散射系数的一、二阶瞬变成比例的关系,系统辨识应用了最近邻法.本方法的优点还包括近红外调制波法可以增强散射系数的无损检测,同步调制达到了使干涉成像的信号增强的作用.因此,本法适合于家庭室温条件下血糖低成本无创准确连续自测.

综上所述,本发明通过一对近红外线调制波探头对耳穴进行无损测量,利用构建算法提取散射系数的一、二阶瞬变响应,经比对有创血糖同测值,辨识出无创最优测试血糖的条件模式.该方法测量准确率高而且装置结构简单,可以适应于家庭室温下血糖无创、低成本的准确连续自测,可以被广泛使用和推广.

本说明书中实施例采用递进的方式描述,实施例重点说明的相似部分可与发明内容相互参见.对于实施例公开的装置而言,由于其与实施例公开的方法相对应,所以描述得比较简单,相关之处参见方法说明部分即可.

结合本文中所公开的实施例描述的方法或算法的步骤,可以直接用硬件、处理器执行软件模块.软件模块可以置于可移动磁盘、CD-ROM 或技术领域内众所周知的任意其他形式的存储介质中.

结合所公开的实施例的上述说明,本领域专业技术人员能够实现或使用本发明.对实施例的修改对本领域的专业技术人员来说将是可以做到的.本文中所定义的一般原理可以在不脱离本发明精神的情况下,在其他实施例中实现.因此,本发明将不会被限制于本文所示的实施例,它可以应用到与本文所公开的原理和新颖特点相符合的最宽的范围.

说明书附图:

图 1 见摘要附图.

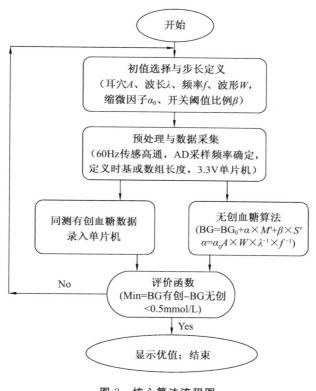

图 2　核心算法流程图

4.11　调研报告举例

题目:三江电器集团发展现状剖析与新技术革命

作者:李文石

摘要:

江苏三江电器集团是中国微特电机行业中洗衣机电机的龙头企业,是靖江市企业家协会的会长单位,也是著者挂职蹲点服务的重点企业.调研报告剖析其发展现状与困境,揭示新技术革命趋势,将是典型的企业创新研究案例.主要内容为:回顾发展成就(历 40 年),解析困境来源(技术、成本约束),概括突围方向(美国专利、ASIC、USM);重点解析企业创新突破口(超声波电机),分论国内外概况,突显研发部的创新细节;沿着企业创新策略的技术逻辑路线,提供新技术革命对策建议,介绍 IBM 公司预测的未来 5 年的 5 项顶级技术,解析《Science》杂志报道的纳米发电技术(合作推进申报海外青年千人计划),简介《Nature》杂志报道的读心术(比较著者的最近创新实验心得);分析企业家精神与科学家素养的异同,循着"官产学研用"的联合推进脉络,阐明期盼企业家牵手科学家,合作走过"初恋""苦恋"与"联姻双赢"等助推企业持续盈利的长路.

关键词:三江电器集团;超声波电机;新技术;企业家精神;科学家素养;创新理念

遵循调研报告组成顺序六字诀(现状、分析、对策),本文写作结构是:在"一、引言"中破题;在"二、江苏三江电器集团的发展与困境"中直指调研现状,回顾发展成就,解析困境来源,概括突围方向;在"三、突破口:超声波电机"中分析论述企业创新的突破口,分论国外概况(发明)、国内布局(我们的院士)、细节展现(在研发部);在"四、新技术革命"中给出对策建议,介绍 IBM 公司预测的未来顶级技术,解析《Science》杂志报道的纳米发电技术,简介《Nature》杂志报道的读心术;最后,分析企业家精神与科学家素养,阐明期盼企业家牵手科学家,合作走过"初恋""苦恋"与"联姻双赢"等助推企业持续盈利的长路;总结挂职心得,展望靖江市龙头企业的创新步调与美好未来.

一、引言

著者《兰花问香橼》诗曰[1]:"玉马驮沙连万家,超越天堂皆奋发.骥江东门西来镇,三江电器环光华."从 2011 年 9 月中旬开始,著者挂职江苏省靖江市西来镇的科技副书记,为时一年,愉快地得到了西来镇领导班子的指教、帮助与合作,得到靖江市"科技镇长团"全体团员尤其是饶建辉团长的关心与支持及市委、市政府和组织部的正确领导.

经过事先一年的挂职预研准备,重点结合在蹲点服务企业(江苏三江电器集团超声波电机有限公司)获得的研发心得,消化与落实市领导针对调研开题报告提出的修改意见,努力将微电子学专业教授角色,转换为基层科技管理者、服务者角色,经过长时间的酝酿并几经修改,终于形成方便总结、提炼与阅读的调研报告提纲,并将其题目定为"三江电器集团发展现状剖析与新技术革命".

二、江苏三江电器集团的发展与困境

分别回答如下三个问题:

一是江苏三江电器集团取得了哪些产业成就;

二是在企业转型升级中的困境主要有哪些;

三是所寻求的创新技术突破可以概括为哪三个方向.

(具体内容略.)

三、突破口:超声波电机

以下分别论述超声波电机的三个方面:

发明——分论 USM 国外概况;

我们的院士——分论 USM 国内布局;

在研发部——展现三江集团研发超声波电机 USM 窗帘的创新细节(不涉密).

(一)发明

电机是依据电磁感应定律和电磁力定律制造出来的旋转机械,主要应用于实现电能和机械能之间的相互转换,分为发电机与电动机[2].

自 1834 年德国雅可比发明世界上第一台直流发电机和美国文波特成功研制出第一

台直流电动机以来,经过一百多年的发展,电机已成为量广面大的较为成熟的产品,广泛应用于国民经济各个领域.

微特电机主要应用于自动控制和计算机控制系统中的检测、放大、执行和解算元件;功率范围从数百毫瓦到数百瓦;可分为信号元件(转换信号)和功率元件(信号转换为输出功率)两大类.

近年来,借助微电子技术、新材料技术、生物技术以及计算机技术等开发研究出许多基于新原理的微特电机,它们属于非传统电磁原理的特种电机,例如超声波电机、微波电机、静电电机、磁致伸缩驱动器、非晶合金电机、分子马达、光热电机、仿生电机和记忆合金电机等[3].

微特电机的发展趋势是:

(1) 机电一体化(体现新技术融合).
(2) 高性能化(高速且反映新材料和新理论).
(3) 微小型化(片状化、轻量化,产品涉及信息、消费和国防等领域).

超声波电机的工作原理基于压电晶体的逆压电效应,即在超声频电脉冲的激励下,压电晶体将产生超声频振动(微米尺度),通过定、转子之间接触面的摩擦传动产生推力或转矩,从而实现电能—机械能的转换.

超声波电机的特点:结构简单、低速大转矩、优良的动态响应性能以及良好的电磁兼容性等. 理论上,逆压电效应引起的超声频振动而产生的能量密度可达每平方厘米数十瓦以上,是电磁原理电机的 5~10 倍.

自从 20 世纪 80 年代超声波电机问世以来,备受电机控制界的重视,已经开发出几十个品种,其中一部分实现了商品化,主要应用于照相机、精密仪器、汽车、航空航天和机器人等领域.

按照驱动方式(转子动力源)的不同,超声波电机主要分类为行波型和驻波型.前者应用较多,缺点是能量效率较低,但优点是容易实现正反转控制、摩擦损耗小、寿命长等.

超声波电机等效电路的本质是微电容负载,实为强非线性负载.

超声波电机驱动方式的本质是针对定子弹性体表面质点的椭圆形振动轨迹的闭环控制;影响电机运行稳定性的因素包括定转子之间摩擦传动时的不确定因素影响、温度变化时引起的压电谐振子的谐振频率漂移等.

超声波电机的四种驱动方式可概括为[4-6]:

(1) 电压幅度控制.调速效果受到压电陶瓷极限域的制约.
(2) 变频控制(变频器=变频+平波+逆变).响应速度快,最适合调速和调转矩.
(3) 相位差控制.调速基于调整两相电源的电压相位差.
(4) 正反脉宽比例控制.通过改变占空比来调速.

(二) 我们的院士

基于人本位的理念,参考百度百科,通过理解赵淳生院士和张淑仪院士的工作,引出 USM 的国内产业布局.

赵淳生院士,南京航空航天大学教授,生于湖南衡山. 1961 年毕业于南京航空学院飞机系,1984 年获法国巴黎高等机械学院工程力学博士学位. 2005 年当选为中国科学院院士.

他长期从事振动工程技术和应用研究,提出了超声电机结构参数优化设计理论和方法;建立了超声电机定子/转子间"黏着—滑动"非线性摩擦界面模型;提出了行波超声电机定子反共振点恒流驱动模式、频率自动跟踪新方法和压电陶瓷元件分区极化新方式;解决了行波超声电机定子近频模态混迭及二相频率分离的难题;研发了杆式、环式和圆板式行波型、自校正驻波型、直线型、纵扭复合型和多自由度型等16种具有自主知识产权的超声电机及其驱动器;发展了电动式激振器设计理论、多点激振试验和机械故障诊断应用技术;开发出多种激振器并得到广泛应用.

赵淳生院士发表著作、译作3部,学术论文200多篇.授权和申请国家发明专利25项.

2008年3月成立的江苏春生超声电机有限公司,是中国目前唯一拥有行波型旋转超声电机规模化生产成熟技术及专利的机构,技术支持来自中国科学院院士赵淳生教授领导的南京航空航天大学精密驱动研究所,该所的前身在1995年底就率先研制出我国结构完整的、能实际运转的行波型旋转超声电机.公司目前可以生产杆式、环式和圆板式行波型、自校正驻波型、直线型、纵扭复合型、步进型、非接触型和多自由度型等20余种具有自主知识产权的超声电机及其驱动器.

张淑仪院士,著名声学家,南京大学声学所教授,生于浙江温州,1956年毕业于南京大学物理系,师从中国声学泰斗魏荣爵教授攻读研究生后留校,1991年当选为中国科学院院士.著者的硕士生导师是高敦堂博导,其是张院士发明中国首台光声显微镜的重要合作者,她们曾于20世纪80年代初合作在《物理学报》发表论文.

20世纪70年代末,她建立了三套激光探针检测固体声场.首次观察到在Z-石英表面激发的伪表面波,并对圆弧型换能器激发声场特性进行研究,指正了国际上两种不正确的观点.

张淑仪院士1980年创建光声小组(1986年发展为光声科学研究室),30多年来设计和建立多种光声热波设备,首先研制出光声显微镜,并提出以位相调节实现分层成像,被国际同行认为是国际上最好的分层成像.此后,又研制了光电显微镜、激光扫描共焦显微镜、光调制反射探针、电子声热波成像等显微成像系统等,对固体材料和器件进行分层成像研究,发现一些新现象,并提出新的理论解释.同时,研究脉冲激光在凝聚态物质中激发超声波及其与物质结构和参量之间的关系,解决了某些机理和测试研究中尚未解决的问题.

近十年来,她在新型超声波电机材料研制等方面,做过4个相关的国家自然基金项目.数十年来,张淑仪院士小组研制成10余种仪器设备,发表学术论文300余篇,参加撰写专著3本(在美国出版).

(三) 在研发部

微电子产品应用从白色家电(减轻体力劳动强度)、黑色家电(娱乐电子)、米色家电(电脑类)和小家电(如电子锁),走向绿色家电(环保高效能).

特点概括如下:白色家电以微特电机为主;黑色家电以集成电路为主;米色家电以CPU为主,包含微特电机;小家电包含微特电机;绿色家电包含变频微控制器、微特电机,超低功耗.

颐居牌电动窗帘新产品,大致可被归纳为白色家电.其内部的USM是从赵院士弟子团队(东南大学)引进与重新优化的.以下介绍三个新试验,分别再现读书思考、合作实验和创新建模的观念和实战心得.

磨合试验——读书思考举例.

问题:研发部的唐部长反映说,45mm 直径的平面旋转行波型超声波电机的一批样机最近运行不稳定,为什么?

读书:利用 1 个中午午休时间,仔细拜读赵淳生院士专著中的性能测试部分,结果发现原来磨合期要长达 500 小时.

概念:磨合期一般指机械零部件在初期运行中接触、摩擦和咬合的过程.

反馈:按照这个时间段推算,过了约 20 天(24 小时×20=480 小时),我再问部长,样机已经磨合得"听话"了吧? 回答说:是!

疲劳试验——合作实验举例.

概念:模拟样机在各种实际环境下,经受交变载荷,测定其疲劳性能判据.

训练:启动、暂停、正转和反转控制;改变负载轨道长度和窗帘的质量;改变驱动电流大小;观察正常运行到指定控制位置的能力如何.

数据:记录原始数据.

分析:折中处理大驱动电流和发热这一对矛盾.

改进 1:改用金属外壳为 USM 散热;注意内外绝缘和避潮.

改进 2:实现导槽的专用托架的柔性设计.

USM 建模——非线性建模研究举例.

超声波电机的等效电路本质是微电容负载,实为强非线性负载.

首先,进一步仔细查阅资料,未见非线性建模的详细研究案例报道.

接着,与负责驱动调试的唐工合作,测试多颗 USM 的驱动外特性,记录原始数据.

技术:利用电力电子著名软件 PSIM 进行仿真软测试研究.

关键:先匹配出来 2 参数的简单线性模型;再构造与匹配 4 参数的非线性模型;将 4 参数模型压缩为 2 参数的非线性精致模型.

论文:参见我们的文献[7]与文献[http://www.scientific.net/AMR.722.171].

重要公司的研发中心对比资料:

美国艾默生(Emerson)电气公司于 1890 年在美国密苏里州圣路易斯市成立,当时是一家电机和风扇制造商.经过 100 多年的努力,艾默生已由一个地区制造商成长为一个全球技术解决方案的强势集团公司.2006 年,艾默生的销售额达 201 亿美元,取得连续 50 年红利增长.艾默生长期排名《财富》美国 500 强和全球 500 强企业行列,曾荣获《财富》全美最受赞赏企业之一,在电子行业中名列第二.

艾默生为商业和工业客户提供创新电机产品及综合解决方案.艾默生设计、生产并销售完整系列的通用电机和特殊用途电机,功率范围宽,应用于汽车、化工、食品处理、造纸、煤炭及冶金、空气处理、压缩机、流体处理、空调及送风、包装及物料输送等各种领域.

艾默生技术中心提供设计、分析、样机测试及项目管理等各种服务.中心有 14 个实验室,并有超过 300 位科学家、工程师和技术人员.

2010 年 8 月,日本电产以 650 亿日元收购了艾默生的 EMC 业务,也就是中大型电机业务.

研发对策举例:

除了超声波电机研发部,根据 2011 年第 6 期《泰州科技》的报道:三江电器集团成立了科技服务外包公司——天晟机电科技,从事电机设计、研发,模具设计、制造、研发、销售,软件开发与应用以及电机检测等四大主业.

该公司脱胎于三江电器集团原微特电机工程研究中心,但经营范围大大拓展.其成立标志着三江电器从卖电机产品走向卖科技服务,向产业高端攀升,同时也标志着靖江市服务外包产业又添新军.

四、新技术革命

三江电器集团的管理创新策略举例 1——引资、提质、盈利.新世纪,三江集团投资 3000 万元,第一个在开发区选址建设了富天江厂区,合作对象是世界 500 强企业的日本富士通(将军)株式会社,引进改良成功了环保型直流无刷电子变频电机.

三江电器集团的管理创新策略举例 2——节约、挖潜、盈利.2010 年,加强废品废料的管理,对抢手的边角料竞标出售,全年售价近 800 万元,其中热门的矽钢片边角料就达 600 万元.

区别于前述,从理念上思辨,企业技术创新的策略有两种:"一是根据生产现场所需,进行技术改造,特点是创新性一般;二是根据技术逻辑的发展脉络,进行技术创新,特点是可获得革命性的改变.当然,两者结合是最好不过的了."(出自前任江苏省发展改革委员会主任钱志新教授)

眺望世界新技术革命的曙光,结合与三江电器集团合作申报的"海外千人计划",兼顾江苏皓月汽车锁股份有限公司的最近研发理想及著者最新的研究成果突破,以下首先介绍 IBM 公司 2011 年末所预测的未来 5 年的 5 项顶级技术,接着概述申报千人计划的宋金会博士在《Science》中报道的纳米超声波发电技术原理,再概述《Nature》所报道的读心术的入门知识,给出著者的最新语言中枢解码实验与思维开锁技术的关系.

(其余略.)

参考文献:

[1] 编纂委员会.靖江年鉴[M].北京:方志出版社,2001—2011:1—100.

[2] 黄坚,郭中醒.实用电机设计计算手册[M].上海:上海科技出版社,2010:1—100.

[3] 唐任远.特种电机原理与应用[M].北京:机械工业出版社,2010:1—100.

[4] 赵淳生.超声电机技术与应用[M].北京:科学出版社,2006:1—200.

[5] Uchino K,Giniewicz J R.微机械电子学[M].胡敏强,金龙,顾菊平,译.北京:科学出版社,2010:1—200.

[6] 程建春,田静.创新与和谐——中国声学进展[M].北京:科学出版社,2008:1—200.

[7] 赵莹莹,唐元兴,李文石.平面旋转行波型超声波电机的建模[J].中国集成电路,2012(6):21—24,43.

4.12 本章小结

治学八字诀窍:大胆假设,小心求证(胡适之).

郑板桥书斋联:"删繁就简三秋树,领异标新二月花."

1908 年,国学大师王国维先生在《人间词话》中提醒晚学,古今之成大事业、大学问

者,必经过三种境界:

"昨夜西风凋碧树.独上高楼,望尽天涯路."此为第一境——悬思.

"衣带渐宽终不悔,为伊消得人憔悴."此为第二境——苦索.

"众里寻他千百度,蓦然回首,那人却在,灯火阑珊处."此为第三境——顿悟.

本章举例,权作抛砖引玉,可能会在结构化写作、章节比例和风格流派上给读者提供参考.

著者从理科走进工科,从工科走进理科,往复穿行,重现小中见大,浓缩定律法则,聚焦模型建构,力求融会贯通,催化知识迁移,臻于至善,止于至善.

新信号结伴新器件,新电路、新系统嵌入新算法,在微纳电子学应用中,合作不可或缺.

决定微纳电子学盛衰的钥匙究竟藏在哪里呢? 这正是需要我们努力探索的问题.

时间可以证明一切!

4.13 思考题

1. 专家是"深家"也是"窄家",您怎么看? 您将怎么做?
2. 中国古代的八股文,对于传播理想信念和科技知识的正面作用是什么?
3. 莫言认为写小说"结构就是政治",您怎么看?
4. 西方强调结构化科技写作,您有具体感受吗?
5. 作者认为内容决定形式,但要结合形式,您认同吗?

4.14 参考文献

[1] 李文石.固态电路设计的未来:融合与健康——2004年—2008年ISSCC论文统计预见[J].中国集成电路,2007(9):8—18,35.

[2] Sentura S D. How to avoid the reviewer's axe: one editor's view[J]. Journal of Microelectromechanical Systems,2003,12(3):229—232.

第 5 章 微纳电子学院士

1983年10月,苏州医学院(现苏州大学)阮长耿院士开启了我国血小板研究新纪元,技术细节包括他的团队靠点蜡烛做出世界最前沿的科学实验(将蜡烛放入37℃密闭恒温箱内,当蜡烛燃尽氧气后熄灭,箱内二氧化碳浓度正好达到实验所需的5%).

人唯一可以独立控制的财富是什么?答案是:想象力!成功学之父拿破仑·希尔如是说.

人类的文明史,就是一部将想象力加以实现的发明创造史.

本章主要包括巴德年院士论未来医学;张淑仪院士论科学研究;核物理之父卢瑟福论教育;王守觉院士论科技创新;许居衍院士论集成电路;施敏院士论微纳电子学;吉德思院士论生物医学工程;刘永坦院士论信号处理;邓中翰院士论微电子系统集成;程京院士论生物芯片与健康产业;郝跃院士论宽禁带半导体与可靠性.

专家导师,近悦远来.特别重温王阳元院士和李志坚院士的教诲,并收入本章小结之中.

5.1 巴德年院士论未来医学

儿童时代,作者就牢记了母亲的谆谆教诲:"努力多读书,终生为人民!"这是巴德年院士在哈尔滨医科大学本科毕业时,书赠同学魏星至女士(作者的母亲)的留言.少年时代,作者就曾阅读1982年《黑龙江日报》报道的日本北海道大学首位华人医学博士巴德年大夫的成才故事.

1996年,巴德年院士在中国科学院和中国工程院院士大会上报告认为:一个以生命科学为主导的新世纪即将到来[1].

摘要1:"诺贝尔医学及生理学奖,90多年的颁奖历史表明,医学及生理学研究突破的重点从临床转向基础医学研究:前30年以临床为主,中30年临床与基础各半,近30年以基础为主.当前基础医学发展总的趋势,一方面仍然是分子生物学向基础医学各个领域的广泛渗透,同时也出现了整体综合的趋势."

摘要2:"医学是生命科学的重要组成部分,是一个应用科学,在科技、文化、社会发展中具有重要的作用,又与社会所有成员密切相关,最受人们关注.长期以来医学就是许多科学和技术学科实验的场所,医学也正是在各学科的推动下发展的.医学要解决的许多重大问题,不论是关于生命过程及其本质、脑功能、基因功能,还是各种重大疾病,都是当代科学的难题、科研的重点,没有最新科学理论的指导和众多高新技术的支持,是无法进行的."

摘要3:"特别是随着健康概念和卫生概念内涵的不断扩大,与社会环境和自然环境关系的日益密切,医学涉及自然科学、技术科学和社会科学等一大批学科,它需要集中许多学科的人员、理论和技术来研究.自然科学和技术科学将更大规模更加普遍地向医学渗透,将来的医学绝对不是医学家一统天下,而是一个跨学科跨行业的人才密集、知识密集、技术密集的大学科,是生物、医学、数学、化学、工程、计算机、心理、社会等多学科专家的共同天下."

摘要4:"脑科学被称为科学的黑色堡垒,关于脑的结构和功能及其机制的研究受到极大关注.美国国会通过法案,将20世纪90年代定为'脑科学10年',足见其重视程度.发达国家已集中数学、物理、化学、生理、生物、通信与计算机、心理、语言、信息和医学等多学科的专家,从分子、细胞、突触、回路、系统、行为及认知各个层次上探索人脑的奥秘."

摘要5:"健康概念变化:尽管WHO早已提出了身心健全与环境和谐统一的完善的健康概念,但限于以往的经济、文化、医疗水平,人们往往把健康仅仅看作是没有疾病和虚弱.现在除了疾病防治之外,人们对无病情况下的保健需求日益增加,并追求身体、精神与社会的健全完满和谐状态,而医疗并不能保证人类的健康.医学将逐步由医疗向保健和预防转变,作为这种转变的具体体现,'健康(医)学''保健体系'和'预防体系'的建立势在必行."

巴老很重视 Gerald S Lazarus 博士和 Audery F Jakubowski 博士撰写的《美国人眼中21世纪的中国医学教育》一文.这两位中国协和医科大学的客座教授的指导意见包括[2-3]:

要点1:医疗的真正目的或者说医生最重要的核心能力是什么?医务人员应该发现现存的问题,并从个人、家庭、文化及经济等不同方面来确定问题的本质.医生必须透彻地了解问题的本质,并且收集准确的相关资料,由此制定解决问题的计划,然后实施计划,在一段时间后评估结果.

要点2:医学教育模式从"讲台上的圣人"转变成"身边的指引者",这导致以问题为中心、互动式、小组讨论的学习形式的出现.

巴老将自己的医学教育观概括为十二字箴言:"人文心,科学脑,世界观,勤劳手."

在此特别感谢作者的脑健康微电子学研究的精神领路人——《中华医学杂志》总编、中国生物医学工程学会名誉理事长巴德年院士(中国美国双院士).

5.2 张淑仪院士论科学研究

著者是南京大学信息物理系(电子科学与工程系)高敦堂教授的开山硕士弟子.为报告电子学进展,著者研读的第一篇硕士论文就是陈力学长的《高频光声显微镜及对集成电路的检测》(已经达到亚微米分辨率),指导教师是张淑仪院士.

高敦堂教授的合作与指导者是秀才门风、诗书传家的张淑仪院士,其是中国声学泰斗魏荣爵院士的开山硕士弟子,是中国第一台光声显微镜的主要发明人[4-5].

光声显微镜是非破坏性检测各种固体材料或器件的有效工具.

光声成像技术利用聚焦的激光束扫描固体样品表面,测量不同位置产生的光致声信号(振幅和相位),以确定样品的光学、热学、弹性或几何结构.可声成像各种金属、陶瓷、塑料或者生物样品等的表面或亚表面微细结构,例如,可成像固体器件或者集成电路的亚表面结构.

1880 年,A. G. Bell 发现了光声效应:当物质受到周期性强度调制的光照射时,产生声信号的现象.

1978 年,H. K. Wickramasinghe 等试制成功光声显微镜,分辨率达到 $2\mu m$.

1981 年 10 月,张老师研究组无损检测 IC 内"地铁式"布置的铝线条的分辨率已达 $4.5\mu m$.

言论 1:"科研工作是不分男女的,女同志一旦专心起来,可能比男同志更细心,也更有恒心."(《温州都市报》,2006 年 2 月)

言论 2:"我成功的主要经验是努力,几十年从早到晚努力工作、努力学习.我珍惜生命中的每一分钟,我很幸运,有很多可遇不可求的机遇.但也要加上我努力,努力才能把握机遇,努力加机遇就等于成功."(《科学课》,2001 年 1 月)

言论 3:2005 年 12 月 12 日晚 7 时,在南京大学声学所,著者向张老汇报在东南大学攻博的研究进展时,请她书赠接受采访论述过的学术研究理念,她欣然题词:"求知要有世界眼光".(参见图 5.1)

永远感恩的是,张淑仪院士爱心洋溢,用自己的工资换成美元,培养与推荐攻读无线电电子学信号与系统方向硕士的著者为 IEEE 学生会员.

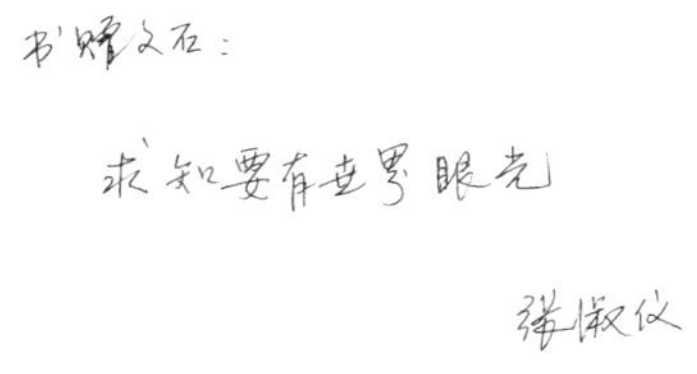

图 5.1 张淑仪院士赠言题字

回忆入学后做客导师高老师家得知,当年著者的导师与张老师合作发明光声显微镜时,通宵达旦地忙于电路与系统的设计、调试与统调.著者 2003 年成为硕导,何尝不是熬通宵,为研究组的硕士生构思创新实验、逐字修改小论文与润色大论文啊!

著者本科学习物理专业,特别热爱物理学史;硕士学习无线电电子学,特别热爱微纳电子学;于 2005 年提出脑健康微电子学.硕士导师高敦堂博导说:要勇于创新,及时总结.张淑仪院士努力钻研业务,乐于帮助晚辈.这些一直都在鼓舞着作者,向他们学习,在科研和教学的路上努力前行.

5.3 核物理之父卢瑟福论教育

美国著名的科技史家萨顿曾言:"优秀的科学家传记还有很大的教育意义,它们把青春时期的想象引至最好的方向."研读核物理之父欧内斯特·卢瑟福(Ernest Rutherford,1871—1937 年)的传记,发现其教育思想极具推崇和研究价值.

作为电子发现者汤姆孙教授的研究生,他成长为量子力学的先驱,紧追导师(1906 年诺贝尔物理学奖得主),获得 1908 年诺贝尔化学奖,原因是"深入研究了元素的衰变规律和放射性物质的化学特性".他曾风趣地说:"我竟摇身一变,成为一位化学家了."

教育思想特点

(1) 教孕于研.

科学研究的目的是为了发现,教育的目的是为了培养人才,为了最大限度地实现这两个目的,既出成果又出人才,卢瑟福一贯主张:大学教育发展的主要途径,是将研究和教学系统地结合起来,并以科研促进教育质量的提高.

平时他既要求学生准确地进行实验,更要求他们勤于思考,善于思考,多思少干,以最小的代价取得最丰盛的成果.这样能推动学生与合作者在原创性研究工作中,有新思想、新发现和新见解,同时学习、掌握和突破旧知.在麦克吉尔大学时期,他虽然教学任务繁重,但仍坚持指导科研实验和亲手制作灵敏仪器,足见其身体力行"教孕于研"的思想.

(2) 愉快教育.

卢瑟福成功的奥秘有两点:

其一是极大地发展个性化的民主学风.在卡文迪许实验室,他倡导每天下午喝茶交流科研思想的妙法,因其可活跃情绪,促进平等讨论,激发创造力.在科学问题上,他从不对同事、助手及学生疾言厉色,而是希望每个人都起一定的作用.

其二是迫切要求取得成果,但不喜欢把艰巨的工作任务压在人们身上.他把工作看成是大家的,知人善任,安排学生到能快出成果的富产课题上,并具宽容、协作与合作精神,使他领导的系就像一个和谐的大家庭.

正如著名科学家金斯所说:卢瑟福曾经是愉快的战士——在工作中愉快,在成果上愉快,在与人们的接触中愉快.

(3) 有教无类.

卢瑟福在培养人才的问题上敢于打破社会制度、民族和信仰的界限,其具民主学风及优良品德,主张有教无类,对热爱科学者,只要投其门下,他都全心负责到底.

不管学生来自何国何处,他都一视同仁,极其尊重助手和学生的科研方向与志趣,并在此前提下,用自己的知识和能力创造条件,帮助学生选好课题,鼓励和关心他们,关注课题每一研究阶段,使学生多快好省地实现科学发现.

虽然他从不争署名权,但对学生的发现就像对自己的发现一样高兴.正如卢瑟福的学生、化学家亥威西(匈牙利人)所说:"卢瑟福对于他前前后后学生的极其诚挚的关心,对他们碰到困难时的同情心和总是大度的气概,与他在科学上的发现一样增长."

(4) 教学相长.

卢瑟福相信科学的发展是科学家共同努力的结果,因此,为了多出成果、多出人才,他非常注意将个人与群体的智慧很好地结合起来.为了补偿自己数学、理论物理和化学知识相对薄弱的欠缺,在他领导的科研教学集体中,他很注意学习学生和助手的新思路和新发现.他的不少重要发现来源于学生的意外发现,不少思想启迪于与助手的自由漫谈和讨论中,许多新想法是通过助手和学生得以条理化、理论化或经实验验证的.

这些极大地促进了卢瑟福的科研才能、品德威望和组织管理能力的增长和发挥,使他领导的实验室发展成为其间成员取长补短、互补互利的享誉世界的科学圣地.

教育思想溯源

(1) 家庭影响.

卢瑟福魁梧粗壮的体魄,正直、纯朴、爽朗、友爱和善于团结共事者的性格,待人宽厚、无私与重感情的气质,的确与他生长的新西兰自然环境和农民兼手工业者的清教徒家庭有着直接联系.其父善于创造发明,其母是乡村教师,都很重视家教.

他的一切从客观事实出发的求实态度,勤于动手制作仪器和亲自做实验的良习,乃至于以丰富想象力和深邃洞察力著称于学界的突出特质,与他母亲的培养息息相关.他把一颗清教徒之心,灌输到工作和对待父母、妻儿、朋友、同事和学生之中.

(2) 学校影响和社会背景.

大学时代,在教师们的培养和影响下,卢瑟福兼长于理论和实验,显露出不凡的才华.还参加了许多学术组织,当过学会秘书,活动积极,锻炼了组织才能.读研期间,受到剑桥卡文迪许实验室及导师J.J.汤姆孙开明和民主作风的影响,进一步训练出高超的实验技巧,能设计并制作较为精密的仪器,使理论和实验相结合的理念有了物质保证.

卢瑟福的成长,正赶上第一次工业革命,英国成为世界工业和技术革命的中心,英国掀起教育改革浪潮,剔除宗教式、经院式教育,重视科学和技术.从成为卡文迪许实验室第一批硕士生开始,他渴望成才的决心,及由学校、社会陶冶出的优秀品质,驱动他走上了科学发现和人才培养的道路.

(3) 自我修养.

卢瑟福治学和做人的信条是:凡实验必须准确无误,凡推理必须立足于坚实可靠的事实,凡言行应该求实、求准、讲究实效.他热爱科学的精神,使他不仅在知识领域努力创新,注意科学交流和迁移,而且使他爱才如命,推崇合作万岁的集体研究精神.

他是学生的良师,学者的益友.他是和平的爱好者,并对弱者具有同情心.他在名利面前从不伸手,在荣誉面前保持本色,他能容人、让人和尊重人.他胸怀坦荡,心地赤诚,待人友善,这些自我养成的优秀品德,是除具科学才智和组织才能之外,能够造就14名诺贝尔奖获得者的重要原因.

感谢卢瑟福,他设计出世界"物理最美实验"之一,证明了原子的有核结构和基于分壳层的电子分布,导致玻尔提出背离经典物理学的革命性的量子假设,成为量子力学的先驱.

卢瑟福还很幽默,他说:"我们没有金钱,所以我们必须思考."

(该部分内容主要源自李文石执笔的会议论文《核物理之父卢瑟福教育思想研究》,该论文被收入《新近文论集萃(第二辑)》(夏太生,冒洁生主编,北京:中国检察出版社,1998年出版).)

5.4 王守觉院士论科技创新

追随自己哥哥王守武院士成长的脚步,王守觉院士(祖籍苏州)于1958年制成了中国第一只锗高频(200MHz)晶体管.

认识王院士的机缘回顾:创办《中国集成电路》的王正华主编曾转载作者的电子锁综论,刊于1994年试刊《集成电路设计》第2期(总第5期)第58—62页;刚巧,该期首篇专稿就是王守觉院士的论文《微电子技术在线路与应用方面的新领域》(第1—11页).

这里将王守觉院士经典的论点总结如下.

论点1:人脑思维具有两大特点,即大量并行和模糊运算.1965年,L.A.Zadeh提出了"模糊集"的概念;1978年,又提出了"可能性分布"概念,指出人脑思维本质上是可能性决策过程,从而奠定了模糊数学和模糊推理逻辑.关于研究人脑思维的机器仿生问题,王守觉院士于1978年发表了《电压型多值逻辑的"线性与/或门"》,这是最早报道的具有模糊逻辑"与(min)"和"或(max)"运算功能的集成电路[6].

论点 2:回顾十多年前步入神经网络时的认识,得到的深刻经验体会是"高技术探索领域的创新要从源头上做起",不要受传统的概念与基础的束缚,随时注意基本概念上的创新,才能使我国目前相对落后的高技术领域,得到更快、有更大后劲的发展[7].

论点 3:科学就是要不断突破权威理论,追求真理,这是一个艰辛的过程,需要人们不断转变思想,开拓创新.也正因如此,单凭自然科学的力量,很难实现科教兴国战略,它更需要社会科学启迪人的思想以作为基础[8].

2002 年 11 月初,苏州大学兼职教授、中科院半导体所的老所长王守觉院士在给我们做讲座时很风趣:"你们千万不要把自己学成硬盘,你们的记忆力比不上硬盘,你们要做的是创造出科技的新天地!"

5.5　许居衍院士论集成电路

许居衍院士是江苏省专攻集成电路设计与制造研究的屈指可数的院士.他和微电子学先驱谢希德院士是厦门大学的校友,曾在北京大学师从中国半导体技术奠基人黄昆先生——玻恩教授(诺贝尔奖得主,量子力学创始人)的合作者.

作者多次聆听许居衍院士的讲座,其对微电子学规律的概括与前瞻,可谓图文并茂、高屋建瓴.

许院士认为:"人生应该有目标,但是一定要在顺应客观规律的前提下,顽强地一步一步去实现它."1961 年 10 月,他被调入中国电子工业部门第一个半导体专业研究所——第十三研究所,出任"固体电路预先研究"课题组组长,成为中国第一块硅平面单片集成电路的主要研制者.

许院士成功预测出"许氏循环".1987 年,许居衍院士从"造"与"用"的对立统一观点出发,统计提出了硅主流产品总是围绕"通用"与"专用"的特征进行着循环,周期为 10 年.

根据该"循环律"(图 5.2),以 FPGA 为代表的可编程逻辑产品阶段位于 1998—2008 年,之后十年即 2008—2018 年将进入专用片上系统(SoC/ASIC)和专用可编程片上系统(SoC/ASPP)特征阶段,并将于 2018—2028 年进入包括"硬件可重构器件"(Hardware Re-configurable Device)或"自主可重构器件"(Self-Reconfigurable Device)在内的以"未定义功能用户可重构"片上系统(U-SoC)为特征的发展阶段.其中,ASSP 是专用标准部件(Application Specific Standard Parts).

显见,"许氏循环"预测早于日本科学家牧本次夫博士所报告的"牧本浪潮"(Makimoto's Wave,1991 年)[9-10].

许院士总结:硅微电子技术的方法论本质是"硅上印刷电路"[10].

回顾半导体技术的发展历程,包括:① 奠定基础(1940—1950 年);② 激情创新(1960—1970 年);③ 昂首阔步(1980—1990 年);④ 走向成熟(2000 年—).(2009 年 6 月 15 日,许居衍院士在苏州市工业园区的讲座"半导体技术发展脉络分析"中概括集成电路的发展哲理说:"目标是小就是美,使命是崇尚'简约',思路是倚重'左脑'.")

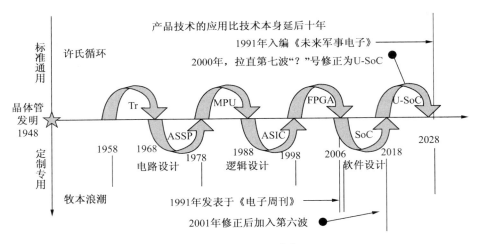

图 5.2 硅产品特征周期[10]（重描）

许院士的讲座历历在目，言犹在耳，开放"右脑"的宝贵启示数据包括：① 22nm 有 22 个难解问题（包括比例缩微和寄生效应等）；② 10%~20%的整机系统可用集成电路固化（硅含量概念）.

5.6 施敏院士论微纳电子学

施敏教授是中国工程院院士、美国国家工程院院士及中国台湾"中央研究院"院士，他在微纳电子学领域的学术影响是世界级的. 作为施教授在苏州大学传道、授业与解惑的得意门生，作者领悟其讲学艺术而执笔的学习心得参见文献[11-13].

2002 年 10 月 17 日，施敏教授给作者及学生题字："重要的发明，主要靠努力及运气，但如果没有努力，有运气也没用."（参见图 5.3）

2009 年 4 月 14 日，施敏教授由斯坦福大学又回到兼职的苏州大学为我们再做精彩讲座，题目是"Encounter with the 20th Century Microelectronics". 讲者风趣幽默，听者如沐春风. 作者摘记整理他的微纳电子学人生故事如下.

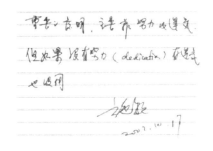

图 5.3 施敏院士赠言题字

故事 1：修订空气介电常数. 这是他博士毕业后所做的第一个项目. 1964 年，他用实验证明了传统认为的"空气介电常数是 1"的结果是错误的.

体会：不要盲从专家的结论，尽信书不如无书.

故事 2：出版《半导体器件物理学》. 唯一出版在施教授之前的同类专著，由诺贝尔奖得主肖克利著；后来资深院士萨治唐在自己写的专著里面，评价施教授的书最适合于工程师阅读. 1963 年由斯坦福大学博士毕业后，到 AT&T 贝尔实验室工作，因为主管的成见未能顺利升迁，因此决定潜心写专著. 丰厚的版税收入保障了其作为研究者的生活.

体会：塞翁失马，焉知非福.

故事 3：成立环宇电子公司．环宇电子公司 1969 年成立于台湾，只比 Intel 公司晚一年；投入 100 万美元，厂房 7000 平方米，员工 1200 人，包括管理层精英施振荣等．施敏教授与研发部的同事不久就开发出了计算器（使用美国的芯片）．该公司是台湾第一个半导体封装及测试的代工企业．

体会：失之东隅，收之桑榆．

故事 4：草创台湾微电子工业．1974 年，台工研院成立；1976 年，台湾能做 IC 了，所依靠的最宝贵的财富是人的脑力．台湾决策层孙运璿部长力排众议，接受了"积体电路计划委员"之一施敏院士等的建议，送出 40 人至美国接受科技培训，并从美国 RCA 公司引进 CMOS 技术．如今，世界 80％ 的代工企业在台湾，台湾的微电子产业排名世界第三．

体会：择善固执．

故事 5：发明非挥发性记忆体．凭着掉电后仍可保留信息长达 50～100 年的发明理念，施敏院士着手革命性地改良王安博士于 1950 年发明的磁芯记忆体（其缺点是体积大、耗电多）．1967 年，他与合作者 D. 康（韩国半导体先驱姜大元博士）在美国贝尔实验室成功发明了浮栅记忆器件（首次实验掉电后，电荷已能存活 1 个多小时），这是 1984 年出现 Flash 的发明前奏，也是蓝牙通信的核心技术源泉，在微电子学发明史上地位重要，因之施敏院士屡获诺贝尔物理学奖提名．

体会：苟日新，日日新，又日新．要实现目标，最主要的是要有好奇心，要不断去做新的尝试，而且要自强不息．

施敏教授回答的问题，摘要如下．

回答 1：大学生最重要的是：① 敬业；② 合作（寻求 1＋1＝3；1＋2＝8）；③ 成功（旨在改善人类生活，增进人类幸福）．

回答 2：大学生要打好的 4 个根基是：① 数学；② 物理；③ 化学；④ 生物（必修）．

回答 3：要发明使人类生活得更好的东西，具体我不知道．

回答 4：Bio-X 是很好的方向；防止污染应大有作为；省电方面例如 Flash 耗电是 DRAM 的 1%．

回答 5：我对中国的微电子事业寄予厚望；教育是长期累积的；写书要既叫好又叫座．

在讲座之后的座谈会上，施敏先生特别提到：中国人每天工作 12 小时；韩国人每天工作 16 小时．

作者向施敏教授汇报了博士期间的研究成果，他翻阅作者的博士论文指出："现在推崇科技英文写作，可以渐进地过渡，先从应用英文写大论文的前言和总结与展望入手．"施敏院士为作者题写了作者第三部学术专著的书名"微电子学图解"（参见图 5.4）．

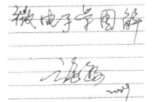

图 5.4 施敏院士题写的书名

5.7 吉德斯院士论生物医学工程

作者因文献[14]《诚实使你自由》而与美国生物医学工程之光——吉德斯（L. A. Geddes）院士结缘[15]，与吉德斯院士通信并且消化其 2002 年之前的主要文献，发表过的学习心得参见文献[16]．

以下为吉德斯院士从不同的视角论生物医学工程.

视角1：生物医学工程的研究之摆(Research Pendulum)，晃动在科学与技术之间. 传统倾向于科学，现如今滑向技术，因为，工业界提出的问题相当复杂. 在现代，生物技术的重要性既显著又与经济因素有关，同样，纳米技术和组织工程也是当代的技术特征. 生物医学工程师被要求发明越来越小的仪器，以便应用于诊断和治疗. 现代生物医学工程师必须具备诸多才能，例如应该掌握的知识包括：生物化学、生理学、医学史、基因学、免疫学和病理学等.[17]

视角2：医学的三个目标是：① 治疗疾病或减缓其进程；② 解除病痛或不适；③ 低成本的康复. 如何来达标呢？哈佛大学教授Wendell Holmes(1801—1891年)这样回答："医学若要普适于任何患者，必须依赖任何哪怕是最轻微的有用信息."现代生物医学工程师正坐在三条腿(Biology, Medicine, Engineering)的板凳上，其要有驾驭知识的能力，要能识别医学问题，进而可以借助工具和技术加以解决.[18]

视角3：一个发明想法(Idea)可被定义为一个心理图像(Mental Image). 然而，为催化该想法至发育成熟，心理图像尚需一些必要的刺激(Stimulus)，并且相互耦合的必定还有追求探索的动机(Motivation). 生物医学仪器的发明史例证清晰地昭示，萌生想法(理念)、设计实验直致发明装置的进程，将可以解释被研究的现象(Phenomenon). 总之，应输入刺激至大脑，以触发发明理念，继之构造实验，然后解释所观察到的事实.[19]

视角4：吉迪斯教授在2002年写给作者的信中谈到：虽然，生物医学工程的先驱们已经长眠，但是，他们的贡献永生！他始终强调：发现是一个革命性的过程. 每一种新发现都源自有限的背景而趋向无限的未来. 我们现在并未站在发现的终点. 新技术是迂回前进的，新知识是曲折发展的.

5.8 刘永坦院士论信号处理

刘永坦教授是哈尔滨工业大学研究生院院长、中国科学院院士(1991年)和中国工程院院士(1994年)，2004年12月3日下午刘教授在苏州大学本部红楼会议中心做"高频超视距雷达探测技术历史回顾与现状"的讲座.[20]

著者提问："我对信号处理很感兴趣，请您为我们三个专业的学生，包括我们微电子学专业的学生，讲一讲学习信号处理的方法和做这门学问的门道."

刘永坦院士畅所欲言，高屋建瓴地做了如下回答：

我要强调，1965年发明的快速傅氏变换(FFT)技术具有划时代的意义，此前，不知道信号尚能如此实时地处理.

学习信号处理课程，应掌握基础性的东西，处理方法非常多，基础性的东西是第一位的；应从基本算法学起，从波分析、滤波，再到近代时变分析.

我青年时代也没有学过信号处理，我教过哈工大1977级的学生，他们手工计算信号处理题目，很认真.

现在，集成电路(IC)有几百条脚，功能很强，使学生有"退化"的可能. 必须知其所以然！计算工具软件MATLAB画图很好看，输入有限的数据、小波变换等，全都能做. 但是注意，MATLAB不能穷尽所有问题.

要从基本原理入手学习,训练大脑.现在,有的学生不会心算,买菜要带计算器来按.

另外,我在哈工大负责研究生院的工作,开学典礼的时候,我总强调,研究生学术风气要正,不要浮躁.也就是我要强调的,做学问,首先是做人!

5.9　邓中翰院士论微电子系统集成

2009年,刚届不惑的邓中翰博士晋升为中国工程院最年轻的院士.

邓中翰院士与合作者创立的中星微电子公司的代表性的理念是:集成创新,做早做大,从应用端出发才能真正掌握芯片设计的潮流.其创新战略是集成创新和专利保护,技术诀窍是算法融合架构.

2005年,邓中翰博士敲响了纳斯达克之钟.中星微电子公司作为我国电子信息产业中真正具有自主知识产权的芯片设计企业首次登陆纳斯达克,完成了中国企业原始创新、发展核心技术并且走向世界的标志性动作[21].

为什么邓中翰博士领导其团队走得如此之远?

他是美国加州大学伯克利分校成立一百余年来唯一一位横跨理、工、商三科的学生(著名的华人科学家田长霖先生语).

邓中翰博士认为:通过学习经济学,突然认识到我们所在的这个世界和社会,其实是普遍联系的,非常复杂,远不是他当初想做一个科学家,想做一个技术专家所看到的那样简单.他在转型过程中,所挑战的不仅是专业知识,也包括自己的人生哲学.

站在清华大学的讲坛上,他说:"今天,我回到了祖国,回到了北京,回到中关村,创建了中星微电子公司.我感觉在这个过程中,我过去所学的专业知识,尤其是那种在人生面临挑战时表现出来的独立思考的能力和勇气,在我一步一步跨越式的发展中,起到了非常关键的作用."[22]

2005年2月19日,在哈佛大学商学院举行的"亚洲商业论坛"上,邓中翰博士发表了对"MADE IN CHINA"的新解:MADE前面两个字母MA指的是Manufacture(制造),后面两个字母DE则指的是Design(设计),所以应理解为"中国制造"加"中国创新",等于"中国创造".

邓中翰博士愿意与青年科技工作者分享的关于创新的3点体会是:

一是培养创新人才要以培养通才为基础;

二是创新要设定合理的方向,顺势而为;

三是创新需要坚强的斗志,不畏困难,勇往直前.

他常引用泰戈尔的诗句:只有经历地狱般的魔炼,才能炼出创造天堂的力量[23].

5.10　程京院士论生物芯片与健康产业

始于20世纪80年代的生物芯片(Biochip)是生物传感器的点阵组合,其有机结合生命材料和基/硅片,基于表面生化反应,旨在构造芯片实验室(Laboratory on Chip),并行实现微生化分析的全过程(例如样品制备、检测、分析和建库等)的连续化、自动化、微型化和全集成化,将给生命科研、疾病诊断、新药开发、生物战争、司法鉴定、食品/卫生监督与航空航天等领域带来创新革命[24-25].

生物芯片技术交叉融合分子生物学、医学、微电子工艺学（主要是光刻）、微分析技术（包括显微成像和模式识别等软硬件系统）和信息科学. 20 世纪 90 年代，清华大学（曾获得 1995 年国家自然科学重点基金）、复旦大学、东南大学、军事医学科学院和中国科学院加入"生物芯"/"未来医生"的技术研究行列.

2001 年，原本学习电气学的青年才俊程京博士在美国出版了英文专著《生物芯片技术》. 程京院士立足清华大学，创立博奥公司，被 2006 年 8 月 31 日出版的《Nature》杂志列入"全球微阵列产品和服务推荐供应商名录". 程京院士曾获国家留学回国人员成就奖、中国青年科技奖、求是杰出青年成果转化奖、发明创业奖和国家技术发明奖. 他开发了国际上第一个 SARS 病毒检测基因芯片；开发了高通量无标记细胞活性检测芯片和自定位神经网络电生理信号检测芯片，并因此荣获 2007 年度国家技术发明奖二等奖.

展望未来，程京院士认为，健康产业是指与健康相关的产品和服务等形成的产业. 而现代健康产业是以现代生物技术为依托，以预测、预防医学为工作重点，以实时监控、生物信息学方法、大数据处理为手段，以互联网的云数据库为纽带，通过对生活方式的主动积极干预，最终实现个体化的健康管理[26].

启发 1：生物芯片是微电子与生物技术联姻的结晶.

启发 2：关于学科交叉，程京院士说：我在研发过程中，首先就是负责在不同学科的专家之间，解释关键概念.

启发 3：高新技术产业的发展需要时间，从业人员需要有一定的耐心. 程京院士的团队，从 1994 年做出样机，到做出芯片和整套产品，历时 5 年之多.

5.11　郝跃院士论宽禁带半导体与可靠性

引子：美国阿里安火箭 100 多次发射中有过 8 次失利，其中 7 次都是由个别器件故障导致的.

军用微电子专业组组长郝跃院士的成长关键词是：家学严谨、跳级的好学生、电工学徒、知青岁月、地质勘探、工科本科与硕士、半导体物理与器件专业、计算数学博士.

2006 年，郝教授在接受《科学中国人》首席记者刘德英专访时说：

电子学根本是物理与数学的结合. 我认为科学与哲学是两个翅膀，缺一不可.

芯片是我们的心脏，软件是我们的思想. 我们的体系是由硅技术构成的机器，然后再用软件将硅机器运转，硅的能量和动量是无穷尽的.

毕业后先搞工艺，否则基础不牢. 接着，搞集成电路设计和设计方法学，我在这个过程中经历过很多坎坷，这段时间较长，成果比较突出. 到了 1998 年后，就一直搞最新的第三代半导体关键技术，即宽禁带半导体材料与器件，现在我们国家很需要.

科学要取得成功，应具备四个方面的条件：

第一，科学的氛围. 一个领域，像我们大的课题组，这个非常重要，这是指土壤，没有适合的土壤是不会有好苗的，就更谈不上有果实了.

第二，民主的气氛. 不能说我是导师就是学霸，绝对不能，要大家讨论.

最后两点是科学的精神和创新的欲望. 这是最重要的，必须首先有非常迫切的要做事情的欲望,如果没有这样一种欲望,要做工作那就非常非常难.

感人事例:2002年,在郝跃教授的领导和指导下,第一代 MOCVD(有机化合物化学气相淀积)设备研制成功,满足了材料生长、表征和测试等最基本的研究需要,很快就生长出了具有国际先进水平的 GaN(氮化镓)基外延材料.团队成功地打开了宽禁带半导体的产学研之门.

关键技术:为了抑制 GaN 材料相对较高的缺陷密度,郝跃教授带领团队系统研究并揭示了 GaN 电子材料生长中缺陷形成的物理机制,独创地提出了脉冲式分时输运方法、三维岛状生长与二维平面生长交替的冠状生长方法,显著抑制了缺陷的产生[27-29].

5.12 本章小结

院士(Academician)是国家设立的科学和技术的最高学术头衔.

已具有 50 年发展历史的微电子产业,在未来 100 年将处于上升通道(斯坦福大学施敏院士讲学于北京理工大学,2011 年 6 月).

北京大学王阳元院士强调:"在微电子技术的发展历史上,每一种算法的提出都会引起一场变革……提出一种新的电路结构可以带动一系列的应用,但提出一种新的算法则可以带动一个新的领域,因此算法应是今后系统芯片领域研究的重点学科之一."(《21 世纪的硅微电子学》,2005 年)

怀念我国硅基半导体科学研究的奠基人和开创者,清华大学李志坚院士.他早在 20 世纪 50 年代就提出了半导体薄膜电导的晶粒间界电子势垒模型;他对学生最常说的一句话是"戒躁".

国际纳米材料学家王中林院士勉励青年学子的"8C"和"3P"分别是:Compassion(热爱)、Commitment(投入)、Comprehensive(综合)、Creativity(原创)、Cooperation(合作)、Communication(交流)、Consummation(吃透)、Completion(完整);Patience(耐心)、Persistence(坚持)、Perseverance(恒心).

微纳电子学的未来将指向亚纳米工艺(魏少军教授,2015 年 11 月 3 日).

健康就是一切(德国哲学家叔本华)!

谢谢喜欢读书、埋头实验、坚信自我、贡献人类的屠呦呦教授,正是她,于公元 2015 年 12 月 10 日晚(北京时间),捧回了中国人魂牵梦绕的生理学或医学诺贝尔奖.

香港中文大学饶宗颐教授说过:世界上知识学问浩如烟海,如果用一个字概括求知识做学问的诀窍,那就是一个"通"字!

5.13 思考题

1. 重走院士之路,针对作者的观点"选题就是生命,选题就是宇宙",说说您的看法与体会.
2. 张淑仪院士曾为著者题字"求知要有世界眼光",请您推测其中的因果逻辑?
3. 爱迪生曾说:"总有办法做得更好,发现它!"您认同吗?

5.14 参考文献

[1] 巴德年.医学科技的发展趋势和我们的发展战略[J].中国医学科学院学报,1996,18(5):321-332.

[2] 巴德年.面向21世纪的我国高等医学教育[J].中华医学杂志,2001,81(15):897-898.

[3] Lazarus G S,Jakubowski A F.美国人眼中21世纪的中国医学教育[J].中华医学杂志,2001,81(15):901-903.

[4] 张淑仪,俞超,苗永智,等.扫描光声显微镜[J].物理学报,1982,31(5):704-709.

[5] 张淑仪.声学在现代科学技术中的作用[J].科学中国人,1997(11):39-45.

[6] 王守觉,冯宏娟.集成电路的昨天、今天和明天——纪念晶体管发明四十周年[J].微纳电子技术,1988(1):1-6.

[7] 王守觉,覃鸿.从长远看微电子技术未来新市场的发展方向在哪里[J].中国集成电路,2002,11(12):4-7.

[8] 王守觉.创新思维是人类社会发展的源动力[J].科学中国人,2005(5):26.

[9] 许居衍.微电子重大发展态势分析[J].2006,1(3):215-218,222.

[10] 郑茳,许居衍.硅微电子技术的极限研究与潜力开拓[J].电子科技导报,1996(9):7-10.

[11] 李文石,钱敏,黄秋萍.施敏院士论微电子学教育[J].教育家,2003(3):11-16.

[12] 李文石,钱敏,黄秋萍.施敏院士讲学录[J].教书育人(高教),2003(132):4-6.

[13] 李文石.记忆的云彩——施敏院士访谈录[J].发明与创新,2003(6):17.

[14] Geddes L A. The truth shall set you free: development of the polygraph[J]. IEEE Engineering in Medicine and Biology Magazine,2002,21(3):97-100.

[15] Szeto A Y. J. L. A. Geddes: a biomedical engineering activist[J]. IEEE Engineering in Medicine and Biology Magazine,1999,18(2):6-7.

[16] 李文石,王兰.吉迪斯院士论生物医学工程学[J].教育家,2003(10):15-17.

[17] Geddes L A. Science,technology,and the researcher[J]. IEEE Engineering in Medicine and Biology Magazine,2005,24(3):123-124.

[18] Geddes L A. Medicine,the borrower[J]. IEEE Engineering in Medicine and Biology Magazine,2008,27(3):83-84.

[19] Geddes L A,Roeder R A. Where do ideas come from? [J]. IEEE Engineering in Medicine and Biology Magazine,2009,28(5):60-61.

[20] 刘永坦.封面人物——双院士刘永坦教授[J].哈工大人,1996(16):1-2.

[21] 刘燕.中国创造——邓中翰和他的创新团队[J].国际人才交流,2009(3):18-19.

[22] 邓中翰.我人生中的"挑战杯"[J].职业技术(上半月),2006,5(5):18-22.

[23] 邓中翰.勇于创新,挑战新高度[J].科技导报,2010,28(2):3.

[24] 何鹏,程京.生物芯片技术与产品发展趋势以及面临的机遇[J].中国医药生物技术,2006,1(1):17-19.

[25] (美)鲍特尔 D. DNA微阵列实验指南[M].吕华,译.北京:科学出版社,2008:1-10.

[26] 张琨.健康产业发展的历史与未来——访中国工程院院士程京[J].高科技与产业化,2013(7):36-41.

[27] 郝跃,彭军,杨银堂,等.碳化硅宽带隙半导体技术[M].北京:科学出版社,2000:1-10.

[28] 郝跃,刘红侠.微纳米MOS器件可靠性与失效机理[M].北京:科学出版社,2008:1-10.

[29] 郝跃,张金风,张进成.氮化物宽禁带半导体材料与电子器件[M].北京:科学出版社,2013:1-10.

第 6 章 微纳电子学实验

艺术和科学共同的审美判据是什么？主流参考答案：新颖而自洽.

Science, like the arts, admits aesthetic criteria; we seek theories that display "a proper conformity of the parts to one another and to the whole" while still showing "some strangeness in their proportion." (S. Chandrasekhar, 1979)

"Beauty is the proper conformity of the parts to one another and to the whole." (W. Heisenberg)

"There is no excellent beauty that hath not some strangeness in the proportion." (F. Bacon)

为数量化地表达研究对象的规律，需要构造受控实验，以便得到数据，锤炼数据（纯化变量），应用数据可能带来的科学与技术红利. 期间，始终聚焦原理、概念、装置，以及如何让实验成果早日走出实验室.

本章着眼于新实验设计的数学建模应用＋软硬兼施实现的价值创造，切入点是概率趣味计算，重温实验方法学，强调相似（相异）原理，简论视觉特性，微实验人脸识别，重视基于 Silvaco TCAD 的演示实验设计与可视化表达，概论 IC-EMC 难题，简论电热驱动薄膜的工艺优化与性能测试；不仅回忆浮栅存储效应的发明历程，提及半浮栅器件的演进与实现，而且再现啁啾脉冲放大（获得 2018 年诺贝尔物理学奖）的实验技巧.

本章关键词：实验、建模、识别、浮栅、EMC、工艺、啁啾脉冲放大.

6.1 锲而不舍

2011 年第 4 期《读者》卷首语中有这样一道题目："如果一件事的成功率是 1%，那么反复尝试 100 次，至少成功 1 次的概率大约是多少？"

MATLAB 计算例程如下（本例与蔡金伟硕士合作）：

```
close all; clear all;
f=[];
for c=100:200:900 %尝试次数
    a=0.01; %成功率
    b=1-a; %失败率
    d=b^c; %完全失败的概率
    s=1-d; %至少成功一次的概率
```

FF=[′如果尝试′num2str(c)′次,s=′num2str(s*100,′%.4f′)′%.′];
f=[f;FF];%输出结果
end
f(:,:)
运行代码的结果为:
如果尝试 100 次,s=63.3968%.
如果尝试 300 次,s=95.0959%.
如果尝试 500 次,s=99.3430%.
如果尝试 700 次,s=99.9120%.
如果尝试 900 次,s=99.9882%.

结论:努力坚持尝试 900 次,至少成功一次的概率极大地提升为 99.9882%.

启发:奇迹在坚持中(曹卫华,2011 年);锲而不舍是成功的秘诀.

共鸣:成功的四个关键要素中只有努力是可以自己控制的.(施敏院士讲座,2018 年 3 月 28 日,苏州大学红楼 115 厅)

扩展阅读:《MATLAB 可视化大学物理学》(第 2 版)(周群益,侯兆阳,刘让苏,清华大学出版社,2015 年),建议重视范例 13.8(贝托齐极限速率实验结果的模拟).

6.2 实验概论

引子:时间都去哪了?根据美国国家科学基金会的统计:51%(用于)文献检索和理解;32%实验研究;9%书面总结;8%计划思考.可见,网络时代使得电子信息情报收集处理的时间份额由 7 成缩为 5 成,无疑也相应增大了实验研究时长.

图 6.1 是实验设计方法学概论的框图表达.

"The goal of experiment design is to adjust the experimental conditions so that maximal information is gained from the experiment."[1]

实验工作是一个未知的旅程,充满了弯路和死胡同,但在某种程度上,从某

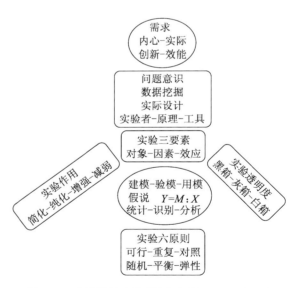

图 6.1　实验设计方法学(李文石,2017.12.23)

种方法论的观点来看,某些本质的细节可能至关重要.(Experimental work is by definition a journey into the unknown, fraught with detours and dead ends … but otherwise it will be of interest only to the extent that certain intimate details may be critical from a methodological standpoint.)[2]

思维将跨越的尺度是 41 个数量级,可以从质子(10^{-15} m)到宇宙(10^{26} m).

思维的有效推理就是逻辑研究,通常可分为三类:归纳、演绎和溯因.

科研的逻辑路径:问题(Problem)—概念(Concept)—指标(Index)—变量(Variable).(蒋百川博客,2015 年)

庞加莱说:没有假说,科学家将寸步难行.即实验—统计;假说—演绎[3].

科学发现的哲理应具备递进优化的特点:提出假说→实验证明→得到证据→产生新疑问→刷新对照实验→诊断实验→消除疑问→优化假说.

研究(Research)就是实验、实验、再实验,反复(re)寻找(search)的过程.问题导向的科研流程简图参见图 6.2.

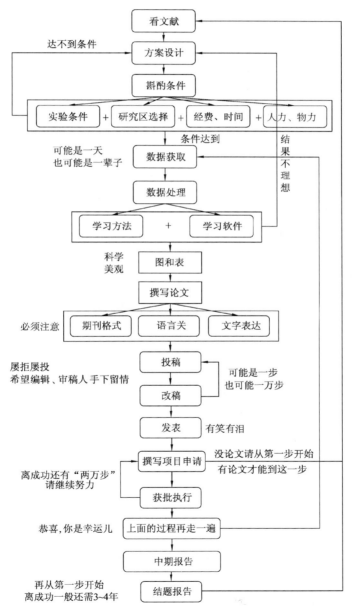

图 6.2 科研流程图解(参考李建国博客,2017.9.29)

科学的目的是发掘(研究对象的)因果关系(或者相关关系).通过实验,尽量缩小变量集合,探索相关,知因索果,识果溯因.

现代科技文章包括八个主要部分:中文摘要、英文摘要、引言、实验部分、结果与讨论、结论、致谢以及参考文献.其中,实验部分无疑是最重要的.

关于实验设计与测量概论的深入研读请参考文献[4-11].

6.3 印象几何

起因:印度科研人员赢得了 2002 年"搞笑诺贝尔奖"的数学奖,原因是他们于 1990 年报告了"印度象体表总面积的估计",在 1989 年也报道过"印度象体重的估计"[12-13].

例证 1:印度象体重几何.

对象:39 头印度象(30+9),由直接测量得到的几何参数(单位:cm)集合参见图 6.3.其中,L:前额至尾根长度;G:胸围;C:右足(垫)周长;H:肩高;N:颈围;F:肩臀距离.

建模:体重预测模型 W(单位:kg),自变量的选择遍历尝试了线性回归(单参数和双参数)与指数回归.

结果:参见图 6.3 中给出的体重 W 或肩高 H 的最佳预测公式.其中,体重的最大预测误差高达原体重的 29.00%.

例证 2:印度象面积几何.

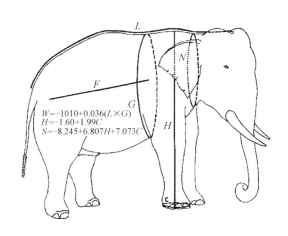

图 6.3　印度象的测量参数示例[12-13]

实验演进结果:应用 24 头印度象的体表面积预测公式 S(因变量单位:m^2;自变量单位:m)参见图 6.3.其中最差估计是实测体表面积的 11.84%.

小结:(1)体重预测既有利于监测营养供给,也关乎给药数量;(2)建模总结:工程师从数据出发建模用模;科学家受原理启发建模用模.

讨论 1:建模基础是相似性原理.印象几何的计算意义既已明了,那么建议考虑相似—像不像—印象的科技文化意蕴:从盲人摸象,到曹冲称象,再到冯氏画象,交汇于印象几何.

讨论 2:Neumann 曾说:应用 4 个参数,我可以画一只大象,如果利用 5 个参数,我就能让大象卷曲鼻子.

讨论 3:解算混沌微分方程时,因为变量初值敏感,结果呈现此大象非彼大象.

6.4　视觉大范围优先特性的反应时表达

科学问题:什么是知觉信息的基本表达?

视觉特性假说:是总体优先?还是局部优先?

系列实验结果支持"首先看到森林,然后看到树木"的论点,结论就是总体优先.

例证1:大小字母辨别反应时实验.以色列的D. Navon博士于1977年报告了主要结果:辨识大字母的反应时(Response Time,RT)短于辨识小字母的反应时约100ms(即跑快了一个"生物墙").实验范式采用SOR模式(刺激构造—被测人选择—响应分析),大字母由小字母构成(刺激信号的构造参见图6.4)[14].

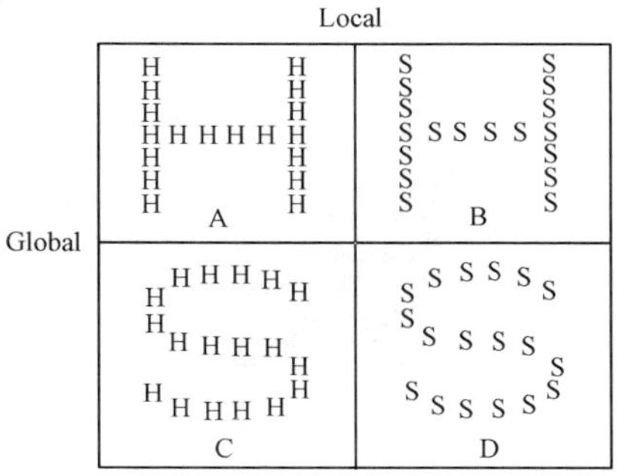

例证2:认知科学家陈霖院士于1982年也提出了"大范围优先"的"拓扑特性知觉理论"[15];2008年又报道,MRI(Magnetic Resonance Imaging)揭示了神经关联机制在于前颞叶[16].

图6.4 验证视觉大范围优先假设的复合刺激图形

6.5 基于PCA和SVM的人脸识别实验

主成分分析(Principal Component Analysis,PCA)通过正交线性变换将样本数据从高维空间投影到低维空间,提倡在低维空间表示原始数据.

PCA提取数据的主要特征分量,实现了高维数据的降维.该变换把原始样本数据变换到一个新的坐标系,使得数据投影的最大方差落在第一坐标,次最大方差落在第二坐标,其所求得的第一坐标即为第一主成分,依此类推.

PCA首先由K. Pearson对非随机变量引入,H. Hotlin将此方法推广到随机向量的情形.PCA的优点是完全没有参数选择难题[17-19].

设有p条q维样本数据,为把该数据压缩为k维矩阵,则PCA的算法过程如下:

(1) 将原始数据组成q行p列矩阵M.

(2) 求出矩阵M每行(代表一个属性字段)的均值并将每行元素分别减去此均值,所得矩阵记为Y.

(3) 求出矩阵M的协方差矩阵及其对应的特征值和特征向量.

(4) 按照对应特征值的大小,将特征向量从上到下按行排列成矩阵,取前k行组成矩阵N.

(5) 记矩阵$Q=Y \cdot N$,则矩阵Q为降到k维后的变换数据.

MATLAB软件包含实现PCA的算法,可通过princomp函数调用.其形如:

$$[COEFF, SCORE, latent] = princomp(X),$$

其中,COEFF为样本协方差矩阵的特征向量;SCORE为主成分,即上述步骤(5)中所得矩阵;latent包含X的协方差矩阵的特征值.

识别任务:将包含24张图片的样本进行主成分分析.设置前14张图片的降维数据为训练集;后10张的数据作为测试集,如图6.5所示(图片依次命名为1.png、2.png……).

图 6.5 基于 PCA 与 SVM 识别人脸与猴脸所用的测试集

基于 PCA 与支持向量机(Support Vector Machine,SVM)识别人脸与猴脸的 MATLAB 代码如下(本例与蔡金伟硕士合作):

```
close all; clear all;
n=24;%样本数,其中前 14 张图片为训练集,后 10 张为测试集
for i=1:n
    imageName=strcat(num2str(i),'.png');
    Pic_cell{i} = imread(imageName);
    [imgRow,imgCol]=size(Pic_cell{i});
    size_Pic(i,:)=[imgRow,imgCol];%每个图像的维度
    Num_pictures(i)=size_Pic(i,2)*size_Pic(i,1);
end
for r=1:22 %PCA 所降维度
    d=zeros(20,580*r);
    for i=1:n
        a(i,:) = double([Pic_cell{i}(:)',zeros(1,(max(Num_pictures)
            -Num_pictures(i)))]);;
        for j=1:size_Pic(7,2) %选取训练集的第 7 张图片为基本大小
            for k=1:size_Pic(7,1)
                b(k,j)=a(i,((j-1)*size_Pic(7,1))+k)
                                            ;%恢复成原始像素
            end
        end
        [COEFF SCORE latent]=princomp(b);%PCA 主函数
        c=SCORE(:,1:r);
        d(i,:)=c(:)';
    end
[M,N]=size(d); d(1:7,N+1)=0; d(8:14,N+1)=1 ;%对训练集添加标签
train_set =d(1:14,1:N); train_taget = d(1:14,N+1); test_set =d(15:n,1:N);
test_dataset = [train_set;test_set];
[Dataset_scale,ps] = mapminmax(test_dataset,0,1);%归一化
```

```
train_set = Dataset_scale(1:14,:);
test_set = Dataset_scale(15:n,:);
SVMStruct=svmtrain(train_set,train_taget,'Showplot',true)    ;%SVM 主函数
G(r,:)=svmclassify(SVMStruct,test_set,'Showplot',true);
Correct_Tag=[0;0;0;0;0;1;1;1;1;1]  %测试集的正确标签
zhengshilv(r)=sum(G(r,:)==Correct_Tag')
                          ;%SVM 处理后的标签与正确标签进行比较
plot(zhengshilv*10);xlabel('k');ylabel('正识率(%)');
end
```

经过 PCA 处理与 SVM 联合处理后的正识率结果如图 6.6 所示.

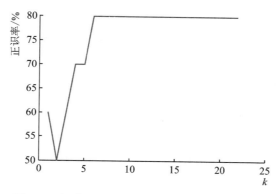

图 6.6 经过 PCA 与 SVM 联合处理后的正识率

程序运行时间 7.57s(CPU 2.6GHz). 样本矩阵维度 k 降低百倍有余且通过 SVM 分类能够有效实现猴脸与人脸的识别. 从此例可知 PCA 能够有效降低数据维度并保持数据原有特征不变.

6.6 基于 Silvaco TCAD 的浮栅存储效应演示实验

浮栅存储概念提出 52 周年了,这个新概念引领且驱动了巨大非挥发性存储器市场,因之作为教研案例十分合适,故以下简论浮栅概念、浮栅存储原理及其发明故事,基于 Silvaco TCAD 演示浮栅存储效应.

浮栅存储效应:1967 年,施敏博士和姜大元博士在贝尔实验室合作提出了浮栅存储器,其本质是五层"三明治"栅结构 MOSFET(示意图参见图 6.7).

因为插入 Floating Gate(实际操作中采用 100nm 厚的 Zr 金属,因其表面容易氧化包封),浮栅中积累电荷与否,就是判断 cell 是"1"还是"0"的存储机制(首次试验存储电荷时间长达 1 个小时)[20].

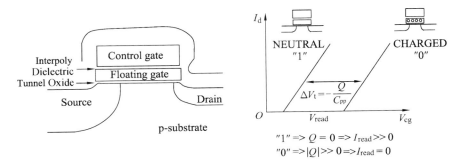

图 6.7 浮栅 MOSFET 结构和浮栅存储单元读出 I_d-V_{cg} 特性

发明故事：如何找到王安博士发明的磁芯存储器(其缺点是：过热、体大、慢速)的替代半导体器件呢？1967 年春天里的一次午餐,年轻的姜大元博士提议串联一个 MOS 电容和一个非线性电阻,做成一个电路存储模块,然而,若实现长时间存储,需要相当大的非线性电阻.接着,施敏博士建议将一个 MOS 电容串联一个肖特基二极管,然而,反偏击穿二极管需要过高的控制电压.最后,两位博士精诚合作,提出了新的浮栅想法：在传统的 MOS 管沟道层和栅极金属层之间,嵌入包封在氧化物介质中的浮置金属层(存储电荷,不易泄露),由此在贝尔实验室成功研制出 5 层堆叠浮栅结构,开启了 IT 世界的非挥发性半导体的研发之门(施敏院士,ISNVM,2017 年 3 月 27 日).

发明演进：从传统 MOSEFT 到浮栅 FG MOSFET 再到半浮栅 SFG(Semi-Floating-Gate) MOSFET,就是改造栅结构和材料配置的器件结构发明和工艺实现突破之路(图解参见图 6.8,主要参考文献[21]).图 6.8D 显示,在组合隧穿场效应晶体管(TFET)和浮栅器件之后,形成了低功耗存储机制：半浮栅管的隧穿发生在禁带宽度仅为 1.1eV 的硅材料内；而传统浮栅管的电子需要隧穿通过禁带宽度接近 8.9eV 的二氧化硅绝缘介质.复旦大学微电子学院实现的半浮栅器件典型指标为：工作电压小于等于 2V,阈值窗口电压高达 3.1V,写入时间短至 1ns 量级.

仿真实验：基于 Silvaco TCAD 完成浮栅存储效应实验(与魏依苒硕士合作).

仿真工具包括：交互工具 BeckBuild；二维工艺仿真工具 ATHENA(工艺指令涉及离子注入、扩散、氧化、物理蚀刻和淀积,还有光刻以及应力成型后硅化等；结果包括 CMOS、Bipolar、SiGe 和 SOI 以及功率器件等的器件结构,能精确预测结构几何参数、掺杂剂量分布和应力等)；二维器件仿真工具 ATLAS(模拟半导体器件的电学、光学和热学行为；材料涉及 III-V 族元素半导体或聚合/有机物等；输入材料参数可以是迁移率、能带、介电常数和寿命等,也可以自定义).

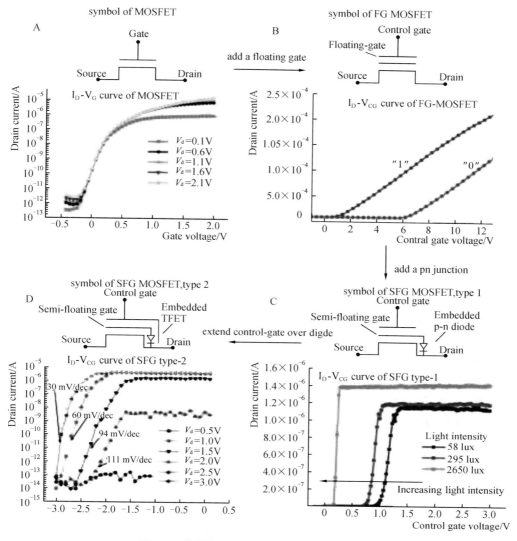

图 6.8 从浮栅演进到半浮栅的 I-V 特性图解

目标：基于多晶硅浮栅结构 MOSFET，演示存储 I-V 特性，演示电荷存储与擦除瞬态时间特性. 分别介绍和讨论工作要点如下.

(1) 基于 Silvaco TCAD 的浮栅器件模拟例程.

```
go athena
# 对网格进行定义
line x loc=0.0    spac=0.1
line x loc=0.6    spac=0.025
line x loc=0.9    spac=0.05
line x loc=1.5    spac=0.2
line y loc=0.00   spac=0.01
line y loc=0.3    spac=0.03
```

```
line y loc=2.0    spac=0.25
```
#定义初始p型硅衬底,杂质硼浓度$3\times10^{16}\,cm^{-3}$,晶向100
```
init c.boron=3e16 orientation=100 space.mult=1
method compress fermi
```
#干氧氧化10分钟,温度950℃
```
diffuse time=10 temp=950 dryo2
```
#抽取仿真特性
```
extract name="tunnelox" thickness oxide mat.occno=1 x.val=0
```
#注入硼离子,掺杂浓度$1\times10^{12}\,cm^{-3}$
```
implant boron dose=1e12 energy=25
```
#淀积多晶硅,厚度$0.25\mu m$,纵向划分4个网格
```
deposit poly thick=.25 div=4
```
#注入磷离子,掺杂浓度$6\times10^{14}\,cm^{-3}$
```
implant phos dose=6e14 energy=30
```
#干氧氧化5分钟,温度950℃
```
diffuse time=5 temp=950 dryo2
```
#淀积氮化物,厚度$0.02\mu m$,纵向划分1个网格
```
deposit nitride thick=0.02 div=1
```
#淀积氧化物,厚度$0.01\mu m$,纵向划分1个网格
```
deposit oxide thick=0.01 div=1
```
#淀积多晶硅,厚度$0.25\mu m$,纵向划分4个网格,注入磷离子,掺杂浓度$8\times10^{19}\,cm^{-3}$
```
deposit poly thick=.25 div=4 c.phos=8e19
```
#形成结构
```
etch poly      right p1.x=.6
etch oxide     right p1.x=.6
etch nitride   right p1.x=.6
etch oxide     right p1.x=.6
etch poly      right p1.x=.6
etch oxide     right p1.x=.6
relax y.min=.3 dir.y=f
```
#注入砷离子,掺杂浓度$1\times10^{15}\,cm^{-3}$,950℃扩散50分钟
```
implant arsenic dose=1e15 energy=40
diff time=50 temp=950
```
#淀积氧化层$0.03\mu m$,纵向划分2个网格
```
deposit oxide thick=.03 div=2
```
#结构镜像
```
structure mirror left
etch oxide left   p1.x=-0.8
```

etch oxide right p1.x=0.8
#淀积金属Al
deposit alum thick=0.05 div=1
etch alum start x=0.9 y=−10.
etch alum cont x=0.9 y=10.
etch alum cont x=−.9 y=10.
etch alum done x=−.9 y=−10.
#定义电极
electrode name=fgate x=0 y=−0.1
electrode name=cgate x=0 y=−0.4
electrode name=source x=−1.5
electrode name=drain x=1.5
electrode name=substrate backside
#保存结构
structure outfile=eprmex01_0.str
使用Devedit进行网格划分
go devedit
#设置网格参数
base.mesh height=0.4 width=0.4
确保杂质浓度分布细节
跨度超过1(灵敏度=1)功率为10
imp.refine imp="NetDoping" sensitivity=1
imp.refine min.spacing=0.02
#沟道细节优化
constr.mesh depth=0.25 under.material="PolySilicon" max.height=0.05 \
        max.width=0.05
constr.mesh depth=0.05 under.material="PolySilicon" max.height=0.015
确保接触有足够的接触点
constr.mesh depth=0.05 under.material="Aluminum" max.width=0.1
使用上述参数建立网格
mesh mode=meshbuild
保存结构
struct outfile=eprmex01_1.str
tonyplot eprmex01_1.str-set eprmex01_1.set
使用Atlas进行器件特性测试
go atlas
#设置多晶硅的功函数
contact name=fgate n.polysilicon floating
contact name=cgate n.polysilicon

#定义氧化层电荷
interface qf=3e10
models srh cvt hei fnord print nearflg
impact selb
#在写入之前测试阈值电压
solve init
method newton trap maxtraps=8 autonr
log outf=eprmex01_2.log
solve vdrain=0.5
solve vstep=0.5 vfinal=25 name=cgate comp=5.5e-5 cname=drain
plot idvg
tonyplot eprmex01_2.log -s eprmex01_2.set
extract vt
extract name="initial vt" ((xintercept(maxslope(curve(v."cgate",i."drain"))))-abs(ave(v."drain"))/2.0)
#存储电荷
use zero carriers to get vg=12V solution
models srh cvt hei fnord print nearflg
method carriers=0
log off
solve init
solve vcgate=3
solve vcgate=6
solve vcgate=12
now use 2 carriers
models srh cvt hei fnord print nearflg
impact selb
method newton trap maxtraps=8 carriers=2
solve prev
log outf=eprmex01_3.log master
ramp up drain voltage
solve vdrain=5.85 ramptime=1e-9 tstep=1e-10 tfinal=1e-9 proj
keep voltages constant and perform transient programming
solve tstep=1e-9 tfinal=5.e-4
plot programming curve
tonyplot eprmex01_3.log -set eprmex01_3.set
save the structure
save outf=eprmex01_2.str
#存储电荷后测试阈值电压

```
method newton trap maxtraps=8 autonr
log outf=eprmex01_4.log master
solve init
solve vdrain=0.5
solve vstep=0.5 vfinal=25 name=cgate comp=5.5e-5 cname=drain
# plot new idvg overlaid on old one
tonyplot -overlay  eprmex01_2.log eprmex01_4.log -set eprmex01_4.set
# extract vt and vt shift
extract name="final vt" ((xintercept(maxslope(curve(v."cgate",i."drain"))))-abs
    (ave(v."drain"))/2.0)
extract name="vt shift" ( $"final vt" - $"initial vt")
# 擦除电荷
go atlas
# select erasing models
models  cvt srh  fnord bbt.std print nearflg \
        F.BE=1.4e8 F.BH=1.4e8
impact selb
contact name=fgate n.poly floating
contact name=cgate n.poly
interface qf=3e10
method carr=2
# get initial zero carrier solution
solve init
# ramp the floating gate charge
method newton trap maxtraps=8
solve prev
solve    q1=-1e-16
solve    q1=-5e-16
solve    q1=-1e-15
solve    q1=-2e-15
solve    q1=-3.5e-15
solve    q1=-5e-15
# put a resistor on drain
contact name=drain resistance=1.e20
# do Erasing transient
method newton trap maxtraps=8 autonr c.tol=1.e-4 p.tol=1.e-4
log    outf=eprmex01_5.log master
solve vsource=12.5 tstep=1.e-14 tfinal=4.e-1
tonyplot eprmex01_5.log -set eprmex01_5.set
```

quit

（2）结果解释.

结构定义参见图 6.9，典型结果参见图 6.10～图 6.13.

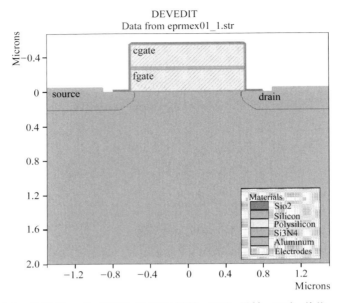

图 6.9　使用 Devedit 编辑生成结构（横轴：宽度；纵轴：深度；单位：μm）

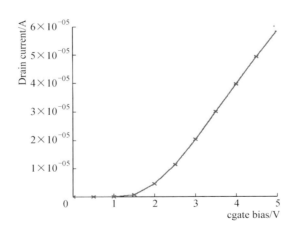

图 6.10　在执行写入操作前模拟初始 I-V 特性

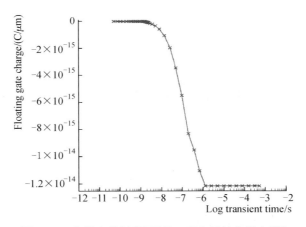

图 6.11　存储电荷示意图(从 0 库仑开始存储电荷)

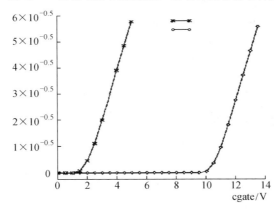

图 6.12　存储电荷后与存储之前的 I-V 特性比较(阈值电压平移 8V)

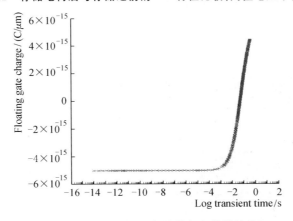

图 6.13　电荷被擦除(存储的负电荷被擦除)

小结：

(1) 介绍了浮栅存储效应的概念.

(2) 回顾了浮栅的发明过程.

(3) 代码仿真演示了浮栅存储效应.

(4) 提示了浮栅的发展趋势.

对照本书第 57 页图 1.41 的信息，非挥发存储器的发展里程碑还包括：1995 年提出多位存储单元（例如 2 比特需要 3 阈值）；2014 年出现 3D NAND（堆叠超过 32 层 Flash Memory）.

6.7 基于 Silvaco TCAD 的异质叠层太阳能电池建模

结合示意图 6.14、结构与能带图 6.15 和结果图 6.16，以及我们构建的 Silvaco TCAD 源代码，概述第三代半导体电池叠层技术（堆叠三个异质的子电池）和仿真设计结果，示例给出了 In 组分和电池整体效率的数量关系，说明了两个子电池堆叠的技术细节和较好的结果.

如图 6.14 所示，太阳能电池工作在第四象限[22-24]. 改善半导体太阳能电池转换效率的主要方法包括：① 减少反射、增加半导体内部光程；② 采用异质结构成太阳能电池；③ 减少串联电阻个数，增加并联电阻个数；④ 增加背电场以减少表面少子复合；⑤ 增加扩散长度；⑥ 钝化表面；⑦ 聚光.

典型的叠层太阳能电池结构如图 6.15（左图）所示. 叠层技术是新兴的第三代太阳能电池核心技术之一，因为可以有效提高太阳能电池的转换效率，选择禁带宽度不同的

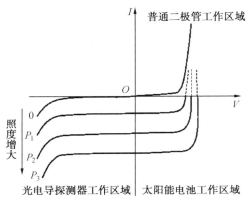

图 6.14　光照下的 PN 结伏安特性[22]

多个子电池，按照禁带宽度由大到小顺序依次串联（图 6.15 右图），当太阳光入射到电池表面时，能量高的光子首先被禁带宽度比较大的子电池吸收，随后能量低的光子再被禁带宽度比较小的子电池吸收. 这样既降低了高能量光子的能量损失，又增加了对低能量波段光谱的吸收率[23-24].

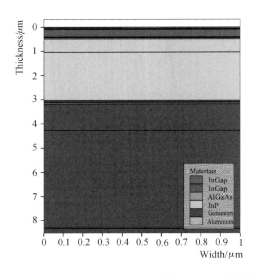
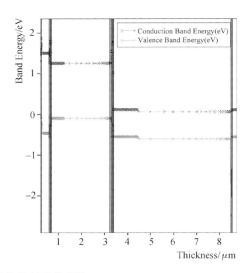

图 6.15　三层堆叠结构及其能带规律

在图 6.15 左图结构中,三个子电池吸收层分别选用 III-V 族化合物 InGaP 和 InP,还有单质 Ge 进行堆叠,两个隧道结连接层定义为组分比例不同的 InGaP,这样构成了三层异质堆叠太阳能电池(也尝试将晶格失配问题最小化).为降低反射,在吸收层上追加窗口层;为减少表面少子复合追加背电场层,从而达到比较高的转换效率.

图 6.15 结构的仿真结果参见图 6.16. 所建立的 Silvaco TCAD 代码示例如下

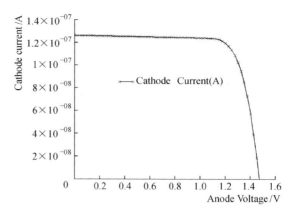

图 6.16 三层结构电池 I-V 特性

(与蒋毅同学合作).说明:若将两个子电池直接连接,因存在反偏 PN 结,会切断电流;主流的子电池连接技术采用隧道结——高掺杂超薄反偏 PN 结,可有效增加反向电流,导致电流可渗透到整个电池,电池转换效率与直接连接相比将大幅度改善.

♯ 三层堆叠代码仿真效率结果为 14.35%
go atlas
♯ 网格划分
mesh auto
x.mesh loc=0.0 spac=0.2
x.mesh loc=0.4 spac=0.15
x.mesh loc=0.6 spac=0.15
x.mesh loc=1.0 spac=0.2
♯ 区域定义
region num=1 material=AlGaInP x.min=0.0 x.max=1.0 y.min=0.00 y.max=0.05
region num=2 material=InGaP x.min=0.0 x.max=1.0 y.min=0.05 y.max=0.09 x.comp=0.55
region num=3 material=InGaP x.min=0.0 x.max=1.0 y.min=0.09 y.max=0.39 x.comp=0.55
region num=4 material=AlGaInP x.min=0.0 x.max=1.0 y.min=0.39 y.max=0.40
region num=5 material=InGaP x.min=0.0 x.max=1.0 y.min=0.40 y.max=0.42 x.comp=0.55
region num=6 material=InGaP x.min=0.0 x.max=1.0 y.min=0.42 y.max=0.44 x.comp=0.55
region num=7 material=AlGaAs x.min=0.0 x.max=1.0 y.min=0.44 y.max=0.49
region num=8 material=InP x.min=0.0 x.max=1.0 y.min=0.49 y.max=1.04
region num=9 material=InP x.min=0.0 x.max=1.0 y.min=1.04 y.max=3.04
region num=10 material=AlGaInP x.min=0.0 x.max=1.0 y.min=3.04 y.max=3.09
region num=11 material=InGaP x.min=0.0 x.max=1.0 y.min=3.09 y.max=

3.11 x.comp=0.55

region num=12 material=InGaP x.min=0.0 x.max=1.0 y.min=3.11 y.max=3.13 x.comp=0.55

region num=13 material=AlGaAs x.min=0.0 x.max=1.0 y.min=3.13 y.max=3.18

region num=14 material=German x.min=0.0 x.max=1.0 y.min=3.18 y.max=4.28

region num=15 material=German x.min=0.0 x.max=1.0 y.min=4.28 y.max=8.28

region num=16 material=InGaP x.min=0.0 x.max=1.0 y.min=8.28 y.max=8.33 x.comp=0.9

region num=17 material=German x.min=0.0 x.max=1.0 y.min=8.33 y.max=8.53

电极定义

elec num=1 name=anode x.min=0.4 x.max=0.6 y.min=−0.05 y.max=0.00 material=Alum

elec num=2 name=cathode x.min=0.0 x.max=1.0 y.min=8.53 y.max=8.58 material=Alum

掺杂定义

doping uniform conc=2e18 p.type region=1

doping uniform conc=1e18 p.type region=2

doping uniform conc=6e17 n.type region=3

doping uniform conc=2e18 n.type region=4

doping uniform conc=2e19 n.type region=5

doping uniform conc=2e19 p.type region=6

doping uniform conc=9e18 p.type region=7

doping uniform conc=4e18 p.type region=8

doping uniform conc=4e17 n.type region=9

doping uniform conc=6e17 n.type region=10

doping uniform conc=2e19 n.type region=11

doping uniform conc=2e19 p.type region=12

doping uniform conc=9e18 p.type region=13

doping uniform conc=4e18 p.type region=14

doping uniform conc=4e17 n.type region=15

doping uniform conc=6e17 n.type region=16

doping uniform conc=1e17 n.type region=17

材料定义

material mat=AlGaAs mun=200 mup=40 nc300=1.63e19 nv300=1.42e19 eg300=2.0576

material mat=InP mun=1660 mup=27 nc300=5.65e17 nv300=1.22e19 eg300=1.35

material mat=InGaP mun=300 mup=30

模型方法定义
models srh auger temperature=300
method gummel newton
光照定义 & 聚光
beam num=1 x.o=0.5 y.o=-2.0 AM1.5 verbose tr.matrix
solve b1=1000.0
output con.band val.band
电学仿真
save outf=solarcell.str
log outf=solarex02_0.log
solve vanode=0.0 name=anode vstep=0.025 vfinal=2.0
结果提取
extract init infile="solarex02_0.log"
extract name="Jsc" y.val from curve(v."anode", i."cathode") where x.val=0.0
extract name="Voc" x.val from curve(v."anode", i."cathode") where y.val=0.0
extract name="P" curve(v."anode", (v."anode" * i."cathode")) outf="solarex02_3.log"
extract name="Pm" max(curve(v."anode", (v."anode" * i."cathode")))
extract name="Vm" x.val from curve(v."anode", (v."anode" * i."cathode")) \
    where y.val=$"Pm"
extract name="Im" $"Pm"/$"Vm"
extract name="FF" $"Pm"/($"Jsc" * $"Voc")
extract name="Eff" 1e8 * $Pm/100
绘制图像
tonyplot solarcell.str
tonyplot -overlay solarex02_0.log -set solarex02_0.set
quit
结果报告
ATLAS>
EXTRACT> init infile="solarex02_0.log"
EXTRACT> extract name="Jsc" y.val from curve(v."anode", i."cathode") where x.val=0
Jsc=1.26158e-007
EXTRACT> extract name="Voc" x.val from curve(v."anode", i."cathode") where y.val=0
Voc=1.47038
EXTRACT> extract name="P" curve(v."anode", (v."anode" * i."cathode")) outf="solarex02_3.log"
EXTRACT> extract name="Pm" max(curve(v."anode", (v."anode" * i."cathode")))

Pm=1.43494e-007
EXTRACT> extract name="Vm" x.val from curve(v."anode",(v."anode"*i."cathode")) where y.val=1.43494e-007
Vm=1.2
EXTRACT> extract name="Im" 1.43494e-007/1.2
Im=1.19578e-007
EXTRACT> extract name="FF" 1.43494e-007/(1.26158e-007*1.47038)
FF=0.773552
EXTRACT> extract name="Eff" 1e8*1.43494e-007/100
Eff=0.143494
EXTRACT> #tonyplot solarcell.str
EXTRACT> #tonyplot -overlay solarex02_0.log -set solarex02_0.set
EXTRACT> quit

仿真实验设计过程中,重视例如隧道结厚度和 In 组分比例等关键参数(参见表 6.1 所示.约束条件:下隧道结 In 组分为 0.55).

表 6.1 上层子电池和隧道结的 InGaP 中 In 组分比例对堆叠电池转换效率的影响

最上层子电池 In 组分	三层堆叠电池转换效率	上隧道结 In 组分	三层堆叠电池转换效率
0.50	0.104880	0.50	0.0953997
0.55	0.143494	0.55	0.143494
0.60	0.0659011	0.52	0.105665

前述代码的基础是应用一个隧道结成功级联堆叠了两层子电池[25].技术细节如下:设计双层太阳能电池,就是将两个不同的单层太阳能电池通过隧道结连接堆叠.其中上层子电池的窗口层材料为 P 型的 AlGaAs,厚度为 0.05 μm,掺杂浓度为 $9\times 10^{18} cm^{-3}$;上层子电池的吸收层材料是 P 型和 N 型 InGaP,厚度分别为 0.04μm 和 0.30μm,掺杂浓度分别为 $1\times 10^{18} cm^{-3}$ 和 $6\times 10^{17} cm^{-3}$,其中 In 组分比例为 0.60;上层子电池的背电场层材料为 N 型 AlGaInP,厚度为 0.01μm,掺杂浓度为 $2\times 10^{18} cm^{-3}$.隧道结分别采用 N 型和 P 型 InGaP,厚度均为 0.02μm,掺杂浓度均为 $2\times 10^{19} cm^{-3}$.下层子电池窗口层材料为 P 型 AlGaAs,厚度为 0.05μm,掺杂浓度为 $9\times 10^{18} cm^{-3}$;下层子电池吸收层材料是 P 型和 N 型 InP,厚度分别为 0.55μm 和 2.00μm,掺杂浓度分别为 $4\times 10^{18} cm^{-3}$ 和 $4\times 10^{17} cm^{-3}$;下层子电池背电场层材料为 N 型 InGaP,厚度为 0.05μm,掺杂浓度为 $6\times 10^{17} cm^{-3}$,其中 In 组分比例为 0.85.衬底采用 0.20μm 的 N 型 Ge,掺杂为 $1\times 10^{17} cm^{-3}$.

仿真发现,该双层半导体叠层太阳能电池在 1 倍太阳光,AM1.5 条件下,转换效率达到 16.04%.加入聚光系统,在 10 倍太阳光,AM1.5 的件下,转换效率达到 20.19%;在 100 倍太阳光,AM1.5 条件下,转换效率达 22.64%;在 1000 倍太阳光,AM1.5 条件下,转换效率达到 24.07%.

结果分析:在 1000 倍太阳光,AM1.5 条件下,其短路电流 $I_{sc}=1.49\times 10^{-7}$A,开路电压 $V_{oc}=1.77$V,填空因子 $FF=0.91$,转换效率 $\eta=24.07\%$.该效率已超过多数硅太阳

能电池和大部分薄膜太阳能电池,体现出隧道结连接技术对半导体叠层太阳能电池性能的整体提升.如果采用直接连接法,整体效率就会降低至9.12%,隧道结连接的重要性由此可见一斑.

小结:
(1) 由两个隧道结级联得到三层异质子电池结构.
(2) 从上而下堆叠的子电池的禁带宽度由宽变窄.
(3) 三层堆叠建议采用渐变网格划分.
(4) 晶格失配问题尚待择优解决(启发信息:寻找与设计新材料).

6.8 电热驱动薄膜的制备优化与性能测试

本例与朱稚童硕士合作.

热气动式电热驱动器件应用于办公打印和材料研究,其高可靠性微驱动基于液体发射,因此,相应的结构设计及材料要求都较高.其核心原理是由电热驱动薄膜本身的热传导,激发液体气泡成核,成核气泡生长、融合并最终驱动液滴的发射行为.

评价气动式电热驱动的液滴发射性能,不仅需要聚焦薄膜本身,而且要观察气泡成核效果,更需要检测液滴发射状态.虽然惠普和佳能公司已有比较完善的薄膜设计制造方法和测试系统,但是,国内相对缺乏系统而深入的工程研究与探索.

本例首先参考电热驱动薄膜制备原理,使用反应磁控溅射炉制备电热驱动TaN薄膜;通过控制N_2流量来优化薄膜质量,得到厚度为1500Å,方阻为85Ω/□的电热驱动薄膜.通过搭建气泡成核观察系统,观察比对电热驱动薄膜成核状态;利用液滴发射测量系统,量化阈值电压、驱动电压和寿命等参数维度,验证薄膜制备优化效果.

研究表明:
(1) 通过控制N_2流量能够有方向性地改变电热驱动薄膜方阻.
(2) 优化后的电热驱动薄膜,其气泡成核状态接近标准成核规则.
(3) 优化后的薄膜其阈值电压稳定,驱动电压重复性较好;薄膜的寿命最大可达6亿次发射.

因此,对于热气动式电热驱动薄膜,一方面,若无其他材料因素影响,N_2流量控制是改善TaN薄膜性能的主要因素;另一方面,评价热气动式电热驱动薄膜的驱动性能,需要通过系统观察和测量,才能更直观.本文的研究具有一定的工程研究价值,制备优化的方向和性能测试的方法对国内相关研究领域可做一定补充.

热气动式电热驱动器件的选型参见图6.17所示,其中,喷嘴内径为$20\mu m$.

图6.18是电热驱动薄膜制备的流程图,主要工艺步骤是薄膜沉积、光刻以及薄膜刻蚀.其中,Wafer清洗一般应用$H_2SO_4:H_2O_2=4:1$清洗液,常温.

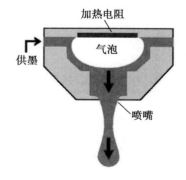

图6.17 顶喷型电热驱动器件结构

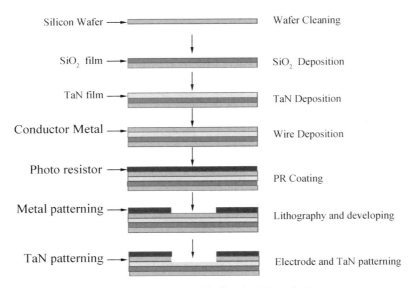

图 6.18 电热驱动薄膜制备流程示意图

图 6.19 示意了液滴发射过程. 因为 MEMS 发射腔对应的电热驱动薄膜的施加电压为 15.2V 时开启发射液滴, 为 16~16.5V 之间时速度趋于稳定, 所以实选 16V 为驱动电压.

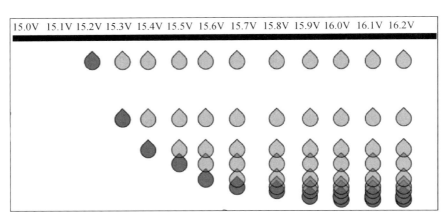

图 6.19 薄膜驱动电压对应的液滴发射过程示意图

6.9 集成电路的 EMC 和 EMI 概论

本节在重点研读文献[26]及其主要作者的 PPT 课件(2017 年 6 月)的基础上, 概述关于 IC、EMC、EMI 的学习心得, 融入新的实例分析(硅极限频率).

关键词: 本节学习的关键词是 EMC(Electromagnetic Compatibility)、EMI(Electromagnetic Interference)、Limit、Case study.

概念: 电磁兼容(EMC)是指在给定电磁环境中, 组件和装置运行满意(Operate Satisfyingly)且不产生任何有害电磁扰动的能力.

价值: ① 确保电子或电气装置的功能安全的本质约束; ② 确保任何电气或电子装置

能够同时操作;③ 既减少寄生的电磁发射,也减少电磁骚扰的敏感接收.

结构:EMC 的三框图:干扰源(电压、电流、电场、磁场、电磁场);耦合(感性、容性、电磁场、电流);接收(性能下降、功能失效、毁坏).

评价:IC-EMC = Low Emissions and High Immunity to Electromagnetic Interference.

示例:SPICE 工具较早聚焦的问题已经包括:"for simulating the susceptibility of electronic devices to radio frequency interference (RFI)".

机制:缩微的拥挤的连线和引脚,遭遇更强的 di/dt,势必诱发大量的寄生噪声发射;持续降低的电源电压和增加的接口数量,势必降低 RFI 的抑制能力.

标准:图 6.20 汇总了 EMC 相关国际标准给出的频率-辐射功率限制阈值.一个具体的案例是:若 868MHz 射频接收模块的灵敏度为 −90dBm,经由 50Ω 匹配输入,天线因子为 10dB/m,那么该模块布置的距离约束至少是 2m(远离会产生噪声的电子设备;根据标准 EN 55022).

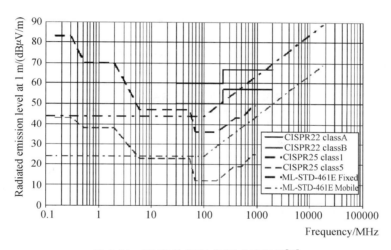

图 6.20　EMC 的频率-辐射功率限制[26]

IC 复杂度演进:图 6.21 总览了 IC 复杂度的增加趋势.重视该信息,才能更好地量化理解 EMI 的背景和难点.其中,芯片内的开关电流达到 10~100A,在 GHz 范围芯片的天线效应显著,噪声容限缩小.

硅极限频率:硅基半导体器件的理论极限频率约为 10GHz(受限于硅基半导体载流子迁移率和禁带宽度),液氮冷却下世界纪录曾超频至 8.805GHz.诚然 Intel 希望为 CPU 每天提高 25MHz 工作频率,而实际上提升主频至 4GHz 受阻(受限于落后工艺与流水线架构)要提升至 5GHz 已显艰难(考虑多核调度),主频的继续提升需依赖阿姆达尔定律,并借助多核技术.考虑实际温升,Intel i7 2700k 超频到 4.5GHz 时温度已高达 175℃.

凡此,过高的频率信号(150kHz~1GHz)是把双刃剑(IC 既可是噪声源也会是受害者),其 EMI 问题约束与测试参见标准 IEC 61967 和 EC 62132.

Technology	1st year of produc.	External Supply (V)	Internal supply (V)	Max. Current (A)	Gate density (K/mm2)	SRAM area (µm2)	Gate current (mA)	Gate capa (fF)	Typ gate delay (ps)
0.8 µm	1990	5	5	<1	15	80.0	0.9	40	180
0.5 µm	1993	5	5	3	28	40.0	0.75	30	130
0.35 µm	1995	5	3.3	12	50	20.0	0.6	25	100
0.25 µm	1997	5	2.5	30	90	10.0	0.4	20	75
0.18 µm	1999	3.3	1.8	50	160	5.0	0.3	15	50
0.12 µm	2001	2.5	1.2	150	240	2.4	0.2	10	35
90 nm	2004	2.5	1.0	186	480	1.4	0.1	7	25
65 nm	2006	2.5	1.0	236	900	0.6	0.07	5	22
45 nm	2008	1.8	1.0	283	2 000	0.35	0.05	3	18
32 nm	2010	1.8	0.9	290	3 500	0.20	0.04	3	14
28 nm	2012	1.5	0.9	300	4 800	0.15	0.03	2	10
20 nm	2014	1.2	0.8	300	8 000	0.10	0.02	1.5	8
14 nm	2016	1.2	0.8	350	15 000	0.07	0.015	1.0	6
10 nm	2018	1.0	0.6	350	30 000	0.03	0.011	0.8	4
7 nm	2020	1.0	0.5	350	50 000	0.02	0.008	0.6	3

图 6.21　IC 复杂度的演进

表 6.2 是抑制 EMI 增强 RFI 免疫的技术特点、优点和缺点列表(M. Ramdani 和 A. Boyer,2009 年)。

表 6.2　IC-EMI 问题解决方案[26]

降低发射,增强免疫	特点	优点	缺点
片外耦合电容	PCB 板级实现	低成本,减低寄生发收	适合数百兆赫兹以下
片内耦合电容	嵌入 1～50nF 电容	适合 100MHz 以上	占用过多面积,适合 RF
降低封装电感	低电感封装,引脚并联	降低功耗和地弹	高带宽时将抬高成本
电源组网技术	降低分布电源网络阻抗	降低电源电压降	未降低噪声传播
版图布局布线	EMC 敏感约束	隔离噪声及敏感模块	—
时钟禁止	封锁闲置模块的时钟	降低时钟发射	单元复杂
时钟频谱扩展	时钟抖动控制	降低频谱发射峰值	限制了占空比微调
压摆率控制	I/O 压摆率控制	降低 I/O 噪声高频成分	单元复杂
总线架构	降低 I/O 并发的开关率	降低 I/O 噪声	CAD 工具难以实现
电磁吸收材料	增加铁磁材料薄层	降低辐射	频率效率受限
鲁棒的数字输入	增加施密特电路或差分级	改善数字 I/O 免疫	设计复杂
鲁棒的模拟输入	改良模拟输入级	改善模拟电路免疫	设计复杂
软件防卫	可编程组件 EMC 加固	有效改进 IO 免疫,确保存储器完整性	—
衬底隔离	低掺杂衬底,加保护环	降低混合电路干扰	闩锁效应危险,衬底电源染噪

测试示例：参见图 6.22,EMI 监测器得到的 V_A 电压值约为 I_{RF} 值的一半,计算考虑了监测器的 50Ω 输入电阻.

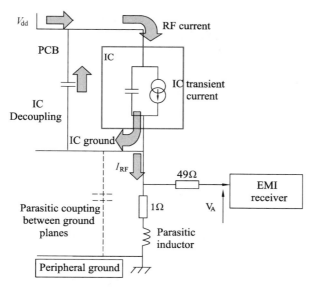

图 6.22　IC 传导发射 RF 电流测试(1-Ohm 法，参考 IEC 61967)

总之，无论 IC 级、PCB 级或系统级(图 6.20)，RF 频段的能量管理尤为重要(本例与李瑶天硕士和江佳慧工程师合作).

6.10　薄型变压器抑制小功率高压电源 EMI

推挽 PWM(Pulse Width Modulation)驱动小功率高压电源：输入 DC 24V，使能电平达 2.7V 以上时，调节控制电压为 0～5V，输出电压 0～6kV 可调.

优点：采用推挽式双路 PWM 驱动策略，可以有效利用磁路.

EMI 现象：MOSFET 漏极电压的振铃波形的幅值和频率需要有效控制，以免产生高次谐波形成电磁干扰，同时也避免造成磁性元件瞬态饱和，产生较大的功率损耗.

负效应机制：MOS 管漏极的① 振铃波形，由功率变压器原边漏感和功率开关管栅源结电容产生，也与功率 MOSFET 的开关瞬态特性有关；② 电压尖峰，甚至高达几百伏，是由变压器初级漏感的瞬时感生电动势与初级绕组的关断电压重叠形成.

目标：完成高频变压器漏感和分布电容的最小化工艺控制，是为抑制振铃和尖峰.

原理：折算到初级的漏感，与磁芯材料有关，与绕组匝数、层间距离和线圈内径成正比，而与线圈高度成反比；分段式骨架绕线方法是把线圈匝数分成相等的若干份，理论上来讲，分段越多，线圈间最大电势差越小，绕组等效分布电容越小.

薄型变压器绕制方法：选择四段骨架绕制.通过分段式骨架的隔离作用，使得副边绕组耐压提升至 2500V，并且变压器电气参数的一致性更好，适合工程批量化生产.

对照实验：将两种绕法的薄型变压器分别安装在同一个电源电路中，重点观察 MOS 管漏极电压波形，表达系统的稳定性.

实测结果：图 6.23 和图 6.24 分别为常规骨架和分段式骨架的变压器的验证效果图解，比较 MOSFET 漏极电压波形，判读而知：振铃负效应基本消失了；尖峰得到抑制.

数字示波器：MDO 3014(Tektronix)，100MHz，2.5GS/s.

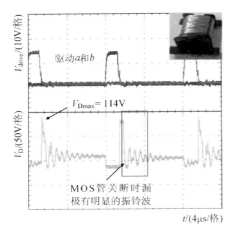 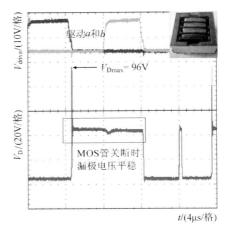

图 6.23　常规骨架绕制变压器的试验波形　　图 6.24　分段式骨架绕制变压器的试验波形

结论：

（1）变压器是一种静止的电机，利用电磁感应原理，实现电压变换，结构趋向平面化（PCB 型和薄膜型）.

（2）分段式骨架的变压器性能优于常规骨架的变压器，最小化了高频变压器漏感和分布电容，因此主要抑制了 MOS 管漏极的振铃负效应（本例与张太有硕士合作）.

6.11　啁啾脉冲放大简论

法国人 Gérard Mourou 及其学生 Donna Strickland 由于 1985 年的"激光啁啾脉冲放大"研究，荣获 2018 年诺贝尔物理学奖. 图 6.25（左）为 CPA（Chirped Pulse Amplification）的原理图解，结构包括：锁模激光振荡器（产生飞秒种子脉冲）、脉冲展宽器、能量放大器，与展宽器色散相反的脉冲压缩器[27].

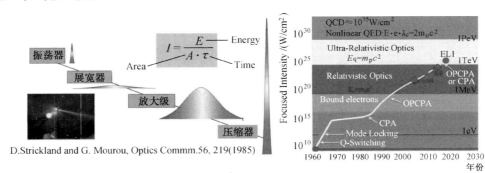

图 6.25　CPA 结构原理示意图（左）和激光光强演进历程（右）

发明关键：实验装置原来的链接顺序是振荡器—放大器—光纤—压缩器；研究助手 S. Williams 好奇地发问：如果光纤和放大器调个顺序会是什么结果？导师 Gérard Mourou 让博士生 Donna Strickland 调试，结果实验成功地展现了 CPA 技术（不是将超窄脉冲直接放大，而是先展宽，再放大，最后压缩），较好地避免了非线性效应，获得最大有效能量提取的能量密度.

图 6.25(右)为 CPA 发明前后的激光强度发展图及其研究领域(引自 G. Mourou 的报告).由于 CPA 超强的聚焦光强,在飞秒瞬间产生远高于原子内场的电场强度,因此应用于激光粒子加速、实验室天体物理和光核反应等物理前沿.

典型波形参见图 6.26.

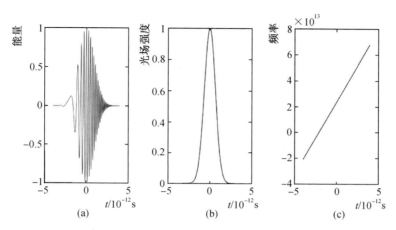

图 6.26　线性上啁啾高斯脉冲的能量强度和频率的时域波形

典型算例:基于 FEL 的啁啾脉冲放大仿真实验.

自由电子激光(Free Electron Laser,FEL)更适合产生硬 X 射线.电子束的宏脉冲宽度一般为 4~10μs,在一个宏脉冲内的微脉冲宽度仅 4~10ps,抖动仅 1ps 左右.

能量放大原理:将电子动能转换成激光能量(滑移效应,非线性);避免各种调制引起的负效应.

一组完整的 FEL 三次方程要表达甚复杂系统,涉及至少 2Ne 个非线性耦合的微分方程,以及能量和相位方程.

啁啾压缩比 C 与压缩后的激光脉冲峰值功率的关系参见图 6.27.

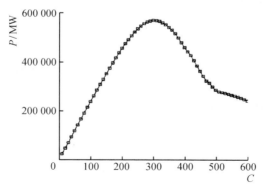

图 6.27　压缩后的激光脉冲峰值功率随啁啾参数 C 的变化(彭堂超,2008 年)

计算结果:初始输入脉冲平均功率为 1kW;当 $C=300$ 时,计算得到脉冲峰值功率为 568.5GW.

啁啾脉冲放大技术开启了阿秒科学的大门,将人们对电子动力学的理解扩展到最短的时间尺度,从而推动专家们能够将台式激光系统设想为高能量粒子加速器,或者应用激光轰击故障芯片开展自愈研究.

6.12 本章小结

(1) 工程实战:"一定要从实验了解机理,然后从机理再去改进."(田长霖院士论工程科学,1983 年)

(2) 建模指南:讲究玩具级模型(Toy Model,青年数学家陶哲轩语)理念和"数形结合"(为华罗庚院士所提倡)表达.

(3) 模式识别:模式就是存在的或者寻找的特征;基于模式构造,识别重在分类.基本流程包括传感获取信息、预处理、特征选择和提取、分类训练、实测识别与可视化.

(4) 浮栅发明:施敏博士的导师 J. L. Moll 教授(1921—2011)于 1963 年提出的电阻存储器可能启发了浮栅发明.正是 Moll 教授引入了硅作为半导体器件最重要的材料.

(5) 失效分析:发现失效现象和模式,通过各种谱仪分析和实验验证,模拟重现失效现象,找出失效原因,挖掘失效机理.

(6) EMC 难题.

① 三模块=干扰源+传播路径+敏感接收.

② 噪声抑制总策略:源——挖、压、替;传播路径——探、堵、疏;接收——观、封、吸.

③ 具体通过材料、元器件、电路、版图或包封等诸多方法解决.

④ 需要通过国际标准认证.

(7) 调试法则.

① 从模块角度:二分法、减法、加法、替代对比.

② 端子:假信号、增加端子、边界扫描、有源负载、干路电流.

③ 软件:单步、连续步、变步长、断言.

④ 联合仿真:虚拟表头、虚实结合.

⑤ 变量:直接、间接或者组合测量,随机测试与混沌测量,量纲法.

⑥ 试错:故障类型的概率估计、管窥蠡测.

⑦ 特征域识别:滤波器、振荡器、特征定义、计算以及可视化与可听化.

⑧ 安全:模拟地、数字地与一点接地,安全电压、电流定义,防护.

(8) 啁啾脉冲放大:CPA 不是将激光超窄脉冲直接放大,而是先展宽再放大最后压缩,较好地避免了非线性效应,获得最大有效能量.

(9) 思维循环:聚焦问题、观察思辨、提出假说、硅中实验、实作试验、优化迭代.

6.13 思考题

1. 科学美的判据是新颖而自洽,为什么?
2. 技术是理性的机巧,为什么?
3. 实验室是现代大学的心脏,为什么?
4. 预实验有哪 4 个基本功能? 请您举例分析.

5. 为什么尼古拉·特斯拉说"当你不知所措时,就去观察自然现象吧"?

6.14 参考文献

[1] Russey E W, Ebel H F, Bliefert C. How to Write a Successful Science Thesis——The Concise Guide for Students[M]. Weinheim: Wiley VCH, 2006: 1-100.

[2] Rojasa C R, Welsha J S, Goodwina G C, et al. Robust optimal experiment design for system identification[J]. Automatica, 2007, 43: 993-1008.

[3] Steinberg D M, Hunter W G. Experiment design: review and comment[J]. Technometrics, 1984, 26(2): 71-97.

[4] Frota M N, Finkelstein L. Thoughts on the education in measurement and instrumentation: a review of requirements[J]. Measurement, 2013, 46: 2978-2982.

[5] Michell J. The logic of measurement: a realist overview[J]. Measurement, 2005, 38: 285-294.

[6] Hack P da S, Ten Caten C S. Measurement uncertainty: literature review and research trends [J]. IEEE Transactions on Instrumentation and Measurement, 2012, 61(8): 2116-2122.

[7] Arpaia P, Matteis E D, Inglese V. Software for measurement automation: a review of the state of the art[J]. Measurement, 2015, 66: 10-25.

[8] Rossi G B, Berglund B. Measurement involving human perception and interpretation[J]. Measurement, 2011, 44: 815-822.

[9] Alegria F C. Measurement challenges in trying to understand our brain[J]. Measurement, 2013, 46: 2950-2962.

[10] 冯端. 物理学的过去、现在与未来(1)[J]. 实验室研究与探索, 2018, 37(6): 1-4.

[11] 冯端. 物理学的过去、现在与未来(2)[J]. 实验室研究与探索, 2018, 37(7): 1-4.

[12] Sreekumar K P, Nirmalan G. Estimation of body weight in Indian elephants (Elephas Mxxnwjs Indicus)[J]. Veterinary Research Communications, 1989, 13: 3-9.

[13] Sreekumar K P, Nirmalan G. Estimation of the total surface area in Indian elephants (Elephas maximus indicus)[J]. Veterinary Research Communications, 1990, 14(1): 5-17.

[14] Navon D. Forest before trees: the precedence of global features in visual perception[J]. Cognitive Psychology, 1977, 9(3): 353-383.

[15] Chen L. Topological structure in visual perception[J]. Science, 1982, 218: 699-700.

[16] 陈霖. "大范围优先"对象形成的神经关联: 前颞叶[J]. 生命科学, 2008 (5): 718-721.

[17] Pearson K. On lines and planes of closest fit to systems of points in space[J]. Philosophical Magazine, 1901, 2(11): 559-572.

[18] Hotelling H. Analysis of a complex of statistical variables into principal components[J]. Journal of Educational Psychology, 1933, 24: 417, 441, 498-520.

[19] Jolliffe I T. Principal Component Analysis and Factor Analysis[M]. New York: Springer Science Business Media, 1986: 1-100.

[20] Kahng D, Sze S M. A floating gate and its application to memory devices[J]. Bell System Technical Journal, 1967, 46: 1288-1295.

[21] Wang Pengfei, Xi Lin, Lei Liu, et al. A semi-floating gate transistor for low-voltage ultrafast memory and sensing operation[J]. Science, 2013, 341: 640-643.

[22] 江文杰, 施建华, 谢文科, 等. 光电技术[M]. 2版. 北京: 科学出版社, 2014: 78.

[23] 赵杰,曾一平. 新型高效太阳能电池研究进展[J]. 物理,2011,40(4):233—240.
[24] 陈帅,杨瑞霞,吴亚美. Ⅲ-Ⅴ多结太阳电池隧道结模型的研究进展[J]. 微纳电子技术,2015,52(9):545—553.
[25] Silvaco ATLAS User's Manual [M]. Santa Clara:SILVACO International,2006:1—100.
[26] Ramdani M,Boyer A,Dhia S B,et al. The electromagnetic compatibility of integrated circuits—past,present,and future[J]. IEEE Transactions on Electromagnetic Compatibility,2009,51(1):78—100.
[27] Strickland D,Mourou G. Compression of amplified chirped optical pulses[J]. Optics Communications,1985,55(6):447—449.

第 7 章

微纳电子学健康

根据世界卫生组织 WHO 的信息,健康公式:健康＝15％遗传因素＋10％社会因素＋8％医疗条件＋7％气候条件＋60％自我保健.

脑健康是"头"等大事.从脑健康微电子学角度看,数据科学家不但勤于统计分析人脑从混沌到秩序的演进循环规律(数据解析的本质是求解反问题),而且勇于构建人脑健康所需的控制或者辅助信号(数据构造的逻辑起点是理解编码－解码的相干或非相干同步解调);价值映射重视从非线性信号到准智能系统,从无创传感到数字接口,尤其是从全新的信号复杂性度量算法映射到自适应的微芯片设计－流片－应用,直至成功.

著者1998年以来的基本理解是:意识集成信息的过程,就像混沌吸引子在脑皮层的相轨迹行走,规律是从无序的宽谱混沌(平静、低耗)行走到共振峰的秩序(注意的开始:由刺激物同步该混沌吸引子;意识的增强:耗散渐入极限环;在意识流中调制了思维内容:以具非线性时频能特征的并行串行交织的极限环－混沌相－极限环表达).

微纳电子学健康的教育视角总在移动,例如:2015年推出的《The Story of Semiconductors》(J. Orton,2009年)中译本(姬扬),显示了科技源流与产业发展的对比;哈佛大学《The Art of Electronics》已出三版(1980年、1989年和2015年),洋洋洒洒几十万字旨在说明微纳电子学健康的教育是一项体育工程.

本章内容要点:三生万物,论说数字3的哲学意境;综论信号复杂性度量,强调复杂概念,展示度量原理,揭示混沌判据设计方法学,梳理几何判据或数值判据的演进源流;复杂信号的弹簧模式测试,简约报道我们构造的混沌新判据系列;Jerk混沌方程的运放电路验证,仿真实现三个串行积分器作为混沌产生电路内核的设计思想;单运放单乘法器混沌电路建模,例析可编程混沌信号产生电路的混沌方程建模实战步骤并且对比实测结果;9T-MOS混沌电路设计,仿真重现三个串行积分器作为内核并且组合非线性单元;混沌测量方法学概论,重点基于5S图阐释IC测试方法学的演进规律并且提出干路混沌电流测试概念;概论模拟IC故障诊断分类方法学;语音激励检测电路故障介绍我们的新发明,启发因素包括混沌测量原理和相干多音测试;树电的非线性特征研究重点在间接测量与表达地磁扰动;认知增强概论再现生物反馈原理的跃进和新应用.最后,提炼脑健康微纳电子学的演进规律并且展望可预见的技术未来.

本章关键词:健康、复杂性度量、混沌判据、混沌电路建模、干路混沌电流测试、地磁检测、认知增强.

7.1 数字 3 的意蕴

数字 3 是个有魔力的数字. 分述不谋而合的典型例证如下：

例证 1：沙尔可夫斯基序列：(A. N. Sharkovskii, 1964 年)[1-2]

$$3 < 5 < 7 \cdots 3 \times 2 < 5 \times 2 < 7 \times 2 \cdots < 3 \times 2^2 < 5 \times 2^2 < 7 \times 2^2 \cdots 2^3 < 2^2 < 2 < 1$$

其中，数学记号"<"意为"领先于"；因此有结果：3 领先于一切整数.

作为前述序列的特例，"周期 3 意味着混沌"于 1975 年发表在《美国数学月刊》上，至此，混沌(Chaos)概念正式亮相于学术界(李-约克定义：无周期点—初值敏感—吸引子有界).

例证 2：当代科学前沿当属"三极"：极小(基本粒子)；极大(宇宙学)；极复杂(如凝聚态、生命和社会等)[3].

科学树的图解参见图 7.1. Wikipedia 所给"Science"的定义为：Science is a systematic enterprise that builds and organizes knowledge in the form of testable explanations and predictions about the universe.

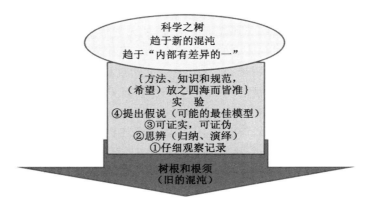

图 7.1 科学树

复杂系统举例："机器利用输入的样本数据，调整表示规律和分类的通用数学模型参数，汲取了样本中的知识，然后以调整好参数、拥有了知识的模型作答. 通常这些参数的数量以万计到百亿计.""机器学习由大量数据归纳形成由机器直接应用的复杂规律，必将越出我们逻辑思考的分析能力. 它的发展倾向于脱离人类干预，更多地依赖硬件速度提高、容量增大、有效算法和数据的丰富."(应行仁科学网博客：机器学习的认知模式，2018.8.13). 评述：① 表达这一复杂规律的参数集合跨越了 7 个数量级；② 机器学习乃至深度学习的快速算法，可能借力于模糊逻辑(层内的盲人摸象：基于深刻的专家理解规则和少量的 IF-THEN 堆叠)；视觉 AI 芯片是成果.

复杂性的三分类：复杂性的左端是简单，例如有秩序的周期信号；复杂性的右端是随机，例如无秩序的随机信号；位于简单与随机之间，混沌存在，是确定性结构或微分方程中的貌似随机的现象.

时空复杂性的高维相空间图解参见图 7.2. 这张大图以混沌为中心，应用非线性动力学的视角看世界，在论述科学前沿(The frontier)时，S. H. Strogatz 院士认为：Here be dragons.

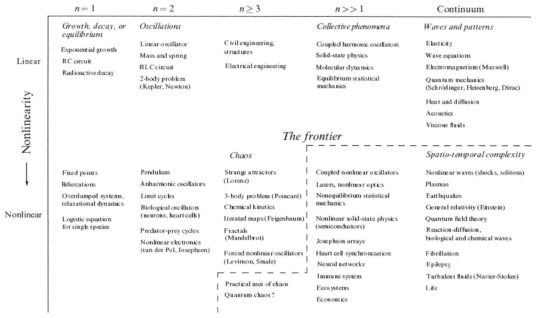

图 7.2 非线性相空间的动力学框架(S. H. Strogatz, 2018)

在图 7.2 中,横向看线性系统是第一行,非线性系统是第二行,而纵向从一维($n=1$)到二维到三维,再到 n 维($n\gg1$);整个右下角,统称为 Complex Systems,既包括半导体,更包括广义相对论和扰流,最难点聚焦在生命科学(将变量从 3 扩展到几万几亿个).

7.2 信号复杂性度量

复杂性分析(Complexity Analysis)的价值:既能揭示所研究系统内部涉及的机械、物理、化学或者生物的特征(Signatures),也考虑评测范式的统一,方便计量推广[4].

信号:系统内部发生的过程一般具有内部痕迹(Imprints),其表征信息是可测量可记录的动态信号(Dynamical Signals)[4].

复杂:若说一个物体、一个过程或一个系统是复杂的(Complex),实际上是指它与显而易见的简单模式(Simple Patterns)的不相匹配特性[5].特别地,复杂一词描述了介于完全规则系统和完全随机系统的中间状态[6].所谓"复杂性"一般表现为多形态、不确定性和非线性.蕴藏在复杂现象背后的"本质问题"尚未被完全阐示,因而,寻找一种新的能为科学实验所验证的分析工具,用以揭示复杂性所蕴涵的简单性,应该成为非线性科学家一贯遵循的研究理念[7].

复杂性(Complexity):The emerging science at the edge of order and chaos(M. M. Waldrop, 1993).

复杂性度量(Complexity Measures):图解或者计算信号复杂性特征(Complexity Features)的步骤或算法[7].

复杂性的度量指标:主流的度量方法包括熵(Entropy)、李雅普诺夫指数(Lyapunov Exponent)和分形维(Fractal Dimension).三者的计算本质相通[8].

复杂性度量的应用:比较时域信号、频域信息或者特征域信息,识别其规则的、混沌的亦或随机的属性(distinguish regular, chaotic and random behaviors)[9].

应用价值举例:一般而论,低水平的复杂度意味着被观测系统更加遵循确定性过程,因之容易抓数据与做预测.然而,较高层级的复杂性则代表数据动力学由较少规则所控制,因之更加难于预测而且难于理解.特殊的情形,无论是弱自相似性、吸引子的强复杂性结构,还是系统的较高阶非秩序状态,都一致地意味着被观测时间序列处于高层级的复杂状态[10](本例合作者是吴森林硕士与李瑶天硕士).

"AlphaGo 命题:只要是复杂性问题,都可以用 AlphaGo 的架构解决,只要参数多了就会产生智能."(王飞跃教授,2018 年)

非线性的特点是:① 叠加原理不成立;② 最基本的体现是对称破缺;③ 横断各个专业,渗透各个领域[11].

混沌是非线性的子集合[12].混沌是确定性系统的内部因素引起的貌似随机,或者说是周期无限大的运动状态.已知的混沌特征包括:初值敏感,奇异吸引子,连续频谱;分数维、正李指数以及其他统计特征,费根鲍姆常数等.典型混沌现象有湍流、脑信号和股票波动等.人脑工作在混沌的边缘(Complexity:Life at the Edge of Chaos,R. Lewin,1999)[13].

混沌自动判据的研究审美:① 有计算公式或步骤简单;② 无监督(无须人为选择参数);③ 充分利用被测信号的内嵌或延拓特点.

图 7.3 概论了混沌自动判定的度量方法.

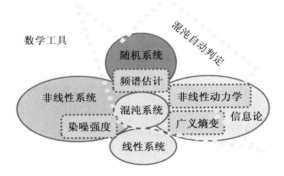

图 7.3 混沌自动判定的度量方法学概要(李文石,2015 年)

结合图 7.3,进行复杂性度量的新判据设计方法学概论如下[14-22]:

(1) 始于观察,终于计算,服务应用.

(2) 核心理念:识别待测信号接近随机信号的程度(越接近,则越复杂);识别待测信号接近线性信号的程度(越接近,则越不复杂).

(3) 特征表达:总分为几何与数值两大类别.

(4) 依靠理论:例如 Information Theory(概率统计与信息熵)、Chaos Theory(貌似随机与初值敏感、轨道遍历与符号动力学、各类压缩调制与特征可视化)和 Fractal Theory(自相似性刻画).

(5) 想法创新:沿着仿生学(Bionics)视角,从听觉对数压缩特性出发,演进为类似深度学习的非线性转换函数的跃进或递进选择,具体诸如 log-sigmoid-tanh 等).

(6) 换域思考:从时域(出发点是热熵－统计熵－信息熵,对各类熵:进行构造微窗、计算新概率、重新定义熵,从"轨道概率"到"轨道熵"基于两重压缩),到频域(1972 年提出的相位恢复算法范式的各种扩展描述频域能谱的平坦度变化,前提是自定义需要去除的弱能量组分,具有全局统计意义),再到特征域(1999 年麻省理工的注入噪声强度表征迫使被测量由非线性退化为线性,2004—2009 年,英澳联手的基于正弦－余弦调制域的 0-1 混沌测试显示了规则特征与随机特征,2017 年中国的基于 tanh 函数的两重压缩域及其自相似性复杂度度量的"弹簧模式测试"展示了"好弹簧"与"坏弹簧").

(7) 判据趋势:从主要已知判据的组合应用,跃进到新的单一判据的自动判定(不排斥核心算法的微组合,几乎无须调参,这来自图灵奖的研究审美启发).

混沌判据演进的主要里程碑图解参见图 7.4. 主要判据的算法思想述评与优缺点对比,详见作者与硕士合作发表在《电子学报》英文版的系列论文(2019 年).

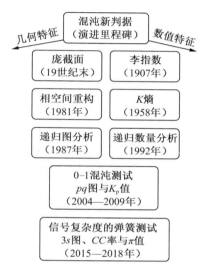

图 7.4 混沌判据演进的主要里程碑(李文石博士,2017 年)

重要理念小结:为了更加实时有效地识别混沌或者表征混沌(for characterizing chaos),非线性科学领域呼唤混沌特征的新标识和新判据(Indicators and Criteria).

从热熵到统计熵到信息熵再到 K 熵,回顾其演进,概述如下:

熵(Entropy,克劳修斯,1865 年,胡刚复教授意译且创造了"火"字旁加"商"的新汉字"熵",1923 年)是一个重要变量或者函数(早期记作 S).

(1) 希腊语源 entropia,意为"内在".

(2) 最初建模旨在描述宏观系统的"能量退化"(克劳修斯定义熵变 dS 等于能量变化 dQ 除以温度 T,若用压力类比温度,则熵变类似于体积变化).

(3) 本质是一个系统"内在的混乱程度"(玻尔兹曼构建了连接系统宏观与微观状态的热学统计公式 $S=k_B\ln\Omega$,于 1877 年).

(4) 信息熵衡量一个随机变量出现的期望值,是"不确定程度的度量"(1948 年香农开创了信息论,其将统计熵概念引申到通信信道中,香农熵公式 $H=E(-\log p_i)=-(p_1*\log p_1+p_2*\log p_2+\cdots+p_n*\log p_n)$;香农熵性质良好,例如连续、对称、极值与可加).

(5) 熵增原理还被视为自然界定律之首.生命系统延续,须克服熵增,吸收新能量;如果宇宙孤立,终将趋于热寂.

Kolmogorov 熵(K)是常用的表征系统混沌性质的一种度量,描述动力学系统轨道分裂数目渐进增长率,其与 Lyapunov 指数之间存在一定联系.动力学系统若规则运动,有 $K=0$;完全随机运动,$K\to\infty$;表现为确定性混沌,则 K 为大于零的统计量.因此,K 熵越大,系统混沌程度越大,或者说动力系统越复杂.

7.3 复杂信号的弹簧模式测试

提出信号复杂性度量系列新判据,精巧有效识别信号周期性、混沌特性或随机性(本例与蔡金伟硕士合作).

弹簧模式测试的理念[23]:仿生神经元,轨道概率双重压缩,生成三维特征空间表达以 $3s$ 图,近似地无须人为调参. CC 值旨在刻画 $3s$ 图中弹簧的损毁程度(相似性度量,复杂信号的弹簧测试的核心想法参见图 7.5).

Li 方程形如公式(7.1),相图与 $3s$ 图判据表达参见图 7.6, CC 率特征参见图 7.7, $CC\text{-}\pi$ 图参见图 7.8.

$$\begin{aligned}\dot{x} &= y \\ \dot{y} &= -0.3x + ky + 0.6z^2 \\ \dot{z} &= -0.6z + xy\end{aligned} \quad (7.1)$$

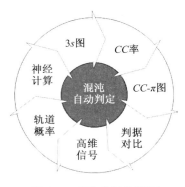

图 7.5 复杂信号的混沌自动判别流程(固定优值参数)

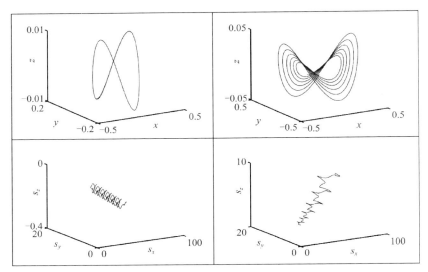

图 7.6 Li 方程的相图(上)和 $3s$ 图(下),周期态(左,$k=0$)和混沌态(右,$k=0.02$)

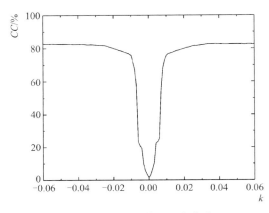

图 7.7 Li 方程的 CC 率表达

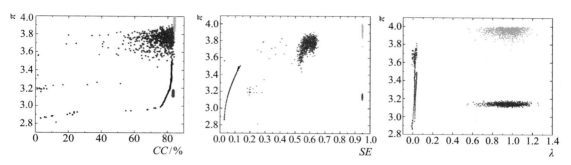

图 7.8　Li 方程的二维新特征:CC 率-π 图(数据长度 7000 点;单系数的步长 0.001)
黑色:Li 方程;蓝色:统一方程;红色:平均分布随机信号;绿色:高斯分布随机信号.

复杂信号的弹簧模式测试特征:① 对称的好弹簧(CC 小于 7%)表达周期信号;② 非对称的坏弹簧(CC 大于 7%)表达混沌信号;③ CC 等于 84%表达随机信号;④ CC-π 图提供的二维新特征,可凸显高斯分布随机信号和平均分布随机信号的区别,以及与混沌信号的熵本质联系;⑤ 联合对比 SE-π 图和 LE-π 图,揭示了 CC 的类熵本质,能够精细刻画周期信号、混沌信号和随机信号,也能刻画强混沌信号.

继续针对归一化的混沌轨道(概率)或随机数,借力于 ADC 测试典型参数的 MAT-LAB 计算表达视角,提供二维新特征结果图谱参见图 7.9,代码例程(轨道概率、FFT 刻画、汉明窗、ADC 动态参数定义)基于参考文献[24].

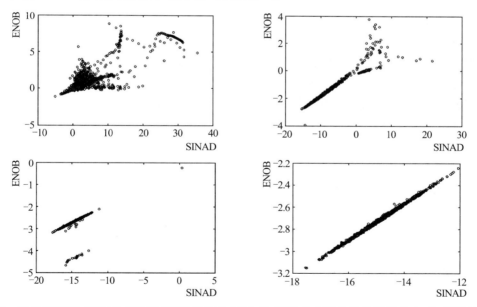

图 7.9　二维新特征:SINAD-ENOB 图[数据长度 4096 点,洛伦兹方程的系数步长为 0.01,强混沌映射的系数步长为 0.001];左上:洛伦兹方程(变量 x),右上:强混沌映射,左下:平均分布随机数,右下:高斯分布随机数]

其中,SINAD(Signal-to-Noise plus Distortion)-ENOB(Effective Number of Bits)(信杂比-有效位)图解也趣味且本质地表达了强混沌映射的类高斯噪声特性,洛伦兹吸引子空间的"等效 ADC 特性",无疑得到了可对比(随机信号)的复杂个性展示.

原理小结：
(1) 非线性信号的特点：对称破缺；不满足叠加性.
(2) 混沌信号的特点：初值敏感，奇异吸引子，正李指数，宽频谱.
(3) 神经计算的激活函数的应用优势：压缩，分类.
(4) 硬阈值压缩函数（固定单参数）：极值、均值、黄金比率.
(5) 相似性度量（固定单参数）：做相关以及位移差分与积分.
(6) 蒙特卡罗算法：随机数的 π 测验.
(7) ADC 动态性能测试：信杂比、有效比特位.
(8) TEO：瞬态能量算子——能量；速度；加速度.
(9) 对比判据1：0-1混沌测试（单参数选择）——欧几里得延拓（态射）；位移与旋转.
(10) 对比判据2：李指数（3参数选择）——邻近轨道发散性或收敛性的指数均值.
(11) 对比判据3：谱熵（无参数）——频域能谱的香农熵.

7.4 Jerk 系统方程的运放电路验证

新混沌系统建模研究的审美标准：① 问题数学建模，工程本质解释；② 系统模型展示新的动力学特征；③ 系统模型更加简约(J. C. Sprott，2011 年)[25].

混沌方程的典型构型是 Jerk 系统，其等式的左边是单变量的三阶、二阶和一阶项，而右边是非线性函数项. J. C. Sprott 教授通过计算搜索找到几十个 Jerk 方程，基本特点之一是散度为负值，说明系统耗散.

混沌电路设计方法学的演进，主要有个性化设计（元器件数量最少）、模块化设计（方程映射电路需压缩变量 Vr 倍、时间 R_0C_0 倍，电流积分器的连接和非线性函数的插入）和改进型模块设计（缩减或增加基本振荡单元，混沌增维）.

典型的模块化设计方法实例：双涡卷 Jerk 系统模型的运放电路实现（本例与张春杰硕士合作）[21,26].

$$\dddot{x} + 0.8\ddot{x} = \mathrm{sgn}(x) \tag{7.2}$$

其中 $\mathrm{sgn}(x)$ 为符号函数，表达式为

$$\mathrm{sgn}(x) = \begin{cases} x=1 & x>0 \\ x=0 & x=0 \\ x=-1 & x<0 \end{cases} \tag{7.3}$$

为方便分析，设 $\dot{x}=y, \dot{y}=z$，那么式(7.2)可改写成

$$\begin{cases} \dot{x}=y \\ \dot{y}=z \\ \dot{z}=-x-y-0.8z+\mathrm{sgn}(x) \end{cases} \tag{7.4}$$

式(7.4)系统状态方程由 xyz 等3个状态变量描述，构成三维相空间，等式右端为不显含时间的三维自治常微分方程组.

通过 MATLAB 解析（主要指令为 ode45）方程组，得到双涡卷 Jerk 系统相图示于图7.10.

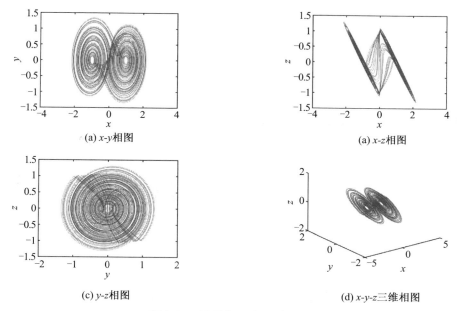

(a) x-y相图 (a) x-z相图

(c) y-z相图 (d) x-y-z三维相图

图 7.10 双涡卷 Jerk 系统相图

实现式(7.4)需要 3 个积分器模块、1 个反相器模块及 1 个非线性电路. 双涡卷 Jerk 电路如图 7.11 所示, 根据电路理论可知对应方程变为式(7.5), 其中 $i(x) = -\dfrac{\mathrm{sgn}(x)}{R_7}$.

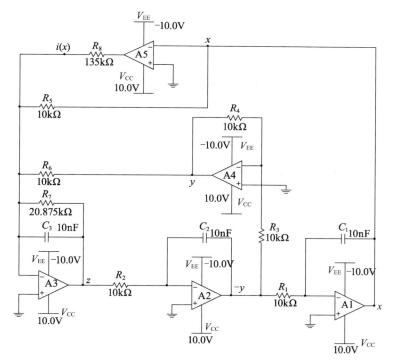

图 7.11 双涡卷 Jerk 电路图

$$\begin{cases} \dot{x} = \dfrac{1}{R_1 C_1} y \\ \dot{y} = \dfrac{1}{R_2 C_2} z \\ \dot{z} = -\dfrac{1}{C_3}\left(\dfrac{x}{R_5} + \dfrac{y}{R_6} + \dfrac{z}{R_7} + i(x)\right) \end{cases} \quad (7.5)$$

Multisim 仿真结果如图 7.12 所示.

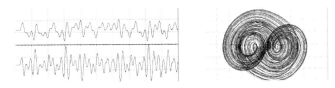

(a) x 和 y 的时域波形和相图（时间分辨率 2ms/Div；电压分辨率 2V/Div；下同）

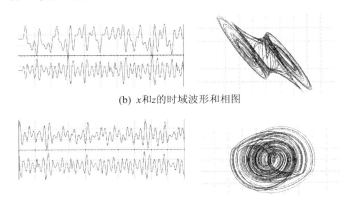

(b) x 和 z 的时域波形和相图

(c) y 和 z 的时域波形和相图

图 7.12 双涡卷 Jerk 电路系统的时域波形和相图

显见,方程计算相图与电路仿真相图符合且自洽,有力地为后续 MOS 管混沌电路的设计入门做奠基.

7.5 单运放单乘法器混沌电路建模

在可编程实现混沌信号产生的 5 种联接方法中（参见 117 页）,具体选取电容 C_1 右端作为乘法器的差动双输入,仿真电路重画如图 7.13 所示.仿真电路的信号相图、近似微分方程的变量相图以及电路实测信号相图,分别参见图 7.14～图 7.16（与张春杰硕士合作）.

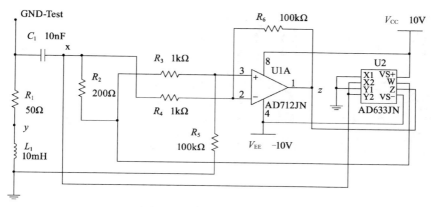

图 7.13 李氏混沌电路图[27]

李氏混沌电路的近似方程建模：

$$\begin{cases} \dot{x} = y \\ \dot{y} = -0.1x + 0.5y - 0.5\tanh(y) - 0.5\tanh^2(y) \\ \dot{z} = x - y - z + \dfrac{1}{2\mathrm{sgn}(y)} \end{cases} \quad (7.6)$$

方程组式(7.6)式 1：来自描述电感电流和电容跨压关系的尺度变换映射.

方程组式(7.6)式 2：总共包括四项，其中第二项表达运放作为放大器，将运放的输出变量 z 和输入主变量也就是电感电流，线性地联系起来；第三项表达运放输出的限幅特性；第四项重点表达乘法器对于非线性成分的贡献.

方程组式(7.6)式 3：建模构型根据混沌微分方程通式［式(7.6)式 2 第 1 项］；基本判据是方程组散度为负值，应用了李指数判据和我们的混沌新判据；根据蒙特卡罗算法寻找系数优值.

MATLAB 仿真计算式［式(7.6)］得到了三个二维相图(图 7.15)，对比该电路实测相图(参见图 7.16)，观察而知，基本形状比较相似.

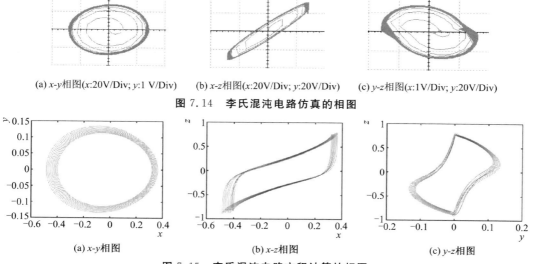

(a) x-y 相图(x:20V/Div; y:1 V/Div)　(b) x-z 相图(x:20V/Div; y:20V/Div)　(c) y-z 相图(x:1V/Div; y:20V/Div)

图 7.14 李氏混沌电路仿真的相图

(a) x-y 相图　(b) x-z 相图　(c) y-z 相图

图 7.15 李氏混沌电路方程计算的相图

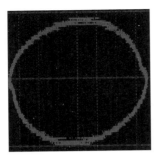 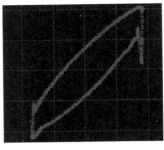 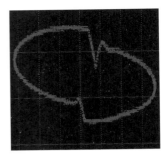

(a) x-y 相图 (x:5V/Div; y:200mV/Div)　　(b) x-z 相图 (x:10V/Div; z:1V/Div)　　(c) y-z 相图 (y:500mV/Div; z:2V/Div)

图 7.16　李氏混沌电路实测的相图

实测应用了示波器 RIGOL DS4014E，计算所导出的三路数据（9k 点到 12k 点）的 CC 值，都为 32，因此（这种联结方法）判断为输出了弱混沌信号．

7.6　9T-MOS 混沌电路设计

评述容易理解的自治混沌 MOS 管电路设计的 3 个实例．

文献[29]基于 3 个串联的电流积分器（参考文献[28]），辅以非线性反馈和电流镜启动，使用 13 只 MOS 管，正负 1.5V 供电．

文献[30]基于 2 个三管施密特非门振荡器，辅以非线性多点反馈，正电源的快抖动成分帮助启动，应用 7、9 或 11 只 MOS 管，超低电压供电．

图 7.17 是 9T MOS 混沌信号发生器（类似图 7.11），仿真相图参见图 7.18（单涡卷）（本例与明鹏硕士合作，基于 0.18μm 工艺库）．

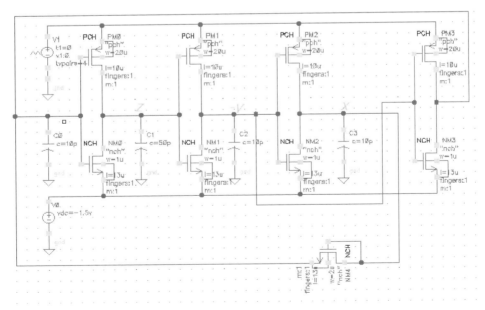

图 7.17　9T MOS 混沌信号发生器

结构特点:级联的三个导纳积分器(PM0+NM0+C1等),非门(PM3+NM3)将变量$-y$转换为y,NM4管作为非线性电阻,负责将输出信号x反馈给电路输入端(电容C_0上端).调试要点之一:相对大的外接电容值,使得电路容易振荡.

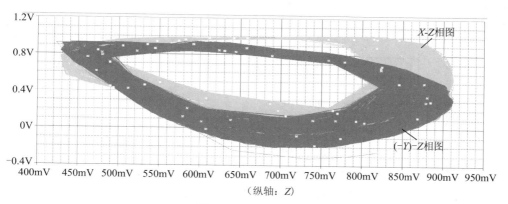

图 7.18　单涡卷相图

小结:由于双电源之间仅仅堆叠了两层 MOS 管,因此,该电路容易低压供电;另外的多涡卷优点,有待选择新的非线性单元结构支撑.混沌电路的启动,原理方法是正电源的初始轨到轨抖动,简单方法是正电源经过一级$RC(10\Omega,10pF)$延迟到地,复杂方法则基于电流镜等,本质方法是构造上电超快单元进行初始导引.

展望:混沌电路的温度特性特别值得深究.

7.7　混沌测量方法学概论

导言:IC 测试的三框图内涵[31],本质上应作五框图来理解(参见图 7.19).

聚焦被测(System under Test),应用混沌电路作为刺激编码输入或者解码输出,这称为混沌测量,1992 年由蔡绍棠教授提出,继而在 1993 年由休斯公司 Walke 博士推出混沌调制雷达.

我们替换了直流电源或者斜坡电压源(J. P. Gyvez,2003 年),代之以混沌信号电源,则新的干路混沌电流(命名为I_{ddc})可被抓取,便于分析嵌入其中的被测故障信息,此举乃是基于混沌测量原理(初值敏感、参数敏感、类随机放大、特征明显),而发明线索包括深入理解电流模测试的干路静态电流 Iddq 和干路动态电流 Iddt 的优缺点.

由图 7.19(IC 测试流程 5S 图)映射出图 7.20(混沌电源测试例)的发明理念:应用合适的混沌电路,分别作为 5S 图中的任何一个模块,开展混沌测量或混沌计算的研究与探索,辅以混沌判据作为识别特征(几何图斑或统计数值).这是对混沌测量范式的简要解说.

在图 7.20 中,选择布尔混沌电路作为混沌电源,我们基于干路混沌电流 Iddc 表达被测的注入故障.其中被测可选 3D RLC 电路网络,注入故障类型包括弱开路、短路或桥接,上和下干路电压降的相图将揭示注入故障被识别的概率(参考文献:Li Wenshi, Feng Yejia, Jiang Min. Complex chaotic measurement: new concept and basic case, published in 2016 13th ICSICT).

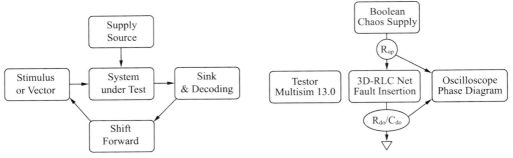

图 7.19 IC 测试流程 5S 图　　　　　图 7.20 混沌电源测试例

讨论：

（1）在图 7.19 被测框下方的框图内，建议重视应用基于 DSP 的同步控制机制.

（2）在图 7.20 中，建议重视应用"混沌特征判据树"（李文石，2016 年），进而创制各种四元数的新颖特征表达，充分理解和应用"简单就是美"法则.

IC 测试方法学的思维策略：

（1）总是应用已知证明未知.

（2）以时间换精度，如积分微弱信号.

（3）以知识换效率，如 FFT.

（4）带着混沌测量眼镜审视 IC 测试 5S 图.

（5）McKenna 定律——实验中应凝视与专注.

（6）Millligan 定律——细心记录数据.

（7）5 秒法则——手指感温计的经验统计.

（8）ESD（Electro-Static Discharge）人体模型（100 pF + 1.5 kΩ）.

（9）Pease 法则——自激振荡故障的主动测量诊断技巧.

（10）全机测试（All-up Testing Philosophy，G. Mueller，20 世纪 60 年代）.

关键注释 1——IC 测试方法学的可视化精华包括：晶圆图（Wafer Map，参见图 7.21，基于 JMP 统计软件将各个 DIE 的测试结果用不同颜色、形状或代码标识在晶圆相应位置）和史密斯圆图（Smith Circle Map，参见图 7.22，给出了北斗卫星天线放大器的阻抗特性实测结果）.

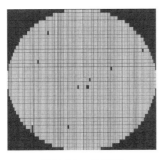
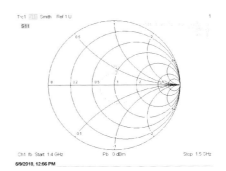

图 7.21 晶圆图　　　　　　　　　图 7.22 史密斯圆图

关键注释 2——软件测试原理的前 10 项法则包括：

(1) 测试可以检测缺陷,但不能证明没有缺陷.
(2) 穷举测试不可行.
(3) 测试越早越好.
(4) 20%的组件造成80%的错误.
(5) 测试例须经常评估或刷新.
(6) 测试前提是系统满足客户基本需求.
(7) 测试成效依赖测试项.
(8) 测试应独立于研发.
(9) 检查每一个输出结果.
(10) 保存测试设计文档,重视复用.

7.8 模拟 IC 故障诊断概论

复杂度:模拟电路——ADC 约 100 只 MOS 管,而 PLL 约 2 万只 MOS 管,非线性和多变量导致建模复杂而且倚重管子的参数匹配);数字电路——海量的管子,基于布尔代数相对容易建模.

二八定律:统计地讲,模拟电路占比约 20%,数字电路占比约 80%;模拟电路故障占比约 80%,数字电路故障占比约 20%.

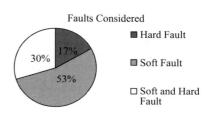

图 7.23　基于 114 篇论文的硬故障和软故障统计[33]

硬故障:由于短路或断路等引起的灾难性的任一功能异常.

软故障:因电路参数偏离,超出容差,此类参数故障容易导致瞬态的功能异常(故障占比统计参见图 7.23,故障组件占比统计参见图 7.24).

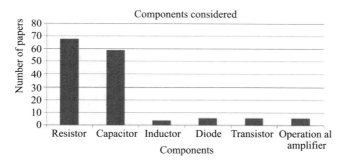

图 7.24　基于 114 篇论文的故障组件统计[33]

模拟电路故障诊断分类:故障诊断涉及故障的孤立、检测、定位、识别、预测、解释和仿真.分类学图解参见图 7.25,其分为两大类:① 测试后仿真,特点是依赖参数的确认、识别和近似,是以提高成本和计算复杂性为代价;② 测试前仿真,以故障字典为核心,演进分化为传统类方法群(分块、测量、技巧的各有侧重或组合应用)和智能方法群(优化计算的泛化应用).

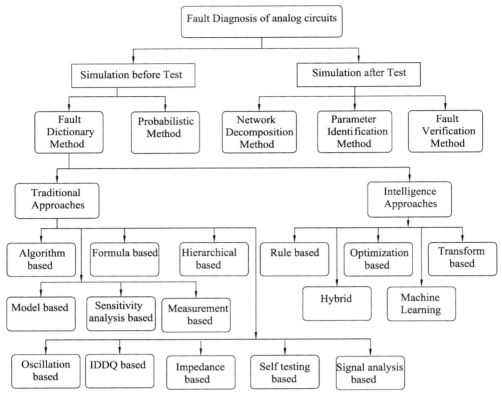

图 7.25 模拟 IC 故障诊断分类方法学[33]

在传统类方法群中,简明解法涉及干路电流法(从静态或者瞬态演进为混沌态)和两端阻抗分析法;基于振荡策略的故障孤立-注入与识别方法,则较好地体现了分块、测量与技巧.

基于振荡策略的故障诊断思想[34]:针对模拟 IC 和混合 IC,首先,选择其中的子模块(例如运放、滤波器或者 ADC);然后,添加控制子电路,构造成一个振荡器;接着,分别注入故障(例如:1Ω 电阻模拟短路、10MΩ 电阻模拟开路、参数摆动 30%),相应地测试振荡器输出信号,比较其电平范围或者频率. 该法特点:无须测试输入,只要观察输出.

相关实例:基于环形振荡器和多电压技术,测试绑定前硅通孔的多故障(微孔缺陷、针孔缺陷或两者兼有). 建模本质是微电容测试,多电压测试应用了施密特触发器的回差特性,具体参见文献[35].

小结:遵循相似性原理与相异性原理,看重分而治之,突出压缩理念,将 ADC 结合 DSP,芯片故障诊断技术一直追赶着 IC 的快速发展(模拟 IC 多达万种). 考虑流压磁光(也或自旋)等参数表达,聚焦电流模(干路电流法简约但不完备,20 世纪 90 年代未能列入 IEEE 标准)的为小众的,覆盖电压模(从 ATE 的 Bin Wafer Map 到 Schmoo 图再到混沌相图)为主流的,未来的 IC 故障检测智能地倾向于混沌测量(混沌初值敏感特性)、叠层成像(深化的相位恢复算法,三维 IC 分辨率小于 14.6 nm),也或应用激光镊子(2018 年诺贝尔物理学奖),进而迎接 IC 异质集成和 5G IC 封测的不断挑战.

7.9 语音激励检测电路故障

考虑混沌测量的吸引子轨道随机放大机制,结合理解相干多音测试(多达 48 音)便于谐波表达,我们提出基于语音检测电路故障新方法(图片摘要参见图 7.26),因为串行语音增维后一般表现出混沌特性,更因为每个元音或者韵母的共振峰都多于 3 个,尤其是女声和男声信号(共振峰频率范围不同,本实验基于男声)都特别容易获取[36-37].

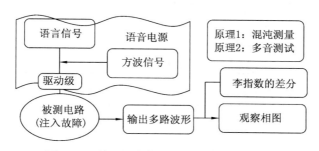

图 7.26 基于语音电源激励的测试技术框图

图 7.27 举例如何构造语音电源激励,测试电路故障. 两个框图是语音电源(U1:加法器;U2:驱动器)和被测 555 应用电路(占空比可调脉冲电路). 图 7.28 给出典型波形,IO1:输入语音;IO2:语音电源输出;IO3:555 电路脉冲输出.

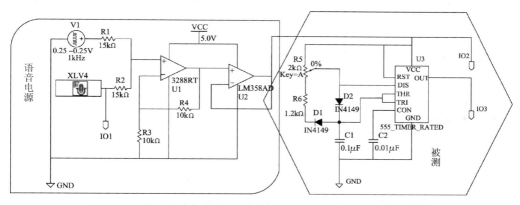

图 7.27 基于语音电源激励测试 555 占空比可调电路的注入故障

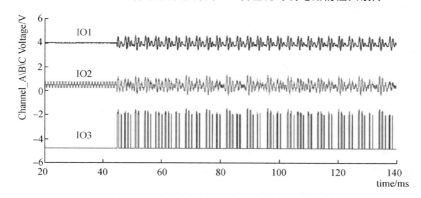

图 7.28 语音电源激励测试技术的典型波形图

横轴选择 IO1,纵轴选择 IO3,构造电压相图,通过裸眼观察,确定注入典型故障类型,例如硬故障(短或断)和软故障(参数偏移),记录输出数据与计算特征.

基本设置:1s 时长语音;选取 0.469s 之后的 9000 点输出数据;李指数 LE 所用参数:$m=4, \tau=30, P=40$;分析 LE 差分特征(参见表 7.1 和表 7.2).

表 7.1 电阻注入软故障的李指数差分特征

$R5/k\Omega$	1.2	1.21	1.201	1.2001	1.20001	1.200001	1.2000001
"州"字音的 LE	0.0469	0.0225	0.0388	0.0385	0.0339	0.0507	0.0469
555 电路输出的 LE	0.1179	0.0773	0.1424	0.0557	0.0757	0.0807	0.1297
$\triangle LE$	0.0710	0.0548	0.1036	0.0172	0.0418	0.0300	0.0828

表 7.2 电容注入软故障的李指数差分特征

$C1/\mu F$	0.1	0.11	0.101	0.1001	0.10001	0.100001	0.1000001
"州"字音的 LE	0.0469	0.0567	0.0372	0.0198	0.0589	0.0487	0.0534
555 电路输出的 LE	0.1179	0.1153	0.0590	0.1140	0.1242	0.1189	0.1247
$\triangle LE$	0.0710	0.0586	0.0218	0.0942	0.0653	0.0702	0.0713

小结:基于语音测试电路故障是个有趣的想法;举例以苏州的"州"字音信号构建语音电源,李雅普诺夫指数的差分特征的软故障分辨力可达到 0.1mΩ 电阻和 1pF 电容(本例与谷廷泉和唐吉飞同学合作).

7.10 树电的非线性特征

本质上,地磁暴(Geomagnetic Storms,GMS,0.001~5Hz)是由太阳耀斑、太阳风或太阳黑子活动诱发的.地磁暴影响生物系统的报道时间是 1936 年(Chizhevsky).研究 GMS 影响人类健康的一个著名实例基于 Holter ECG,结果是:24 小时平均心率增长 5.9%($P=0.020$);心率变异 HRV(Heart Rate Variability)降低 25.2%($P=0.002$).

地磁扰动(Geomagnetic Disturbances)虽然比 GMS 释放能量要少,但是确实影响心血管病患者和癫痫儿童或成人.由于人与树都笼罩在地磁环境中,于是本工作首次尝试回答这样的难题:能够发明检测地磁扰动指数 Ap(范围 0~150+)的新传感器吗?樟树树电(Camphor Tree Electricity)与地磁扰动指数 Ap 的潜在关系如何?

我们认为,地磁能量的成分中可能包含周期态、混沌态或其他非稳定态.因此,研究需要混沌判据的技术帮助,如递归分析(Eckmann,1987 年)和递归数量分析(1992 年),研究成果已经应用于机械系统应力分析、医学分析、商业价格涨落乃至于地磁分析.

如果不利用精确的磁场微传感器,而是仅仅基于植物树木或者人类声音,我们首先假设可以进行 Ap 间接测量.

实验研究表明:地磁 Ap 与树电的 RP 和 RQA(Recurrence Plots and Recurrence Quantification Analysis)存在数量上的相关(分析流程图参见图 7.29).

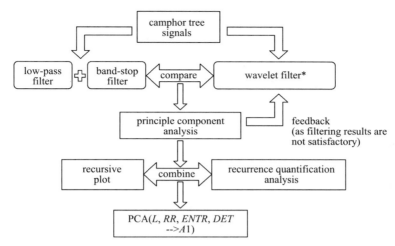

图 7.29 树电的非线性分析流程

具体统计结果表明:针对樟树 1,规律是递归特征与 Ap 值呈现负相关(条件是 Ap 小于 5);针对樟树 2,规律是 $Ap=5$ 时存在正峰值于 RQA 中;针对樟树 3,规律是四个递归数量特征(DET、$ENTR$、L 和 RR)伴随 Ap 而下降.

注释:三棵樟树选自苏州大学校园,树电测量应用了微型虚拟示波器 OWON VPS021.

本例的技术审美在于:地磁扰动的间接测量,求助于植物电(20 世纪 60 年代由美国测谎员发现)的非线性特征表达(与陈珩皓等同学合作)[38].

7.11 认知增强概论

人们一直关注的话题包括,通过自我帮助与改良,如何更快乐、更苗条、更灵性、更富有、更聪明,或者更外向,等等. 认知增强(Cognitive Enhancement,CE)的概念是旨在通过药物、脑机接口或者基因改良等技术,改善人的认知、执行功能、记忆,甚至是情绪状态. 认知增强领域亟待颠覆性的技术新突破以及科技伦理的新规范[39-42].

用于认知增强的刺激药物已经商业化;脑刺激装置例如经颅直流电刺激(transcranial direct current stimulation,tDCS)和经颅磁刺激(transcranial magnetic stimulation,TMS)的作用,正在被比较和监管;脑机接口则急需突破带宽限制并且构成脑网;而基因改良技术仍有争议.

tDCS 原理:通过电极将恒定低强度直流电送到指定脑区,可改变神经元的膜静息电位,提升或降低人脑某一区域神经元的兴奋性. 特点是:无创、便携、无痛、廉价和安全. 可采用不同的刺激靶点(背外侧前额叶皮质、颞叶皮质等)、刺激电流强度(1~3mA)、刺激次数、刺激时间(5~30min)和刺激面积. 例如为增强注意力和警觉度,采用阳极刺激背外侧前额叶皮质,效果更持久且无不良反应. 因此未来 tDCS 有望替代部分咖啡或神经兴奋性药物.

TMS 原理:基于超级电容向线圈周期性放电(kA 脉冲变为 kV 电压)产生局部磁场(1~10 Tesla,持续毫秒),(距离小于 6cm)容易穿透颅骨深达脑神经组织,诱发生物电,其中抑制或激活的磁场频率阈值是 5Hz；关键参数涉及刺激的强度、方式、持续时间、时间间隔和受刺激部位．特点是：复杂而昂贵；危险特征是温和的，最大风险是诱发癫痫．

近红外耳穴 BCI：

（1）背景与进展．虽然脑机接口（Brain Computer Interface，BCI）曾经只是天方夜谭，但是进入 1963 年，美国医生 W. G. Walter 改装的脑控幻灯投影仪开始技惊四座，催化了 BCI 概念于 1973 年由美国科学家 J. J. Vidal 博士提出．BCI 的信息传输率（Information Transmission Rate，ITR）的演进数据包括：5.32bps（清华大学高小榕教授，2015 年）和 16.67bps（2018 年基于顶叶脑机接口技术）．BCI 演进至此，几乎所有的视觉想象解码工作都来自复杂的脑机接口，技术基于头皮 EEG、皮层 ECoG、fMRI 和 fNIRS．

（2）视觉想象解码微型实验[41]．2000 年之后，作者发明的迷你近红外耳穴脑机接口是令人感兴趣的，特点是无创、单通道和廉价．基于迷你近红外耳穴 BCI，方便开展视觉解码微型系列实验．例如，混沌特征解码可以选择 pq 图，扫描 0-1 混沌测试算法中的混沌探测敏感单参数 c，对应假彩色合成技术，基于 MATLAB 指令"hold on"．通过彩色解码图像表达视觉想象识别的成效，结果是以接近 70% 的成功率，再现了所想象的东北虎头或悲鸿奔马．

7.12 本章小结

沿着逻辑，依靠技术，追逐健康，逐渐触摸或凸显反逻辑（也或范式转移）的贡献，芯片世界，一直需要新应用的触发和驱动．

集成电路是信息化时代的"粮食"和基石．半导体技术是一切智能制造的"大脑"，是国民经济的母机产业．健康发展的行业模式包括"一代器件，一代工艺，一代材料与设备．"

半导体制造是最复杂最有科技含量的行业之一，其复杂的产业链包括：电子硅制作、拉制单晶、切割单晶、切磨抛制取晶圆、光刻、蚀刻、离子注入、金属淀积、金属层制作、互连、清洗、晶圆测试与分割、裸芯封装、分级测试等至少 200 多个步骤；在制造和封测中，需要光刻机（最精密、最昂贵）、刻蚀机、减薄机、划片机、引线键合机、倒装机、塑封机、切筋打弯机等专业设备的强力支撑．

半导体制造的特点：不可修复、流程复杂、制作周期长、机器精度高、持续高强度投入、营运成本高、运作系统非常复杂，因此发展半导体产业，非常强调整个团队的互动合作（中国半导体行业协会副理事长于燮康高级经济师，2018 年）．

几个热点：健康微纳电子学（颠覆性技术、职业健康、污染防控、防止垄断）、混沌微纳电子学（混沌通信、混沌控制、混沌测量、混沌计算、人脑网络）、三维微纳电子学（TSV 可靠性、散热接口、自愈技术）、瞬态微纳电子学（柔性电子、人体吸收、认知增强）．

脑机接口研究进展：

（1）据"2018 年世界机器人大赛——BCI 脑控类"赛事的裁判长高小榕教授介绍：脑机接口技术的"摩尔定律"是其主要技术性能指标每 3 年翻一倍．顶叶脑机赛项目表现最好的选手，每 0.4 秒输出一个字符，已经比很多人用手打字要快．

（2）法国科学院院士阿卜杜勒-拉赫曼·切达认为：脑机接口技术不应该只停留在传输低级别指令，而是要通过猜测和预知人类意图，使得机器人顺畅并有计划地完成任务．

（3）脑科学进展将要仰仗大脑信号检测技术实现新突破．著者看好混沌检测与预测（本质是提高 BCI 的通信带宽）．

微纳电子学健康聚焦混沌判据，催化颠覆性技术（高端 EUV 光刻机：5 万多的零部件，最高时空精度达皮秒、皮米级；原子经济性工艺；意识示波器的组网；量子计算机的操作系统），工艺节点达到 3nm、逼近 2nm 甚至 1nm，细胞成像分辨率逼近 0.3nm，趋于脑网竞技的适度融合[43-44]，始终强调行业健康理念和科技伦理约束，不忘"巧心劳手成器物曰工"，提倡"学百家，成一家，为大家"．

7.13 思考题

1. 为什么我们强调"沿着逻辑（Follow logic）"？半逻辑、半美学意味着什么？
2. 为什么混沌概念是理解复杂性的钥匙？
3. 混沌是否是人脑健康的源泉？为什么？
4. IC 产业链的健康意味着什么？
5. 安迪和比尔定律所揭示的 IT 发展规律是什么？
6. 在计量走进常数化的新时代，健康生活与军事竞争交织，在人体一般 3mA 安全电流刺激条件下，请您讲述关于 0～7eV 的半导体能带间隙故事．

7.14 参考文献

[1] Rasband S. Introduction to Applied Nonlinear Dynamical Systems and Chaos[M]. California：Hill Press，1990：1-100.

[2] Gleick J. Chaos：Making a New Science[M]. New York：Viking Press，1997：1-100.

[3] 郝柏林. 物理是一种文化[J]. 物理通报，2012(12)：2-5.

[4] Klonowski W. Chaotic dynamics applied to signal complexity in phase space and in time domain[J]. Chaos，Solitons and Fractals，2002，14：1379-1387.

[5] Lopez-Ruiz R，Mancini H L，Calbe X. A statistical measure of complexity[J]. Physics Letters A，1995，209：321-326.

[6] Tononi G，Edelman G M，Sporns O. Complexity and coherency：integrating information in the brain[J]. Trends in Cognitive Sciences，1998，2(12)：474-84.

[7] 马红光，韩崇昭. 电路中的混沌与故障诊断[M]. 北京：国防工业出版社，2006：1-260.

[8] Bandt C，Pompe B. Permutation entropy：a natural complexity measure for time series[J]. Physical Review Letters，2002，88：174102-1-4.

[9] Rezek I A，Roberts S J. Stochastic complexity measures for physiological signal analysis[J]. IEEE Transactions on Biomedical Engineering，1998，45(9)：186-1191.

[10] Ling Tang，Huiling Lv，Fengmei Yang，et al. Complexity testing techniques for time series data：a comprehensive literature review[J]. Chaos Solitons and Fractals，2015，81：117-135.

[11] Chi-Sang Poon，Barahona M. Method and apparatus for detecting nonlinearity and chaos in a dynamical system：US，5938594[P]. 1999.

[12] Denisov S，Ponomarev A V. Oscillons：an encounter with dynamical chaos in 1953？[J]. Chaos，2011，21：023123-1-2.

[13] Gao Jianbo, Hu Jing, Tung Wen-wen. Complexity measures of brain wave dynamics[J]. Cognitive Neurodynamics, 2011, 5: 171-182.

[14] Frigg R. In what sense is the Kolmogorov-Sinai entropy a measure for chaotic behaviour? Bridging the gap between dynamical systems theory and communication theory[J]. The British Journal for the Philosophy of Science, 2004, 55: 411-434.

[15] Crutchfield J P. Between order and chaos[J]. Nature Physics, 2012, 8: 17-24.

[16] Zonghua Liu. Chaotic time series analysis[J]. Mathematical Problems in Engineering, 2010, 2010: 1-31.

[17] 梁季怡. 混沌信号处理(Chaotic Signal Processing)[M]. 北京: 高等教育出版社, 2014: 1-100.

[18] 冯久超. 混沌信号与信息处理[M]. 北京: 清华大学出版社, 2012: 1-100.

[19] 聂春燕. 混沌系统与弱信号检测[M]. 北京: 清华大学出版社, 2009: 1-100.

[20] 柏逢明. 混沌电子学[M]. 北京: 科学出版社, 2014: 1-100.

[21] 孙克辉. 混沌保密通信原理与技术[M]. 北京: 清华大学出版社, 2015: 1-272.

[22] Yanofsky N S. The Outer Limits of Reason. What Science, Mathematics, and Logic Cannot Tell Us[M]. Cambridge: The MIT Press, 2013: 1-200.

[23] Wu S L, Li Y T, Li W S, et al. Chaos criteria design based on modified sign functions with one or three-threshold[J]. Chinese Journal of Electronics, 2019, 28(2): 364-369.

[24] 周娟, 蒋登峰. 基于Matlab的ADC自动测试系统开发[J]. 中国计量学院学报, 2008, 19(3): 219-224.

[25] Sprott J C. A proposed standard for the publication of new chaotic systems[J]. International Journal of Bifurcation and Chaos, 2011, 21(9): 2391-2394.

[26] Sportt J C. Some simple chaotic jerk functions [J]. American Journal of Physics, 1997, 65(6): 537-543

[27] 李文石, 冯烨佳, 肖鹏. 一种二阶平方复杂度的混沌电路: 中国, ZL201610008811.5[P]. 2016.

[28] Delgado-Restituto M, Liiian M, Rodriguez-Vazquez A. CMOS 2.4μm chaotic oscillator: experimental verification of chaotic encryption of audio[J]. Electronics Letters, 1996, 32(9): 795-797.

[29] Radwan A G, Soliman A M, Sedeek AL EL. Low-voltage MOS chaotic oscillator based on the nonlinear of G_m[J]. Journal of Circuits, Systems, and Computers, 2004, 13(1): 1-20.

[30] 李文石, 肖鹏, 姜敏. 一种混沌电路: 中国, 201610278918.1[P]. 2016.

[31] Wang L T, Stroud C E, Touba N A. System-on-Chip Test Architectures: Nanometer Design for Testability[M]. Burlington: Morgan Kaufmann Publisher, 2008: 1-100.

[32] Pease R A. Troubleshooting Analog Circuit[M]. Singapore: Elsevier, 1991: 1-209.

[33] BinuD, KariyappaB S. A survey on fault diagnosis of analog circuits: taxonomy and state of the art [J]. international Journal of Electronics and Communications (AE), 2017, 73: 68-83.

[34] Arabi K, Kaminska B L. Oscillation-test methodology for lowcost testing of active analog filters[J]. IEEE Transactions on Instrumentation and Measurement, 1999, 48(4): 798-806.

[35] 张鹰, 梁华国, 常郝, 等. 基于环形振荡器的绑定前硅通孔测试[J]. 计算机辅助设计与图形学学报, 2015, 27(11): 2177-2183.

[36] (美)Bushnell M L, (美)Agrawal V D. 超大规模集成电路测试: 数字、存储器和混合信号系统[M]. 蒋安平, 冯建华, 王新安, 译. 北京: 电子工业出版社, 2005: 266.

[37] 俞一彪, 孙兵. 数字信号处理——理论与应用[M]. 3版. 南京: 东南大学出版社, 2017: 1-263.

[38] Tang Y C, Chen H H, Li W S. Nonlinear analysis of tree electrical signals[J]. Journal of Physics: Conference Series (3rd ISAI 2018), 2018, 1069: 1129－1133.

[39] Dubljević V. Neurostimulation devices for cognitive enhancement: toward a comprehensive regulatory framework[J]. Neuroethics, 2015, 8: 115－126.

[40] 郭大龙, 葛华, 张颖, 等. 被激发的大脑——经颅直流电刺激技术对认知功能的增强作用[J]. 军事医学, 2018, 42(3): 234－237.

[41] Zhang C J, Cai J W, Li W S. Mini NIR auricular BCI based visual imagination decoding[J]. Journal of Physics: Conference Series (3rd ISAI 2018), 2018, 1069: 925－928.

[42] Hildt E, Franke A G. Congnitive Enhancement: An Interdisciplinary Perspective[M]. Dordrecht: Springer, 2013: 1－315.

[43] 李德林, 刘德斌, 刘德祯. 象棋杀着大全[M]. 2版. 北京: 人民体育出版社, 1995: 1－418.

[44] 吴军. 数学之美[M]. 2版. 北京: 人民邮电出版社, 2014: 1－312.

第 8 章

微纳电子学模式

物理教学与研究的费米准则：拥有清晰的物理（几何）图像（Clear Physical Picture）；找到精确自洽的数学表达（Precise and Self-consistent Mathematical Formalism）.

人类思维倾向于在一切事物中寻找模式．模式是结构主义用语，用来说明事物结构的主观理性形式．法国莱维·施特劳斯认为科学研究方法可分为还原主义和结构主义．还原主义把复杂现象还原到简单现象，而复杂现象只能用结构主义的模式说明．

模式识别（Pattern Recognition）：针对原始数据（Raw Data），使用计算算法（Computational Algorithm），完成分类（Classifying）任务．

模式识别流程：(1) 模式空间：数据采集，基于传感器（例如通过视网膜反射光子）；(2) 特征空间：特征检测，针对输入数据（例如边界检测、方向和颜色）；(3) 类别空间：数据分类，基于特征（看见"树"或"键盘"）；(4) 思维空间：行动选择，基于分类结果（立德立功立言：无惧风雨，开石立碑）．

模式识别进化：(1) 沿着模式识别链条向下，不可避免存在的内外噪声可能指数级地增长；(2) 必须找到和应用有效的信号检测硬软方法，以便在所有噪声中找到有意义的显著刺激；(3) 遵从信号检测理论，准确度永远不可能完美，必须在识别的错误类型例如漏检（Missing）模式和探测（Detecting）模式之间进行"最佳权衡"（Optimal Trade-off）；(4) 强大的进化压力使得偏差处理（Bias Processing）倾向相对地无视误认（False Positive）风险，因为实际上漏检后果更为负性；(5) 仿生学的线索来自感觉器官，其倾向于寻找任何一种可辨别的特征，利用这些特征来强制分类，反过来影响着我们的反应和行动；(6) 值得关注的是，模式识别与事后推理相结合或可产生强大的魔幻思维．

混沌现象：混沌提供了从最抽象的数学到最实际应用的各个层次的有价值的、迷人的和困难的问题．其是探究系统非线性动力学复杂性的典型样本．纳米工艺超微尺度下的器件特性存在着混沌现象；混沌通信信号的复杂度性能安全需要表征和监测；工作在混沌边缘的人脑状态识别直接与健康相关；是的，周期（秩序）、混沌和随机这三类信号的特征构造与识别分类，是典型的模式识别任务．

图斑与魔数：是解锁或解码系统非线性动力学复杂性的钥匙！从庞截面到分叉图乃至到费曼图或者莱维·施特劳斯烹饪三角，从雷诺数到李雅普诺夫指数又到费根鲍姆常数及至新常数和复杂数，借助几何特征图形和数值特征范围，刻画信号复杂性的自动度量的理论与方法研究是本章的重点内容．

本章关键词：自动模式识别、信号复杂性、自动度量、金标准、Matlab 代码集．

8.1 复杂性度量图解

数是秩序的象征,自成一个奇妙的简单和经济的体系.(马赫,《通俗科学讲座》)

美学的审美关键:系统整体,比例和谐,色彩夺目.简言之,美在比例.信息几何学的学术观点初心是融合新信息与新几何,在相互照耀中完成编码、解码概念对的新定义.

复杂一如美难以刻画.为了分析信号的精细结构和复杂成分,以便形成描述系统复杂性的有效的度量图或者度量值,指导产业研发和管理的模式识别实战,复杂性自动度量的卓有成效的研究有待加强.

图 8.1 形象地梗概了复杂性的存在、演进和因果关系,内涵复杂性管理圈(主角是复杂性,需要定义与度量)与制造系统中的复杂性的因果圈(在因果链中,复杂性融合了非线性因果二象).其中,产业链的结构和关系产生了复杂性,其度量密切影响了产品的提质增效和排障,继而推动着复杂性的沉浮(正效应、负效应需要具体定义)[1].

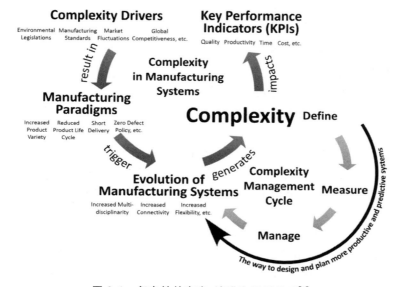

图 8.1　复杂性的存在、演进和因果关系[1]

图 8.2 是复杂性的表现与评测方法图解[1].

复杂性类型:复杂性在物理域将考察静态结构和动态功能,而在功能域需关注与时间无关的涌现(突变性、信息量大、预测难)和时间相关性(周期的或者组合的复杂性).

复杂性的表现:符号的和非符号的.

度量技术分类:(1) 混沌与非线性动力学(挑战:相重构的自动化? 李雅普诺夫指数计算的经济性? 随机数的可靠检测?);(2) 启发式(枚举、分类和编码);(3) 信息理论(复杂性的计算机制,基于历史数据,挖掘统计模式;局限是多值化的颗粒度严重影响模式识别精度;最重要的影响因素则是概率估计的准确性、相关性假设、样本质量和长期数据记录);(4) 图论(基于统计量);(5) 流体动力学仿真;(6) 调查(量表和访谈);(7) 混合方法(前述方法的组合).

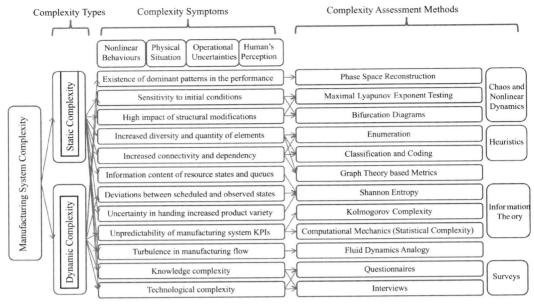

图 8.2 静态与动态复杂性的表现与评测方法[1]

严格地讲,复杂性讫无定论.复杂性的代言者被认为是混沌信号,其左邻是周期类,右舍是随机类.FFT 可以揭示其周期峰演进为连续谱,而随机数识别的本质判据是 0 和 1 的等容二分类.1903 年,科学家 J. H. Poincare 把动力学系统和拓扑学相结合,首次指出了混沌存在的可能性.

复杂度之尺,如何构造(刻画复杂度)?请抓住或者组合如下几点:

(1) 复杂之象(几何结构与特征,例如吸引子、分叉图与庞截面);

(2) 复杂之熵[信息熵的各种扩展熵,刻画信号混乱程度,例如近似熵、谱熵复杂度与 $C_0(r)$ 复杂度等];

(3) 复杂之稳(统计不变量,例如李雅普诺夫指数、分维数);

(4) 复杂之变(群扩展,例如 0-1 混沌测试;压缩域,例如我们的弹簧复杂测试);

(5) 复杂之恒[倍周期分叉的几何规律存在费根鲍姆常数 $\delta=4.6692016091\ldots$ 和 $\alpha=2.5029078750\ldots$;而这两个常数之和 $\delta+\alpha=7.17$ 是压缩与融合的新常数(小于 $3\alpha=7.5$),是分叉距离几何收敛的本质表征(类似地,机器学习也是高维逼近拟合的收敛过程),正是我们弹簧复杂测试(自动压缩熵)的 CC 率所得到的判别周期与混沌的特征数值分界点].

周期倍增分叉(Period-doubling Bifurcations):若用单参数来展示某些数学映射的表象随机行为,即混沌(Chaos)时,伴随参数值的增大,其映射会在参数特定值处形成分叉(Bifurcations),最初是一个稳定点,随后分叉摆动在两值之间,然后分叉摆动在四值之间,以此类推.1975 年,费根鲍姆博士(意识到分叉距离几何收敛)使用 HP-65 计算器计算得出,分叉摆动发生时的参数之间差率的极限率(Ratio of Convergence)通称为费根鲍姆常数.1978 年他发表了映射研究论文《一个非线性变换类型的量子普适性》[2].

图 8.3 是映射 $x_{n+1}=\mu\sin(x_n)$ 的分叉图(Bifurcation Diagram)和 CC 率值.

图 8.4 是复杂尺的图片摘要.相应的 CC 率计算机制参见图 8.5 所示.

重要论点:混沌信号的复杂性具有秩序与类随机二象性(Order-random Duality).解释复杂尺如下:

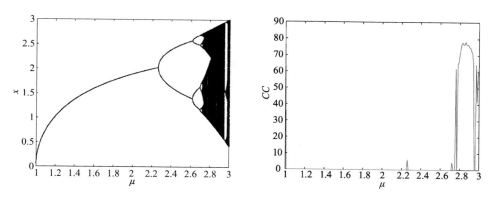

图 8.3　映射 $x_{n+1}=\mu\sin(x_n)$ 的分叉图和 CC 率扫参结果

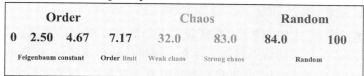

图 8.4　复杂尺与复杂数阈值(李文石,2018 年)

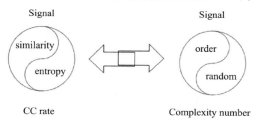

图 8.5　CC 率计算机制与复杂尺的复杂数(李文石,2018 年)

(1) 此类比于物理学中的波粒二象性(Wave-particle Duality).说明:互补原理可以解释波粒二象.

(2) 混沌复杂度是"秩序＋内随机"之识别刻画,是"费根鲍姆常数＋内随机复杂度"之组合表达.具体以百分比自动计算的 CC 率,自动刻画了信号的压缩熵的自相异性;表现为百分计数时,可以在秩序与随机的宽广间隙范围内刻画混沌,其自然地相容内嵌了费根鲍姆常数之和,作为秩序与混沌的边界判据值.

(3) 人脑工作在混沌边缘.Miller 规律[3]:人脑信息处理极限为(7±2).这里出现了魔数 7.

(4) 通过 CC 值等于 7,找到了周期与混沌的诊断切点(Diagnosis Cut-off Value),这对于理解合适的颗粒度有升华作用(费根鲍姆常数之和与黄金分割率有关系).

(5) CC 值类似于一种新测度,应用了几何和概率的思想,其测度性质(例如可和性)的严格性基本成立(例如适用于表征蔡氏方程).

思维可以度量一切吗?借助形式逻辑和科学实验,科学家始终愿意勇敢地做出证实与证伪的学术探索和工程实战.

新概念定义一把尺子,命名为"复杂尺",其上的单一刻画项,命名为"复杂数",而刻度范围定义从 0 到 100,目标是应用于计算数据或者观测数据的复杂性的自动度量.

数据分类与核心特征：一般认为，时域数据分为三类——秩序、混沌和随机．其中的已知复杂程度涉及，从秩序演变为混沌信号的分叉规律的过程中存在着费根鲍姆常数，混沌信号杂乱的几何波形因为初值敏感而呈现着内随机性．

价值判断与研究动机：世界的规律基本可以观察和测量，一般经由传感而获得海量的电学信号，需要及时解码、理解和应用，以便价值增殖．针对复杂信号的识别分类和理解任务，初步的认知思维感觉进一步描述为以下三个层次：

第一，希望，存在"复杂尺"，以便刻画既内嵌秩序又貌似内随机的混沌信号的统计不变量集合；

第二，需求，高分辨率地完成至少三分类的信号复杂度自动刻画任务；

第三，恐惧，可能来自量广面大的应用场景工程数据的干净程度以及信息提取的计算难度和特征理解难度．

既往的学术努力：专家们都知道，李雅普诺夫指数基本被公认为混沌判据的金标准，然而其抗噪能力弱，而且识别结果判读又容易与随机信号相混淆；比较新的秩序和混沌二分类方法是0－1混沌测试，原理基于群扩展正弦和余弦函数，构造时变的随机过程，秩序或混沌判断通过 pq 图特征的图斑规则与否，结合渐进增长率 K_p 值的0－1二值距离，然而此法抗噪性能亦不佳，内嵌单参数 c 值选取缺乏知识理性，也极不容易识别随机数．

假说：混沌信号的自动无参识别，判别特征基于复杂数（0～100 刻度）与复杂图（弹簧完好程度），希望具备的技术特点可能是，既自洽地与费根鲍姆常数规律相容，又至少容易做三分类，例如成功地识别诸如秩序（单周期、双周期、三周期和多周期）、混沌（弱、中、强和超混沌）以及随机数（14 种以上的分布），还能鲁棒抗噪而且相对节约机时．

彩页 1 解说：绘制了 4 种特征（时域相图、0－1混沌测试的 pq 图、能谱图、弹簧测试的 3S 图），表征蔡氏方程的 5 个状态（单周期、双周期、三周期、单涡卷和双涡卷）和高斯随机数状态．几何特征规律：从简单秩序到非秩序加强，对应于从周期到混沌到随机．以基于黄金分割的 5 阈值自动压缩 3S 图（$Sx-Sy-Sz$）为例，从左到右的几何统计特征是：好弹簧变成坏弹簧，进而被高斯随机态拉直（弹簧测试由此命名）．其中，应用数据从 3001 点到 7000 点，0－1 混沌测试的 c 值实选 0.81（制图：程杰硕士；校验：李瑶天硕士）．

图 8.6 是系列熵关系图解[4]．在非线性时间序列复杂性分析中，熵是一个交叉而普遍的概念，横跨逻辑学、物理学、生物学以及工程学．熵作为信息通信通道（Information Communication Channels）将无序和不确定性概念与物理状态联系起来．来自文献[4]的具体洞见概要如下：

Gibbs 应用概率及其对数构造熵，促使熵成为非线性分析的有力工具．

香农熵（1948 年）的贡献不仅仅是加入负号，更是从热力学里借到了信息论核心，认为信息和熵是互补的，信息就是负熵，描述不确定性的减少．香农熵的局限是基于概率建模，而忽略了数值之间的时间联系．算法复杂度为 $O(n)$．

近似熵（ApEn，1991 年）类似于 KS 熵，基于 ER 熵，近似熵（ApEn）估计时间序列的复杂性的动态变化，所提取特征针对了确定性或者随机成分，适合于中等颗粒度的数据．近似熵的局限：（1）相似性的产生被高估；（2）与样本熵相比，缺乏一致性；（3）数据长度依赖严重．算法复杂度为 $O(n^{1.5})$．

样本熵（SampEn，2000 年）和模糊熵（FuzzyEn，2007 年）是 ApEn 算法的改进熵估

计算法复杂度都是 $O(n^{1.5})$. 虽然样本熵一致性较好而且有抗噪能力,但是边界不连续、有突变而且敏感于参数和数据长度选择. 演进至模糊熵,优点是较之近似熵和样本熵一致性更好且边界连续,然而参数选择敏感,隶属函数需要更多的物理意义支持.

排列熵(PerEn,2002 年)度量了时间序列编码中的符号动力学改变,从有序模式不变性自然衍生出划分,使用非线性单调变换表示,计算耗时 $O(n\log_2 n)$;局限是参数选择敏感,而且数值差异被忽略,尤其是未考虑等值居多情形.

基于前述单尺度熵,多尺度熵(2002 年)分类变得更加准确,抗噪能力更强,重点反映了频域特征. 而其计算耗时$[O(mn)\sim O(mn^{1.5})]$更加依赖尺度选择和单尺度熵选择.

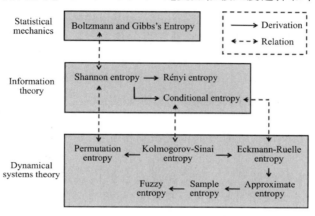

图 8.6 不同熵定义之间的数学和概念相互关系[4]

小结:相比于李雅普诺夫指数和分数维,熵的优势在于其深刻的物理背景以及种类的多样性,人们可以根据不同的信息侧重点,构造多种熵的新概念.

图 8.7 是李文石博士 2018 年申请国家基金的图片摘要.

图 8.7 混沌自动判据研究与应用方法学

8.2 复杂性自动度量

本节内容是著者 2021 年国家基金申请书的立项依据.

复杂学度量的价值判断：自然是复杂的,复杂学研究肇始于 1822 年傅里叶提出导热定律(热流正比于温度差)(普利高津,1984 年).自然界的物理、化学和生命现象之奇,从秩序到化学钟到湍流,从混沌又到有序,其数学刻画急需新时代的牛顿微积分和香农信息熵[5-9],于是考察视角转移从动力学到热力学,必将聚焦复杂学度量研究的替代温度指标的新抓手——复杂度判据.度量表征系统信号复杂性的特征,其构造的科学审美策略是新颖而自洽,其实作的人机工学思考是自动度量(Automatization in Parameter Setting),其信号类型包括但不限于当代半导体传感器获得的连续时域信号,其模式识别和设计方法学应用领域尤其涉及国防、通信与微纳电子学研究[10-15]、医学诊断与健康表征[16-19]以及机器与电路故障检测[4,20].在系统设计与模式识别领域,复杂度必将嵌入先进示波器的可视化的关键性能指标集合(Key Performance Indicators)[21],同时成为数据科学家的新工具箱,因为 21 世纪是复杂性科学的时代,电子仪器演进和数据挖掘以及机器学习 AI(Artificial Intelligence)必将响应新时代的模式识别特征抽取与选择的信号复杂性自动度量的技术呼唤[1,5,22].

复杂学度量的基础问题[23-27]：如何完成三分类模式识别时域信号(周期/混沌/随机)？如何进一步提升时域信号复杂度分辨水平(超混沌/不同分布伪随机)？如何同时尽可能满足抗噪水平高(高于原信号 15%)、计算复杂度低[低于 $O(n^2)$]、与数据长度无关以及参数无需人为调整等应用约束？

如果推举信号复杂性自动度量的金标准(Automated Algorithm),认为第一个候补获选者是谱熵复杂度(孙克辉,2013 年)[28],其新进展是混沌弹簧测试度量(李文石,2019 年)[29,30],其新线索是时间幂率映射度量(脑海小组的预实验,2020 年),其表征或者解码的应用场景包括但不限于地磁扰动的树电识别、语音识别以及无损脑机接口研究和无损血糖检测探索等[14].

信号定义与复杂学理解：观察和收集有关自然现象、社会现象或者人工系统的数据,以获得有关世界、社会和结构复杂系统的实际知识,对人类生存至关重要,它源于我们对世界的好奇和渴望.所谓信号,系统内部发生过程一般具有内部痕迹(Imprints),其表征信息是可测量、可记录的动态数据或时域信号(Dynamical Signals).所谓复杂,若言一个物体、一个过程亦或一个系统是复杂的(Complex),实指它与显而易见的简单模式(Simple Patterns)的不相匹配特性.特别地,复杂一词描述了介于完全规则系统和完全随机系统的中间状态(尤以混沌系统信号最为典型).所谓复杂性,一般表现为多形态、不确定性和非线性.复杂系统显示的绝大多数违反直觉的行为归因于五个来源的某种组合:悖论/自我参照、不稳定性、不可计算性、连通性和涌现[14].

亟待解决问题提出的理据：系统复杂性既来源于内部模块之间因反馈交互所导致的非线性贡献,也是该系统与其他系统(通常是观察者或控制器)交互作用的共同属性,其信息涌现的响应信号性质一般为原本分析简单系统的常规方法所难于表征.蕴藏在复杂现象背后的"本质问题"尚未被完全阐示,因而,寻找一种新的能为科学实验所验证的数学分析工具,用以揭示复杂性所蕴涵的简单性(即是寻找统计不变量特征),应该成为非线性科学家一贯遵循的研究理念.复杂系统理论仍在等待新的概率论提出者(诚如Pascal和Fermat).适恰的复杂系统理论的发展(新概念和新方法)必将成为从材料科学进化到信息科学的基石或者航标.复杂度分析(Complexity Analysis)的价值,既能揭示所研究系统内部涉及的机械、物理、化学或者生物的特征(Signatures),也考虑评测范式的统一(Key Performance Indicators),方便计量推广.

复杂性度量方法学述评:复杂性度量(Complexity Measures)定义为图解或者计算信号复杂性特征(Complexity Features)的步骤或者算法.复杂性度量旨在比较时域信号,达到区分秩序(周期)、混沌或者随机状态的识别目的.复杂性度量旨在使模糊精确化(Making Fuzzy Precise),使非正式形式化(Formalizing the Informal).

范例:19世纪末出现了庞截面,与被测系统的信号相空间的截点特征可以概括为有限点集,表现周期态;封闭曲线,表征准周期态;分形密集点,表达混沌态;弥散点集,初步判断为随机态.然而在相空间中,如何适当择取庞截面,仍然悬而未决.这里所提适当选取本质是降维,基本的科学和技术审美理解是自动计算识别,无需人为选参.

原理:(1)从认识论角度探索,复杂性度量是认知(例如生成或预测)待表征信号的计算难度;(2)从存在论角度考察,复杂性度量是量化系统结构特性的测度统计量,例如$C=C_1+(C_2C_3)$,其中C_1代表系统模块数量、C_2描述模块内部互连规模,而C_3表达模块接口规模;(3)从方法论角度量化,复杂性度量研究,借力于香农熵(1948年)的概率信息系列扩展,例如K熵(1958年)统计了轨道分裂数的渐进增长率,借助于庞截面的降维打击和分形维(1910年)的自相似性度量,得力于符号动力学,例如1960年代的KC复杂度思想(生成符号序列的最短程序行数)和LZ复杂度(1976年提出,1987年算法实现)及其系列改良方法刻画,得力于变换域内的统计特性挖掘[国外的自相似分析例如递归图分析RPA(1987年)和递归数量分析RQA(1992年),中国的如频域能谱平坦度量$C_0(r)$和谱熵复杂度SE],而在信息几何学(典型例如流形)框架中尝试找到信息论和数学的交叉学科视角.

国外演进3例:

例1:LZ复杂度[31,32].由A. Lempel和J. Ziv于1976年提出.有限长序列的LZ复杂度是指随序列长度增加产生符号新模式的速度,它通过复制和添加两种简单操作来描述一个序列的随机特性.该算法传统的计算复杂度为$O(n)$.对于符号序列定义的复杂度来说,LZ复杂度被公认为最精致;其系列改进算法包括了穷尽变化率法和格子复杂度,重在考察多阈值颗粒度和自适应分段,尚存在人为选参难题.

例2:几何特征组合信息熵[33].统计复杂度定义为$C\equiv D \cdot H$,组合了轨道远离平衡点的几何特征D(Wootters距离)和轨道信息熵H,具体表达C-H图的有界特征.存在局限:考察规则、混沌或随机信号的复杂性,C-H图并非单调;描述轨道全局和局部的非线性特征,基于计算复杂性.

例3:流形熵[34,35].算法思想是信息几何动力学熵,简称流形熵,建立在计算得到的流形之上,是测度熵(Metric Entropy,正李指数之和)和统计时间之积.特征判据:混沌信号的特征是流形熵随统计时间线性增长,而规则信号则随统计时间对数增长.局限:人为选参,计算复杂.

小结:(1)复杂性度量应以科尔莫哥洛夫复杂性为本质基础,进行综合微观分析

(Synthetic Micro-analytics),始终强调降低计算复杂性,算法思想容易解释,无需人为选参;(2)研究范式从符号动力学转移到局部活动原理指导的信息几何学研究;(3)本研究对比算法具体选择 LZ 复杂度改进方法.

国内演进 3 例:

例 1:$C_0(r)$ 复杂度(蔡志杰,2008 年;顾凡及,1998 年)[36-40]. $C_0(r)$ 复杂度的理论基础是 Fourier 变换,算法思想是将序列分解成规则成分和不规则成分,其测度值为序列中非规则成分的占比. 若 $C_0(r)=0$,判定为周期信号;若 $0<C_0(r)<1$,判定为混沌信号;而 $C_0(r)\to 1$,独立同分布的随机信号. $C_0(r)$ 是描述信号(数据长度 n)随机性程度的复杂性指标,计算过程无需考虑颗粒度,计算复杂度为 $O(n\log n)$;但是仍需人为选择参数 r 值为 5~10.

例 2:SE 谱熵复杂度(孙克辉,2013 年)[41,42]. 谱熵(SE)复杂度的算法思想是首先去除均值成分,然后计算功率谱概率,最后得到归一化的香农熵值(数值大对应于复杂度高),特点是不用人为选参,算法时间复杂度为 $O(n\log n)$. 因为其容易识别周期、混沌与随机信号,堪称复杂性度量的候补金标准,可惜尚不能分辨伪随机信号的不同分布.

例 3:相空间的空时复杂度(芮国胜,2011 年)[43]. 研究基础:希尔伯特变换本质是原函数与 $1/t$ 的卷积. 算法要点:首先以被测时间变量为实部而其希尔伯特变换为虚部,构造解析信号,其相位一阶导数作为相轨迹瞬时频率,定义相轨迹瞬时频率序列的标准差为空时复杂度. 算法本质:流形的近似刻画. 复杂局限:空时复杂度作为混沌判据,尚需李雅普诺夫指数参与定标.

技术进展、启发信息以及随机检验来自文献[44-53],重视时间不可逆性和数据相邻特性,重视一阶矩和二阶矩(朱胜利,2016 年)以及时频域特性,随机数判别应用 NIST SP800-22 统计检测包和随机性检测规范 GM/T0005—2012,新范式指向复杂度构造高阶化以及融合几何信息,持续的挑战始终指向提高识别率、提高抗噪性能与降低复杂计算性.

小结:(a)研究趋势是抓住吸引子骨架非对称、理解嵌入定理、量化组分比例和简化流形计算;(b)本研究对比算法具体选择 SE 复杂度和 $C_0(r)$ 复杂度.

脑海小组(Brainchildren Lab)研究进展 3 例:

例 1:混沌弹簧测试(已经发表)[29,30]. 解析形式最简单的 0-1 混沌测试[pq 图计算复杂度为 $O(n)$]应用了群延拓技术的正弦函数和余弦函数,启发我们应用双曲正切函数建立压缩熵的构型选择,保持 3S 图计算复杂度仍为 $O(n)$;诸如流形熵的信息几何学思想,提示我们在所构建的压缩熵空间内,定量刻画类似弹簧形状的几何蠕变规律(几何相似性度量),几何蠕变率 CC 的计算复杂性高于 $O(n^2)$. 复杂性自动度量应用适合于三分类识别.

例 2:时间幂率延拓(预备实验成功). 摘要:复杂性度量的本质是刻画系统或信号的认知成本,一般基于符号动力学、熵扩展、FFT 组合运算或者复杂网络方法,针对周期、混沌或者随机信号,进行三分类识别,计算新特征的审美趋势既在于群扩展简便也期望无人为选参,使得特征图斑判读容易并且特征数值混叠最少. 我们应用幂率原理结合黄金分割率,将被识别的一维时域信号映射为新特征图和新复杂数,自动算法特点是通过显函数的群扩展进而压缩实现简约的信息几何学探索. 对照判据利用谱熵复杂度和近似熵,提供了

4个混沌方程作为计算测试例,对照识别 15 种伪随机数,应用了典型脑电数据作为刻画测试例.研究结果揭示了新复杂图斑特征和复杂数值范围,讨论了抗噪性能和计算用时[计算复杂度为 $O(n^{1.3})$],与对照判据相比获得了一致性的识别结果,尤其是识别不同分布伪随机数的效果显著,凸显了幂率映射和黄金分割的建模原理贡献.

例 3:加权高阶矩组合(预备实验基本成功).针对计算混沌数据的多种状态(例如周期、弱混沌、强混沌和超混沌等),我们扫参权重初步组合了 2、3 和 4 阶矩(方差、偏斜度和峭度),构成新的复杂度 CS,识别效果基本一致地比拟 LZ 复杂度和混沌弹簧测试的几何蠕变率 CC.

小结:(1)以谱熵复杂度为三分类自动判别的候补金标准;(2)成功建立了算法复杂度相对低的新压缩熵空间,得到了自动识别率高的数值特征 CC 率,但是计算复杂度高;(3)预备实验成功建立了基于时间幂率延拓和黄金分割原理的复杂性自动度量新方法(新图斑与复杂数),需要进一步校验自动识别率和扩展应用范围;(4)预备实验建立了备选方案,新度量重视方差、偏度和峭度的加权组合.

综上所论,植根于传统的统计学积淀,重视深度学习中分类效果突出的双曲正切函数映射度量,尝试深刻理解幂率分布原理,应用基于群延拓原理和黄金分割原理,预备实验结合文献调研与消化理解,有能力深入研究自动识别以混沌为典型的时域数据复杂性,做多元假设检验,拟构建复杂性自动度量的特征判据集合的合理简约的新特征图和新特征值.在模式识别与数据挖掘领域的特征提取与选择研究方向上,构建、寻优和应用信号复杂性自动度量判据集合,如能顺利解决自动选参难题、降低计算复杂性困惑的同时提高抗噪性能,必将助力于量广面大的时域信号复杂性自动度量难题的深入研究,进而强力指导环保和健康等新应用需求!

如图 8.8 所示是研究方案设计图解.类似于元素周期表的发明,本研究的中心思想是建立信号复杂性自动度量的特征判据集,训练优化和实战应用,优化计算的模式识别思维空间(包括模式空间、特征空间和类别空间).

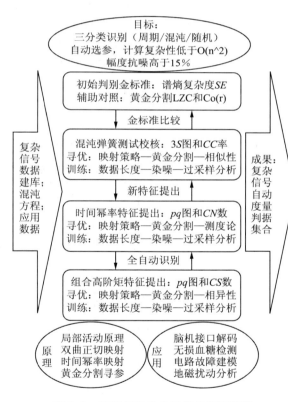

图 8.8 信号复杂性自动度量研究流程

8.3 统计量特征代码

信号的时域特征统计是指对时域参数、指标的估计和计算. 下面代码列举了 14 种常用的时域统计量或者指标：

```
num_end=5000;
x=rand(1,num_end);
u=mean(x);%均值
stdvalue=std(x);%标准差
sigm=var(x);%方差
P_Pvalue=max(x)-min(x);%峰峰值
Xr=mean(sqrt(abs(x)))*mean(sqrt(abs(x)));%方根幅值(有量纲指标)
Xmean=mean(abs(x));%平均幅值(有量纲指标)
Xrms=sqrt(mean(x.*x));%均方幅值(有量纲指标)
Xp=max(max(x),-max(x));%峰值(有量纲指标)
W=Xrms/Xmean;%波形指标(无量纲指标)
C=Xp/Xrms;%峰值指标(无量纲指标)
I=Xp/Xmean;%脉冲指标(无量纲指标)
L=Xp/Xr;%裕度指标(无量纲指标)
S=skewness(x);%偏斜度(无量纲指标)
K=kurtosis(x);%峭度(无量纲指标)
```

如表 8.1 所示是 5000 个 0~1 之间的随机数的各项统计量或者指标.

表 8.1 随机数的各统计量或指标

时域指标	数值
均值	0.5047
标准差	0.2875
方差	0.0827
峰峰值	0.9996
方根幅值	0.4500
平均幅值	0.5047
均方幅值	0.5808
峰值	0.9998
波形指标	1.1508
峰值指标	1.7213
脉冲指标	1.9809
裕度指标	2.2220
偏斜度	-0.0261
峭度	1.8061

8.4 能谱复杂度代码

能谱算法思想:基于 $0-1$ 混沌测试代码,人为选择混沌敏感参数 c(代码中标为 d);xy 轴作为 pq 图(群扩展原理);z 轴来自语谱图(复数积能谱);如此得到 $E\text{-}p\text{-}q$ 图(蔡氏方程的测试结果参见图 8.9 到图 8.13).

Epq 图几何规律:底盘 pq 图(圆盘对应周期规则,浪花对应混沌复杂);能柱 E(高粗对应规则,细散表达混沌).

代码编写特点:一键出图,方便入门.

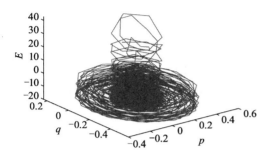

图 8.9　蔡氏方程的单周期态的能谱图

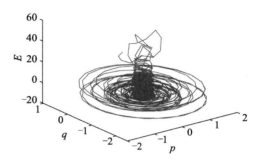

图 8.10　蔡氏方程的双周期态的能谱图

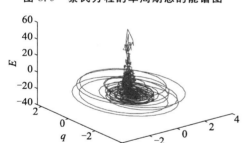

图 8.11　蔡氏方程的三周期态的能谱图

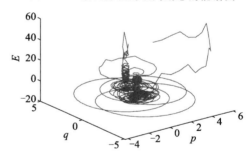

图 8.12　蔡氏方程的单涡卷态的能谱图

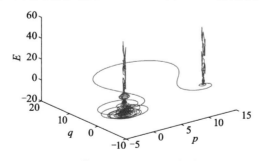

图 8.13　蔡氏方程的双涡卷态的能谱图

%% Epq 图代码(代码整理与调试:程杰硕士;原理指导:李文石博士)

```
clc
clear
global d
step=0.01;ii=1;
```

```matlab
sample_rata=1;
%d=3.14;
%%计算Chua方程
for a3=[2.7,2.95,3.04,3.11,3.45] %单、双、三周期和单、双涡卷对应的5个系数
%for a3=2.7:step:3.5 %扫参数范围
Signal_format=3;
a=floor(10000/sample_rata);
step_c=step*sample_rata;
char=1/step_c;
Chua=@(t,y)[-2.564*y(1)+10*y(2)+a3*0.5*(abs(y(1)+1)-abs(y(1)-1));y(1)-y(2)+y(3);-14.706*y(2)];
[t,S_origin]=ode45(Chua,0:0.01:(a/char),[0.1 0.1 0.1]);%得到蔡氏方程数据
z1=S_origin(:,1);z2=S_origin(:,2);z3=S_origin(:,3);
%z1=z1(5001:10000);z2=z2(5001:10000);z3=z3(5001:10000);
z1=z1(3001:7000);z2=z2(3001:7000);z3=z3(3001:7000);
%z1=rand(1,4000);z2=rand(1,4000);z3=rand(1,4000);
x=z1'+z2'+z3';
xt=x;%计算pq图
d=0.896;
%d=0.81;
N=length(xt)-5;
n=floor(N/15);
th=zeros(1,N+1);
p=th;
s=p;o=p;M=p;q=p;
for i=2:N+1
    th(i)=d+th(i-1)+xt(i);
end
for i=2:N+1
    p(i)=p(i-1)+xt(i)*cos(th(i));
end
for i=2:N+1
    s(i)=s(i-1)+xt(i)*sin(th(i));
end
xt1=xt(1:N+1);%语谱图z轴
z=fft(xt1);
z=z.*conj(z);
```

```
zz=10*log10(z);
%zz=abs(z);
figure;plot3(p,s,zz,'color','[0.19 0.5 0.08]');
%xlabel('\itp');ylabel('\itq');zlabel('\itE');
xlabel('\itp','FontSize',18,'Color','k','Fontname','Times');
ylabel('\itq'',FontSize',18,'Color','k','Fontname','Times');
zlabel('\itE','FontSize',18,'Color','k','Fontname','Times');
end
```

8.5 混沌分叉图代码

分叉现象:针对关于参数的系统,发生在稳态解(平衡点、极限环、周期轨道)的失稳处.费根鲍姆的同事 P. Stein 等定性发现了周期倍增分叉现象能进入混沌;1980 年 Pomean 和 Manneville 发现了阵发性(Intermittency)进入混沌机制;进入混沌另外还有 KAM 环面破裂(Smale 马蹄)之路和准周期之路(Ruelle 和 Takens,1971 年).

周期分叉机制:存在费根鲍姆常数.1978 年,美国物理学家 M. J. Feigenbaum 在《统计物理学杂志》上发表论文《一类非线性变换的变量的普适性》,提出了 Feigenbaum 常数.分叉图(Bifurcation Diagram):呈现了周期分叉进入(退出)混沌状态的系统动力学的特征图像细节.维度:变量—系数—系数.

寻找分叉:(0) 首先找到周期与混沌的边界(CC 率善于在混沌中捕捉周期窗口)！(1) 基于 MATLAB 仿真,从叠代映射中得到稳定的少点数成像变量分叉图;(2) 从 ode45 指令计算数据中取极大值法;(3) 一般约束法:庞截面定义为满足约束$|x|=|y|$;(4) 自动庞截面是技术期待.

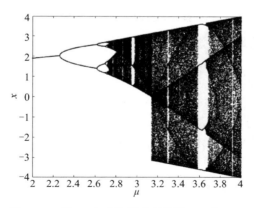

图 8.14 后 32 点成像所重现的图 8.3 左子图

正弦迭代函数的后 32 点成像的分岔图源代码(程杰硕士整理)(结果参见图 8.14):
```
clear
close all
lambda=1:5e-4:3;%原来是3:4
x=0.4*ones(1,length(lambda));
```

```
b=0.54272;
y=0.1;
N1=800;%前面的迭代点数(原来是400)
N2=200;%后面的迭代点数(原来是100)
f=zeros(N1+N2,length(lambda));
for i=1:N1+N2
x=lambda.*sin(x);%数据源
f(i,:)=x;
end
f=f(968:end,:);%取点
plot(lambda,f,'k.','MarkerSize',1)
xlabel('\it\mu');
ylabel('\itx');
```

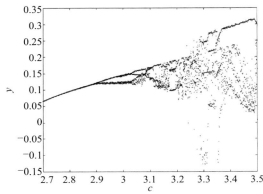

图 8.15 蔡氏方程的三分叉图解(最大值法)

Chua 方程 y 变量的最大值法分岔图源代码(程杰硕士整理)(结果参见图 8.15):

```
clear all
for c=2.7:0.001:3.5
Chua=@(t,y)[-2.564*y(1)+10*y(2)+c*0.5*(abs(y(1)+1)-abs(y(1)-1));y(1)-y(2)+y(3);-14.706*y(2)];
[t,f]=ode45(Chua,0:0.01:20,[0.1 0.1 0.1]);
y=f(:,2);
a1=length(y);%取极大值
j=1;
for i=(a1-1)/2:a1
b1=(y(i,1)-y(i-2,1))/2;
c1=(y(i,1)+y(i-2,1))/2-y(i-1,1);
if y(i-2,1)<=y(i-1,1)&y(i-1,1)>=y(i,1)&c1==0
    Xmax(j)=y(i-1,1);
j=j+1;
```

```
    elseif y(i-2,1)<=y(i-1,1)&y(i-1,1)>=y(i,1)
        Xmax(j)=y(i-1,1)-b1^2/(4*c1);
j=j+1;
end
end
plot(c,Xmax,'k.','markersize',1)
hold on
clear Xmax
end
xlabel('\itc');
ylabel('\ity');
```

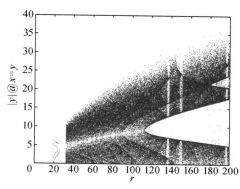

图 8.16 洛伦兹方程的庞截面法分岔图

Lorenz 方程 y 变量的庞截面法分岔图源代码（程杰硕士整理）（结果参见图 8.16）：

```
clear all
tic;
Z=[];
for r=linspace(1,200,500);
%舍弃前面迭带的结果，用后面的结果画图
[T,Y]=ode45('Lorenz',[0,1],[1;1;1;16;r;4]);
[T,Y]=ode45('Lorenz',[0,50],Y(length(Y),:));
%[T,Y]=ode45(@(t,y)chua(t,y,2.7),0:0.01:100,[0.1 0.1 0.1]);
Y(:,1)=2*Y(:,2)-Y(:,1);
%对计算结果进行判断，如果点满足|x|=|y|，则取点
for k=2:length(Y)
f=k-1;
  if Y(k,1)<0
    if Y(f,1)>0
      y=Y(k,2)-Y(k,1)*(Y(f,2)-Y(k,2))/(Y(f,1)-Y(k,1));
      Z=[Z r+abs(y)*i];
```

```
        end
      else
  if Y(f,1)<0
  y=Y(k,2)-Y(k,1)*(Y(f,2)-Y(k,2))/(Y(f,1)-Y(k,1));
  Z=[Z r+abs(y)*i];
  end
      end
    end
  end
end
toc;
plot(Z,'.','markersize',1)
xlabel('\itr'),ylabel('\it|y| @ x=y');

function dy=Lorenz(t,y)
% Lorenz 系统
dy=zeros(6,1);
dy(1)=-y(4)*(y(1)-y(2));
dy(2)=y(1)*(y(5)-y(3))-y(2);
dy(3)=y(1)*y(2)-y(6)*y(3);
dy(4)=0;
dy(5)=0;
dy(6)=0;
end
```

8.6 谱熵复杂度代码

谱熵复杂度(Spectral Entropy Complexity)是基于 FFT 计算的功率谱熵归一化结果,特点是无需选参,计算快,仅要求序列非平稳,建议作为时域信号复杂性度量的候选金标准.

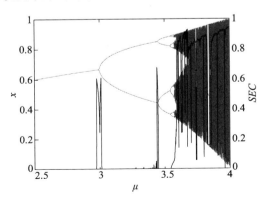

图 8.17 Logistic 映射的 SEC 和分岔图

```matlab
%在同一张图中绘制 Logistic 映射的 SEC 和分岔图(程杰硕士计算,结果参见图 8.17)
    clear;clc;
    ii=1;step=0.001;
    Number_begin=1001;
    Number_end=6000;sample_rata=1;
    for noise_level=0
        Signal_noise=2*random('Normal',0,1,1,Number_end-Number_begin
            +1)-1;
        Signal_noise=wgn(1,5000,60);
        Signal_noise=normalize(Signal_noise,'range');
        tic;
        for a3=2.5:step:4.0
          S_origin=zeros(1,Number_end);S_origin(1)=0.01;Signal_format=1;
            for i=2:(Number_end)
                S_origin(i)=a3*S_origin(i-1)*(1-S_origin(i-1));%逻辑斯
                    蒂表达式
              end
            x=S_origin;
            x=x(Number_begin:Number_end);
            x=x+noise_level*Signal_noise;
            SE(ii)=SEshannon(x);
            ii=ii+1;
        end
    end
toc;
mu=2.5:0.001:4;%做分叉图        %控制参数的取值范围与步长
xx=0.4*ones(1,length(mu));      %自变量的初始值
N1=400;                          %先迭代 N1 次,充分迭代,排除初始值的
                                    干扰
N2=10;                           %将最后一次的函数值作为初始值继续进
                                    行迭代 N2 次并将结果作图
f=zeros(N1+N2,length(mu));      %存储迭代的函数值
for i=1:N1+N2
    xx=mu.*xx.*(1-xx);           %Logistic 映射
    f(i,:)=xx;
end
g=f(N1+1:end,:);
u=2.5:step:4.0;
figure;
```

```
[H,Ha,Hb]=plotyy(u,g,u,SE);
d1=get(H(1),'ylabel');
set(d1,'string','\itx');
d2=get(H(2),'ylabel');
set(d2,'string','\itSEC');
set(Ha,'color','r');
set(Hb,'color','k','LineWidth',1);
xlabel('\it\mu');

function SE=SEshannon(x)          %SEC 代码
N=length(x);
flag=0;
x=x-mean(x);
for i=1:N
    if x(i)~=0
        flag=1;
    end
end
if flag==0
    SE=0;
    return;
end
Y=fft(x);
Xk=(abs(Y).^2)./N;
Xk=Xk(1:(floor(N/2)));
ptot=sum(Xk);
Pk=Xk./ptot;
P=0;
for i=1:N/2
    if Pk(i)~=0
        P=P-Pk(i)*log(Pk(i));
    end
end
se2=sum(P);
SE=se2/log(N/2);
end
```

8.7 自动 LZ 复杂度代码

LZC 算法思想:定义颗粒度;计算信息新速率.

自动 LZC 算法要点:采用 0.618 倍的信号均值作为颗粒度二值化阈值(典型结果参见图 8.18).

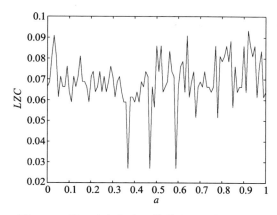

图 8.18 统一方程扫参 a 的黄金分割阈值 LZC

```
%统一方程扫参 a 的黄金分割阈值 LZC 源代码(程杰硕士整理)
    clear all; close all;
    ii=1;step=0.01;
    Number_begin=1001;
    Number_end=5000;sample_rata=1;
    tic;
    for a=0:0.01:1      %统一方程
        tf=100;x0=[0.1 0.1 0.1];sigma=10;
        f=@(t,x)[(25*a+sigma)*(x(2)-x(1));(28-35*a)*x(1)-x(1)*
            x(3)+(29*a-1)*x(2);x(1)*x(2)-(8+a)/3*x(3)];
        options=odeset('RelTol',1e-6,'AbsTol',1e-6);
        [t,S_origin]=ode45(f,0:step:tf,x0,options);
        x=S_origin(3001:8000,1);
        x_max=max(x);  %归一化
        x=x/x_max;
        y=x;
        % LZC
        ylen=length(y);
        % yav=0.5;
        % yav=mean(y);
        yav=0.618;
        for i=1:ylen
```

```
            if (y(i)>yav)
                y(i)=1;
            else
                y(i)=0;
            end
        end
        %now get the Lempel-Ziv complexity of the 0-1 series
        cm=1;
        i=1;
        while (i<ylen)
            j=i+1;
            while (j<=ylen)
                temp1=y(i+1:j);
                k=1;
                esign=0;
                while(k<=i)
                    temp2=y(k:k+j-i-1);
                    if (temp2==temp1)
                        k=i+1;
                        j=j+1;
                        esign=1;
                    else
                        k=k+1;
                    end
                end
                if (j>ylen)
                    i=ylen;
                end
                if (esign==0)
                    cm=cm+1;
                    i=j;
                    j=ylen+1;
                end
            end
        end
        lzc(ii)=cm/(ylen/log2(ylen));
        ii=ii+1;
    end
    toc;
```

```
U=[0:0.01:1];
plot(U,lzc);
xlabel('\ita');
ylabel('\itLZC');
```

8.8 自动 pq 图代码

基于自动确定参数 $c(c=1-SEC)$ 的 0-1 混沌测试算法(结果参见图 8.19 到图 8.24)：

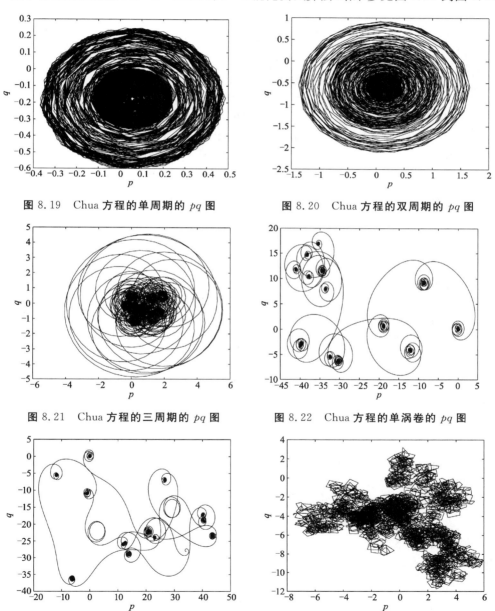

图 8.19　Chua 方程的单周期的 pq 图

图 8.20　Chua 方程的双周期的 pq 图

图 8.21　Chua 方程的三周期的 pq 图

图 8.22　Chua 方程的单涡卷的 pq 图

图 8.23　Chua 方程的双涡卷的 pq 图

图 8.24　高斯随机数的 pq 图

```matlab
%代码例程(程杰硕士整理代码)
clc
clear
global c
step=0.01;ii=1;
sample_rata=1;
tic;
for a3=[2.7,2.95,3.04,3.11,3.45] %单、双、三周期、单涡卷、双涡卷的五个代表系数
%for a3=2.7:step:3.5 %扫参数范围
a=floor(10000/sample_rata);
step_c=step*sample_rata;
char=1/step_c;
Chua=@(t,y)[-2.564*y(1)+10*y(2)+a3*0.5*(abs(y(1)+1)-abs(y(1)-1));y(1)-y(2)+y(3);-14.706*y(2)];
[t,S_origin]=ode45(Chua,0:0.01:(a/char),[0.1 0.1 0.1]);
z1=S_origin(:,1);z2=S_origin(:,2);z3=S_origin(:,3);
%z1=z1(5001:10000);z2=z2(5001:10000);z3=z3(5001:10000);
z1=z1(3001:8000);z2=z2(3001:8000);z3=z3(3001:8000);
x=z1'+z2'+z3';
xt=x;
%xt=rand(5000);%随机数
[x,~]=mapminmax(x,0,1); %%归一化
c=1-SEshannon(x);%此处调用SEshannon模快
%c=abs(1.45-pii(z1;z2;z3));
%c=0;
N=length(xt)-5;
n=floor(N/15);
th=zeros(1,N+1);
p=th;
s=p;o=p;M=p;q=p;
for i=2:N+1
    th(i)=c+th(i-1)+xt(i);
end
for i=2:N+1
    p(i)=p(i-1)+xt(i)*cos(th(i));
end
for i=2:N+1
    s(i)=s(i-1)+xt(i)*sin(th(i));
```

```
end
figure;plot(p,s)
xlabel('\itp');ylabel('\itq');
end
toc;
```

8.9 自动 Pi 测试代码

代码思想：三维的随机数蒙特卡罗 Pi 计算的混沌信号激励版(结果参见图 8.25).

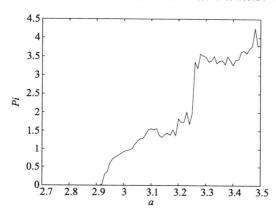

图 8.25 Chua 方程扫参 a 的 Pi 测试

蔡氏方程的 Pi 测试例程(程杰和陈力硕士提供)：

```
clear all; close all;
ii=1;step=0.01;
Number_begin=3001;
Number_end=8000;sample_rata=1;
tic;
%染噪
for noise_level=0
Signal_noise=2*random('Normal',0,1,1,Number_end-Number_begin+1)
    -1;%正态随机数
Signal_noise=wgn(1,5000,60);
Signal_noise=normalize(Signal_noise,'range');
%Chua
for a3=2.7:0.01:3.5
a=floor(1000/sample_rata);
d=floor(10000/sample_rata);
step_c=step*sample_rata;
char=1/step_c;
```

```
[t,Y]=ode45(@(t,y)chua(t,y,a3),0:step_c:(d/char),[0.1 0.1 0.1]);
x111=Y(:,1)';
% input
x=Y(Number_begin:Number_end,1);
y=Y(Number_begin:Number_end,2);
z=Y(Number_begin:Number_end,3);
%归一化
x_max=max(x);x=x/x_max;
y_max=max(y);y=y/y_max;
z_max=max(z);z=z/z_max;
pai(ii)=pii(x,y,z);
ii=ii+1;
end
end
toc;
U=[2.7:step:3.5];
plot(U,pai);
xlabel('\ita');ylabel('\itPi');

function pii=pii(x,y,p)
m=5;
n=length(x);
z=zeros(1,m);
date=zeros(n,m);
t=[0:0.01:length(x)/100];
    k=0;
    for i=1:n
        if x(i)^2+y(i)^2+p(i)^2<=1
            k=k+1;
        end
        date(i,1)=6*(k/i);
    end
    pii=date(n,1);
end
```

8.10 自动庞截面代码

算法思想:相图吸引子锁定,截点近距离融合(自动庞截面参见图 8.26 和图 8.27)。

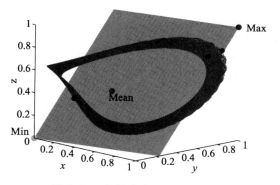

图 8.26 超混沌方程的准周期态

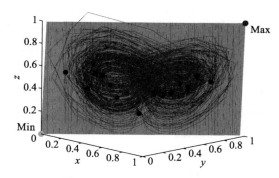

图 8.27 超混沌方程的混沌态

自动庞截面的代码例程（程杰硕士编写）：

```
close all;clear all;
step=0.01;ii=1;i1=0;
flagCc=1;flag3S=1;flagRun=0;sample_rata=1;
% noise_s=raylrnd(2,[10000,3]);      %unidrnd(5,[20000,3]);
cnt=1;
timesd=500;
% tic;
pa=rand(timesd,1);pb=rand(timesd,1);pc=rand(timesd,1);pd=rand(timesd,1);
for noise_lever=0%添加的噪声百分比
sigma=10;beta=8/3;rho=28;tf=150;
%超混沌系统
x0=[0.1 0.1 0.1,0.1];
for c=[16.1,580] %超混沌系统
f=@(t,x)[50*(x(2)-x(1))+x(2)*x(3);100*x(1)-x(2)-x(1)*x(3)
    +x(4);5*x(1)*x(2)-5*x(3);-c*x(2)+0.5*x(1)*x(2)];
options=odeset('RelTol',1e-6,'AbsTol',1e-6);
[t,sol1]=ode45(f,0:0.01:tf,x0,options);
S_origin=sol1;
S_x=S_origin(3001:8000,1);
S_y=S_origin(3001:8000,2);
S_z=S_origin(3001:8000,3);
ii=ii+1;
%end
tic;
S_x=S_x';S_y=S_y';S_z=S_z';
%归一化,画相图
S_x=mapminmax(S_x,0,1);[S_y,~]=mapminmax(S_y,0,1);[S_z,~]=
```

```matlab
    mapminmax(S_z,0,1);
S_origin1(1,:)=S_x;S_origin1(2,:)=S_y;S_origin1(3,:)=S_z;
figure;plot3(S_x,S_y,S_z);title('相图');xlabel('x');ylabel('y');zlabel('z');
chang=max([abs(min(S_x)),abs(max(S_x)),abs(min(S_y)),abs(max(S_y)),abs(min(S_z)),abs(max(S_z))]);
hold on
%数字特征
mx=mode(S_x);my=mode(S_y);mz=mode(S_z);
ex=mean(S_x);ey=mean(S_y);ez=mean(S_z);
dx=max(S_x);dy=max(S_y);dz=max(S_z);
nx=min(S_x);ny=min(S_y);nz=min(S_z);
p1=[mx,my,mz];
p2=[ex,ey,ez];
p3=[dx,dy,dz];
p4=[nx,ny,nz];
%求庞截面1
symsxx yy zz
q=[ones(4,1),[[xx,yy,zz];p1;p2;p3]];
d=det(q);
Z=solve(d,zz);%Z1=solve(d,xx);Z2=solve(d,zz);
figure;fmesh(Z,'FaceColor','b','EdgeColor','none');title('庞截面1');xlabel('x'); ylabel('y');zlabel('z');
alpha(.3);hold on;%fmesh(Z1);hold on;fmesh(Z2);
shadinginterp;
hold on

%求截面1的截点
n=1;%nn=1;
xishu0=coeffs(d);
for i=1:3:5000
    pp=xishu0(3)*S_origin1(1,i)+xishu0(2)*S_origin1(2,i)+xishu0(1)*S_origin1(3,i);
    pp=double(pp);
        if abs(pp)<=0.618*10e-4
%           if abs(pp)<=0.5*10e-4
%               pp1(n,1:3)=S_origin(i,1:3);
            pp1(1:3,n)=S_origin1(1:3,i);
            jiaodiao(n)=i;n=n+1;
%           else nn=nn+1;
```

```matlab
        end
    end
%nnn=001-nn+1;
toc;
ppp1=pp1(1,:);ppp2=pp1(2,:);ppp3=pp1(3,:);
dianshu=0;
%可视化点
pp2=pp1;
for i=1:1:length(pp2)-1
    for j=1:1:length(pp2)-i
        diancha(:,1)=((pp2(:,i)-pp2(:,i+j)));
        if(abs(diancha(1,1))+abs(diancha(2,1))+abs(diancha(2,1)))<10e-2
            pp2(:,i+j)=pp2(:,i);
            dianshu=dianshu+1;
        end
    end
end
scatter3(pp2(1,:),pp2(2,:),pp2(3,:),60,'k');
geshu=length(unique(pp2(1,:)))
geshu2=length(unique(pp1(1,:)))
figure;
 xlabel('x','FontSize',12,'FontWeight','bold','Color','k','Fontname','Times');
 ylabel('y','FontSize',12,'FontWeight','bold','Color','k','Fontname','Times');
 zlabel('z','FontSize',12,'FontWeight','bold','Color','k','Fontname','Times');
hold on;fmesh(Z,'FaceColor','g','EdgeColor','none');alpha(.6);
hold on;
scatter3(mx,my,mz,90,'g','filled');text(mx-0.03,my,mz-0.06,'Min','Color','k','FontSize',14,'Fontname','Times');hold on;
scatter3(ex,ey,ez,90,'r','filled');text(ex+0.04,ey-0.09,ez-0.04,'Mean','Color','k','FontSize',14,'Fontname','Times');
scatter3(dx,dy,dz,90,'b','filled');text(dx-0.03,dy,dz-0.06,'Max','Color','k','FontSize',14,'Fontname','Times');
hold on;
plot3(S_x,S_y,S_z,'r');
axis([0 chang 0 chang 0 chang]);
%view(12,38);
```

```
view(45,15);
figure;hold on;fmesh(Z,'FaceColor','b','EdgeColor','none');alpha(0.6);
xlabel('\itx','FontSize',20,'Color','k','Fontname','Times');
ylabel('\ity','FontSize',20,'Color','k','Fontname','Times');
zlabel('\itz','FontSize',20,'Color','k','Fontname','Times');
%zlabel('\itw','FontSize',20,'FontWeight','bold','Color','k','Fontname','Times');
scatter3(mx,my,mz,90,'g','filled');hold on;scatter3(ex,ey,ez,90,'r','filled');scatter3(dx,dy,dz,90,'b','filled');
% text(mx-0.03,my,mz-0.06,'Min','Color','k','FontSize',14,'Fontname','Times');
% text(ex-0.03,ey,ez-0.06,'Mean','Color','k','FontSize',14,'Fontname','Times');
%text(dx-0.03,dy,dz-0.06,'Max','Color','k','FontSize',14,'Fontname','Times');
hold on;plot3(S_x,S_y,S_z,'r');
%   scatter3(ppp1,ppp2,ppp3,60,'k','filled');
%   scatter3(pp1(1,:),pp1(2,:),pp1(3,:),60,'k','filled');
scatter3(pp2(1,:),pp2(2,:),pp2(3,:),60,'k','filled');
shadinginterp;
axis([0 chang 0 chang 0 chang]);
view(45,15);
    end
end
```

8.11 自动弹簧测试代码

算法思想:3S 图基于双曲正切映射获得压缩熵;CC 率基于弹簧自相似性度量.

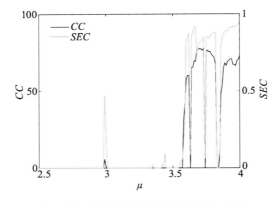

图 8.28 逻辑斯蒂方程的 CC 率和 SEC

例程如下(蔡金伟硕士合作提供):

```
close all; clear all;
step=0.01;ii=1;iii=1;i1=0;
flagCc=  1    ;flag3S=  1 ;flagRun=0   ;
% noise_s=   raylrnd(2,[10000,3]);    %unidrnd(5,[20000,3]);
tic;
timesd=500;
pa=rand(timesd,1);pb=rand(timesd,1);pc=rand(timesd,1);pd=rand(timesd,1);
for Gama_parameter=0.02              %[0.00000000001 0.02]
for Threshold=0.618                  %[0.5 0.618 0.7]
for runspro=0.1
for a3=2.5:step:4
for a33=10
for noise_lever=0%添加的噪声百分比
for Number_end=3000                  %:3000:8000
for Number_begin=2001
Signal_noise=2*rand(Number_end*4,1)-1;%;  randn(Number_end*4,1)
sample_rata=1;
% logistic
S_origin=zeros(1,3*Number_end);S_origin(1)=0.01;  Signal_format=1;
    for i=2:(3*Number_end)
      S_origin(i)=a3*S_origin(i-1)*(1-S_origin(i-1));
                                     %逻辑斯蒂表达式
end
x=S_origin;
[x,~]=mapminmax(x,0,1);
SE(ii)=SEshannon(x(2001:5000));
[S_x,S_y,S_z]=One_diver_three(Signal_format,S_origin,Signal_noise,
    Number_begin,Number_end,noise_lever);%一维转换成三维
if(flagCc)
[S_x,~]=mapminmax(S_x,0,1);[S_y,~]=mapminmax(S_y,0,1);[S_z,
    ~]=mapminmax(S_z,0,1);%归一化为0-1之间
[CC(ii,iii),CC_DIR(ii,iii),AAPI(ii,iii),sx,sy,sz,oo_1,e_1]=Spring_Test(S
    _x,S_y,S_z,Threshold,Gama_parameter);%CC表示为CC率,Sx,Sy,Sz表
    示3s处理后的三个矩阵
end
iii=iii+1;
end
```

```
            end
          end
    end
    ii=ii+1;iii=1;
    end
  end
 end
end
toc;
%出CC表征图
U=[2.5:0.01:4];
figure;
[H,Ha,Hb]=plotyy(U,CC,U,SE);legend('CC','SEC');
d1=get(H(1),'ylabel');
set(d1,'string','\itCC');
d2=get(H(2),'ylabel');
set(d2,'string','\itSEC');
set(Ha,'color','b');
set(Hb,'color','r');
xlabel('\it\mu');

function [CC,CC_DIR,AAPI,sx,sy,sz,ooo,error_zong]=Spring_Test(xf,
   xg,xh,Threshold,Gama_parameter)
% [sx,sy,sz]=Spring_threshold(xf,xg,xh,Threshold)
c_0_1=0;API=0;
nmax1=max(xf);nmin1=min(xf);nmean1=mean(xf);      %最大最小平均值
nmax2=max(xg);nmin2=min(xg);nmean2=mean(xg);      %最大最小平均值
nmax3=max(xh);nmin3=min(xh);nmean3=mean(xh);      %最大最小平均值
N=length(xf);    sx=zeros(N,1); sy=zeros(N,1); sz=zeros(N,1);
                                                  %符号函数1、2
xth=zeros(N,1);yth=zeros(N,1);zth=zeros(N,1);
%   xx=ones(N,1); xy=ones(N,1);   xz=ones(N,1);
  xx=spring_threshold(xf,nmax1,nmean1,nmin1,Threshold);
     xy=spring_threshold(xg,nmax2,nmean2,nmin2,Threshold);
      xz=spring_threshold(xh,nmax3,nmean3,nmin3,Threshold);
for c=c_0_1%:0.3:6
     for i=2:N
         xth(i)=c+xth(i-1)+xf(i);
     end
```

```
for i=2:N
    yth(i)=c+yth(i-1)+xg(i);
end
for i=2:N
    zth(i)=c+zth(i-1)+xh(i);
end
for i=2:N
    if    xth(i)>0
        sx(i)=sx(i-1)+xf(i)*xx(i);%%%tansig(xth(i)),(1/(1+exp(-xth(i))))
    else if xth(i)==0
        sx(i)=sx(i-1);
        else if xth(i)<0
            sx(i)=sx(i-1)-xf(i)*xx(i);
            end
        end
    end
end%(xth(i)/(1+abs(xth(i))))
    for i=2:N
    if    yth(i)>0
        sy(i)=sy(i-1)+xg(i)*xy(i);%%%tansig(xth(i)),(1/(1+exp(-xth(i))))
    else if yth(i)==0
        sy(i)=sy(i-1);
        else if yth(i)<0
            sy(i)=sy(i-1)-xg(i)*xy(i);
            end
        end
    end
end
    for i=2:N
    if    zth(i)>0
        sz(i)=sz(i-1)+xh(i)*xz(i);%%%tansig(xth(i)),(1/(1+exp(-xth(i))))
    else if zth(i)==0
        sz(i)=sz(i-1);
        else if zth(i)<0
            sz(i)=sz(i-1)-xh(i)*xz(i);
            end
```

```
                end
            end
        end
    end
oo=zeros(1,N);
for i=2:N
    oo(i)=sqrt((sx(i)-sx(i-1))^2+(sy(i)-sy(i-1))^2+(sz(i)-sz(i-1))^2);
end
[ooo,~]=mapminmax(oo,0,1);

for i=1:floor(length(ooo)/2)
    x1(i)=ooo((i-1)*2+1);
    x2(i)=ooo((i-1)*2+2);
end
for i=1:floor(length(ooo)/2)
    if x1(i)^2+x2(i)^2<=1
        API=API+1;
    end
end
AAPI=4*API/floor(length(ooo)/2);
API=0;
error_zong=zeros(1,floor((N)/2));
for i=2:floor((N)/2)  %3000/2
    Chongjian(:,:)=0; error_yanchi(:,:)=0;
    for j=1:floor((N)/i)  %floor((N)/i)行 i 列
        for k=1:i
            Chongjian(j,k)=ooo((j-1)*i+k);
        end
    end
    if (floor((N)/i))>=50
        jj=(floor((N)/i)/10);
    else
        jj=1;
    end
    for j=1:floor((N)/i-jj)
        error_meihang=0;
        for  k=1:i  %Chongjian(j-1,k)*o_parameter*oerror/(d-a+1)
            for jk=(j+1):(jj+j)
```

```
                    if Chongjian(j,k)<=(Chongjian(jk,k)+Gama_parameter*
                        Chongjian(jk,k))&&Chongjian(j,k)>=(Chongjian(jk,k)
                        -Gama_parameter*Chongjian(jk,k))
                        error_meihang=error_meihang;
                    else
                        error_meihang=error_meihang+1;
                    end
                end
            end
            error_yanchi(j)=error_meihang/(i*jj);
        end
        error_zong(i)=(sum(error_yanchi(:))/(floor((N)/i-jj)))*100;%
            (floor((d-a+1)/i)-1-jj)
end
CC_DIR_R=length(error_zong);
for i=2:floor((N)/2)
    if(error_zong(i)<2)
        CC_DIR_R=i;
        break;
    end
end
[CC,CC_DIR]=min(error_zong(2:floor((N)/2)));
CC_DIR=CC_DIR+1;
if(CC_DIR_R<CC_DIR)
    CC_DIR=CC_DIR_R;
end
end
function xx=spring_threshold(xf,nmax1,nmean1,nmin1,ccc)
N=length(xf);
xx=ones(N,1);
for i=1:N          %5 阈值
    if xf(i)<=nmax1 && xf(i)>(ccc*(nmax1-nmean1)+nmean1)
        xx(i)=1;
    else if xf(i)>nmean1 && xf(i)<=(ccc*(nmax1-nmean1)+nmean1)
        xx(i)=0.5;
    else if xf(i)==nmean1
            xx(i)=0;
    else if xf(i)<nmean1 && xf(i)>=((1-ccc)*(nmean1-nmin1)+
        nmin1)
```

```matlab
                        xx(i)=-0.5;
                    else if xf(i)<((1-ccc)*(nmean1-nmin1)+nmin1)&&xf(i)
                        >=nmin1
                            xx(i)=-1;
                        end
                    end
                end
            end
        end
end
end
function [S_x,S_y,S_z]=One_diver_three(Signal_format,S_origin,Signal_
    noise,Num_begin,Num_end,noise) %将一维数据转换为三维数据函数
t_delay=1;
offset=Num_end-Num_begin+2;
S_x=ones(1,(Num_end-Num_begin+1)); %生成全1矩阵
S_y=ones(1,(Num_end-Num_begin+1));
S_z=ones(1,(Num_end-Num_begin+1));
if Signal_format==3
    for i=1:(Num_end-Num_begin+1)
S_x(i)=S_origin(Num_begin+i-1,1)+noise*S_origin(Num_begin+i-1,
    1)*Signal_noise(i);
    end
    for i=1:(Num_end-Num_begin+1)
S_y(i)=S_origin(Num_begin+i-1,2)+noise*S_origin(Num_begin+i-1,
    2)*Signal_noise(i+offset);
    end
    for i=1:(Num_end-Num_begin+1)
S_z(i)=S_origin(Num_begin+i-1,3)+noise*S_origin(Num_begin+i-1,
    3)*Signal_noise(i+offset*2);
    end
elseif Signal_format==1
        for i=1:(Num_end-Num_begin+1) % xff(i)=x((3*i-3)*ttt+
            1500);
S_x(i)=S_origin(Num_begin+(3*i-3)*t_delay)+noise*S_origin(Num_
    begin+(3*i-3)*t_delay)*Signal_noise(i);
        end
        for i=1:(Num_end-Num_begin+1)
S_y(i)=S_origin(Num_begin+(3*i-2)*t_delay)+noise*S_origin(Num_
```

```
        begin+(3*i-2)*t_delay)*Signal_noise(i+offset);
            end
            for i=1:(Num_end-Num_begin+1)
    S_z(i)=S_origin(Num_begin+(3*i-1)*t_delay)+noise*S_origin(Num_
        begin+(3*i-1)*t_delay)*Signal_noise(i+offset*2);
            end
        end
end
function SE=SEshannon(x)
N=length(x);
flag=0;
x=x-mean(x);
for i=1:N
    if x(i)~=0
        flag=1;
    end
end
if flag==0
    SE=0;
    return;
end
Y=fft(x);
Xk=(abs(Y).^2)./N;
Xk=Xk(1:(floor(N/2)));
ptot=sum(Xk);
Pk=Xk./ptot;
P=0;
for i=1:N/2
    if Pk(i)~=0
        P=P-Pk(i)*log(Pk(i));
    end
end
se2=sum(P);
SE=se2/log(N/2);
end
```

8.12 自动时间幂率延拓代码

编程思想:时间幂率延拓获得新 pq 图;基此单轴投影获得复杂数 CN 值(参见

图 8.29 和图 8.30).

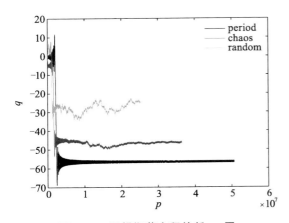

图 8.29 逻辑斯蒂方程的新 pq 图

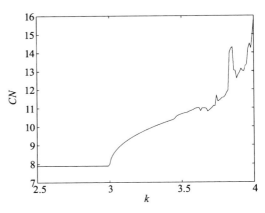

图 8.30 逻辑斯蒂方程的复杂数 CN-k 关系

例程代码(茆泽洋硕士计算):

```
clear
clc
Number_begin=1001;
Number_end=5000;
flag=1;
step=0.01;
sample_rata=1;
tf=60;num_end=6001;
tic;
for noise_level=0
Signal_noise=0;
% logistic
for a3=2.5 :step:4
S_origin=zeros(1,Number_end);S_origin(1)=0.01;   Signal_format=1;
for i=2:(Number_end)
    S_origin(i)=a3 * S_origin(i-1) * (1-S_origin(i-1));%逻辑斯蒂表
    达式
end
x=S_origin;
%随机数
if a3==4
for num_end=5000
x=rand(1,num_end);
end
end
```

％归一化
s=size(x);
if s(2)==1％如果 x 为列向量,则转置
    x=x';
end
％常规信号长度
x=x(Number_begin:Number_end);
％ Signal_noise=Signal_noise(Number_begin:Number_end);
x_max=max(x);
x=x/x_max;
x=x+noise_level * Signal_noise;
x_max2=max(x);
x_min2=min(x);
％ $p-q$ 测试更换 c 为固定值时,pq 图呈现,c 变成指数且固定时 pq
％ get the length of x
N = length(x);
％ define a vector j from 1 to the length of the time series
j=1:N;
％ generate 100 random c values in [pi/5,4pi/5],c 为随机变量,c 值的选取产生(p,q)平面
c=zeros(1,100);
％ for cc=0.618 * 2 ％0.618 * 2
for cc=1.236
for its=1:100
    c(its)=cc;％c=1.195 单周期
p=cumsum(x. * (j.^c(its)));
q=cumsum(x. * cos(j.^c(its)));
％
end
end
if (a3==2.5) || (a3==3.6) || (a3==4)
    figure(1)
plot(p,q);xlabel('\itp');ylabel('\itq');hold on;
end
％参数值变化,产生 CN 值
Cn(flag)=step * (max(p)-min(p))/N;％2 倍的数值特征就是长度 log2(N)
    放分母
flag=flag+1;
end

```
legend('period','chaos','random');
% Cn=Cn/max(Cn);%数值特征归一化
Cn=1000./Cn;
end
toc;
% plot
U=[2.5:step:4];
figure(3);
plot(U,Cn);xlabel('\itk');ylabel('\itCN');
```

8.13 自动递归分析代码

自动递归思想：任意两点的"望见"策略，采用其差分值与单数据点值的固定系数关系．

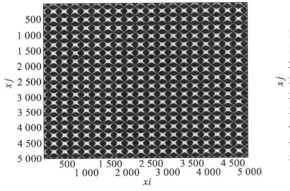

图 8.31 蔡氏方程的单周期状态的自动递归图

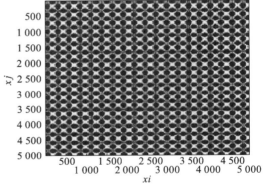

图 8.32 蔡氏方程的单周期状态的自动递归图（染 40%高斯噪声）

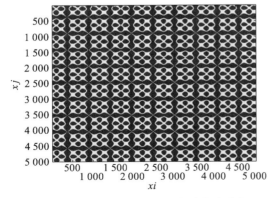

图 8.33 蔡氏方程的双周期状态的自动递归图

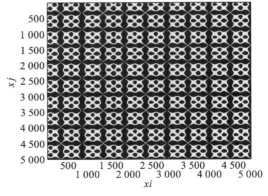

图 8.34 蔡氏方程的三周期状态的自动递归图

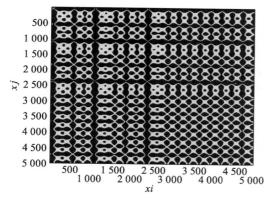
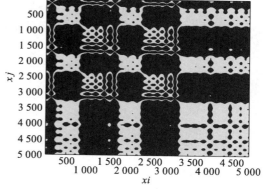

图 8.35 蔡氏方程的单涡卷状态的自动递归图　　图 8.36 蔡氏方程的双涡卷状态的自动递归图

直接输出图 8.31 到图 8.36 的自动递归图例程代码（程杰硕士编写）：

```
close all; clear all;
step=0.01;ii=1;
sample_rata=1;
tic;
% Chua
for a3=[2.7,2.95,3.04,3.11,3.45]
%   for a3=2.7:step:3.5
Signal_format=3;
a=floor(1000/sample_rata);
d=floor(10000/sample_rata);
step_c=step*sample_rata;
char=1/step_c;
Chua=@(t,y)[-2.564*y(1)+10*y(2)+a3*0.5*(abs(y(1)+1)-abs
   (y(1)-1));y(1)-y(2)+y(3);-14.706*y(2)];
[t,S_origin]=ode45(Chua,0:0.01:(d/char),[0.1 0.1 0.1]);
z1=S_origin(:,1);z2=S_origin(:,2);z3=S_origin(:,3);
% z1=z1(5001:10000);z2=z2(5001:10000);z3=z3(5001:10000);
z1=z1(4001:9000);z2=z2(1001:4000);z3=z3(1001:4000);
x=z1';
[x,~]=mapminmax(x,0,1);%数据归一化
%RPA
n=length(x);
pp=zeros(n,n);
k=1;
e=0.3;
for i=1:n
    for j=i+1:n
```

```
            if abs(x(i)-x(j))<=e*abs(x(i)) && abs(x(i)-x(j))<=e*
              abs(x(j)) %%特征图
                pp(i,j)=1;
            end
        end
end
pp=pp+pp';
% [pp,cnt]=RPp(x);
figure;imagesc(pp);xlabel('\itxi');ylabel('\itxj');
% [RR(ii),DET(ii),ENTR(ii),L(ii)]=Recu_RQA(pp,1);
ii=ii+1;
end
toc;
```

自动递归数思想:递归图对角线特征的量化(熵;均值比例等).

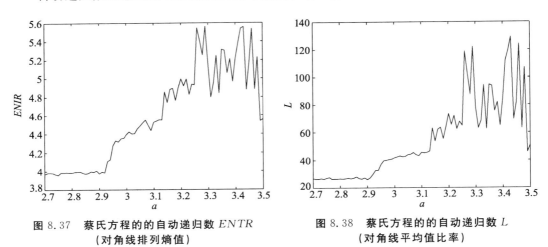

图 8.37　蔡氏方程的的自动递归数 $ENTR$ 　　　图 8.38　蔡氏方程的的自动递归数 L
　　　　　(对角线排列熵值)　　　　　　　　　　　　(对角线平均值比率)

直接输出图 8.37 到图 8.38 的自动递归数例程代码(程杰硕士整理):

```
close all; clear all;
step=0.01;ii=1;
sample_rata=1;
tic;
% Chua
% for a3=[2.7,2.95,3.04,3.11,3.45]%单、双、三周期和单、双涡卷态的 5 个
    系数
for a3=2.7:step:3.5 %扫参数范围
Signal_format=3;
a=floor(1000/sample_rata);
d=floor(10000/sample_rata);
```

```
step_c=step*sample_rata;
char=1/step_c;
Chua=@(t,y)[-2.564*y(1)+10*y(2)+a3*0.5*(abs(y(1)+1)-abs
    (y(1)-1));y(1)-y(2)+y(3);-14.706*y(2)];
[t,S_origin]=ode45(Chua,0:0.01:(d/char),[0.1 0.1 0.1]);
z1=S_origin(:,1);z2=S_origin(:,2);z3=S_origin(:,3);
%z1=z1(5001:10000);z2=z2(5001:10000);z3=z3(5001:10000);
z1=z1(4001:9000);z2=z2(1001:4000);z3=z3(1001:4000);
x=z1';
[x,~]=mapminmax(x,0,1);%数据归一化
%RPA
n=length(x);
pp=zeros(n,n);
k=1;
e=0.3;
for i=1:n
    for j=i+1:n
        if abs(x(i)-x(j))<=e*abs(x(i)) && abs(x(i)-x(j))<=e*
            abs(x(j)) %特征图
            pp(i,j)=1;
        end
    end
end
pp=pp+pp';
% figure;imagesc(pp);%递归图
%[RR(ii),DET(ii),ENTR(ii),L(ii)]=Recu_RQA(pp,1);递归数分析
RP=pp;I=1;Lmin=2;
N1=size(RP,1);%求矩阵行数
Yout=zeros(1,N1);%生成一个1*N1的矩阵
for k=2:N1
    On=1;
    while On<=N1+1-k
        if RP(On,k+On-1)==1
            A=1;off=0;
            while off==0 & On~=N1+1-k
                if RP(On+1,k+On)==1
                    A=A+1;On=On+1;
                else
                    off=1;
```

```
                    end
                end
                Yout(A)=Yout(A)+1;
            end
            On=On+1;
        end
    end
    if I==0
        S=2*Yout;
    end
    if I==1
        RP=RP';
        for k=2:N1
            On=1;
            while On<=N1+1-k
                if RP(On,k+On-1)==1
                    A=1;off=0;
                    while off==0 & On~=N1+1-k
                        if RP(On+1,k+On)==1
                            A=A+1;On=On+1;
                        else
                            off=1;
                        end
                    end
                    Yout(A)=Yout(A)+1;
                end
                On=On+1;
            end
        end
        S=Yout;
    end
    % calculate the recurrence rate (RR)
    SR=0;
    for i=1:N1
        SR=SR+i*S(i);
    end
    RR(ii)=SR/(N1*(N1-1));
    % calculate the determinism (%DET)
    if SR==0
```

```
        DET(ii)=0;
    else
        DET(ii)=(SR-sum(S(1:Lmin-1)))/SR;
    end
    % calculate the ENTR=entropy(ENTR)
    pp=S/sum(S);
    entropy=0;
    F=find(S(Lmin:end));
    l=length(F);
    if l==0
        ENTR(ii)=0;
    else
        F=F+Lmin-1;
        ENTR(ii)=-sum(pp(F).*log(pp(F)));
    end
    % calculate Averaged diagonal line length (L)
    L(ii)=(SR-sum([1:Lmin-1].*S(1:Lmin-1)))/sum(S(Lmin:end));
    ii=ii+1;
end
toc;
% Chua 的递归数[2.7,3.5]的扫参数图
U=[2.7:step:3.5];
% figure;plot(U,RR);legend('RR');xlabel('\ita');ylabel('\itRR');
figure;plot(U,L);xlabel('\ita');ylabel('\itL');
% figure;plot(U,DET);legend('DET');
figure;plot(U,ENTR);xlabel('\ita');ylabel('\itENTR');
```

8.14 本章小结

(一) 复杂学简论

中国视角:2020 年 12 月 30 日,国务院学位委员会、教育部正式发布设置"交叉学科"门类,一级学科包括"集成电路科学与工程"和"国家安全学".按照逻辑思维,该门类未来的第三个一级学科名称,可能是"复杂学".

复杂度定义:随着时间的推移准确预测系统行为的难度.(Complexity can defined as: the degree of difficulty in accurately predicting the behavior of a system over time.) (Babak Heydari,2014)

Jon Wade 和 Babak Heydari 的 2014 年文献(Complexity: Definition and Reduction Techniques Some Simple Thoughts on Complex Systems),这样总结了复杂学:

(1) 复杂(Complicatedis)来自拉丁语的共同(com)和折叠(plicare).复杂性(Com-

plexity)来自拉丁语的共同(com)和编织(plectere).

(2) 复杂性就等同于理解某事的简单性.复杂性的本质是相互依赖(The essence of complexity is interdependence).这意味着通过分解进行归约不起作用.由于互连规模和范围以及人为因素在系统中的作用增加,系统复杂性呈指数增长.拥抱复杂性需要转变,从尝试了解系统的确定性工作方式,转变为系统的随机行为方式.

(3) 系统的复杂性需要多维特征的联合表达.其中的结构复杂性度量所用的模块数量,最容易理解.四种降低复杂性的可能方法是:简化,均质化,抽象和转换.许多系统故障源于降低复杂度的方法误用.

(4) 四象限决策:(a) 针对已知,因果铁律存在,操作流程标准化,模式为传感—分类—响应;(b) 针对可知,因果时空分离,分析简化,场景规划,系统思维,操作流程标准化,模式为传感—分析—响应;(c) 针对混沌,没有因果关系,分析简化,场景规划,混沌控制,提供度量工具,模式为行动—传感—响应;(d) 针对复杂,因果关系可追溯但不重复,模式管理,透视滤波,复杂自适应系统,模式为探测—传感—响应.

《混沌系统的同步及在保密通信中的应用》(王兴元著,2011年)所总结的混沌美与复杂性摘要如下:

(1) 最终相邻相近的两点,最初可能是相距遥远的;

(2) 生物学家 May 认为:必须向一般学生讲授混沌,以便增强其数学直觉,使其在复杂性问题面前不至于手足无措;

(3) 混沌美:多样性、奇异性、复杂性和动态性;

(4) 混沌研究基本问题:(a) 自动判定,(b) 定量刻画,(c) 信号内涵;

(5) 混沌研究趋势包括:混沌分类,在复杂性视域下考察;

(6) 复杂性大都源自非线性,若以局部线性化来近似处理,可能是用"片面之美"表达或者掩盖了"完整之真";

(7) 实验方法判别奇异吸引子的文献出现于 1981 年.(Takens F. Detecting strange attractors in turbulence[J]. Lect. Notes in Math. ,1981(8):366—381.)

N. Rescher 在《复杂性:一种哲学概观》(吴彤译,2007年)中总结了复杂性原理:

(1) 复杂系统的指数增长率:只要 $\Delta F(t) \approx F(t)$,就会发生!因有 $\Delta F(t)/F(t) \approx$ 常数,所以 $\int \mathrm{d}F(t)/F(t) \approx \log F(t) = t$,结果:$F(t) \approx \mathrm{e}^t$;

(2) 复杂性度量本质:是复杂系统的认知成本的刻画;

(3) 复杂性整体论:复杂性样态结合(组分—结构—功能);

(4) 复杂性协调:秩序 VS 涌现;认知复杂性反映本体论复杂性;

(5) 复杂性增强:复杂系统—因内部操作—促进秩序—致复杂性发展;

(6) 无限的复杂性:自然的复杂性是无限的;

(7) 斯宾塞的发展定律:认知和实践的技巧发展趋势乃从不确定的同质性朝向更明确的异质性;

(8) 理性经济学:因存在复杂性,理性人的经济操作法则是先易后难;

(9) 认知辩证法:认知协调的不充分、不稳定和进一步复杂化;

(10) 技术的累增:自然科学与自然之间的"军备竞赛";

(11) 对数回报:认知延迟效应,回报递减规律,知识线性增长 VS 信息指数增长;

(12) 极限与局限:尽善尽美——实难(存在机械摩擦和能量噪声),尽力而为——最好(执行最小努力原理);

(13) 问题增殖:问题—答案—新问题;

(14) 科学人类中心主义:人类经验特定模式;

(15) 九头怪效应:问题增长的速度大于问题解答的速度;我们不得不与复杂性做斗争;

(16) 理性的困境:理性不完善,答案有缺点;

(17) 困惑的放大:复杂性境地不可避免,成功操作日益困难;

(18) 复杂性/风险并存:系统越复杂,预期结果出错概率越大;

(19) 具体化的窘境:普适答案难寻;

(20) 混合的幸事:因无知而不盲动,也是一种安全防护(静观其变,警惕期待)!

早在 2001 年,MIT 的劳埃德跳出统计学的藩篱,分别从动力学、热力学和信息论等方面列出了 40 余种复杂性度量方法.他提出度量一个事物或过程的复杂性的三个维度:

(1) 描述它有多困难(How hard is it to describe)?

(2) 产生它有多困难(How hard is it to create)?

(3) 其组织程度如何(What is its degree of organization)?

M. 米歇尔(Complexity:A Guided Tour,2011)认为:复杂系统的研究者在等待卡诺也需要牛顿,发明一种能抓住复杂系统的自组织、涌现行为和自适应性的起源和机制的数学语言.已知的复杂性度量方法的阿喀琉斯之踵在哪里?开启复杂学探究未来的复杂力该怎样建模呢?本章研究的主要结果是:信号复杂度自动度量的金标准,是存在的!

(二) 复杂学的自动度量规律

构造定律图解参见图 8.39.根据文献[54],设计在自然界中的发生、演变及其时间方向,可以概括为结构规律.其既解释了设计现象,也解释了所有被单独描述现象(特别的)和"最优"(最小,最大)的最终设计命运.最值得注意:结构定律解释了矛盾的最终设计陈述,例如最小熵和最大熵产生以及最小和最大流阻.

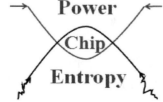

图 8.39 结构定律的芯片工程理解

类比于物理学中的波粒二象性,混沌复杂度是(秩序+内随机)之识别刻画,是(费根鲍姆常数+类随机复杂度)之组合表达.具体以百分比自动计算的 CC 率,类似于一种新测度,自动刻画了信号的压缩熵的自相异性;表现为百分计数时,可以在秩序与随机的宽广间隙范围内刻画混沌,其自然地相容内嵌了费根鲍姆常数之和(分叉距离几何收敛的本质表征),作为秩序与混沌的边界判据值.

自动度量方法学图解:蒙特卡罗计算;黄金分割;仿生非线性投影;幂率投影;量子效应(参见图8.40),强调新的数形结合表征等.

表8.2梗概了复杂性自动度量算法的耗时数据(定义:输出一张图的耗时;单位:处理相同数据串的FFT指令耗时的倍数).注释:(1)递归数的耗时为1415倍;(2)能谱复杂度代码中,参数c需要人为选择;(3)根据自动pq图代码实例的启发,同样可用SEC值锁定能谱复杂度代码中需要的参数c.

图 8.40 信号复杂性自动度量研究方法学

表8.2 复杂度自动度量算法耗时统计

算法	能谱	SEC	ALZC	Apq	APi	APS	AST	ACN	递归图
耗时	224	563	3220	209	575	24155	4589	258	1283
自动	(A)	A	A	A	A	A	A	A	A
数据	5000	5000	5000	5000	5000	5000	1000	5000	5000

本章整理、改写与特别贡献的算法代码的原理概要和技术特点总结如下.

在统计学的逻辑延长线上,出现了复杂性度量方法学.

统计量特征:统计本质基于抽样"以偏概全";计算公式表达从1次幂演进到4次幂;重视构造比例指标;Matlab指令相对简约.单独应用于表征混沌或者复杂性时,因过于简单而往往很不普适.

混沌分叉图:针对迭代式的混沌演进;后32点法;最大值法;绝对值等值庞截面法.建议重视双参数分叉图的应用.

能谱复杂度(Epq-Plot):时域信号分析;纵轴是语谱图的z轴;xy轴是0−1混沌测试的pq图.

SE复杂度(SEC):频域功率谱分布的香农熵率.基于FFT的自动计算;适用性强.

自动LZ复杂度(ALZC):颗粒度自动选择为0.618倍均值;串接传统符号动力学.

自动pq图(Apq-Plot):基于SEC值锁定0−1混沌测试需要人为选择的参数c值.因为参数c与信号最大频率值密切相关.

自动Pi测试(APi-Test):从饼图升维到球体的蒙特卡罗计算派值的混沌信号激励.

自动庞截面(APS):吸引子锁定的三点成面原理;变步长融合相图与截面的截点并且报数.方法简约,识别效果较好.

自动弹簧测试(Auto-Spring-Test):接受0−1混沌测试的解析式启发,理解应用了双曲正切逼近与压缩,结合黄金分割率,自动构建了压缩熵3S图;进而,基于相似性度量压缩域内的弹簧形变,自动得到CC率.该算法代码适用性较好,CC率自动计算代码有待精炼.

自动时间幂率延拓(New pq-Plot;ACN):重视幂率映射的相对普适性;结合黄金分割率理解,如此得到新 pq-Plot;单轴投影自动定义复杂数 CN.算法代码经济适用.

自动递归分析(Auto RPA & RQA):递归图阈值策略:任意"望见"的两点差分,小于等于望见点值;递归数分别表征对角线的排列熵值或者平均值比例.

重要贡献:正是在自动弹簧测试中,发现了费根鲍姆博士寻而未果的其常数与其他常数的关系,结果是两个费根鲍姆常数之和约等于 7,是新常数新阈值,这背后的机理乃是基于黄金率分割等延拓变换的统计不变量自动提取!

上述工作权作"复杂学的全自动度量"工具箱设计实战的入门加速工作.评价函数主要基于信噪比和采样率.

(三) 实验理念与建模原理

实验是一切知识的试金石(Touchstone)(费曼,1963 年).

自己动手,自己动脚,用自己的眼睛观察——这是我们实验工作的最高原则(巴普洛夫语).

实验在科学研究中具有重组、模拟、纯化、强化自然的作用.

实验室 5S 法则:Sort—分类;Set in Order—排序摆放;Shine—保洁至亮晶晶;Standardize—标准化;Sustain—持之以恒.

学术分工:理论物理学家:想象—推演—猜测新定律,并不做实验;实验物理学家:实验—想象—推演—猜测.

物理定律,仅仅凭借两点,一是测量容易,二是描述范围唯一(布丰,1748 年).

科学定律是对事实的最简单最经济的抽象表达(马赫数的提出者 Ernst Mach).

极简至美,过犹不及(Einstein:Make tings as simple as possible,but no simpler).

普里高津的七步研究法:

(1) 剖析旧理论,打开突破口;

(2) 提问不断提问,寻找要害;

(3) 博采广收博采,为我所用;

(4) 思考分析综合,抽象概括;

(5) 立案提出方案,严格论证;

(6) 求解切实求解,升华理论;

(7) 应用应用实际,以求验证.

系统辨识集要:

(1) 1962 年,L.A.扎德提出系统辨识概念,定义为在输入/输出基础上从一类系统中确定一个与所测系统等价的系统;

(2) 1967 年,K.J.阿斯特勒姆提出最小二乘辨识,解决了线性定常系统参数估计问题和定阶方法,证明了白噪声下线性二乘估计的一致性;

(3) 1971 年,阿斯特勒姆和 P.艾克霍夫发表系统辨识综述文章,提出著名论断:"多变量系统的本质困难是找出系统的一个适当表示形式,一旦确定了这种表示形式,辨识方法方面与单变量系统相比并没有多大困难."

系统状态估计框图参见图 8.41[54].其 200 年算法演进阶梯图解参见图 8.42[55].

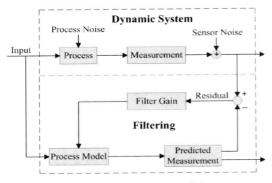

图 8.41　状态估计框图[54]　　　　图 8.42　状态估计理论的 200 年算法演进阶梯图解[55]

数学两特征:逻辑和符号.

最重要的科学方法是"分离变量法"和"对照组法".

计算方法强调:(1) 算法发明(快速算法,找到递推公式);(2) 存在性(可构造);(3) 收敛性和稳定性;(4) 计算复杂度低;(5) 应用适恰.

徐利治教授提出"关系(Relation)映射(Mapping)反演(Inversion)原则".数学抽象四步骤是:(1) 观察实例;(2) 抓住共性;(3) 提出概念;(4) 构筑系统或框架理论.

MIT 看电子学强调数学抽象(Mathematical Abstraction)(弱—强—结构—公理).认为:(1) 数的本质:替代手指脚趾的空间和能量;(2) 结构的本质:不同部分的比例;(3) 关系的本质:两个或多个指标间的相关性;(4) 分类是人类对客观世界认识的基本方法(Classify,分类;Clustering,聚类);(5) 力是物质运动状态发生变化的原因,动力学是物理学的理论核心,是物质运动预测的理论基础.

理化机制和材料关键:(1) 物理图像本质:概念的符号;公式的图示;(2) 化学的核心在于合成,从链段出发.化学的根本理论在于"结构功能关系";(3) G. M. 古德贝格和 P. 瓦格于 1867 年提出质量作用定律:基元化学反应速率与反应物浓度成正比;(4) 新材料核心技术:配方、助剂、工艺参数.

相似性原理:(1) 变量时(空)导数的相似(相似比例);(2) 相似分析视角:几何—运动—动力—材料—载荷;(3) 量纲奇次原则:等式左右的量纲相同;

相异性原理:其典型地反映在测试技巧圆图(图 8.43)之中.

预测本质是蒙特卡罗(MC)方法的实用版(詹姆斯·西蒙斯:You have to be out to be in).预测的六个基本原理:(1) 惯性原理;(2) 相关性原理;(3) 相似性原理;(4) 作用递减原理;(5) 统计性原理;(6) 反馈原理.

做科研就像写诗(吕金虎教授,2015 年).

图 8.43　电学测试技巧图解

免疫学家巴德年院士希望人生:保持形状,保持健康,保持功能.

信号计算专家汉明博士强调考察一个成功科学家的十四条准则的第一条是努力工作,第十四条是认识自己,克服缺点,保持幻想.

2021年诺贝尔物理学奖得者乔治·帕里西承认:"当物理学家使用数学时,他们使用数学的方式比较宽松.(When physicists use mathematics, they use it in a looser way.)"

8.15 思考题

1. 21世纪是复杂性的时代,为什么?
2. 复杂性的本质是内部关联,为什么?
3. 湍流的最终统计不变性是什么(What is the ultimate statistical invariances of turbulence)?
4. 神经元放电序列的编码准则是什么(What are the coding principles embedded in neuronal spike trains)?
5. 为什么费曼强调提升学术鉴赏力?
6. 逻辑是证明工具,直觉是发明工具. 如何理解?
7. 科学的全部不过就是日常思考的提炼. 您如何理解?
8. 生活中最重要的问题,绝大部分只是概率问题. 您如何理解?
9. 范式转移:数据驱动,原理驱动,组合驱动,意图驱动. 这意味着什么?
10. 知识表现(Knowledge Representation)更加重要,为什么?
11. 安全思维就是做最坏打算,尽最大努力! 您如何操作?

8.16 参考文献

[1] Alkan B, Vera D A, Ahmad M, et al. Complexity in manufacturing systems and its measures: a literature review[J]. European Journal of Industrial Engineering, 2018, 12(1): 116−150.

[2] Feigenbaum M J. Quantitative universality for a class of nonlinear transformations[J]. Journal of Statistical Physics, 1978, 19(1): 25−52.

[3] Miller G A. The magic number seven, plus or minus two: some limits on our capacity for processing information[J]. Psychological Review, 1956, 63(2): 81−97.

[4] Huo Z Q, García M M, Yu Zhang, et al. Entropy measures in machine fault diagnosis: insights and applications[J]. IEEE Transactions on Instrumentation and Measurement, 2020, 69(6): 2607−2620.

[5] Wade J, Heydari B. Complexity: definition and reduction techniques some simple thoughts on complex systems[J]. Complex Systems Design and Management, 2014, 1234(18): 213−226.

[6] Tang L, Lv H L, Yang F M, et al. Complexity testing techniques for time series data: A comprehensive literature review[J]. Chaos, Solitons and Fractals, 2015, 81(A): 117−135.

[7] Ke, Da-guan. Unifying complexity and information[J]. Scientific Reports, 2013, 3(1): 585.

[8] 尼古拉斯·雷舍尔. 复杂性——一种哲学概观[M]. 吴彤,译. 上海:上海科技教育出版社,2007.

[9] Kurths J, Schwarz U, Witt A, et al. Measures of complexity in signal analysis[J]. AIP Conference

Proceedings,1995,375(1):33—54.

[10] 段晓君,尹伊敏,顾孔静. 系统复杂性及度量[J]. 国防科技大学学报,2019,41(1):191—198.

[11] 尹柏强,王署东,何怡刚,等. 基于快速S变换时频空间模型的电磁干扰复杂度评估方法[J]. 电子与信息学报,2019,41(1):195—201.

[12] 禹思敏. 混沌系统与混沌电路:原理、设计及其在通信中的应用[M]. 西安:西安电子科技大学出版社,2011.

[13] 柏逢明. 混沌电子学[M]. 北京:科学出版社,2018.

[14] 李文石. 微纳电子学建模案例研究[M]. 苏州:苏州大学出版社,2019.

[15] Fischi J,Nilchiani R,Wade J. Dynamic complexity measures for use in complexity-based system design[J]. IEEE Systems Journal,2017,11(4):2018—2027.

[16] Alves-Conceição Rocha K S S,Silva F V N,et al. Medication regimen complexity measured by MRCI:a systematic review to identify health outcomes[J]. The Annals of Pharmacotherapy,2018,52(11):1117—1134.

[17] Ishii R,Canuet L,Aoki Y,et al. Healthy and pathological brain aging:from the perspective of oscillations,functional connectivity,and signal complexity[J]. Neuropsychobiology,2017,75(4):151—161.

[18] Rufiner H L,Torres M E,Gamero L,et al. Introducing complexity measures in nonlinear physiological signals:application to robust speech recognition[J]. Physica A,2004,332(1):496—508.

[19] Rezek I A,Roberts S J. Stochastic complexity measures for physiological signal analysis[J]. IEEE Transactions on Biomedical Engineering,1998,45(9):1186—1191.

[20] 马红光,韩崇昭. 电路中的混沌与故障诊断[M]. 北京:国防工业出版社,2006.

[21] Hoehndorf R,Queralt-Rosinach N. Data science and symbolic AI:synergies,challenges and opportunities[J]. Data Science,2017,1:1—12.

[22] 吴新星,张军平. Rademacher复杂度在统计学习理论中的研究:综述[J]. 自动化学报,2017,43(1):20—39.

[23] 梁季怡. 混沌信号处理=Chaotic Signal Processing:英文[M]. 北京:高等教育出版社,2014.

[24] 孙克辉. 混沌保密通信原理与技术[M]. 北京:清华大学出版社,2015.

[25] 于万波. 混沌的计算分析与探索[M]. 北京:清华大学出版社,2016.

[26] Schlotthauer G,Heurtier A H,Escudero J,et al. Measuring complexity of biomedical signals[J]. Complexity,2018,2018:5408254—1—3.

[27] 郭小英,李文书,钱宇华,等. 可计算图像复杂度评价方法综述[J]. 电子学报,2020,48(4):819—826.

[28] 孙克辉,贺少波,何毅,等. 混沌伪随机序列的谱熵复杂性分析[J]. 物理学报,2013(1):35—42.

[29] Wu S L,Li Y T,Li W S,et al. Chaos criteria design based on modified sign function with one or three-threshold[J]. Chinese Journal of Electronics,2019,28(2):364—369.

[30] Wu S L,Li Y T,Li W S,et al. Two entropy-based criteria design for signal complexity measures[J]. Chinese Journal of Electronics,2019,28(6):1139—1143.

[31] 张栋,陈东伟,游雅,等. 基于自适应Lempel-Ziv复杂度的情感脑电信号特征分析[J]. 计算机应用与软件,2014,31(9):162—165.

[32] 张亚涛,刘澄玉,刘海,等. 一种编码式Lempel-Ziv复杂度用于生理信号复杂度分析[J]. 生物医学工程学杂志,2016,33(6):1176—1182,1190.

[33] Martina M T,Plastinoa A,Rosso O A. Generalized statistical complexity measures:geometrical

and analytical properties[J]. Physica. Section A,2006,369(2):439—462.

[34] Cipriani P,Bari M D. Finsler geometric local indicator of chaos for single orbits in the Hénon-Heiles Hamiltonian[J]. Physical Review Letters,1998,81(25):5532—5535.

[35] Cafaro C. Works on an information geometrodynamical approach to chaos[J]. Chaos,Solitons and Fractals,2009,41(2):886—891.

[36] 孟欣,沈恩华,陈芳,等. 脑电图复杂度分析中的粗粒化问题I:过分粗粒化和三种复杂度的比较[J]. 生物物理学报,2000,16(4):701—706.

[37] Shen E H,Cai Z J,Gu F J. Mathematical foundation of a new complexity measure[J]. Applied Mathematics and Mechanics,2005,26(9):1188—1196.

[38] Djurović I,Rubežić V. Chaos detection in chaotic systems with large number of components in spectral domain[J]. Signal Processing,2008,88(9):2357—2362. éüá

[39] 蔡志杰,孙洁. 改进的C0复杂度及其应用[J]. 复旦学报(自然科学版),2008,47(6):791—796,802.

[40] 孙克辉,贺少波,朱从旭,等. 基于C0算法的混沌系统复杂度特性分析[J]. 电子学报,2013,62(9):1175—1171.

[41] 孙克辉. 混沌保密通信原理与技术[M]. 北京:清华大学出版社,2015:1—272.

[42] 叶晓林,牟俊,王智森,等. 基于SE和C0算法的连续混沌系统复杂度分析[J]. 大连工业大学学报,2018,37(1):67—72.

[43] 芮国胜,张嵩,孙文军,等. 混沌振荡系统的空时复杂度[J]. 数学的实践与认识,2011,41(18):123—129.

[44] 裴文江,杨绿溪,何振亚. 一种统计复杂性测度及在心率变异信号分析中的应用[J]. 生物物理学报,2000,16(3):562—567.

[45] 邱辰霖,程礼. 一种基于相邻数据依赖性的混沌分析方法[J]. 物理学报,2016(3):48—63.

[46] 朱胜利,甘露. 一种基于非完整二维相空间分量置换的混沌检测方法[J]. 物理学报,2016,65(7):070502—1—9.

[47] 梁涤青,陈志刚,邓小鸿. 基于小波包能量熵的混沌序列复杂度分析[J]. 电子学报,2015,43(10):1971—1977.

[48] 刘振焘,徐建平,吴敏,等. 语音情感特征提取及其降维方法综述[J]. 计算机学报,2018,41(12):2833—2851.

[49] 严波,贺少波. 分数阶统一混沌系统动力学及其复杂度分析[J]. 计算机科学,2019,46(A2):539—543.

[50] He J Y,Shang P J,Wang J. A complexity measure for heart rate signals[J]. Physica A,2019,533:122054—1—12.

[51] Li Y X,Gao L W. Reverse dispersion entropy:a new complexity measure for sensor signal[J]. Sensors,2019,19(23):5203—1—14.

[52] Lü J H,Chen G R,Cheng D Z,et al. Bridge the gap between the Lorenz system and the Chen system[J]. International Journal of Bifurcation and Chaos,2002,12(12):2917—2926.

[53] Chua L O. Local activity is the origin of complexity[J]. International Journal of Bifurcation and Chaos in Applied Seiences and Engineering,2005,15(11):3435—3456.

[54] Bejan A. Constructal law:optimization as design evolution[J]. Journal of Heat Transfer,2015,137(6):061003—1—8.

[55] Afshari H H,Gadsden S A,Habibi S. Gaussian filters for parameter and state estimation:a general review of theory and recent trends[J]. Signal Processing,2017,135:218—238.

第 9 章 微纳电子学发明

英国哲学家培根说过:读史使人明智,读诗使人灵秀,数学使人周密,科学使人深刻,伦理学使人庄重,逻辑修辞使人善辩;凡有所学,皆成性格.

创造与发明的两个层次:针对问题之可能解的随机组合;批判性评价,亦即选择.(法国数学家庞加莱《科学与方法》)

兴趣,需要的延伸.

发现,好奇心驱动,认知世界.呈现科学的概念、定律和理论.

发明,问题驱动,改造世界.提供新颖的技巧、技能和技艺.

工程,产品驱动,技术的集成与物化.工程科技是人类(物质)文明的发动机.

发明专利:新颖性(特别新鲜)、创造性(特点突出,显著进步)和实用性(制造使用,效果积极).强调三性充足.

发明理念:标新立异乃至异想天开.

发明前提:深刻理解已有技术的机制和洞察难题的症结.

发明者素质:勇,忍,钻,勤.

勉力而行:针对所构想的多种技术方案作出比较、筛选和验证.

专利审查员职责:按规则(条分缕析)审案子(阅读理解申请的技术方案).

专利审查员培训:专利法、实施细则、审查指南、检索分析等专业技能(爱因斯坦的专利审查员素养:快速抓取各种假设、推理线索).

创新信念:将发明创造"进行到底"(从专利授权到产品上市)!

发明规律:TRIZ 方法的 40 个发明原理参见表 9.1.发明问题解决理论(Theory of the Solution of Inventive Problems)是苏联人 Genrikh Altshuller 于 1940 年提出的.他审阅世界 250 万件专利之后,提炼出 40 个发明原理.由此,面对复杂问题,可以自信认为:"你可以等待 100 年获得顿悟,也可以利用这些原理用 15 分钟解决问题."

使用率排名前五的发明技巧分别是:原理 35(调参),原理 10(抢跑),原理 1(分割),原理 28(替代),原理 2(淘金).

TRIZ 方法的第 41 个原理是混沌理论(混沌控制,混沌测量).

表 9.1 TRIZ 方法:40 个发明原理

1	分割	4	非对称	7	嵌套	10	预先作用
2	抽取	5	组合合并	8	重量补偿	11	预先防范
3	局部质量	6	多用性	9	预先反作用	12	等势性

续表

13	逆向思维	20	有效作用的连续性	27	廉价替代品	34	抛弃或修复
14	曲面化	21	减少有害作用时间	28	机械系统替代	35	物理或化学参数变化
15	动态化	22	变害为利	29	气压或液压结构	36	相变
16	未达或过度作用	23	反馈	30	有形壳体或薄膜	37	热膨胀
17	维数变化	24	借助中介物	31	多孔材料	38	加速氧化
18	机械振动	25	自服务	32	改变颜色	39	惰性环境
19	周期性动作	26	复制	33	同质性	40	复合材料

实验研发：技术成熟度等级(TRL，Technology Readiness Level)参见表 9.2. 在类如《GB/T 37264—2018 新材料技术成熟度等级划分及定义》中，十分强调的关键词是：概念、原理、样机、实测、产品.

表 9.2 技术成熟度等级界定

等级	技术成熟度	阶段
1	材料设计和制备的基本概念、原理形成	实验室阶段
2	将概念、原理实施于材料和工艺控制中，并初步得到验证	
3	实验室制备工艺贯通，获得样品，主要性能通过实验室测试验证	
4	试制工艺流程贯通，获得试制品，性能通过实验室测试验证	工程化阶段
5	试制品通过模拟环境验证	
6	试制品通过使用环境验证	
7	产品通过用户测试和认定，生产线完整，形成技术规范	产业化阶段
8	产品能够稳定生产，满足质量一致性要求	
9	产品生产要素得到优化，成为货架产品	

著名企业家松下幸之助说，人是公司最好的产品. 人生就是思考加表达. 最好的工具就是思考！

SMART 方法(彼得·德鲁克，1954 年)：Specific(具体的)；Measurable(可衡量的)；Attainable(可达到的)；Relevant(相关的)；Time-bound(有时间限制的).

表达既包括做也包括写. IMRDC 科技写作语步参见表 9.3.

八股文结构与科技论文结构的对应关系(数学家徐利治教授，2008 年)：(1) 破题——标题，充分凝练；(2) 承题——摘要，点明概要；(3) 起讲——引言，提纲挈领；(4) 入手——提法，概述问题；(5) 起股——预备，准备条件；(6) 中股——过程，阐述步骤；(7) 后股——分析，阐明成果；(8) 束股——结论，总结展望.

其中，题目极为重要，根据《尔雅·释言》，题就是额，目就是眼睛；内容出新应遵从哲学家冯友兰提出的"接着讲".

关于讨论部分，建议检查：(1) 有否解释数据的备择假设？(2) 是否基于现有文献适当说明结果？(3) 是否引用了适当的参考文献？(4) 有无讨论研究局限性？

表 9.3　科研论文修辞(Move-Step)结构(叶云屏,2019 年)

章节	语步及其顺序
Introduction	1) Presenting background information 介绍研究背景(课题的重要性、学界关心的问题、解决问题的关键与难点) 2) Reviewing related research 回顾相关研究 3) Indentifying a gap 指出过去研究的不足(局限性、问题、文献缺乏等) 4) Presenting new research 介绍新研究的内容(目的、方法)
Methods	5) Describing data collection procedures 描述数据采集过程(采样标准、工具、过程) 6) Describing materials 描述实验材料(材料来源、特点、仪器设施) 7) Describing experimental procedure 描述实验过程 8) Elucidating data analysis procedures 阐明数据分析过程(参数、公式、计算)
Results and Discussion	9) Restating purpose and procedure 简要回顾研究目的与方法 10) Announcing results 宣布研究结果(总体结果、具体结果) 11) Explaining results 解释研究结果(与从前的研究结果做比较,解释原因) 12) Evaluating the results 评价研究结果(意义、优点) 13) Stating limitations 指出研究的局限性(误差、问题、不足) 14) Making recommendations for further research 提出后续研究建议
Conclusion	15) Reviewing the present study 回顾研究内容(研究目的、方法) 16) Highlighting important results 总结重要结果 17) Evaluating the present study 评价研究结果(新发现、新见解、应用价值)

　　高技术本质上是一种数学技术.数学家波利亚(George Polya,1887—1985)说:若用三个单词概括科学方法,建议是"猜测与检验".(If you want a description of scientific method in three syllables,I propose:GUESS AND TEST.)他特别强调:类比是一个伟大的引路人!

　　芯片产业是典型高投入、高回报、长周期的技术密集型产业.摩尔定律波动,工匠精神重塑,大量资金,小步快跑,中国芯片崛起,最大悬念在于时间,集成电路人责无旁贷.从大师的非凡一念,到 IC 业界的万众一"芯",具备科学家头脑的芯片工程师,始终奋斗在健康中国之路上[1-3].

　　本章内容要点:介绍耳朵生长规律,概论 SI 量子化,载流子分辨光霍尔测量技巧,液浸曝光演进,叠层成像概论,单纳米线光谱仪集要,阻抗传感的芯片实验室研发实例,最简 555 时基混沌电路,吸收大 CET 失配的柱栅演进,柔性 TFT 弯曲应力 ANSYS 计算,Wafer 运输寻心精度提高实例,ISSCC 综述演进.本章小结梗概趣例、强调研发理念、展望可预见的 IC 技术未来,扩展提示热点主题及其阅读文献.

　　本章关键词:发明、计量、测量、曝光、成像、仪器、芯片、混沌、互连、仿真、ISSCC.

9.1　耳朵生长

　　趣例:2017 年的搞笑诺贝尔解剖学奖成果是,耳朵在 30 岁后每 10 年增长约 2 毫米[4].

　　关键词:耳朵,外部,大小,成长,衰老.

问题：1993 年 7 月，英国皇家全科医师学院东南部泰晤士河学院的 19 名成员聚集在一起，考虑如何最好地鼓励同仁进行研究．主要观点包括赞成高度结构化的研究项目，因此着手实验回答如是医学问题："随着年龄增长，耳朵会变大吗？"

方法：要求参加常规外科手术咨询的 30 岁及以上患者，允许测量耳朵大小，并充分解释该项目想法．使用透明尺子测量左侧外耳长度，记录结果（单位：毫米）及患者年龄（单位：年）．将数据输入计算机，应用 Epi Info（公共卫生专业的数据库与高级统计分析软件）分析；计算回归方程，检查耳长与年龄之间关系．

结果：总共研究了 206 例患者（平均年龄 53.75 岁，范围 30 岁～93 岁；中位年龄 53 岁）．平均耳长 67.5mm（范围为 52.0mm～84.0mm）．

模型：构建线性回归方程，耳长＝55.9＋(0.22×年龄)（年龄系数的 95% 置信区间为 0.17～0.27）．单位：毫米．

图解：图 9.1 是耳长与患者年龄关系的散点图．

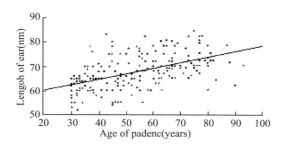

图 9.1　耳长与患者年龄关系的散点图[4]

结论：随着年龄增长，耳朵生长的统计规律是每年平均增加 0.22mm（常规芯片的管脚距离极限）．

讨论：老年人耳朵更大是事实．为什么当身体其余部分停止生长，耳朵反而变大？答案仍然成谜．

启发：在变量纯化的健康建模之路上，实有：(1)"青年学子与专家的关联"值得深思（三十而立！后浪 VS 前浪）；(2)"生产技术"的本质追求是"单纯"（曾仕强博士语）！

9.2　SI 量子化

俄国科学家门捷列夫曾说："没有计量，就没有科学."

计量是永恒的主题．计量单位制是测量体系的基石．

2018 年世界计量日（5 月 20 日）的主题确定为"国际单位制量子化演进"．

国际单位符号 SI 来自法语 Système International d'Unités．

思想：(1) 基本单位的定义要求长期稳定、易实现、易复现、易传递、易统一；(2) 1870 年，苏格兰数学物理学家 J. C. Maxwell 曾提出：如果想获得绝对恒定的长度、时间和质量标准，我们不能在行星的尺寸或运动或质量中寻找，而应利用永久的、不可改变和惊人相似的分子波长、振动周期和绝对质量；(3) SI 新定义运用"自然法则创建测量规则"，将原子和量子尺度测量与宏观测量关联起来．新 SI 更具稳定性和普适性，为各国计量领域带来机遇与挑战[5-6].

定义：从 2019 年国际计量日开始，7 个 SI 基本单位全部由常数定义（参见图 9.2）．其中，秒由铯原子基态的超精细能级跃迁频率 $\Delta\nu_{Cs}$ 定义，米（真空光速 c）、千克（普朗克常数 h）、安培（基本电荷常数 e）、开尔文（玻尔兹曼常数 k_B）、摩尔（阿伏伽德罗常数 N_A）和坎德拉（频率为 540×10^{12} Hz 的单色辐射的发光效率 K_{cd}）．

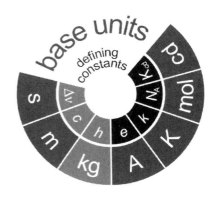

图 9.2　新 SI 基本单位及其对应的定义常数

科学技术数据委员会（CODATA, Committee on Data for Science and Technology）基础常量工作整合确定了 h、e、k、N_A 的数值[6]，这些数值被国际计量大会接受，成为新的 SI 制定义的基本数值．结合 2006 年版的《国际单位制手册》的三个常数（从实验测量值变为定义值）涉及光速、铯-133 原子在基态下的两个超精细能级之间跃迁所对应的辐射频率、频率为 540×10^{12} Hz 的单色辐射的发光效率．

SI 的 7 个定义常数及其数值开列如下：

$\Delta\nu_{Cs}=\Delta\nu(^{133}Cs)_{hfs}=9192631770 s^{-1}$

$c=299792458 m\cdot s^{-1}$

$h=6.62607015\times10^{-34} kg\cdot m^2\cdot s^{-1}$

$e=1.602176634\times10^{-19} A\cdot s$

$k_B=1.380649\times10^{-23} kg\cdot m^2\cdot K^{-1}\cdot s^{-2}$

$N_A=6.02214076\times10^{23} mol^{-1}$

$K_{cd}=683 cd\cdot sr\cdot s^3\cdot kg^{-1}\cdot m^{-2}$

解释图 9.3：

旧：温度定义方法比较孤立；新：全部量子化且温度定义与测量校验不再孤立了．

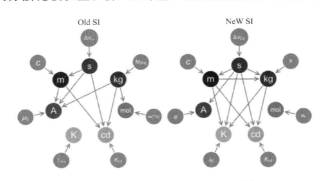

图 9.3　新、旧 SI 基本单位定义对比

特点：（1）"计量单位量子化"．通过全面采用量子计量基准，将大幅提高测量准确度和稳定性；（2）"量值传递扁平化"．重新定义将保证 SI 长期稳定性和环宇通用性，也将开启任意时刻、任意地点、任意主体根据定义复现单位量值的新计量应用大门．

QMT：图 9.4 是量子计量三角形（QMT）与欧姆定律关系图解[7]．在欧姆定律成立约束下，三种量子基准（约瑟夫森量子电压，量子霍尔电阻，单电子隧道电流）相互依存和校验,构成了量子计量三角形(Quantum Metrology Triangle,QMT))的测量方案[8].

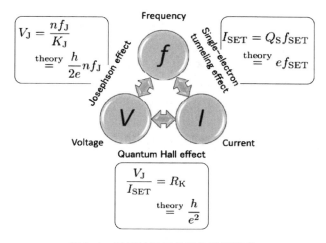

图 9.4　量子计量三角形与欧姆定律

中国:中国一直重视计量前沿基础研究,积极参与国际单位制重新定义及计量量子化的变革,涉及普朗克常数 h、玻耳兹曼常数 k_B 和阿伏加德罗常数 N_A 的精密测定研究,部分结果已被国际数据委员会(CODATA)收录[6].

小结:SI 完全利用自然界恒定不变的"常数"替代了实物原器,保障了国际单位制的长期稳定性;"定义常数"不受时空和人为因素限制,保障了国际单位制的客观通用性;新定义可在任意范围复现,保障了国际单位制的全范围准确性;新定义不受复现方法限制,保障了国际单位制的未来适用性.

预测:例如,通过嵌入芯片级量子计量基准,把最高测量准确度直接赋予制造设备并保持长期稳定,可以实现对产品制造过程的准确感知和最佳控制.

9.3　载流子分辨光霍尔测量

摘要[9]:多数载流子和少数载流子的基本参数(类型、密度和迁移率)控制着半导体器件性能,但难以同时测量两种载流子特性,尽管霍尔效应是提取多子特性的技术标准. IBM 联合韩国高科技研究院的专家给出了经典霍尔测量的新扩展(载流子分辨光霍尔技术)和新公式$[\Delta \mu_H = \mathrm{d}(\sigma^2 H)/\mathrm{d}\sigma]$(联结了两种载流子迁移率差、材料厚度、电导率和霍尔系数),能够同时获得多子和少子的迁移率和浓度,以及导出参数,例如扩散长度(L_D)、复合寿命(τ)和复合系数(k_n). 主要技巧是应用旋转平行偶极子线进行交流磁场霍尔测量. 自 1879 年首次发现霍尔效应以来,一直隐藏在霍尔测量中的新关系(半导体特征测量由 3 参数演进为 7 参数),借由光诱导和交流磁场得以揭示与表达. 该技术方便应用于光伏测量等领域.

动机:充分了解钙钛矿薄膜(Perovskites Film)的电荷输运性质将有助于阐明包含这些材料的器件工作原理,从而指导其进一步改进.

目的:测量不同光强下恒速(每分钟旋转 1 次)振荡磁场下的霍尔信号.

关键:(1) 空穴和电子的霍尔迁移率存在差异;(2) 基于平行偶极子线(Parallel Dipole Line,PDL)进行高灵敏度交流霍尔测量.

背景：1879 年美国约翰·霍普金斯大学罗兰教授的 24 岁研究生霍尔(E. H. Hall)发现了研究半导体内部导电规律的利器"霍尔效应"(直线运动电荷能被垂直于运动方向的磁场所折弯). 同年, M. 普朗克获得博士学位.

原理图解：参见图 9.5. 关键见解来自于测量电导率和霍尔系数随光强的变化(重要结果参见图 9.5c). 在电导率-霍尔系数(σ-H)曲线轨迹中所隐藏的新信息可被提取参数：两种载流子迁移率的差异(M D P Emilio,EE Times,2019.10.14).

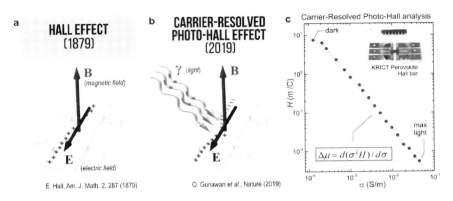

图 9.5 从霍尔效应(3 参数解析)到载流子分辨光霍尔效应(7 参数解析)
(O. Gunawan,IBM Research,2019)

不带照明的经典霍尔测量原理——对多数载流子,可获得 3 个参数：材料类型(p 或 n),由霍尔系数 H 的正、负号表示；载流子密度($n_C = r/He$)；霍尔迁移率($\mu_H = \sigma H$)(e 是电子电荷,r 是霍尔散射因子).

光霍尔传输问题的关键挑战：从多数和少数载流子中提取信息,需在给定照明水平下解决 3 个未知数：空穴和电子(漂移)迁移率(μ_P, μ_N)及其在稳态条件下相等的光载流子密度(Δn, Δp).

装置图解：图 9.6(a)是平行偶极线(PDL)磁阱系统用于完整的光霍尔实验. 图 9.6(b)示例了旋转 PDL 磁体系统产生单向和单次谐波磁场. 图 9.6(c)中,两个 p 型材料系统的理论计算结果,在增加光照下,具有相同的多子迁移率(μ_P)但少子迁移率(μ_N)不同,从而产生不同的电导率-霍尔系数(σ-H)曲线,曲线斜率包含 $\Delta\mu_H$ 信息.

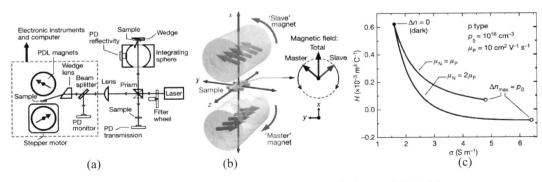

图 9.6 光霍尔实验(a)、驼峰磁场原理(b)和光致 σ-H 曲线(c)[9]

技巧 1：如图 9.6(a)—(b)所示，必须使用振荡磁场进行霍尔测量．利用锁相检测技术提取与振荡磁场相同相位的信号．

利用亥姆霍兹线圈(Helmholtz coil)施加静磁场是传统霍尔效应测量方式．霍尔系数的公式为 $H=(V_H d)/(IBz)=(V_H/I)/(Bz/d)$，联系了霍尔电压、样品厚度、电流和垂直磁场，$H$ 系数的本质是单位磁场梯度导致的材料霍尔电阻．

有别于此，基于平行偶极线磁阱系统产生交流磁场，表现出新型的场约束效应称为"驼峰效应"，发生在超过临界长度的两行横向偶极子之间．当你旋转平行偶极线磁阱系统时，产生单向的纯谐波磁场的强振荡，并且有足够的空间发光．

技巧 2：如图 9.6(c)所示，(光致)σ-H 曲线的斜率特性($dH/d\sigma$)包含两种迁移率的详细信息，因为其是光照的函数，导致使用新公式方便提取导出参数．

考虑两个具有相同多子密度(p_0)和迁移率(μ_P)但少子迁移率(μ_N)不同的 p 型系统．当以相同载流子密度 Δn_{max} 激发时，由于少子在总载流子中的作用越来越大，将产生不同的 σ-H 曲线，而即使他们从暗光场中的同一点开始，也具有导电性．

小结：(1)经典霍尔效应仅产生 3 个参数，而光霍尔测量产生 7 个参数；(2)在钙钛矿上进行的许多电迁移测量中，这是首次了解到，所有少数和多数载流子特性可通过单个实验装置，单个样品同时确定，条件是改变光强度．

价值：基于动态磁场叠加光诱导进行主动霍尔测量，在关键图解的斜率中，发现和阐释多参数特征，更好地表达了半导体基本特性，有助于刻画半导体材料或器件及其应用的新机理．

请关注量子反常霍尔效应的新器件应用．

9.4 液浸曝光

半导体关键技术是微影学(Lithography，光刻)，核心知识涉及(透射改为反射)光路构造(图 9.7 结构包括掩膜版、透镜、浸液、光刻胶和晶圆)、曝光分辨率公式 $R=k_1(\lambda/NA)$(R 半线宽，k_1 缩微因子，λ 曝光波长，NA 数值孔径)和光刻胶敏感性[10-15]．

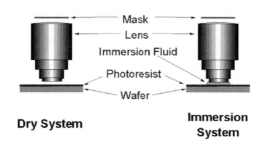

图 9.7　微影技术(左为干式；右为液浸)[11]

投影曝光的演进图解参见图 9.8(纵轴是微影半线宽分辨率，单位 nm；横轴是曝光光源波长，单位 nm)[11]．

解释图 9.8 如下：

(1) 为了持续缩微，总趋势是缩小光源波长同时增大数值孔径．

(2) 瓶颈1是若波长过短,透镜吸收系数猛增,光路设计只能由透射改为反射.

(3) 瓶颈2是若数值孔径过大,则因2次元贡献,使得曝光的焦深指标劣化过快.

(4) 液浸曝光的底层概念类似于历史悠久的油浸显微镜.液浸光刻技术由Takanashi于1984年提出(US Patent No. 4480910,1984年).林本坚博士在1987年的全面综述中也将其考虑在内.

(5) 193nm水浸曝光表现优异,关键是透过纯水折射缩微了光源真空波长($\lambda_{eff} = \lambda_0 / n_f$),将IC技术节点从45nm循着产业路线图持续降至5nm,已经持续延伸摩尔定律达到10个技术代.据IEEE数据统计,水浸微影制造了至少世界上80%的晶体管.

(6) 水浸曝光的工程化:涉及液体介质所致气泡、水印、微粒子掉入与所引起的影像缺陷或光阻液残留的状况得以基本解决.林本坚院士团队的专利技术例如:"至少一百万赫级超音波板可动接合在光学转移室,以在曝光液体中产生音波,消除曝光液体中的微气泡."

(7) 镜头每小时曝光250片晶圆,纯水之外的浸润液体主要因为黏性过大,尚难于适配193nm以下的波长.

(8) 虽然"一滴水"理论工程化成功了,但是林本坚博士认为,22nm制程之后的最佳光刻解决方案,将是多重直写式电子束(E-Beam Direct Write),而在7nm时代,台积电推出了业界期待已久的极紫外(Extreme Ultraviolet,EUV)光刻技术(到2020年7月已经制造裸片10亿颗).

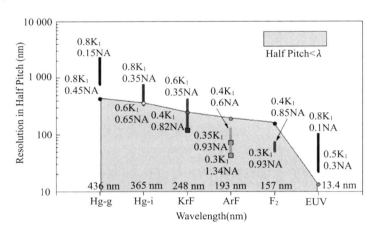

图9.8 投影曝光演进图解[11]

小结:液浸曝光的本质内涵是经典成像公式的深入理解(找出工程实现的优势变量:浸入介质的光折射率)与结构工程化实现(气泡消除;镜头亚纳米像差;焦深100nm).

观点:林本坚院士认为,兴趣、基本功、创意和好奇心缺一不可,唯有坚持诚信(Integrity)优势才能更大.

启发:发现原理,积累技术,沉淀经验."一滴水一世界,一纳米一宇宙".

扩展:先进曝光的缩微驱动,致使3D芯片日新月异.关键数据:(1) 出现了堆叠近200层的存储器(Intel分别堆叠了3个76层);(2) TSV热管理挑战来自高达200W/cm²的热流(S. Mohanram,2013年);(3) TSV铜芯CTE为17.5×10^{-6}/℃,而硅CTE是2.5×10^{-6}/℃,容易产生应力失配(K. Athikulwongse,2010年)[15].

9.5 叠层成像

叠层成像溯源

叠层成像(Ptychography)的概念和算法设想最早由 Walte Hoppe 在 1968 年至 1973 年间提出. 2004 年 Rodenburg 等率先在相干衍射成像实验中,验证与应用了叠层迭代引擎,使超短波显微突破了衍射极限[16].

相干衍射叠层成像：CDI(Coherent Diffractive Imaging)直接记录物体经光束照射后的透射场的远场衍射图样,检测设备简单,工作距离长,易于控制. 尽管衍射图样只是强度信息记录而丢失了相位信息,但可通过衍射过程建模和信号恢复计算,从衍射图样中重建相位信息,且无需类似于全息成像借助相干光干涉发生装置. CDI 重建得到物体对照明光束的相位调制函数,最终得到物体的结构像.

核心思想：(1) X 射线高穿透力的缺点是低吸收对比,而突出优点是相位灵敏. 因吸收减小乃随光子能量的 4 次方变化,而相衬反比于能量的平方. 故超短波长辐射下,大多数材料的相位变化较其吸收变化要大几个数量级；(2) 基于相位恢复迭代算法,寻找样本在重叠扫描模式下,满足多幅远场衍射强度图像约束的唯一复数解；(3) 相位恢复迭代算法最初于 1972 年由 Gerehberg 和 Saxton 提出. 利用傅里叶变换,将信号在空域和频域之间反复变换,同时加入限制条件对信号在两域中不断修正,逐步逼近并且最终得到目标信号的最优解[17-19].

成像特点：无透镜成像,从物体衍射强度像中获得完整的光波场信息(直接获取幅度；计算得到相位).

综述光学成像分辨率提高方法：梳理归类提高显微技术的分辨率方法的枝型图参见图 9.9[19]. 高分辨率成像和三维成像实现的障碍在于：(1) 高分辨率成像由于衍射极限遭遇瓶颈；(2) 三维成像因光波相位信息丢失导致识别深度信息困难；(3) 本质原因是衍射信息丢失. 如能获得范围扩展、采样密集、复振幅完整的衍射信息,则有望实现高精度成像(例如寄希望于叠层成像). 进一步的,透射电子显微镜 TEM(Transmission Electron Microscope)等关键成像技术演进的分辨率极限图解参见图 9.10.

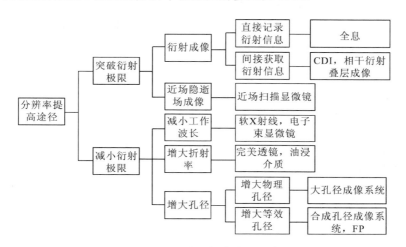

图 9.9　分辨率提高方法分类

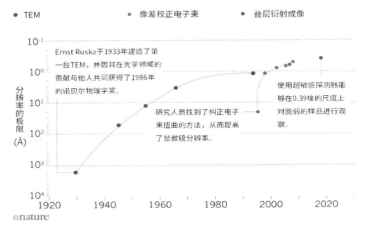

图 9.10　分辨率的提高演进

3D-IC 成像实验

纳米电子学的计量差距(Metrology Gap)涉及器件、互连以及芯片的三维结构(晶圆中的电路系统层厚度约为 $10\mu m$)成像,分辨率为 14.6nm 的 3D-IC 成像实验,报道于 2017 年的 Nature 杂志,这是 X 射线高分辨相干衍射叠层成像的重要进展[16-18].

第三代 X 射线同步加速器通过强相干辐射波振器,开发出一种混合的实空间/倒空间成像技术,称为 X 射线叠层成像.

典型数据:(1) 6keV 激励 X 射线的穿透衰减长度是 $1/e$,探测 $30\mu m$ 厚度硅材料的有效距离至少 $10\mu m$;(2) 同步加速器光束直径 7nm @ 20keV.

样品制备:为了记录完整 3D 结构断层扫描所需的所有 2D 投影,使用聚焦镓离子束切出有待环绕 X 射线环绕扫描的"微柱"样品.

成像原理:(1) 正变换.样品密度波动的测量籍自斑点图案(倒空间中),成像条件是有界光束照射样品,样品旋转和平移(在真实空间中);(2) 逆变换.通过迭代重建算法,将模式集转换为样品密度变化的完整 3D 真实空间图像.其分辨率不取决于类似扫描探针显微镜中的步长和光束直径,而是受斑点图案外缘特征的噪声水平影响,如此表达了样品密度波动的最短长度,构成了最高分辨能力的硬 X 射线鉴相技术.

典型图解 1:在图 9.11(a)—(e)中,子图(a)是被成像芯片的制备样品(微柱 SEM 像);子图(b)示意了实验装置,其中 1 是 X 线束,2 是中心锁定,3 是菲涅耳环板,4 是分选光圈,5 是检测器,6 是水平干涉仪,7 是垂直干涉仪,8 是旋转台,9 是压电扫描仪,10 是参考光上的样品"微柱";子图(c)显示了 235200 个相干衍射图样之一,曝光时间 0.1 秒;子图(d)重构了芯片结构的 2D 投影,蓝色小圆圈对应于叠层扫描点;子图(e)中的衍射图斑对应于子图(d)所示的照明区域,该结构产生直至散射波矢量 $q=0.44\text{nm}^{-1}$ 的可见散射,对应于 14.3nm 结构尺寸,曝光时间为 0.1s.

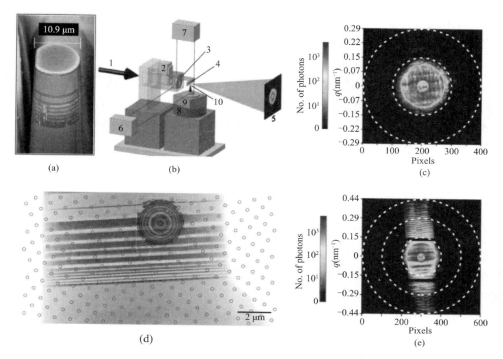

图 9.11 X 射线相干衍射叠层成像测量原理

典型图解 2：在图 9.12(a)—(d)中，子图(a)是由或非门组成的 SR 锁存器；子图(b)给出了相应的 MOS 管电路结构；子图(c)显示了相应电路版图；子图(d)是 SR 锁存器的成像结果(Segmented Rendering)，一致再现了图 9.12(a)—(c)中的输入端、输出端和电源端拓扑的 NOR 具体"体检详情"。

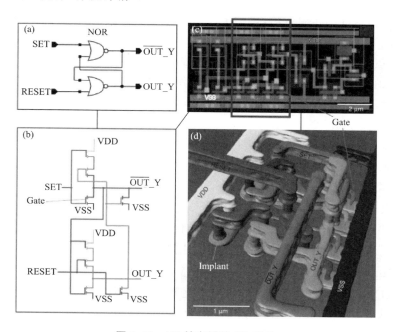

图 9.12 SR 锁存器的 3D 成像

小结:(1)叠层成像依靠求解相位问题,估计目标光波场;(2)最突出优点是不再受制于聚焦器件造成的分辨率极限;(3)加入随机相位调制板对光探针调制,可以改善由样本运动引起的重建像降质问题.

新问题:完成叠层衍射实验需 24 小时,另需 24 小时处理数据.新指标规划包括:(1)实验时间缩短千分之一;(2)空间分辨率由 14.6nm 缩减至小于 10nm.

展望:具有更高亮度、限制衍射的同步加速器和紧凑型台式光源的自由电子激光器的演进,都为高分辨率成像技术的继续发展指明了健康的未来[20].

9.6 单纳米线光谱仪

研发背景:微型光谱仪通常受到传统台式光谱仪的色散光学启发,以干涉仪或光栅为中心,采用小型化或集成光学器件.当物理尺寸最小化到亚毫米级时,受限于缩微光学元件或光路长度与复杂阵列检测与窄带滤波,设计很难实现,而新希望在于使用计算光谱重建的微型光谱仪.

发明理念:具有更高分辨率的光谱仪广受应用追捧,最小尺寸和重量实在是最重要的,呼唤新兴的原位表征技术(Situcharacterization Techniques).

前沿报道:2019 年 Science 杂志发表了杨宗银教授等贡献的论文《单纳米线光谱仪》(Single-nanowire Spectrometers).摘要:基于单纳米合金线的超紧凑型微光谱仪的设计,独立于复杂光学元件或腔体.发现入射光谱可由不同光谱响应函数和沿纳米线长度测量的光电流计算重建.该微型设备能够精确地在可见光范围内重建单色光和宽带光,可进行从厘米级焦平面到无透镜、单细胞尺度的光谱成像.

审稿评语:纳米线光谱仪是一台集合了目前世界上最先进的材料合成工艺,配上最高超的器件制作水准和实验技巧,再加上巧妙的算法而得到的惊艳之作(将原来的 15 个组件整合缩微为 1 个微米成像组件).

创新特点:应用带隙渐变的纳米线,代替传统光谱仪中的分光和探测元件,基于芯片制作工艺,在纳米线上加工出组合的光探测器阵列.针对不同颜色入射光,纳米线上的探测微元可产生不同响应.在响应函数方程组中,求解逆问题,重构所需测量的入射光光谱信息.

工艺难点:具有宽空间成分梯度的薄膜外延生长是直接实现系统工程化的关键.通过调整蒸汽源,一旦成核,纳米线生长界面就与衬底无关,这使得光谱仪的设计具有高度的通用性,检测覆盖从红外线到紫外线.

图解概要:极大简化了复杂光路的纳米线光谱仪的设计原理参见图 9.13.

图 9.13 中:子图(A)的微尺为 20 微米而子图(B)的微尺为 10 微米,纳米线基于复合梯度半导体 CdS_xSe_{1-x},紫端主要是 CdS,红端主要是 CSe,带隙从 1.74eV 扫到 2.42eV;子图(C)490nm 不同光强入射的 I-V 特性响应,而脉冲(光强 $3mWcm^{-2}$,偏置 0.5V)响应参见子图(D);(E)归一化的波谱电流响应之校准;(F)纳米线光谱仪工作原理(光电流采集和逆向模型求解);重建光谱原理图示于子图(G)到(I),其中(H)呈现的光电流积分模型,联系了波长变量、(相同的)未知光强函数和已校准的归一化光响应函数.

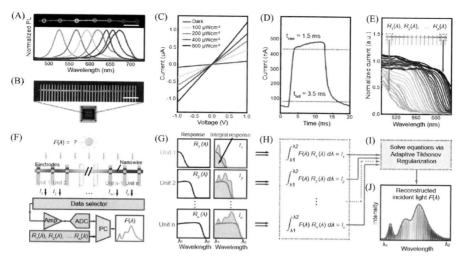

图 9.13 纳米光谱仪设计思想[21]

应用演进:该微米尺寸的光谱仪可应用于单细胞宽光谱成像、光谱监测和筛选.基于华为 P9 手机开发的宽光谱成像模块,空间分辨率小于 5nm.

文献综述:文献《光学光谱仪的小型化》(Miniaturization of Optical Spectrometers).介绍了四种光谱仪(参见图 9.14 和图 9.15),总结了该领域内的发展脉络.基于色散光学(空间分离的不同光谱成分)、窄带滤波器(时变的选择性)、傅里叶变换干涉仪(微机电 MEMS 组件;时空干涉图;逆运算)和计算光谱重建方案(微分光计;预先校准;近似或模拟;纳入人工智能 AI)的小型光谱传感系统方案在过去三十年中都已出现.

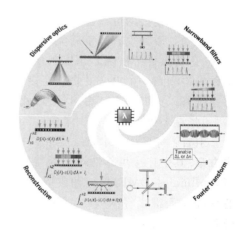

图 9.14 四种光谱仪原理图解[22]

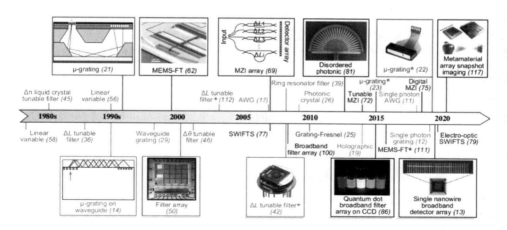

图 9.15 光谱仪设计演进[22]

光谱仪是广泛应用于工业和研究实验室的化学指纹和分析表征工具,纳米光子学概念的拓展是新趋势.杨宗银教授等专家回顾了光谱分析系统的最新发展,包括纳米光子学系统的各种制造方法和计算确定光谱的软件.这些方法力求缩微仪器体积,并在便携式光谱分析中开辟应用领域.

一句小结:超小型光谱仪演示了基于单一的合成工程的纳米结构(An ultra-compact spectrometer based on a single, compositionally-engineered nanostructure is demonstrated).

总结:(1)解决科学前沿问题,需要光电结合方案;(2)单根纳米线因为调控了带隙,可在荧光显微镜下秀出一道彩虹;(3)应用可重构光信号全光谱智能计算软件.

9.7 阻抗传感的芯片实验室

摘要[23]:互连是异构集成电子学的关键部件之一.在数字微流控系统中,微电子器件与印刷电路板电子驱动器之间通常需要数百个物理连接.很遗憾,常用的视觉检测方法无法检验此类连接的可靠性,而且连接稳定性也可能随着相关系统寿命而衰减.因此,一个能够无缝集成到现有数字微流控系统中并且提供实时多连接检测的传感平台是非常好的想法.这里报告中科院苏州医工所马汉彬研究员[24]研发的一个阻抗传感平台,可以在 2 毫秒内检测到一个单一的物理连接.一旦连接建立,同样的设置可用来确定液滴位置.传感系统可以扩展以支持更多信道,或者应用于其他需要实时多连接监控的异构集成系统(谢谢张春杰硕士合作提供本例).

引言:将多种技术路线集成到一个系统中的异构电子学被认为是一种现实的工程解决方案.其中连接可靠性对于维持任何复杂系统的寿命都至关重要.数字微流体(Digital Microfluidics,DMF)是一种典型的异质集成系统,由基于微机电系统(MEMS)的微流体芯片(DMF 器件)和基于 CMOS 的外围电子电路驱动器组成.在通过外围电路向片上电极阵列提供顺序电压信号之后,一个 DMF 芯片可以对每个离散的液滴进行复杂的操作.DMF 优点:无需预制微通道,在二维区域操纵液滴,乃通过电信号诱导的表面张力变化.DMF 主要缺点:液滴只能在电极实际所在区域的顶部控制.对于需要同时控制多个液体样品的复杂生物医学过程,需要大量电极或电极阵列.虽然引入基于薄膜电子学的有源矩阵技术可以减少连接数量,但是增加的器件制造成本使其难以广泛应用.此外,DMF 装置通常设计为一次性使用,由于生物污染效应,在生化反应后需要及时更换.因此,在每次互连操作之后,必须检查 DMF 装置和电子驱动器之间的多个连接的可靠性问题.

亮点:报告一个阻抗传感系统的 DMF 系统.首次实现了微流控器件与电子驱动器之间多重连接可靠性的实时检测.展示了方波阻抗传感单元与标准 DMF 系统的无缝集成.通过调整传感参数,还可以使用相同设置步骤来检测样品液滴位置.这是一个由柔性印刷电路板(FPC)构成的 180 个连接的系统.

图解 1:图 9.16 是基于阻抗传感单元的数字微流控平台.其中:(a)常规 DMF 系统图,传感单元被添加在装置的顶部电极和 MCU 之间;(b)双板 DMF 器件的剖面图;(c)具有样品液滴和介质的 DMF 器件的等效阻抗模型(忽略了薄疏水层电容);(d)不同 DUT 的阻抗测量设置;(e)阻抗测量结果.

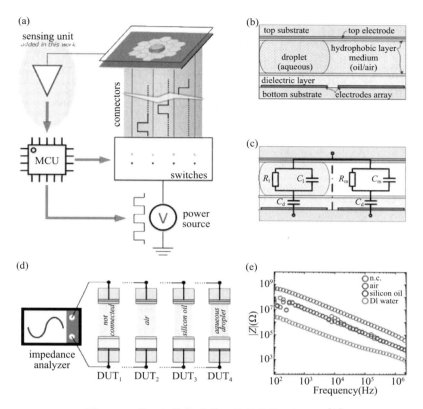

图 9.16　基于阻抗传感单元的数字微流控平台[23]

双板 DMF 器件结构最常用于生化反应.顶板有一个接地的公共电极,为水滴和周围介质提供零电位;底板承载电极阵列,电子驱动器至少由电源、开关单元和微控制器三部分组成.MCU 控制开关按序供电,而开关输出保持与底板上每个单独电极相连.

从底部电极到顶部电极是两终端被测器件(Device under Test,DUT).进行 4 组阻抗谱测量,如图 9.16(d)所示.当电极连接打开时,将分析仪测试探针保持未连接状态,以模拟 DUT1 阻抗.然后连接探头,测量空气介质中的 DUT2、硅油介质中的 DUT3 和水滴中的 DUT4.四个 DUT 的阻抗测量值线性地减少伴随着刺激频率增加.由于水溶液的相对介电常数较大(约为 8020),因此水滴显示的阻抗值最小;空气和硅油的阻抗测量值几乎相同,因为硅油的相对介电常数约为 221,这与空气非常接近;对于 DUT1,将阻抗分析仪连接至开路,测量阻抗指示了阻抗分析仪的检测极限.综上,阻抗传感系统具有足够裕度来识别通道状态,即未连接、与介质连接或者与水滴连接.

传感单元的软硬件设计主要基于 STM32 开发板.驱动系统能够控制 180 个通道,直流电压输出或方波高达 200kHz.电压输出范围为 60V~300V.

图解 2:图 9.17 是传感架构(Sensing Architecture).其中:(a)传感单元简图;(b)硬件设置与软件算法流程图;(c)电压信号 DC 读出结果(去离子水、硅油、开路状态);(d)三分类的抽取数值柱状图(t_1 时刻和 t_2 时刻).

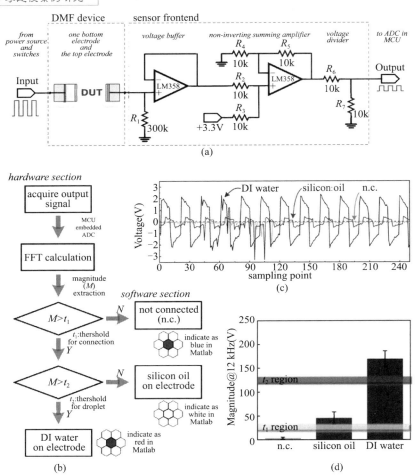

图 9.17 传感架构(Sensing Architecture)[23]

传感器前端电路由电压缓冲器、同相求和放大器和一个分压器组成.电压缓冲器为感测信号提供足够驱动,与 DUT 等效电容形成一个 RC 微分器.分压器与 ADC 相连,ADC 嵌入 MCU 中.

传感单元流程图包括硬件和软件.基于 FFT 提取输出信号幅值.图 9.17(c)显示了具体在 180V 10kHz 刺激下,DUT1(未连接)、DUT2(硅油介质连接)、DUT3(离子水滴连接)的传感输出波形.与预期特征效应相同:DUT 输出幅度较低,则表明测量阻抗很高.使用 STM32H7 和 200kHz 采样率的嵌入式 ADC.FFT 计算所收集的 256 个采样点,一个通道检测总时间小于 2ms.刺激频率使用 12kHz 作为幅度标准.如果特征 M 大于预设阈值(t_1),则被测信道在驱动器和 DMF 设备之间具有安全连接;否则,该电极将在软件中呈蓝色阴影,表示连接不良.第二个预设阈值(t_2)用于确定水液滴或介质是否位于所连接电极的顶部.图 9.17(d)是具有三个 DUT 的所有 169 个连接的平均幅度值的柱状图,并且 t_1 和 t_2 的可能余量也被标记.

小结:文献[23]报道了阻抗传感作为一种监控芯片实验室(Lab-on-a-chip,LOC)系统中的连通性集成到现有的 DMF 驱动电子设备中.通过测量连接器上的阻抗值差异,系统即可识别不良连接也同时确定液滴位置.该工作开辟了一个新的前沿异构集成电路的可靠性监测,技巧亮点是实现了最小干预的多连接系统.此外,基于阻抗的传感平台预示了可用于其他异构集成系统.

扩展阅读:针对生物阻抗研究与应用,请注意文献[25]的启发.

9.8　最简 555 时基混沌电路

应用广泛的 555 时基电路[26,27]出现于 1971 年,因为内部具有两个比较器,估计其应用电路可能存在混沌现象.

由黄海勇硕士合作提供的本例电路参见图 9.18 所示.555 芯片实选型号 NE555P.基本谐振电路输出端 OUT 的负载,采用分压臂电阻 R_3、R_4 和电容 C_3,分压信号 F 通过电容 C_4 反馈给 555 芯片的泄放端 DIS.

定义模式 1:没有(即短路)电容 C_3;定义模式 2:包括电容 C_3.

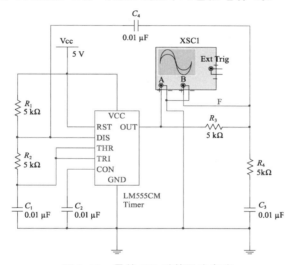

图 9.18　最简 555 时基混沌电路

两种模式下的 OUT-F 相图参见图 9.19(示波器 RIGOL DS4014E:CH1=F,CH2=OUT;通道增益衰减 10 倍).

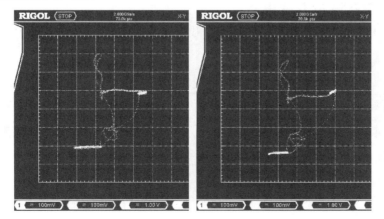

图 9.19　最简 555 时基混沌电路相图(左:没有电容 C_3 的模式 1;右:包括电容 C_3 的模式 2)

模式1:吸引子类似于芭蕾舞者;模式2:吸引子类似于芭蕾舞者正欲转身.

接受奈奎斯特定理指导,示波器的采样率选取50kS/s,存储深度70k点.OUT信号的混沌复杂性度量结果列入表9.4.

表9.4 最简555时基混沌输出信号的混沌特性与复杂性度量

模式	OUT 数据段	λ_{max}	SEC	CC
1	1～10000	1.2824	0.3103	50.6739
	10001～20000	1.8537	0.3132	64.5494
	20001～30000	1.9181	0.3100	58.8491
2	1～10000	0.2242	0.2961	55.4054
	10001～20000	0.3498	0.2985	49.8069
	20001～30000	0.1137	0.2966	50.7099

讨论:正的最大李指数 λ_{max},大于0.25的 SEC 值以及大于7的 CC 值,一致地表征了所获得数据的混沌特性与复杂性.其中,最大李指数计算应用了参数:升维数3和延迟12.

小结:本例或可成为混沌电路设计入门的新范例,可能为研究555电路稳定性或可靠性,构造新的随机数产生电路,提供可贵的设计启发.

对比:建模师(Modeler)G.帕里西聚焦的"自旋玻璃"(特殊磁性合金)为研究复杂系统提供了广义的 Ising 模型;1979年,帕里西利用 Replica Method(复型方法:复制 N 个副本在先,取 N 趋近于 0 的极限在后)成功表征了"自旋玻璃"问题(帕里西获2021年诺贝尔物理学奖).

9.9 吸收大 CET 失配的柱栅演进

芯片封装与互连结构图解参见图9.20.

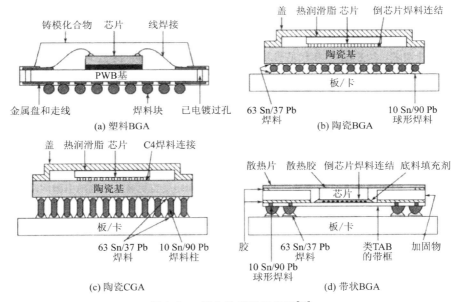

图9.20 概念性封装示意图[28]

在异质集成中,界面结合的可靠性都要接受材质热胀冷缩的基本原理约束,应用术语而言就是存在CTE(Coefficient of Thermal Expansion)失配问题[29,30].

封装外互连技术的焊接终端(Solder Bump),从芯片针脚(Pin)发展为球栅(Ball Grid Arrays),1979年贝尔实验室开发了球栅阵列,从此芯片IO密度得到质的飞跃。然而,推行无铅焊料,虽则避免了神经毒性副作用,延长了芯片温升寿命,但必然带来回流焊温度提高现状(回流焊温度从125℃上升到160℃乃至更高),此构成了CTE失配的主要诱因.

在图9.21中,SAC(SnAgCu)焊料附件的失效循环取决于热循环范围和应力/应变状态.当纵轴比值大于1时,意味着无铅焊料比锡铅焊点的寿命更长.30分钟、60分钟和240分钟分别代表最高温度下的停留时间增加.

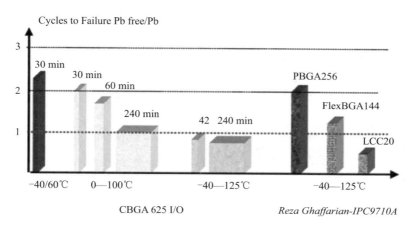

图9.21　球栅阵列BGA的温度循环失效的驻留时间增加[29]

为了吸收大的CTE失配,球栅(BGA)跃进为柱栅(Column Grid Arrays),CGA沿焊柱长度方向消散应力、散热并保护器件.CGA结构发明演进史图解参见图9.22所示.具体梗概如下:

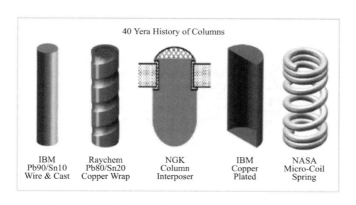

图9.22　柱栅演进40年(Trevor Galbraith,2016年)

1970年代早期IBM开发了Pb90/Sn10焊料柱件.
1980年,Raychem公司发明了铜包Pb80/Sn20柱.
1990年,NGK公司开发了列插入器.

2000年IBM开发了镀铜柱.在Pb80/Sn20(或Pb90/Sn10)上电镀铜,通过缩短热阻路径,将热量从IC封装底部传导到PCB中的大量接地板.

2012年,NASA发明了使用铍铜(Be-Cu)制造的微型螺旋弹簧.典型尺寸:直径0.40mm(16mil),长度1.0mm(40mil),间距1.0mm.焊膏组分:有铅Sn63/Pb37;无铅SAC305(Sn96.5/Ag3.0/Cu0.5).

应用柱栅代替球栅,解决了陶瓷封装基底与有机PCB板之间的高达10ppm/℃的CTE失配问题.图9.23左中存在着BGA(因拉伸和挤压)的横向开裂失效问题(分层,Delamination);在图9.23右中,CTE失配内应力通过栅柱传导成了纵向的扭曲吸收.CGA耐受温度循环的次数是BGA的4倍.

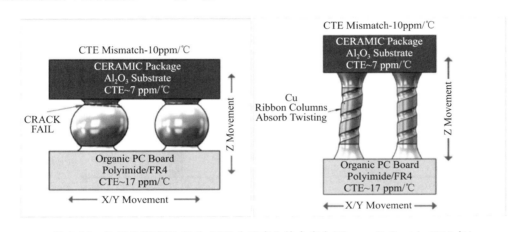

图9.23　柱栅代替球栅,吸收CTE失配产生的内应力(Trevor Galbraith,2016年)

参见表9.5,在热循环温度差大于50℃时,虽然拉伸移动量仅约一张A4纸厚度,但是已相当于焊球总直径的10%,需要考虑启用CGA.

表9.5说明:(1)CTE失配设定为10ppm/℃(陶瓷和FR4之间的差异),所示温度为室温下的温度波动;(2)经验法则:安装在FR4上的陶瓷BGA大于27mm²将会分层;(3)三个颜色分区:绿色(左上)时选用BGA,黄色(中间)时建议应用CGA替换BGA,橙色(右下)时必须使用CGA.

表9.5　温度差异下的BGA与CGA对比选择(Trevor Galbraith,2016年)

Substrate Size	X/Y Size (mm)	Distance Corner to Corner (mm)	CTE Mismatch ppm/℃	±Change in Temperature								
				Δ0℃	Δ25℃	Δ50℃	Δ75℃	Δ100℃	Δ125℃	Δ150℃	Δ160℃	Δ175℃
				Solder Ball Deformation (um - microns)								
5×5mm	5	7.07	10.0	0.00	1.77	3.54	5.30	7.07	8.84	10.61	11.31	12.37
10×10mm	10	14.14	10.0	0.00	3.54	7.07	10.61	14.14	17.68	21.21	22.63	24.75
12×12mm	12	16.97	10.0	0.00	4.24	8.49	12.73	16.97	21.21	25.46	27.15	29.70
15×15mm	15	21.21	10.0	0.00	5.30	10.61	15.91	21.21	26.52	31.82	33.94	37.12
21×21mm	21	29.70	10.0	0.00	7.42	14.85	22.27	29.70	37.12	44.55	47.52	51.97
23×23mm	23	32.53	10.0	0.00	8.13	16.26	24.40	32.53	40.66	48.79	52.04	56.92
25×25mm	25	35.36	10.0	0.00	8.84	17.68	26.52	35.36	44.19	53.03	56.57	61.87
27×27mm	27	38.18	10.0	0.00	9.55	19.09	28.64	38.18	47.73	57.28	61.09	66.82
31×31mm	31	43.84	10.0	0.00	10.96	21.92	32.88	43.84	54.80	65.76	70.14	76.72
32.5×32.5mm	32.5	45.96	10.0	0.00	11.49	22.98	34.47	45.96	57.45	68.94	73.54	80.43
35×35mm	35	49.50	10.0	0.00	12.37	24.75	37.12	49.50	61.87	74.25	79.20	86.62
37.5×37.5mm	37.5	53.03	10.0	0.00	13.26	26.52	39.77	53.03	66.29	79.55	84.85	92.81
40×40mm	40	56.57	10.0	0.00	14.14	28.28	42.43	56.57	70.71	84.85	90.51	98.99
42.5×42.5mm	42.5	60.10	10.0	0.00	15.03	30.05	45.08	60.10	75.13	90.16	96.17	105.18
45×45mm	45	63.64	10.0	0.00	15.91	31.82	47.73	63.64	79.55	95.46	101.82	111.37
52.5×52.5mm	52.5	74.25	10.0	0.00	18.56	37.12	55.68	74.25	92.81	111.37	118.79	129.93

小结：(1) 在 2016 年中国高端 SMT 学术会议上，作者 Trevor Galbraith 综述了大 CTE 失配的柱栅阵列演进（A Reliable Interconnection Solution for Absorbing Large CTE Mismatches）；(2) 镀镍镀金微螺旋弹簧可以提供可靠外互连以便实现 SAC305 焊膏的无铅 RoHS 解决方案；(3) 启发性的思考于 1969 年来自 IBM 公司：一个沙漏形的焊接终端的承受应力，优于圆柱形或桶形终端（M. Hart：CCGA—solder column attachment for absorbing larger mismatch, 2015）。

国际标准、日本微球和 Intel 互连微桥（Embedded Multi-Die Interconnect Bridge, EMIB）的扩展阅读参见文献[31]和[32]以及[33]；一般认为：封装新技术为 IC 发展做出 15% 的贡献，制造与设计分别贡献 40% 和 20%。

9.10 柔性 TFT 弯曲应力 ANSYS 计算

背景：柔性薄膜晶体管（Thin Film Transistor, TFT）在弯曲条件下的可靠性与其内部应力分布有关。由材料应力应变曲线规律可知，存在屈服点，故在反复弯曲下，器件可能因为内应力作用发生断裂，从而影响 TFT 整体性能。因此需要借助有限元仿真软件 ANSYS，计算柔性 TFT 在弯曲位移载荷作用下的器件内部应力变化[34]。

计算步骤如下：

（1）结构建模。

仿真对象为 1/2 顶栅自对准结构的柔性低温多晶硅薄膜晶体管，根据器件结构以及各层材料的杨氏模量建立模型。各膜层材料的杨氏模量如表 9.6 所示。

表 9.6　不同膜层的杨氏模量及泊松比

材料类型	PI（聚酰亚胺）	SiNx	SiOx	Poly-Si	Metal(Mo)
杨氏模量（Gpa）	2	190	70	170	390

（2）网格划分与载荷定义。

ANSYS 有限元网格划分是进行数值模拟分析至关重要的一步，直接影响后续计算结果的精确性。在 TFT 中，沟道层直接影响器件电学特性，所以采用自由网格划分法生成网格时，通过 ANSYS 指令增加沟道层的网格密度，从而保证较高的仿真精度。网格划分后的器件模型如图 9.24 所示。

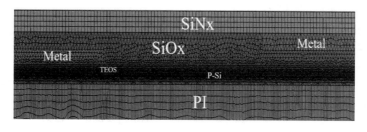

图 9.24　LTPS TFT 各膜层的网格分布

网格划分后，函数法施加位移载荷，使器件弯曲半径达到 2.5mm。添加载荷后的仿真模型如图 9.25 所示。

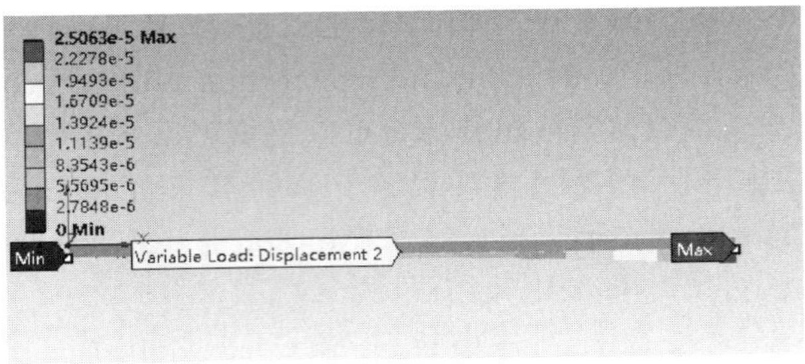

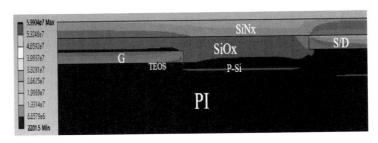

图 9.25 弯曲半径为 2.5mm 的仿真模型

(3) 结果分析.

利用 ANSYS 软件仿真了器件弯曲半径达到 2.5mm 时，器件内部应力的分布情况. 其应力云图如图 9.26 所示. 观察可知：在器件内部，多晶硅层应力较小，而器件表面处的 SiNx 层应力很大. 越接近器件表面所承受内应力最大.

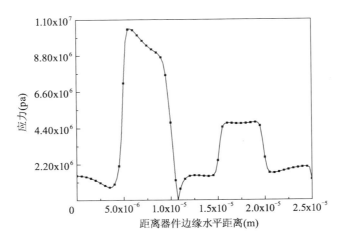

图 9.26 弯曲半径为 2.5mm 时仿真的应力云图

在 TFT 器件中，直接影响器件特性的是多晶硅层，其横向应力分布如图 9.27 所示（横轴与图 9.26 相对应）. 仿真结果表明，在不同膜层的交界处，应力会发生突变，形成类似于台阶状.

图 9.27 多晶硅层水平方向应力分布图

结论：通过柔性薄膜晶体管弯曲应力仿真发现，仿真中应力最大位置与实际出现裂纹位置相互对应,仿真结果与实验现象符合(谢谢张寅硕士提供本例).

注释:ANSYS 工具(GUI 或者 APDL 输入)植根于有限元分析,内涵变分本质[35].

9.11 Wafer 运输寻心精度提高

背景:目前 Wafer 搬运存在如下问题:(1)机构非全闭环控制,无加速度前馈,导致高速运动时跟随误差很大,容易造成 Wafer 损坏;(2)机构刚度不足,导致固有振动频率较低;(3)运动轨迹不平滑,由加速度突变产生冲击;(4)滑片部分规划,轨迹加速度控制不好,造成加速度不连续,产生冲击;(5)Wafer 拾取偏差,由于 Wafer 初始摆放位置和 Wafer 尺寸不确定,不能准确拾取;(6)复杂机构控制,Sorter 机构中,可能存在多种非标准机器人结构,控制实现复杂,需要补偿各种偏角;(7)复杂系统需要上位机软件配合工作.

目的:提高 Wafer 寻心精度,提升 Wafer 搬运效率.

设备工艺:Sorter 是分类搬运 Wafer 的设备.主要通过手插将 Wafer 从 Foup 盒中取出,放入托盘读码,然后再放入其他对应 Foup 盒中.具体运动过程详解如图 9.28 所示.

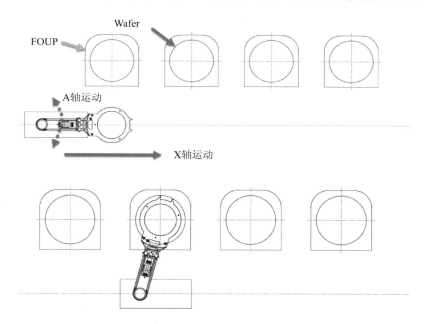

图 9.28 Wafer 拾取控制

课题:(1)手插联动控制(运动学功能);(2)振动抑制;(3)寻心算法.

解决方案:

(1)手插联动控制:在欧姆龙控制器中写入运动学算法包括正解和逆解两部分;

(2)抑制振动:欧姆龙新控制器有多种抑制方式,本工作采用被动抑制,即通过机构物理特性测出机构的自然频率为 7Hz,使用公式(见图 9.29)算出参数写入控制器内部,使得机构不再振动.

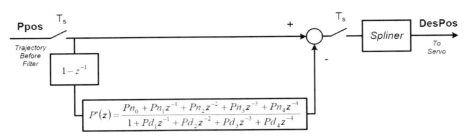

图 9.29 Wafer 拾取闭环控制

（3）寻心算法：准确托住 Wafer，需计算圆心位置及半径；通过三点确定圆心．基于类 C 的脚本语言，例程如下：

```
void center_position_cal(PosOnC * p,CpR * cp)
                                    //PosOnC * p 圆上点   CpR * cp 计算圆心结果
{
double x_1,x_2,x_3,y_1,y_2,y_3;
double qx_1,qx_2,qx_3,qy_1,qy_2,qy_3;
double y1suby2,y2suby3,y1suby3;
double temp_c;
x_1=p->x1; x_2=p->x2; x_3=p->x3;
                                    //体内成员变量赋值
y_1=p->y1; y_2=p->y2; y_3=p->y3;
y1suby2=y_1-y_2; y2suby3=y_2-y_3; y1suby3=y_1-y_3;
qx_1=x_1*x_1; qx_2=x_2*x_2; qx_3=x_3*x_3;
qy_1=y_1*y_1; qy_2=y_2*y_2; qy_3=y_3*y_3;
cp ->cx=(qx_3*(y1suby2)+(qx_1+(y1suby2)*(y1suby3))*(y2suby3)
    +qx_2*(-y1suby3))/(2*(x_3*(y1suby2)+x_1*(y2suby3)+x_2*
    (-y1suby3)));
cp ->cy=(-qx_2*x_3+qx_1*(-x_2+x_3)+x_3*(qy_1-qy_2)+x_1
    *(qx_2-qx_3+qy_2-qy_3)+x_2*(qx_3-qy_1+qy_3))/(2*(x_3*
    (y1suby2)+x_1*(y2suby3)+x_2*(-y1suby3)));
temp_c=(qx_2*(-x_3*y_1+x_1*y_3)+x_2*(qx_3*y_1-y_3*(qx_1
    +qy_1-y_1*y_3))+y_2*(qx_1*x_3+x_3*y_1*(y1suby2)-x_1*(qx
    _3-y_2*y_3+qy_3)))/(x_3*(y1suby2)+x_1*(y2suby3)+x_2*
    (-y1suby3));
cp->radius=sqrt((cp->cx*cp->cx+cp->cy*cp->cy)-temp_c);
}
```

机器手臂轨迹优化与提速结果：验证了手插联动机构的运动学算法和 Wafer 寻心算法．此将客户原来的经验试凑矫正法，变换为三次运动测试加计算得出矫正值．已将传感器的调试矫正时间由 24 小时缩短为 0.5 小时，提升了设备安装调试效率．同时通过优化轨迹和控制算法，将每片 Wafer 的搬运时间由 17s 优化至 8s．

半导体行业未来发展趋势：多种设备复合，设备工作效率提高，可靠性提高（谢谢张明硕士提供本例）.

9.12 ISSCC 综述演进

微纳电子：数形黏合，微缩投影，芯片可靠，信息测控，健康应用.

演进趋势：后摩尔时代（基于 16 纳米非经典 CMOS 器件）必将涉及：（1）延续摩尔（0.7 倍率缩微）；（2）拓展摩尔（微纳系统，系统封装）；（3）超越摩尔（纳米新器件）；（4）丰富摩尔（新形态信息科技与产业）[36].

战略基础：材料、装备与 EDA 构成了集成电路的三大战略支撑基础. 其中，材料聚焦绿色超纯化学问题，装备锚定精密光机电一体化问题，而 EDA 则依赖快速算法结合工艺厂数据的持续迭代拟合优化.

武器应用：机载武器控制系统能力需求主要包括：（1）高强度、高可靠性、高强抗干扰能力；（2）系统互操作能力；（3）武器智能管理与自主决策；（4）高实时武器控制能力，实现同步攻击与防御；（5）跨平台"无缝"接入/退出能力；（6）多信息数据链处理能力. 其中，醒目的技术特点是武器即插即用技术；敏捷化强调以"次最优"的主要性能换取多任务能力，保证优先任务完成率.

顶级会议：ISSCC（IEEE International Solid–State Circuits Conference）始于 1953 年，是集成电路行业的顶级会议. 12 个分类技术包括：模拟设计（ANA）、电源管理（PM）、无线传输（WLS）、数据转换器（DC）、前瞻技术（TD）、射频技术（RF）、数字电路（DCT）、图像、MEMS、医疗、显示（IMMD）、以及机器学习和人工智能（ML）、存储（MEM）、有线传输（WLN）和数字系统（DAS）[37-43].

ISSCC 2020 的主题是：集成电路为人工智能时代赋能[Integrated Circuits Powering the Artificial Intelligence (AI) Era]. 其中，IBM 认为实现 AI 计算的效率提升，最有效的方法是使用内存内计算＋模拟计算，一方面内存内计算可以克服冯诺伊曼架构的内存墙问题，而模拟计算则可大幅降低运算的能量开销，两厢结合能够实现能量效率极好的下一代 AI 芯片. 令人印象深刻的研发进展涉及 3D 封装与人体体征芯片.

ISSCC 2021 的主题是：集成智能是系统未来（Integrated Intelligence is the Future of Systems）. 令人耳目一新的多功能存算一体（In-Memory Computing）实例：Sony 的智能 CIS 传感芯片基于三维封装与 Cu-Cu 互联；哥伦比亚大学超低功耗、抗噪声干扰的实时语音特征提取与关键词识别（功耗从 1 微瓦降低到 100 纳瓦）.

ISSCC 2022 的主题是：智能硅推动可持续的世界（Intelligent Silicon for a Sustainable World）.

数据转换器是连接模拟物理世界与数字计算和信号处理的关键环节. 跨域保真信号的需要继续迫使数据转换器提供更多带宽和线性度，同时继续提高功率效率. ISSCC 2020 延续了高能效 ADC 趋势，结合了逐次逼近寄存器（SAR）、噪声整形 SAR 和基于微分积分（$\Delta\Sigma$）的设计. 时间交织流水线结构正推动着转换器设计的速度极限. 图 9.30 代表了捕获 ADC 设计创新进展的传统指标.

图 9.30 绘制了奈奎斯特采样率的 P/f_{snyq} 功耗，作为信号—噪声失真比（SNDR）的函

数,以便度量 ADC 的功率效率.请注意:(1) 图 9.30 的右下角是数据点的移动目标;(2) 虚线表示 1fJ 每转换步骤的基准(FOM-Walden).分辨率越高,电路噪声越大,需要一个与信噪比平方成比例的不同基准,用实线表示(FOM-Schreier);(3) 较低的 P/f_{snyq} 度量表示电路效率更高.对于中低分辨率转换器,能量主要用于量化信号,该操作的总体效率通常由每个转换和量化步骤消耗的能量来测量.

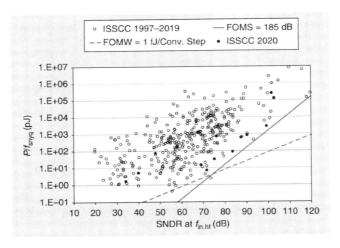

图 9.30　ADC 能效 P/f_{snyq} 是 SNDR 的函数[43]

低抖动应用的数字锁相环的发展趋势是从模拟到数字的迁移,以便包含更多功能,处理易变性,并易于缩微到更精细的版图内.使用更自动化的数字设计流程(例如综合、自动布局和布线)可显著降低开发成本,但会降低抖动,需要新的补偿技术.

图 9.31 突出显示了过去 10 年中 ISSCC 发布的 PLL 和数字 PLL(DPLL)指标.该图显示了参考(输入)频率和 FoM 之间的关系,展示了成本(更高的参考频率)和整体 PLL 性能之间的折中.其中 FoMT 意为带调谐的 FoM.

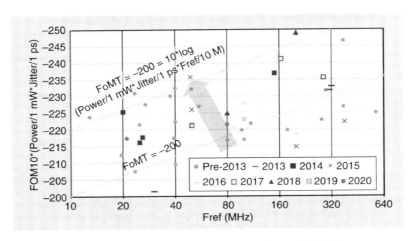

图 9.31　锁相环和倍增延迟锁相环的发展趋势[43]

图 9.32 是摩尔定律图解.显示半导体算力正超越鼠脑趋近人脑.

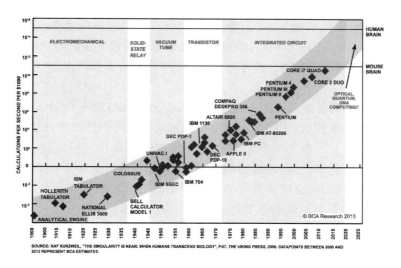

图 9.32 摩尔定律图解

9.13 本章小结

(一)发明案例集成

耳朵生长规律:耳长=55.9+(0.22×年龄).单位:毫米.耳朵生长启发青年学者时不我待.

概论 SI 量子化:新定义运用自然法则创建测量规则,特点是更具稳定性和普适性;基于欧姆定律,存在量子计量三角形;芯片级量子计量基准是未来.

载流子分辨光霍尔测量:新公式 $\Delta\mu_H = d(\sigma^2 H)/d\sigma$(联结了两种载流子迁移率差、材料厚度、电导率和霍尔系数),能够同时获得多子和少子的迁移率、浓度以及导出参数,例如扩散长度(L_D)、复合寿命(τ)、复合系数(k_n).主要技巧应用了旋转平行偶极子线进行交流磁场霍尔测量.

液浸曝光演进概要:类似于油浸显微镜;关键是透过纯水折射缩微了光源真空波长($\lambda_{\text{eff}} = \lambda_0/n_f$).

叠层成像概论:无透镜成像,从物体衍射强度像中获得完整的光波场信息(直接获取幅度;基于相位恢复迭代算法得到相位).

单纳米线光谱仪集要:应用带隙渐变的纳米线,代替传统光谱仪中的分光和探测元件.针对不同颜色入射光,纳米线上的探测微元可产生不同响应.在响应函数方程组中,求解逆问题,重构所需测量的入射光光谱信息.

阻抗传感的芯片实验室研发实例:通过测量连接器上的阻抗值差异,系统即可识别不良连接也能同时确定液滴位置.该工作开辟了一个新的前沿异构集成电路的可靠性监测,技巧亮点是实现了最小干预的多连接系统.

最简 555 时基混沌电路:示例了反馈导出的自治混沌,基于新的典型的非自治混沌电路构型,对比给出了输出信号的表征混沌特性的最大李指数,表征复杂度的 *SEC* 和 *CC* 值,判别结果趋势一致,是为 555 时基芯片的新扩展应用奠基,例如针对混沌新信号产生、芯片可靠性研究.

吸收大 CET 失配的柱栅演进：封装外互连的焊接凸块，一般由栅球演进为栅柱再演进为微型弹簧；10ppm/℃ 的 CTE 失配内应力通过栅柱或者弹簧传导成纵向扭曲吸收.

柔性 TFT 弯曲应力 ANSYS 计算的一句小结：动态弯曲后产生裂纹的位置一般处在界面应力台阶.

Wafer 运输寻心精度提高实例：手插联动机构的被动抑制和 Wafer 寻心算法；此将客户原来的经验试凑矫正法，变换为三次运动测试加计算得出矫正值而优化实现.

ISSCC 综述演进：国内外学者一直重视 ISSCC 数据源的持续统计，基于各类 FoMs 刻画专项芯片设计技术演进，面向应用的驱动力来自新材料、新器件和新概念以及持续的缩微能力综合进步. 热点是存内计算和 AI 健康. 请持续关注包括东南大学等高校的 ISSCC 新报道，尤其是涉及超低压电子学和功率电子学的技术跃进.

著者寄语：计量测量是基本功；成像照亮本质；芯片混沌复杂；互连支撑集成；应力应变屈服寻心.

（二）微型讲座提要

微纳电子学：(1) 三个气球（雷电信号—RGB 三原色—柔性电子学）；(2) 三框图（输入—中间—输出）；(3) 三个关键量（V—I—R；E—H—S）；(4) 三个关键词（电—路—磁—路—场）；(5) 三个原理（欧姆定律—摩尔定律—基尔比原理）；(6) 三个规律（神经教育学：教育就是医脑袋；超 Y 理论：复杂人—工作—组织；配合：自治—非自治，胜任感；呼吸哲学：呼—吸，爱智慧）；(7) 三个行动（每天阳光下锻炼最少 30 分钟；自学；谈心每周 1 次）；(8) 自治：让世界融化在自己的学术怀抱.

科学家穿越相关网进入因果网中寻找共性与个性. 美学视域下的元学习：(1) 为：做工具（EDA 工具）；(2) 度：尺度、比例（比例度量）；(3) 美：合度为美（价值判断），元学习：无模型自学（学会学习）.

艺术就是用最小的面积，惊人地集中了最大量的思想（巴尔扎克）. 艺术审美的八种原则（Ramachandran 和 Hirstein，1999 年）：分离原则，分组原则，整体性原则，对比原则，峰值原则，对称性原则，问题解决，视觉隐喻[44].

逻辑思维：演绎—归纳—实验—比较—证伪；悟性：领会意图—总结经验—探索规律—触类旁通—举一反三！

芯片是骨架，系统软件是灵魂；(0) 建模本质：戴着比较眼镜，聚焦学科交叉点，从最小模型出发，做数形结合的抽象！信息技术的本质是处理数据，程序＝数据结构＋算法（N. Wirth：Algorithms＋Data Structures＝Programs，1976 年），算法本质上和食谱很像（姚期智院士，2021 年），问题本身将导致方法的选择（M. A. Dubois：The problem itself will lead to the choice of the method，2009 年）. (1) 芯片的本质：信息编解码或者处理的基体（Substrate）. (2) 芯片设计的本质：想法投影到材料. (3) 芯片制造的本质：做管子，连起来. (4) 芯片封装的本质：广义的互连. (5) 芯片测试的本质：比较与分类，强调性价比. (6) 一颗芯片性能的 60% 取决于架构师. (7) DFT（可测性设计）工程师重在观察与诊断.

数字芯片测试规律：Williams Rule（in 1985 @ IBM）：$DL=1-Y^{(1-T)}$. 缺陷水平 DL、芯片良率 Y 和故障覆盖率 T 的关系约束建模，乃是通过数字电路系统建模而知[45].

资深模拟芯片设计师 R. A. Pease 的测温经验总结——5 秒法则：(1) 手指触摸发热

芯片；(2)散热器合适,触摸5秒,温度约为85℃；(3)手指粘有少量唾液,一触即干,则温度约为100℃；(4)若瞬间发出咝咝声,温度约140℃[46].

阿累尼乌斯方程(Arrhenius Equation,1889年)刻画化学反应速率随温度变化关系：$k=A\exp(-Ea/RT)$. 其中,k是化学反应速率,A是频率因子,Ea是反应激活能,R是摩尔气体常数,而T是绝对温度(单位：K).该公式应用于模拟扩散系数的温度变化、晶体空穴数量、材料蠕变速率以及其他多方面的热致过程或者反应.讨论：(1)本公式最初从气相反应总结而来,但同样适用于液相反应和复相催化反应；(2)关于A和Ea与温度无关的假设是近似的；(3)重点是研究微电子系统温度效应,一般基于阿累尼乌斯方程的建模指导[46].

传感器概要：传感器＝换能器(Sensor＝Transducer).在新《韦氏大词典》中,传感器定义为："从一个系统接受功率,通常以另一种形式将功率送到第二个系统中的器件".1883年,全球首台恒温器正式上市,一个名为Warren S Johnson的发明者创造了它.这款恒温器能将温度保持在一定程度的精确度；到了20世纪40年代末,第一款红外传感器问世.随后,许许多多的传感器不断被催生出来,直到现在,全球大概有35000种以上的传感器,数量和用途非常繁杂,可以说,现在是传感器和传感技术最为火热的一个时期.在全球感应器制造供应链中,包括研发、设计、制造、封装、测试、软件、系统应用等流程.传感器＋传感技术,驱动着新产品.

额温枪原理：人体温度在36℃～37℃之间热辐射的近红外波长为$9\mu m\sim 13\mu m$.

成像过程是获取时空信息的博弈.动力学是对称性的涨落.CMOS器件之城IC拥抱算法硅工识途.

混沌传感原理：混沌系统的初值敏感特性(Sensitive Dependence on Initial Conditions)视为自然的感受器(Sensory Device).

早期论文与范式[47]：Y. A. Gusev和A. Y.卡佩尔森的论文"确定性混沌的概念与无损检测问题",发表在《苏联计算机与系统科学杂志》,1991年3月2日,29卷2期第56—62页.摘要：考虑了在无损检测问题中使用确定性混沌系统分析方法的可能性.研究了一种超声检测系统,建立了它的吸引子,给出了当系统变得确定性时的吸引子.根据信号测量结果,得出了判定产品中存在缺陷概率的公式.关键词：混沌；概率；超声波材料检测.术语：缺陷存在概率；确定性混沌；无损检测；超声波检测系统；吸引子.

早期论文与范式[48]：摘要：计算演示了使用非线性方程(装置)作为传感器的三种方法.其中的传感特征是敏感依赖于参数的结果,等效于初值敏感依赖.结论支持初值敏感是自然的传感器的猜测,因为示例堪称传感理解的壮举.传感器算例1：应用Duffing方程,在驱动侧加性馈入待测周期微弱信号与噪声,判据选择反分叉机制,结果是检测信号信噪比达到－4.3dB.传感器算例2：应用阻尼扭转和翻转映射,判据选择吸引子的椭圆域进入机制,检测到的信号信噪比达到－24.0dB.传感器算例3：应用Duffing方程的变体,判据选择吸引子形状突变机制(由小盆地跳变为大盆地),检测到的信号信噪比达到－11.3dB;加入100点信号后就会发生吸引子突变.

早期专利与范式[49]：针对雷达的混沌编解码技术,休斯导弹系统公司率先申请了美国和欧洲的发明专利.发明理念：由于混沌码的长度不确定,脉冲宽度("码片"宽度)可能变得非常窄,从而提高相关操作的时间分辨率和距离分辨率.技术要点：应用了一维混沌映射；混沌编码同步解调；每个相关器使用不同的混沌码序列.

BCI 核心：脑信号的采集、解码、调控（R. Andersen 院士，加州理工，2021 年）.

极简脑机接口与意图（Intent）识别：双耳（4 通道），双向，高速，识别准（自动车：意图识别率 90%，响应时间小于 300ms；机器人：交互识别率 85%，响应时间小于 200ms）；零训练；跨个体，超低耗，新特征.

数据趋势：(1) 键合线电感值～3nH，ESD（Electro-Static Discharge）电路二极管寄生电容至少～200fF；(2) 典型特征阻抗：PCB 走线 50Ω，USB 90Ω，网口 100Ω；(3) 功耗墙：赤道热流密度 $0.2W/cm^2$，家用电熨斗功率密度 $5W/cm^2$，芯片功率密度每平方厘米十几瓦乃至几十瓦水平（小于 $100W/cm^2$）；(4) 国标安全阈值：工频电场强度不超过 4000V/m，磁感应强度不超出 $100\mu T$；(5) 先进封装：Intel 公司的 EMIB [嵌入（塑封凹槽）硅桥] 内含 4 层金属线（钴代替铜？）和一层 Pad（不使用 TSVs；基于传输线理论建模）；(6) 芯片生产：大致需要 100 天（早稻生长期），采用 28nm 标准 CMOS 工艺，约经过 695 道工序，硅片在车间生产线行程约 200 公里（接近 5 个马拉松距离）；(7) 存储墙：CPU-Memory 带宽趋向每两年翻番（10GB/s @2007 年）；(8) 梅特卡夫定律（Metcalfe's Law，1993 年）：一个网络的价值等于该网络节点数的平方，而且该网络的价值与联网用户数的平方成正比；(9) 吉尔德定律（Gilder's Law，1990 年代）：在未来 25 年，主干网带宽每 12 个月增长两倍. 其增长速度是摩尔定律预测的 CPU 增长速度的 3 倍，并预言将来上网会免费；(10) AI（Artificial Intelligence）实例：预测若在模拟神经元输入输出之间达到毫秒级 99% 准确率，深度神经网络至少需要 5 层到 8 层. 这相当于 1000 个人工神经元对应一个生物神经元（David Beniaguev，2021 年）.

2018 年诺贝尔生理学或医学奖获得者本庶佑（学术世界是保守的，2018 年）：做研究需要 6 个 C：具有好奇心（Curiosity）；需要勇气（Courage），挑战（Challenge）困难；需要专注（Concentration），锲而不舍地持续（Continuation）；持续专注，你就会产生自信（Confidence）.

华为声音：2020 年 8 月 28 日，结合信息产业，战略研究院院长徐文伟提出《后香农时代，数学将决定未来发展的边界》，发布 10 大待解答数学挑战问题，主张"展望未来，我们希望与各位数学家们一起努力，实现四个目标：第一，超越身体限制，提升感知能力，比如更好的拍照技术；第二，超越生物智慧，发展新型计算，比如更好的人工智能；第三，跨越空间障碍，实现身临其境，比如真人级全息通信；第四，拓展认知极限，开发介观器件，比如原子设计与组装".

一句话小结，芯片跟着谁走？应用驱动，测控先行.

（三）扩展阅读参考

主题 1 是以终结半导体著称的金刚石功率电子学[50-52]；

主题 2 是强调健康与自供电的柔性电子学[53,54]；

主题 3 是持续揭示超导和绝缘态之间相互作用关系的魔角石墨烯[55-57].

"安全是每一个人的事."（Lorenzo Coffin，1874 年）

从问题到学问到技术到产业，正向迭代[58-67]（谢谢李雷博士提供彩页 2 图解：TiO_2 表面金原子扩散机制）！

研究理念：源于工程，高于工程，服务工程.（时龙兴教授，2004 年）

成果形式：发明专利—会议论文—杂志论文—专著—产品—(引领)产业.手里有芯、产业安全应该成为社会的共识.(王志华教授,2013 年)

方向节奏,贵在积累;健康理念,时代召唤(题字参见图 9.33).施敏院士荣获 2021 年未来科学大奖的理由：表彰他对金属与半导体间载流子互传的理论认知做出的贡献,促成了过去 50 年中按"摩尔定律"速率建造的各代集成电路中如何形成欧姆和肖特基接触的关键技术.

图 9.33 2021 年未来科学大奖获得者施敏院士题字

著者寄语：发现新规律,发明新技巧(相异组织,相似建模,信息测控,趋向智能);安全防范规格严格,健康应用功夫到家(军事驱动,消费电子,缩微集成,"芯芯"向荣).

走向半导体"埃米时代"：坚持提振半导体与集成电路行业信心;芯片工程师直面复杂学[68,69]：从"小就是美"再出发,消化"成功与失败原理"[70],持续提升实验品味,重视产品可靠性研究;"以自己的量子跃迁来推动科学的疆域"(语出萨缪尔森);延长三秒雄心！坚持一生耐心！

9.14 思考题

1. 哲学是一门形成、发明和制造概念的艺术.您如何理解？
2. 认知操作 3B 法则：扭曲(Bending),打破(Breaking),融合(Blending).为什么？
3. 齐纳教授对博士生足够好(Goodenough)说："你有两个问题,第一个问题是找到问题,第二个问题是解决问题."为什么？
4. 科学家 Henry Cavendish(1731—1810)认为科学就是测量(Science is measurement).这对中国突破 EDA 的"Know How"难关有何启发？
5. 发明家证明想法的唯一出路是演示自己的愿景.为什么？
6. 格罗夫博士强调"125%的解决方案".您如何理解？
7. 简论单化学键的埃级成像原理有哪几种？
8. "随着半导体器件小型化,界面本身就是器件."为什么？ 如何在微观层面测量界面现象(How can we measure interface phenomena on the microscopic level)？
9. 量子计算机的最佳硬件是什么(What is the optimum hardware for quantum computers)？

10. 如何提供碳基硅基互链互通的神经信息高速公路？谁能掌握确定性时延，谁就掌握了通信市场的主动权．为什么？

11. MVP(Minimum Viable Product)概念侧重于勘测未知市场．为什么？

12. "预测未来的最佳方式是创造未来．"您如何理解、如何实践？！

9.15 参考文献

[1] 李文石．锁具史图说[M]．上海：上海书店出版社，2007．

[2] 魏颖，杜乐勋．卫生经济学与卫生经济管理[M]．北京：人民卫生出版社，1998．

[3] 王洋昊，刘昌，黄如，等．神经形态器件研究进展与未来趋势[J]．科学通报，2020，65(10)：904−915．

[4] Heathcote J A. Why do old men have big ears？[J]. British Medical Journal，1995，311(7021)：1668．

[5] Newell D B，Cabiati F，Fischer J，et al. The CODATA 2017 values of h，e，k，and NA for the revision of the SI[J]. Metrologia，2018，55(1)：13−16．

[6] 马爱文，曲兴华．SI 基本单位量子化重新定义及其意义[J]．计量学报，2020，41(2)：129−133．

[7] Kaneko N H，Nakamura S，Okazaki Y. A review of the quantum current standard[J]. Measurement Science and Technology，2016，27(3)：1．

[8] 张钟华．电磁计量的量子基准及量子三角形[J]．前沿科学，2008，2(3)：4−8．

[9] Gunawan O，Pae S R，Bishop D M，et al. Carrier-resolved photo-Hall effect[J]. Nature，2019，575(7781)：151−155．

[10] Rothschild M，Bloomstein T M，Kunz R R，et al. Liquid immersion lithography：why，how，and when？[J]. Journal of Vacuum Science and Technology (B)，2005，22(6)：2877−2881．

[11] Lin Burn J. Optical lithography-present and future challenges[J]. Comptes Rendus Physique，2006，7(8)：858−874．

[12] Niiyama T，Kawai A. Formation factors of watermark for immersion lithography[J]. Japanese Journal of Applied Physics，2006，45(6B)：5383−5387．

[13] Ronse K，Jansen P，Gronheid R，et al. Lithography options for the 32 nm half pitch node and beyond[J]. IEEE Transactions on Circuits and Systems I-Regular Papers，2009，56(8)：1884−1891．

[14] Seisyan R P. Nanolithography in microelectronics：a review[J]. Technical Physics，2011，56(8)：1061−1073．

[15] Wu B，Kumar A. Extreme ultraviolet lithography and three dimensional integrated circuit—a review[J]. Applied Physics Reviews，2014，1(1)：011104−1−15．

[16] Holler M，Sicairos M G，Tsai E H R，et al. High-resolution non-destructive three-dimensional imaging of integrated circuits[J]. Nature，2017，543(7645)：402−407．

[17] Dierolf M，Menzel A，Thibault P，et al. Ptychographic X-ray computed tomography at the nanoscale[J]. Nature，2010，476(7314)：436−440．

[18] Helfen L，Myagotin A，Mikulik P，et al. On the implementation of computed laminography using synchrotron radiation[J]. The Review of Scientific Instruments，2011，82(6)：063702−1−8．

[19] 李昭慧．叠层成像技术成像机制的理论分析与实验研究[D]．西安电子科大博士论文，2016：35−38．

[20] Yabashi M, Tanaka H. The next ten years of X-ray science[J]. Nature Photonics, 2017, 11(1): 12−14.

[21] Yang Z, Albrow-Owen T, Hanxiao Cui, et al. Single-nanowire spectrometers[J]. Science, 2019, 365(6457): 1017−1020.

[22] Yang Z, Albrow-Owen T, Cai W, et al. Miniaturization of optical spectrometers[J]. Science, 2021, 371(6528): eabe0722.

[23] Zhang C, Su Y, Hu S, et al. An impedance sensing platform for monitoring heterogeneous connectivity and diagnostics in Lab-on-a-Chip systems[J]. ACS Omega 2020, 5(10): 5098−5104.

[24] Jiang C, Choi H W, Cheng X, et al. Printed subthreshold organic transistors operating at high gain and ultralow power[J]. Science, 2019, 363(6248): 719−723.

[25] 戴雨航. 无创传感生物阻抗研究体脂率和血糖[D]. 苏州大学硕士论文, 2017.

[26] Santo B. 25 microchips that shook the world[J]. IEEE Spectrum, 2009, 46(5): 34−43.

[27] 陈永甫. 555集成电路应用800例[M]. 北京: 电子工业出版社, 1992.

[28] Ulrich R K, Brown W D. 高级电子封装[M]. 李虹, 译. 北京: 机械工业出版社, 2010.

[29] Ghaffarian R. CCGA packages for space applications[J]. Microelectronics Reliability, 2006, 46(12): 2006−2024.

[30] 黄敏. BGA封装焊接可靠性分析及无铅焊料选择的研究[D]. 苏州大学研究生论文, 2012.

[31] 罗道军, 贺光辉, 邹雅冰. 电子组装工艺可靠性技术与案例研究[M]. 北京: 电子工业出版社, 2015.

[32] 彼得·拉姆, 詹姆斯·卢建强, 马艾克·M. V. 塔克鲁. 晶圆键合手册[M]. 安兵, 杨兵, 译. 北京: 国防工业出版社, 2016年.

[33] Mahajan R, Zhiguo Qian, Viswanath R S, et al. Embedded multidie interconnect bridge—a localized, high-density multichip packaging interconnect[J]. IEEE Transactions on Components, Packaging and Manufacturing Technology, 2019, 9(10): 1952−1962.

[34] 徐思维. 机械应力下多晶硅薄膜晶体管和负栅压偏置下非晶铟镓锌氧薄膜晶体管的可靠性研究[D]. 苏州大学硕士论文, 2016.

[35] 李智海, 李文石. QFP焊点塑性应变的数值模拟[J]. 电子与封装, 2009, 9(9): 31−34.

[36] 王阳元. 掌握规律, 创新驱动, 扎实推进中国集成电路产业发展[J]. 科技导报, 2021, 39(3): 31−51.

[37] 李文石. 固态电路设计的未来: 融合与健康——2004年～2008年ISSCC论文统计预见[J]. 中国集成电路, 2007(9): 8−18, 35.

[38] 李文石. 健康医学微电子学的研究进展——基于ISSCC 2011的综论[J]. 中国集成电路, 2011(10): 17−24.

[39] 李文石. 生物医学SoC的技术演进——基于ITRS 2010和ISSCC 2008～2011的综述[J]. 测控技术, 2012, 31(4): 4−8.

[40] Narendra S G, Fujino L C, Smith K C. Through the looking glass? The 2015 edition: trends in solid-state circuits from ISSCC[J]. IEEE Solid-State Circuits Magazine, 2015, 7(1): 14−24

[41] Daly D C, Fujino L C, Smith K C. Through the looking glass—the 2017 edition: trends in solid-state circuits from ISSCC[J]. IEEE Solid-state Circuits Magazine, 2017, 9(1): 12−22.

[42] Daly D C, Fujino L C, Smith K C. Through the looking glass—the 2018 edition: trends in solid-state circuits from the 65th ISSCC[J]. IEEE Solid-state Circuits Magazine, 2018, 10(1): 30−46.

[43] Daly D C, Fujino L C, Smith K C. Through the looking glass—the 2020 edition: trends in solid-

state circuits from ISSCC[J]. IEEE Solid-state Circuits Magazine,2020,12(1):8—24.

[44] Ramachandran V S,U Californian, San Diego, et al. The science of art: a neurological theory of aesthetic experience[J]. Journal of Consciousness Studies[J]. 1999,6(6—7):15—51.

[45] T W Williams,Test length in a self-testing environment[J]. IEEE Design and Test of Computers,1985,2(2):59—63.

[46] 周艳. 可编程混沌电路的温度特性研究[D]. 苏州大学硕士论文,2019.

[47] Gusev Y A,Karpelson A Y. The concept of deterministic chaos and problems of nondestructive testing[J]. Soviet Journal of Computer and Systems Sciences,1991,29(2):56—62.

[48] Brown R,Chua L. Is sensitive dependence on initial conditions nature's sensory devices?[J]. International Journal of Bifurcation and Chaos,1992,2(1):193—199.

[49] Walker W. T. Radar system utilizing chaotic coding:US Patent 5321409[P]. 1993.6.28.

[50] 赵正平. 超宽禁带半导体金刚石功率电子学研究的新进展[J]. 半导体技术,2021,46(1):1—14.

[51] 赵正平. 超宽禁带半导体金刚石功率电子学研究的新进展(续)[J]. 半导体技术,2021,46(2):81—103.

[52] Wort C J H,Balmer R S. Diamond as an electronic material(Review)[J]. Materials Today,2008,11(1—2):22—28.

[53] Jiheong Kang,Jeffrey B H T,Zhenan Bao. Self-healing soft electronics(Review)[J]. Nature Electronics,2019,2(4):144—150.

[54] Xu C,Song Y,Han M,Zhang H. Portable and wearable self-powered systems based on emerging energy harvesting technology[J]. Microsystems & Nanoengineering,2021,7(25):1—14.

[55] Yuan Cao,Fatemi V,Shiang Fang,et al. Unconventional superconductivity in magic-angle graphene superlattices(Article)[J]. Nature,2018,556(7699):43—50.

[56] Yuan Cao,Fatemi V,Demir A,et al. Correlated insulator behaviour at half-filling in magic-angle graphene superlattices[J]. Nature,2018,556(7699):80—84.

[57] Stepanov P,Das I,Xiaobo Lu,et al. Untying the insulating and superconducting orders in magic-angle graphene[J]. Nature,2020,583(7816):375—378.

[58] Kocovic P. Four laws for today and tomorrow[J]. Journal of Applied Research and Technology,2008,6(3):133—146.

[59] 严济慈. 读书・教书・写书・做研究工作[J]. 人民教育,1980(11):16—19.

[60] 张大鹏. 数字图像纹理分析及其识别系统的研究[D]. 哈尔滨工业大学博士论文,1985.

[61] 时龙兴. VLSI结构设计方法研究和智能机械手DKS、Jacobian、IKS专用处理器设计[D]. 东南大学博士论文,1992.

[62] 曾献君. 基于结构的专用集成电路(ASIC)逻辑综合技术研究[D]. 哈尔滨工业大学博士论文,1994.

[63] 李文石. 无损测量人脑神经递质技术研究及其系统实现[D]. 东南大学博士论文,2009.

[64] 李雷. 缺陷二氧化钛阻变及催化机制的第一性原理研究[D]. 苏州大学博士论文,2015.

[65] 李文石,王衍伟,窦玉江,等. 一种血糖无损检测的混沌编解码方法:中国,ZL201710423467.0[P]. 2017.

[66] 李文石,蔡金伟,吴森林,等. 一种判别混沌信号几何特征的级联压缩方法及装置:中国,ZL201810796945.7[P]. 2018.

[67] Li L,Li W S,Zhu C Y,et al. A DFT+U study about agglomeration of Au atoms on reduced surface of rutile TiO_2(110)[J]. Materials Chemistry and Physics,2021,271:249944—1—8.

[68] Parisi G. Complex systems: a physicist's viewpoint[J]. Physica A,1999,263(1—4):557—564.
[69] Dubois M A. Modelling nature: a physicist's viewpoint[J]. Science Asia,2009,35:1—7.
[70] Lojek B. History of Semiconductor Engineering[M]. Berlin:Spring Press,2007.

附录 1

蔡氏方程和高斯随机数的相图、pq 图、能谱图、$3S$ 图

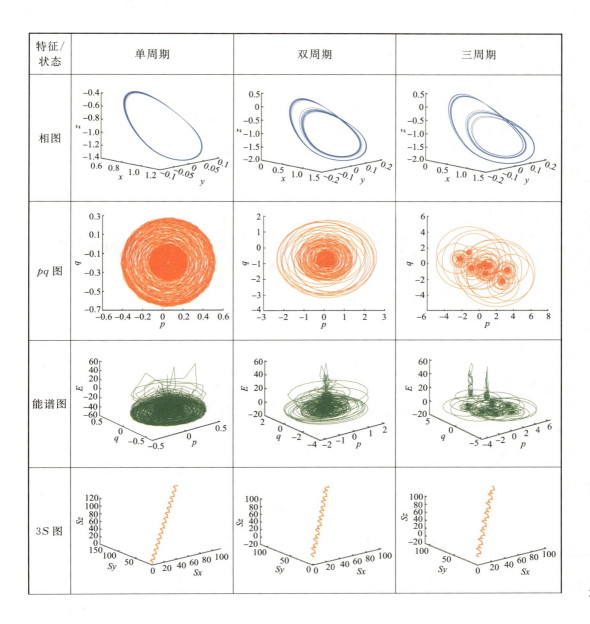

续表

特征/状态	单涡卷	双涡卷	高斯随机数
相图			
pq 图			
能谱图			
$3S$ 图			

附录 2

李雷博士提供：TiO$_2$ 表面上金原子的扩散势垒值对比图解

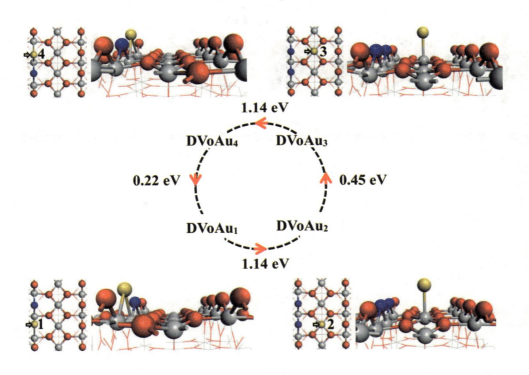

图 1　含单个金原子和双氧空位的 TiO$_2$ 表面上金原子扩散势垒值对比结果（按红色箭头方向移动）

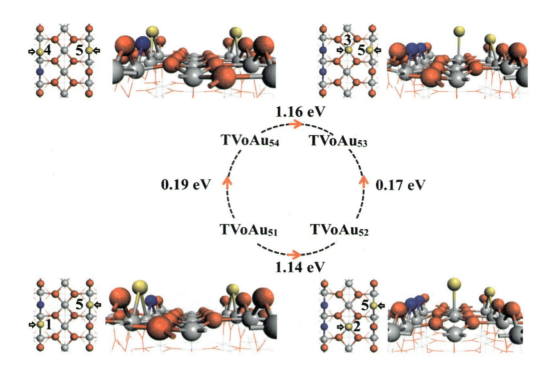

图 2　含双金原子和双氧空位的 TiO_2 表面上金原子的扩散势垒值对比结果（按红色箭头方向移动）